北大社普通高等教育"十三五"数字化建设规划教材

高等数学

（第二版）

（上）

主　编　　王中兴　　刘新和　　黄敢基
编　者　（按姓氏笔画排序）
　　　　　朱光军　　刘　芳　　刘德光
　　　　　范英梅　　洪　玲　　莫利柳
　　　　　席洁珍　　黄宗文　　曾凡辉
　　　　　蓝　敏　　谭洁群

本书资源使用说明

内 容 简 介

本书以培养学生的数学素质为目标,重点阐述高等数学的基本内容、基本方法及相关应用.本书分为上、下两册,上册内容包括:函数、极限与连续,导数与微分,微分中值定理与导数的应用,不定积分,定积分,定积分的应用;下册内容包括:向量代数与空间解析几何,多元函数微分学,重积分及其应用,曲线积分与曲面积分,无穷级数,微分方程,差分方程初步.各章节后都配有适量的习题,书末附有习题参考答案与提示.

为了方便教师拓展教学和学生扩大知识面,本书大部分章节都有高等数学在自然科学、工程技术、经济管理等领域中的应用案例.另外,本书部分例题及习题选自历年考研真题,以满足学生个性发展的需要.

本书可作为高等学校以及具有较高要求的独立学院、成教学院本科非数学专业的数学基础课教材.

图书在版编目(CIP)数据

高等数学. 上/王中兴,刘新和,黄敢基主编.

2 版. --北京:北京大学出版社,2024.6. -- ISBN 978-7-301-35152-9

Ⅰ.O13

中国国家版本馆 CIP 数据核字第 2024QC7627 号

书　　　名	高等数学(第二版)(上) GAODENG SHUXUE (DI-ER BAN) (SHANG)
著作责任者	王中兴　刘新和　黄敢基　主编
责任编辑	曾琬婷
标准书号	ISBN 978-7-301-35152-9
出版发行	北京大学出版社
地　　　址	北京市海淀区成府路 205 号　100871
网　　　址	http://www.pup.cn
电子邮箱	zpup@pup.cn
新浪微博	@北京大学出版社
电　　　话	邮购部 010-62752015　发行部 010-62750672　编辑部 010-62754819
印　刷　者	长沙超峰印刷有限公司
经　销　者	新华书店
	787 毫米×1092 毫米　16 开本　18.5 印张　474 千字 2019 年 9 月第 1 版 2024 年 6 月第 2 版　2025 年 5 月第 2 次印刷
定　　　价	55.00 元

未经许可,不得以任何方式复制或抄袭本书之部分或全部内容.

版权所有,侵权必究

举报电话:010-62752024　电子邮箱:fd@pup.cn

图书如有印装质量问题,请与出版部联系,电话:010-62756370

第二版前言

"高等数学"是高等学校理工类和经济管理类各专业的一门重要基础课.它不仅是学习后续课程的基础,而且对启发学生思维,培养学生的数学素质和解决实际问题的能力都起着非常重要的作用.

本书在学习借鉴国内外优秀教材的基础上,根据教育部高等学校大学数学课程教学指导委员会关于理工类和经济管理类本科"高等数学"课程教学基本要求编写而成.

本书在内容安排与编写方面具有如下特点:

1. 融思政.以课程教学内容为依托,深入挖掘课程思政元素和提炼课程思政教育素材,便于教师在教学中将知识传授与价值引领相结合,充分发挥课程育人功能.

2. 简易性.秉承经典教材结构严谨、逻辑清晰的优点,在达到理工类和经济管理类各专业对该课程的教学基本要求的前提下,从培养学生的能力和提高学生的素质的角度出发,教学内容选取尽量少而精,并有选择地保留了经典定理、性质的证明,而省略了一些烦琐、冗长的推导与证明.

3. 通俗性.从直观的几何意义或实际背景引入和解释概念和定理,便于学生对相关概念与定理的理解和掌握.在内容叙述上也由浅入深、循序渐进,力求清楚易懂.

4. 应用性.注重理论联系实际,大部分章节都有高等数学在自然科学、工程技术、经济管理等领域中的应用案例,方便教师拓展教学,着力培养和提高学生应用数学思想方法解决实际问题的能力,加强学生的应用意识和创新能力的培养.

5. 层次性.书中未加"★"标志的内容为各专业必修内容,加"★"标志的内容为不同专业选修内容.另外,加"*"标志的例题及习题选自历年考研真题.这些例题及习题,一方面,供学有余力或立志考研的学生选读;另一方面,通过讲解与练习增强学生勇于挑战的信心,激发学生的学习积极性.

本书的编写工作由王中兴教授主持,全书共分13章:蓝敏和王中兴编写第1章;席洁珍编写第2章;谭洁群和黄敢基编写第3章;莫利柳编写第4章;刘芳和王中兴编写第5章;黄宗文和刘德光编写第6章;范英梅编写第7章;朱光军编写第8章;曾凡辉编写第9章;刘新和编写第10章;洪玲编写第11章;王中兴编写第12章;黄敢基编写第13章.王中兴与刘新和一起负责全书的修改和统稿工作.广西大学数学与信息科学学院曾友芳、赵大虎、潘就和等老师对本书的修改提出了中肯的意见和建议.贾华、沈辉、陈平、刘佳琦构思并设计了全书的数字资源及版式和装帧设计方案.在本书编写过程中,我们参考了众多著作和教材.在此谨向有关作者和老师表示衷心感谢!

  本书是广西壮族自治区教育厅高校精品课程立项建设和新世纪广西高等教育教学改革工程的一项成果,其出版得到了广西大学教材建设基金的资助.北京大学出版社的编辑也为本书的出版付出了辛勤劳动.在此向支持和关心本书编写和出版的领导和有关人员致以诚挚的谢意!

  由于时间仓促,加之编者水平有限,书中难免存在不足之处,诚恳地希望专家、同行和广大读者批评指正.

编 者
2023 年 9 月于广西大学

目录

第1章 函数、极限与连续 ... 1

§1.1 函数 ... 2
一、常量与变量(2)　二、区间与邻域(2)　三、函数的概念(3)　四、函数的特性(6)　五、反函数(7)　六、函数的运算(9)　七、常用经济函数(11)　习题1.1(12)

§1.2 极限的概念 ... 13
一、当 $x \to \infty$ 时，函数 $f(x)$ 的极限(14)　二、当 $x \to x_0$ 时，函数 $f(x)$ 的极限(19)　习题1.2(22)

§1.3 极限的性质 ... 22
一、极限的基本性质(23)　二、收敛数列与其子数列之间的关系(24)　三、函数极限与数列极限的关系(25)　习题1.3(26)

§1.4 极限的运算法则 ... 26
一、极限的四则运算法则(26)　二、复合函数的极限运算法则(30)　习题1.4(31)

§1.5 极限存在准则与两个重要极限 ... 32
一、极限存在准则(32)　二、两个重要极限(33)　习题1.5(37)

§1.6 无穷小与无穷大 ... 38
一、无穷小的概念与性质(38)　二、无穷大的概念与性质(39)　三、无穷小的比较(42)　习题1.6(45)

§1.7 函数的连续性与间断点 ... 45
一、函数的连续性(45)　二、函数的间断点及其分类(48)　习题1.7(50)

§1.8 连续函数的性质 ... 50
一、连续函数的运算性质(50)　二、闭区间上连续函数的性质(53)　习题1.8(55)

*§1.9 函数与极限应用案例 ... 55
一、外币兑换中的损失(55)　二、二氧化碳过滤层的设计(56)　三、反复学习及效率(57)　习题1.9(58)

总复习题一 ... 58

第2章 导数与微分 ... 60

§2.1 导数的概念 ... 61

一、引例(61)　二、导数的定义(62)　三、导数的几何意义(67)
　　四、可导与连续的关系(68)　习题 2.1(69)
　§ 2.2　函数的求导法则与基本导数公式 ………………………………………………… 70
　　一、函数的和、差、积、商的求导法则(70)　二、反函数的求导法则(72)
　　三、复合函数的求导法则(74)　四、求导法则与基本导数公式(76)　习题 2.2(79)
　§ 2.3　高阶导数 ……………………………………………………………………………… 80
　　习题 2.3(84)
　§ 2.4　由参数方程所确定的函数和隐函数的导数及相关变化率 ………………………… 85
　　一、由参数方程所确定的函数的导数(85)　二、隐函数的导数(87)
　　三、相关变化率(90)　习题 2.4(91)
　§ 2.5　函数的微分 …………………………………………………………………………… 93
　　一、微分的定义(93)　二、微分的几何意义(95)　三、基本微分公式与微分运算法则(96)
　　四、微分在近似计算中的应用(98)　习题 2.5(100)
　*§ 2.6　导数在经济分析中的应用 …………………………………………………………… 100
　　一、边际分析(101)　二、弹性分析(103)　习题 2.6(106)
　*§ 2.7　导数与微分应用案例(一) …………………………………………………………… 107
　　一、水面上升的速度问题(107)　二、火箭的摄像问题(108)
　　三、质能转换关系中的近似计算问题(109)　习题 2.7(110)

　总复习题二 ………………………………………………………………………………… 110

第3章　微分中值定理与导数的应用 ………………………………………………… 113

　§ 3.1　微分中值定理 ………………………………………………………………………… 114
　　一、罗尔中值定理(114)　二、拉格朗日中值定理(116)　三、柯西中值定理(119)
　　习题 3.1(120)
　§ 3.2　洛必达法则 …………………………………………………………………………… 121
　　一、$\frac{0}{0}$ 型和 $\frac{\infty}{\infty}$ 型未定式(121)　二、其他类型的未定式(123)　习题 3.2(125)
　§ 3.3　函数的单调性与曲线的凹凸性 ……………………………………………………… 126
　　一、函数的单调性(126)　二、曲线的凹凸性与拐点(129)　习题 3.3(132)
　§ 3.4　函数的极值与最值 …………………………………………………………………… 132
　　一、函数的极值(133)　二、最值问题(136)　习题 3.4(139)
　§ 3.5　函数的图形 …………………………………………………………………………… 140
　　一、曲线的渐近线(140)　二、函数图形的描绘(142)　习题 3.5(144)
　§ 3.6　泰勒公式 ……………………………………………………………………………… 144
　　习题 3.6(149)
　§ 3.7　曲率的概念及计算 …………………………………………………………………… 150
　　一、弧微分(150)　二、曲率及其计算公式(151)　三、曲率圆与曲率半径(154)
　　习题 3.7(155)

§3.8 方程的近似根 ·· 156
　一、二分法(156)　二、切线法(157)　习题3.8(159)
★§3.9 导数与微分应用案例(二) ··· 159
　一、光线传播的路径问题(159)　二、公寓出租问题(160)　三、最大税收问题(160)
　习题3.9(161)

总复习题三 ··· 162

第4章 不定积分 ·· 163

§4.1 原函数和不定积分的概念 ·· 164
　一、原函数的概念(164)　二、不定积分的定义(165)
　三、不定积分的几何意义(166)　四、不定积分的性质(167)
　五、基本积分公式(168)　六、直接积分法(169)　习题4.1(171)

§4.2 不定积分的换元积分法 ·· 172
　一、第一类换元积分法(172)　二、第二类换元积分法(178)　习题4.2(184)

§4.3 不定积分的分部积分法 ·· 186
　习题4.3(191)

§4.4 几类特殊函数的不定积分 ··· 192
　一、有理函数的不定积分(192)　二、三角函数有理式的不定积分(196)
　三、一些不能用初等函数表示的不定积分(198)　习题4.4(198)

★§4.5 不定积分应用案例 ··· 199
　一、油井收入的估计(199)　二、石油消耗量的估计(200)　三、陨石质量的估计(200)
　四、十字路口中黄灯持续时间的估计(201)　习题4.5(203)

总复习题四 ··· 203

第5章 定积分 ·· 206

§5.1 定积分的概念 ·· 207
　一、定积分问题举例(207)　二、定积分的定义(209)　习题5.1(211)

§5.2 定积分的性质 ·· 212
　习题5.2(215)

§5.3 微积分基本定理 ··· 216
　一、变速直线运动中位移函数与速度函数之间的联系(216)
　二、积分上限函数及其导数(217)　三、牛顿-莱布尼茨公式(219)　习题5.3(221)

§5.4 定积分的换元积分法和分部积分法 ··· 222
　一、定积分的换元积分法(222)　二、定积分的分部积分法(227)　习题5.4(230)

§5.5 反常积分 ··· 231
　一、无限区间上的反常积分(231)　二、无界函数的反常积分(234)　习题5.5(236)

§5.6 反常积分的审敛法与 Γ 函数 ·· 236

一、无限区间上的反常积分的审敛法(237)　二、无界函数的反常积分的审敛法(240)
　　三、Γ函数(241)　习题 5.6(243)
　总复习题五 ·· 244

第6章　定积分的应用 ·· 246

§6.1　定积分在几何学上的应用 ·· 247
　　一、平面图形的面积(247)　二、两类特殊的立体的体积(250)
　　三、平面曲线的弧长(253)　习题 6.1(255)

§6.2　定积分在物理学上的应用 ·· 257
　　一、变力沿直线所做的功(257)　二、水压力(258)　三、引力(259)　习题 6.2(260)

*§6.3　定积分在经济分析中的应用 ·· 261
　　一、由边际需求求需求函数(261)　二、由边际成本求总成本函数(261)
　　三、由边际收益求总收益函数(262)　四、由边际利润求总利润函数(263)　习题 6.3(263)

*§6.4　定积分应用案例 ··· 264
　　一、客机租买问题(264)　二、转售机器的最佳时间(265)　三、深海探测器的观察窗问题(266)
　　四、航天器的发射(267)　习题 6.4(267)

　总复习题六 ·· 268

附录Ⅰ　基本初等函数的图形及其主要性质 ·································· 269

附录Ⅱ　极坐标 ·· 269

附录Ⅲ　一些常用的数学公式 ·· 269

附录Ⅳ　积分表 ·· 269

习题参考答案与提示 ·· 270

第1章
函数、极限与连续

函数是对现实世界中各种变量之间的相互依存关系的数学反映,是高等数学的主要研究对象.极限理论与方法是微积分学的理论基础.本章主要介绍函数、极限与连续等基本概念及其性质.

§1.1 函　数

一、常量与变量

在观察自然现象的过程中,常常会遇到两种不同的量.一种是在观察过程中保持不变的量,称为**常量**;另一种是在观察过程中不断变化的量,称为**变量**.

例如,当密闭的容器被加热时,其中气体的体积和分子数保持不变,它们都是常量;而气体的温度和压强在加热过程中是变化的,因此它们是变量.一个量是常量还是变量,常常与考察过程的条件有关.例如,若上述容器有一个小孔与外界相通,则在加热时,容器中气体的分子数和温度都是变量,而气体的压强是常量.

习惯上,常量用字母 a,b,c 等表示,变量用 x,y,t 等表示.常量在数轴上表示一个点,而对于变量,常用区间或邻域表示它的变化范围.

二、区间与邻域

设 a,b 为实数,且 $a<b$,则区间的记号和定义如下:

(1) **开区间**:$(a,b)=\{x\mid a<x<b\}$,如图 1.1(a) 所示.

(2) **闭区间**:$[a,b]=\{x\mid a\leqslant x\leqslant b\}$,如图 1.1(b) 所示.

(3) **半开半闭区间**:$[a,b)=\{x\mid a\leqslant x<b\}$,如图 1.1(c) 所示;$(a,b]=\{x\mid a<x\leqslant b\}$,如图 1.1(d) 所示.

上述区间都称为**有限区间**,其中 a 和 b 称为上述区间的**端点**,$b-a$ 称为上述区间的**长度**.

(4) **无限区间**:

$[a,+\infty)=\{x\mid x\geqslant a\}$,如图 1.1(e) 所示;

$(a,+\infty)=\{x\mid x>a\}$,如图 1.1(f) 所示;

$(-\infty,b]=\{x\mid x\leqslant b\}$,如图 1.1(g) 所示;

$(-\infty,b)=\{x\mid x<b\}$,如图 1.1(h) 所示;

$(-\infty,+\infty)=\{x\mid x\in \mathbf{R}\}$,其中 $\mathbf{R}$ 为实数集,如图1.1(i) 所示.

要注意 $-\infty,+\infty$ 都只是表示无限性的一种记号,它们都不是某个确定的数,因此它们不能参与数的运算.

为了叙述方便,以下均用"区间 I"表示各种类型的区间.

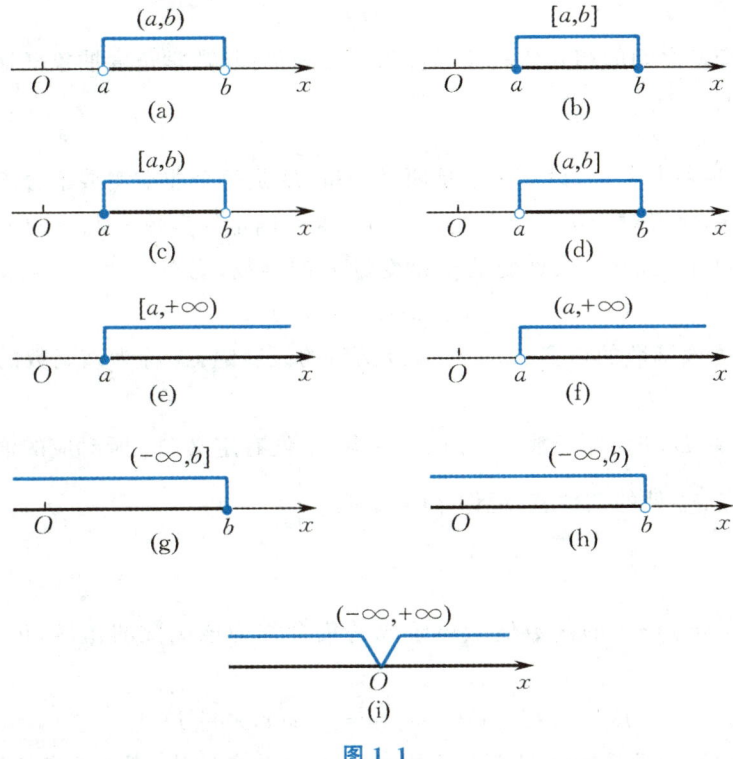

图 1.1

当考虑某点附近的点所构成的集合时,常用邻域来描述.

设 δ(读作 delta/ˈdeltə/)是某一正数,称以点 x_0 为中心的开区间 $(x_0-\delta, x_0+\delta)$ 为 x_0 的 δ **实心邻域**,简称 δ **邻域**,记作 $U(x_0,\delta)$,即

$$U(x_0,\delta)=(x_0-\delta,x_0+\delta)=\{x\mid |x-x_0|<\delta\},$$

其中 x_0 称为该邻域的中心,δ 称为该邻域的半径. 当不需要强调 δ 时,$U(x_0,\delta)$ 简记作 $U(x_0)$. 而称

$$(x_0-\delta,x_0)\cup(x_0,x_0+\delta)$$

为 x_0 的 δ **去心邻域**,记作 $\mathring{U}(x_0,\delta)$,即

$$\mathring{U}(x_0,\delta)=\{x\mid 0<|x-x_0|<\delta\},$$

其中 $(x_0-\delta,x_0)$ 称为 x_0 的**左** δ **邻域**,$(x_0,x_0+\delta)$ 称为 x_0 的**右** δ **邻域**,分别记为 $\mathring{U}(x_0^-,\delta)$,$\mathring{U}(x_0^+,\delta)$. $\mathring{U}(x_0^-)$,$\mathring{U}(x_0^+)$ 分别表示 x_0 的某个左邻域和某个右邻域.

三、函数的概念

众所周知,圆的面积 S 与其半径 r 之间的相互依赖关系的表达式为

$$S=\pi r^2.$$

当半径 r 在区间 $(0,+\infty)$ 上任取一个数值 r_0 时,由上述相互依赖关系确定其对应圆的面积 S_0:

$$S_0 = \pi r_0^2.$$

这种反映变量之间的相互依赖关系称为 对应法则. 从数学角度抽象概括,便得到如下函数的概念.

定义 1.1.1 设 x 和 y 是两个变量, D 是一个非空实数集合. 若有某个对应法则 f, 使得对于每一个 $x \in D$, 都有唯一确定的实数 y 与之对应, 则称 f 为定义在 D 上的 函数, 或称变量 y 是变量 x 的函数, 记作

$$y = f(x), \quad x \in D,$$

其中 x 称为该函数的 自变量, y 称为该函数的 因变量, D 称为该函数的 定义域, 记作 D_f.

当 $x_0 \in D_f$ 时, 称函数 $y = f(x)$ 在点 x_0 处有定义. x_0 所对应的值 y_0 称为该函数在点 x_0 处的 函数值, 记作 $f(x_0)$ 或 $y\Big|_{x=x_0}$, 即

$$y_0 = f(x_0) = y\Big|_{x=x_0}.$$

函数 $y = f(x)$ 的函数值全体组成的集合称为该函数的 值域, 记作 R_f 或 $f(D_f)$, 即

$$R_f = f(D_f) = \{y \mid y = f(x), x \in D_f\}.$$

注 (1) 如果没有特别指出函数 $y = f(x)$ 的定义域, 那么其定义域就是使得数学表达式 $f(x)$ 有意义的一切 x 组成的集合. 例如, $y = \sqrt{1-x}$ 的定义域为 $(-\infty, 1]$, 而 $y = \ln(1+x)$ 的定义域为 $(-1, +\infty)$. 但在实际问题中, 除了考虑使数学表达式有意义外, 还应考虑函数的实际意义. 例如, 圆的面积 S 是半径 r 的函数, 即 $S = \pi r^2$. 由于圆的半径应该大于零, 因此 S 的定义域为 $(0, +\infty)$.

(2) 在定义 1.1.1 中, 要求自变量在定义域内任取一个数值时, 对应的函数值总是只有一个, 因此这种函数也称为 单值函数. 相应地, 还有 多值函数. 这时对应于一个自变量的值, 函数值可以有多个. 本书中的函数均指单值函数.

(3) 函数的定义域与对应法则是函数的两个要素. 两个函数相同的充要条件是它们的定义域和对应法则均相同. 例如, $y = 2\ln x$ 与 $y = \ln x^2$ 是两个不相同的函数.

函数 $y = f(x)$ 中表示对应法则的记号 f 也可以是其他字母, 如 $y = \varphi(x)$, $y = F(x)$ 等. 在同一问题中涉及几个不同函数时, 需用不同记号表示不同的函数. 为了简便起见, 通常也用 $f(x), \varphi(x), F(x)$ 等表示一个以 x 为自变量的函数.

在平面直角坐标系 Oxy 中, 称点集

$$C = \{(x, y) \mid y = f(x), x \in D_f\}$$

为函数 $y = f(x), x \in D_f$ 的 图形. 图形是函数的直观几何表示, 对理解函数的性质十分有用.

下面举一些函数的例子.

例 1.1.1 初等数学中的幂函数、指数函数、对数函数、三角函数及反三角函数是最基本的函数,许多函数都是由它们"构成"的,所以它们统称为基本初等函数. 它们的定义域、值域及性质都应熟练掌握,这里不再赘述(见附录Ⅰ).

例 1.1.2 常数函数
$$y = f(x) = k \quad (k \text{ 为常数})$$
的定义域为 $D_f = (-\infty, +\infty)$,值域为 $R_f = \{k\}$,它的图形是一条平行于 x 轴的直线(见图 1.2).

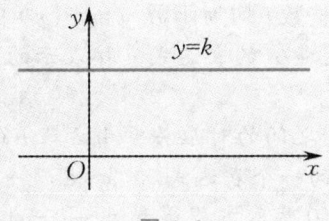

图 1.2

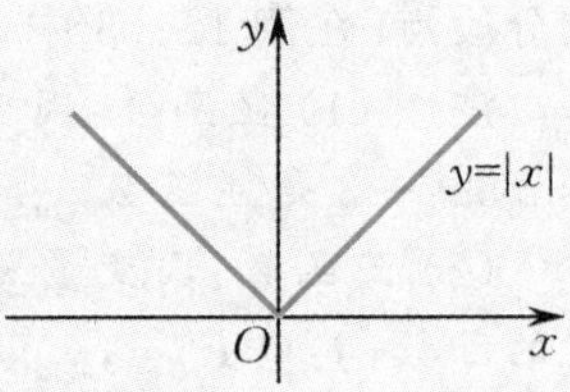

图 1.3

例 1.1.3 绝对值函数
$$y = f(x) = |x| = \sqrt{x^2} = \begin{cases} x, & x \geqslant 0, \\ -x, & x < 0 \end{cases}$$
的定义域为 $D_f = (-\infty, +\infty)$,值域为 $R_f = [0, +\infty)$,图形如图 1.3 所示.

例 1.1.4 某城市的出租车收费标准如下:不超过 3 km 的部分收费 7 元;超过 3 km 的部分按 1.6 元/km 收费. 若 x(单位:km)表示行驶的路程,则出租车收费金额 y(单位:元)与 x 的函数关系可表示为
$$y = f(x) = \begin{cases} 7, & 0 < x \leqslant 3, \\ 7 + 1.6(x - 3), & x > 3. \end{cases}$$
该函数的定义域为 $D_f = (0, +\infty)$,值域为 $R_f = [7, +\infty)$,图形如图 1.4 所示.

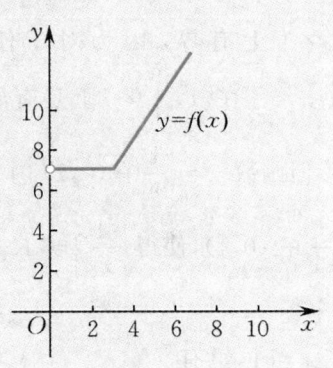

图 1.4

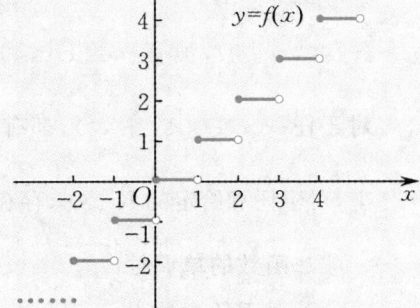

图 1.5

例 1.1.5 取整函数

$$y = f(x) = [x],$$

其中 $[x]$ 表示不超过 x 的最大整数. 例如, $[2]=2, [\sqrt{2}]=1, [-0.3]=-1, [-\pi]=-4$. 易见, 取整函数的定义域为 $D_f = (-\infty, +\infty)$, 值域为 $R_f = \mathbf{Z}$(整数集), 图形如图 1.5 所示.

在例 1.1.4 和例 1.1.5 中看到, 有时一个函数在其定义域内的不同部分, 其对应法则由不同的式子表示. 称这样的函数为**分段函数**, 其定义域中对应于不同函数表达式的分界点称为**分段点**. 例如, 在例 1.1.4 中, $x=3$ 为函数 $y=f(x)$ 的分段点. 在例 1.1.5 中, $x=n$ (n 为整数) 均为函数 $y=f(x)$ 的分段点.

注 (1) 显函数: 因变量 y 由自变量 x 的表达式直接表示的函数. 例如, $y = 2\sin 5x + 3$ 是显函数.

(2) 隐函数: 因变量 y 与自变量 x 之间的对应关系由方程 $F(x,y)=0$ 所确定的函数, 其中 $F(x,y)$ 是关于 x, y 的一个表达式. 例如, $e^{x+y}+x-1=0$ 所确定的函数 $y=f(x)$ 是隐函数. 将 $x=0$ 代入方程得 $e^{0+y}+0-1=0$, 即 $e^y=1$, 解得 $y=0$. 因此, 当 $x=0$ 时, 该隐函数的函数值为 $y=f(0)=0$.

四、函数的特性

设函数 $f(x)$ 的定义域为 D_f, 数集 $X \subset D_f$.

1. 函数的有界性

若存在某个常数 M(或 m), 使得对于任一 $x \in X$, 都有 $f(x) \leqslant M$ [或 $f(x) \geqslant m$], 则称函数 $f(x)$ 在 X 上**有上界**(或**有下界**), 其中常数 M(或 m) 称为该函数在 X 上的**上界**(或**下界**); 否则, 称函数 $f(x)$ 在 X 上**无上界**(或**无下界**).

若函数 $f(x)$ 在 X 上既有上界又有下界, 则称 $f(x)$ 在 X 上**有界**; 否则, 称 $f(x)$ 在 X 上**无界**.

容易证明, 函数 $f(x)$ 在 X 上有界的充要条件是: 存在正数 K, 使得对于任一 $x \in X$, 都有 $|f(x)| \leqslant K$. 若对于任意给定的正数 K, 总存在 $x_0 \in X$, 使得 $|f(x_0)| > K$, 则函数 $f(x)$ 在 X 上无界.

例如, 函数 $y = \cos x$ 在 $(-\infty, +\infty)$ 上有界, 因为对于任一 $x \in (-\infty, +\infty)$, 恒有 $|\cos x| \leqslant 1$. 又如, 函数 $y = \dfrac{1}{x}$ 在 $[1, +\infty)$ 上是有界的, 因为对于任一 $x \in [1, +\infty)$, 都有 $0 < \dfrac{1}{x} \leqslant 1$. 但函数 $y = \dfrac{1}{x}$ 在 $(0,1)$ 内无界. 事实上, 对于任意给定的 $K > 0$, 存在 $x_0 = \dfrac{1}{K+1} \in (0,1)$, 使得 $\left|\dfrac{1}{x_0}\right| = K+1 > K$.

2. 函数的单调性

若对于任意两点 $x_1, x_2 \in X$, 当 $x_1 < x_2$ 时, 恒有

$$f(x_1) \leqslant f(x_2) \quad [或 f(x_1) \geqslant f(x_2)],$$

则称 $f(x)$ 在 X 上是**单调增加**(或**单调减少**)**函数**; 若恒有

$$f(x_1) < f(x_2) \quad [\text{或 } f(x_1) > f(x_2)],$$
则称 $f(x)$ 在 X 上是**严格单调增加**(或**严格单调减少**)**函数**.

单调增加函数与单调减少函数统称为**单调函数**.

有时一个函数在其整个定义域上不是单调的,而在定义域中的部分区间上是单调的,则称这些区间为该函数的**单调区间**. 例如,函数 $y = x^2$ 在 $(-\infty, 0]$ 上是单调减少的,在 $[0, +\infty)$ 上是单调增加的,而在 $(-\infty, +\infty)$ 上不是单调的.

3. 函数的奇偶性

设 X 关于原点对称. 若对于任一 $x \in X$,恒有
$$f(-x) = f(x) \quad [\text{或 } f(-x) = -f(x)],$$
则称 $f(x)$ 在 X 上为**偶**(或**奇**)**函数**.

例如,在定义域内 $y = x^2, y = \cos x$ 都是偶函数; $y = x^3, y = \sin x$ 都是奇函数; $y = x + x^2$ 既不是奇函数,又不是偶函数; $y = 0$ 既是奇函数,又是偶函数.

例 1.1.6 判断函数 $f(x) = \dfrac{3^x - 1}{3^x + 1}$ 的奇偶性.

解 因为该函数的定义域 $(-\infty, +\infty)$ 关于原点对称,且
$$f(-x) = \frac{3^{-x} - 1}{3^{-x} + 1} = \frac{1 - 3^x}{1 + 3^x} = -f(x),$$
所以 $f(x) = \dfrac{3^x - 1}{3^x + 1}$ 为奇函数.

在直角坐标系中,偶函数的图形是关于 y 轴对称的,而奇函数的图形是关于原点对称的.

4. 函数的周期性

若存在一个不为零的常数 T,使得对于任一 $x \in X$,都有 $x + T \in X$,且等式
$$f(x + T) = f(x)$$
恒成立,则称 $f(x)$ 在 X 上是**周期函数**,并称常数 T 为 $f(x)$ 的一个周期.

通常所说的周期函数的**周期**是指其**最小正周期**[有的周期函数没有最小正周期,如 $f(x) = 2$]. 例如,函数 $y = \sin x, y = \cos x$ 的周期为 2π;而函数 $y = \tan x, y = \sin 2x$ 的周期为 π.

周期函数图形的特点是周期性重复出现,所以只要作出周期函数在长度为 $|T|$ 的一个区间上的图形,就可通过平移得到整个周期函数的图形.

五、反函数

自变量与因变量的关系往往是相对的,有时不仅需要研究变量 y 随变量 x 变化而变化的情况,也需要研究变量 x 随变量 y 变化而变化的情况. 例如,以速度 v 匀速行驶的汽车,其行驶路程 s(因变量)与行驶时间 t(自变量)的函数关系

为 $s=vt$,则当行驶路程为 s 时,所需的时间为 $t=\dfrac{s}{v}$,此时 s 为自变量,t 为因变量.因此,有必要引入反函数的概念.

定义 1.1.2 设函数 $y=f(x)$ 的定义域为 D_f,值域为 R_f.若对于任一 $y\in R_f$,都有唯一确定的 $x\in D_f$,使得 $f(x)=y$,则 x 是定义在 R_f 上以 y 为自变量的函数,称之为函数 $y=f(x)$ 的**反函数**,记作 $x=f^{-1}(y)(y\in R_f)$. 相应地,也称函数 $y=f(x)$ 为**直接函数**.

从图形上看,直接函数 $y=f(x)$ 与其反函数 $x=f^{-1}(y)$ 为同一图形.

由于人们习惯用 x 表示自变量,用 y 表示因变量,因此常常将反函数 $x=f^{-1}(y)$ 改写为 $y=f^{-1}(x)$. 此时,称 $y=f^{-1}(x)$ 与 $y=f(x)$ **互为反函数**. 显然,$y=f^{-1}(x)$ 的图形和 $y=f(x)$ 的图形关于直线 $y=x$ 对称,如图 1.6 所示.

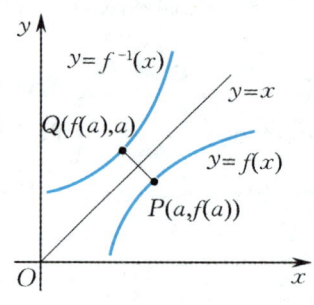

图 1.6

指数函数 $y=a^x$ 与对数函数 $y=\log_a x (a>0,a\neq 1)$ 互为反函数;三角函数与反三角函数 $\left(\text{如 } y=\sin x, x\in\left[-\dfrac{\pi}{2},\dfrac{\pi}{2}\right] \text{ 与 } y=\arcsin x, x\in[-1,1]\right)$ 也互为反函数. 但是,并非所有的函数都存在反函数. 例如,函数 $y=x^2$ 不存在反函数,因为对于每一个 $y\in(0,+\infty)$,都有两个 $x_1=\sqrt{y}$ 和 $x_2=-\sqrt{y}$ 与之对应.

下面给出**反函数存在定理**.

定理 1.1.1 如果一个函数在某个数集上严格单调增加(或严格单调减少),则它在该数集上必定存在反函数,且其反函数也严格单调增加(或严格单调减少).

例 1.1.7 求下列函数的反函数:

(1) $y=\dfrac{x+1}{2x+1}$; (2) $y=e^{2x+1}$.

解 (1) 由 $y=\dfrac{x+1}{2x+1}$ 得 $x=\dfrac{y-1}{1-2y}$,因此所求反函数为 $y=\dfrac{x-1}{1-2x}$.

(2) 由 $y=e^{2x+1}$ 得 $\ln y=2x+1$,从而 $x=\dfrac{1}{2}(\ln y-1)$,故所求反函数为

$$y = \frac{1}{2}(\ln x - 1).$$

六、函数的运算

1. 函数的四则运算

设函数 $f(x), g(x)$ 的定义域依次为 $D_f, D_g, D = D_f \cap D_g \neq \varnothing$（$\varnothing$ 表示空集），则在 D 上这两个函数可以进行如下四则运算：

$$y = f(x) \pm g(x), \quad x \in D;$$
$$y = f(x) \cdot g(x), \quad x \in D;$$
$$y = \frac{f(x)}{g(x)}, \quad x \in D \text{ 且 } g(x) \neq 0.$$

它们分别称为函数 $f(x)$ 与 $g(x)$ 的**和、差、积、商**.

不难证明：奇函数与奇函数的和（或差）是奇函数；偶函数与偶函数的和（或差）是偶函数；奇函数与奇函数的乘积、偶函数与偶函数的乘积都是偶函数；奇函数与偶函数的乘积是奇函数.

除了四则运算以外，函数之间还有另一种运算——复合运算.

2. 函数的复合运算

有时一个变量与另一个变量之间的联系并不是直接的，而是需要通过第三个变量（中间变量）将它们联系起来. 例如，设某汽车以 80 km/h 的速度匀速行驶，每 1 km 耗油 0.09 L，则该汽车在行驶过程中的耗油量 y（单位：L）是行驶路程 s（单位：km）的函数：$y = 0.09s$，而行驶路程 s 又是时间 t（单位：h）的函数：$s = 80t$，因此该汽车的耗油量 y 通过行驶路程 s（中间变量）与时间 t 建立了关系，即 $y = 0.09 \times 80t = 7.2t$. 这个过程称为函数的复合运算. 复合函数的数学表述如下：

设函数 $y = f(u)$ 的定义域为 D_f，函数 $u = \varphi(x)$ 的定义域为 D_φ，且其值域 $R_\varphi \subseteq D_f$，称 $y = f[\varphi(x)] \, (x \in D_\varphi)$ 是由 $y = f(u)$ 和 $u = \varphi(x)$ 复合而成的**复合函数**，其中 $u = \varphi(x)$ 称为**内层函数**（或**中间变量**），$y = f(u)$ 称为**外层函数**.

例如，由函数 $y = \sin u, u = e^x$ 复合而成的复合函数是 $y = \sin e^x$.

注 （1）并非任何两个函数都可以复合成一个复合函数. 例如函数 $y = f(u) = \arcsin u, u = \varphi(x) = x^2 + 2$，因为 $y = f(u)$ 的定义域为 $D_f = [-1, 1]$，$u = \varphi(x)$ 的值域为 $R_\varphi = [2, +\infty)$，从而 R_φ 不是 D_f 的子集，所以这两个函数不能复合成复合函数.

（2）复合函数也可以由两个以上的函数复合而成.

例 1.1.8 设函数 $y = f(u) = \arctan u, u = \varphi(v) = \sqrt{v}, v = \psi(x) = 1 + x^2$，求 $f\{\varphi[\psi(x)]\}$.

解 $f\{\varphi[\psi(x)]\} = f[\varphi(v)] = f(u) = \arctan u = \arctan\sqrt{v}$
$= \arctan\sqrt{1+x^2}, \quad x \in (-\infty, +\infty).$

在例 1.1.8 中,函数 $y = \arctan\sqrt{1+x^2}$ 可看成由函数
$$y = f(u) = \arctan u, \quad u = \varphi(v) = \sqrt{v}, \quad v = \psi(x) = 1+x^2$$
复合得到,中间变量 u, v 都是简单的函数.与函数的复合相反,这种找出中间变量的过程称为**复合函数的分解**.

复合函数的分解,一般是从最外层函数开始,逐层向内进行,直到分解出自变量 x 的简单函数为止.

例 1.1.9 将函数 $y = e^{\cos\frac{1}{x}}$ 分解成基本初等函数的复合.

解 复合函数 $y = e^{\cos\frac{1}{x}}$ 可以分解为如下基本初等函数:
$$y = e^u, \quad u = \cos v, \quad v = \frac{1}{x}.$$

注 函数 $f(x) = u(x)^{v(x)} [u(x) > 0]$ 称为**幂指函数**.显然 $u(x)^{v(x)} = e^{v(x)\ln u(x)}$.这一变形今后会经常用到.

例 1.1.10 已知函数 $f(x+1) = x^2 + 3x + 2$,求 $f(x)$.

解 令 $t = x+1$,则 $x = t-1$,从而
$$f(t) = (t-1)^2 + 3(t-1) + 2 = t^2 + t.$$
因此
$$f(x) = x^2 + x.$$

3. 初等函数

由常数和基本初等函数经过有限次四则运算和有限次复合运算所得到的能用一个式子表示的函数,称为**初等函数**.例如,$y = \sqrt{\sin x}$,$y = 1 + x^2 + xe^{\frac{1}{x^2-1}}$,$y = 1 + x + x^2 + \cdots + x^n$ 等都是初等函数.又如,双曲函数是工程技术中常用到的一类初等函数,其记号和定义如下:

双曲正弦函数 $\quad \text{sh } x = \dfrac{e^x - e^{-x}}{2}, x \in (-\infty, +\infty)$;

双曲余弦函数 $\quad \text{ch } x = \dfrac{e^x + e^{-x}}{2}, x \in (-\infty, +\infty)$;

双曲正切函数 $\quad \text{th } x = \dfrac{\text{sh } x}{\text{ch } x} = \dfrac{e^x - e^{-x}}{e^x + e^{-x}}, x \in (-\infty, +\infty)$.

双曲函数的反函数称为**反双曲函数**. 双曲函数 sh x, ch x, th x 的反函数依次记为 arsh x, arch x, arth x, 其定义如下:

反双曲正弦函数　　arsh $x = \ln(x+\sqrt{x^2+1}), x\in(-\infty,+\infty)$;

反双曲余弦函数　　arch $x = \ln(x+\sqrt{x^2-1}), x\in[1,+\infty)$;

反双曲正切函数　　arth $x = \dfrac{1}{2}\ln\dfrac{1+x}{1-x}, x\in(-1,1)$.

在显函数中,非初等函数常以分段函数的形式出现.

七、常用经济函数

1. 总成本函数、总收益函数和总利润函数

人们在从事生产和经营活动中,必然十分关心产品的总成本、总销售收入(又称为总收益)和总利润. 产品的**总成本**就是生产产品的总投入,它包括固定成本(又称为不变成本)和可变成本两部分. **固定成本**是指在一定时期内不随产量变化而变化的那部分成本,如厂房、设备的费用;**可变成本**是指随产量变化而变化的那部分成本,如原材料、人工的费用. **总收益**是指产品出售后所得的收入. **总利润**是指收入扣除总成本后的余额. 低成本、高收入和高利润是每一个生产经营者的愿望.

总成本 C、总收益 R 和总利润 L 通常称为**经济变量**. 在忽略一些次要因素的情况下,这些经济变量都只与其相应的产量或销售量 x 有关,可以将它们看作 x 的函数,分别称为**总成本函数**、**总收益函数**和**总利润函数**,记作 $C(x), R(x)$ 和 $L(x)$.

显而易见,总成本函数 $C(x)$ 是产量 x 的单调增加函数;总收益函数 $R(x)$ 是销售量 x 与销售价格 P 的乘积,即 $R(x)=xP$;而总利润函数 $L(x)$ 等于总收益函数减去总成本函数,即

$$L(x)=R(x)-C(x).$$

例 1.1.11　设某种商品的价格为 100 元/件,每件的成本为 60 元. 商家为了促销,规定:凡一次性购买超过 200 件商品,对超过部分打九五折出售. 求商家关于这种商品的总成本函数、总收益函数和总利润函数.

解　设销售量为 x(单位:件),则

总成本函数为 $C(x)=60x$;

总收益函数为 $R(x)=\begin{cases}100x, & x\leqslant 200,\\ 200\times 100+(x-200)\times 100\times 0.95=95x+1\,000, & x>200;\end{cases}$

总利润函数为 $L(x)=R(x)-C(x)=\begin{cases}40x, & x\leqslant 200,\\ 35x+1\,000, & x>200.\end{cases}$

2. 需求函数与供给函数

一种商品的需求量、供给量与价格有密切关系. 一般来说,降价会使需求量上升,供给量下降;反之,涨价会使需求量下降,供给量上升.

设 P 表示商品的价格,其需求量和供给量依次用 Q 和 S 表示. 若忽略市场其他因素的影响,则 Q 和 S 均是 P 的函数,即有
$$Q = Q(P), \quad S = S(P).$$
$Q(P)$ 称为**需求函数**,$S(P)$ 称为**供给函数**. 在一般情况下,$Q(P)$ 是单调减少函数,$S(P)$ 是单调增加函数. 有时也将 $Q=Q(P)$ 的反函数 $P=P(Q)$ 称为需求函数. 最常见的需求函数是如下形式的线性需求函数:
$$Q(P) = -aP + b,$$
其中 a,b 为正常数.

若市场上某种商品的供给量与需求量相等,则称这种商品的供需达到了平衡. 此时,这种商品的价格称为**均衡价格**.

例 1.1.12 某种产品当价格为 500 元/台时,每月可销售 1 500 台;当价格降为 450 元/台时,每月可增销 250 台. 试求这种产品的线性需求函数.

解 设这种产品的线性需求函数为
$$Q(P) = -aP + b,$$
其中 $Q(P)$(单位:台)为需求量,P(单位:元/台)表示价格,a,b 为待定常数. 由题设有
$$\begin{cases} 1\,500 = -500a + b, \\ 1\,750 = -450a + b, \end{cases}$$
解得 $a=5, b=4\,000$,从而所求的线性需求函数为 $Q(P) = -5P + 4\,000$.

习题 1.1

1. 求下列函数的定义域,并用区间表示:

   (1) $y = \dfrac{1}{2x} - \sqrt{1-x^2} + \ln(x+1)$;

   (2) $y = \dfrac{2x}{x^2 - 3x + 2} + \arcsin\dfrac{1}{x}$;

   (3) $y = \sqrt{\sin\sqrt{x}}$;

   (4) $y = \begin{cases} 3^x, & -1 \leqslant x < 0, \\ 5, & 0 \leqslant x < 1, \\ x+2, & 1 \leqslant x < 3. \end{cases}$

2. 设函数 $y = f(x)$ 的定义域是 $[0,1]$,求下列函数的定义域:

   (1) $f(x+2)$;

   (2) $f(4x^2)$.

3. 设函数 $f(x) = \dfrac{1}{x^2}$,求 $f(-1), f\left(\dfrac{1}{a}\right)$.

4. 设函数 $f(x)$ 和 $g(x)$ 是单调增加的,且 $f(x) \leqslant g(x)$,$f[f(x)]$ 和 $g[g(x)]$ 均有意义,证明:
$$f[f(x)] \leqslant g[g(x)].$$
5. 设函数 $f(x)$ 在 $(-\infty,+\infty)$ 上有定义,证明:$f(x)+f(-x)$ 为偶函数,$f(x)-f(-x)$ 为奇函数.
6. 求下列函数的反函数:

(1) $y = \sqrt[3]{x+1}$;

(2) $y = \dfrac{1-x}{1+x}$;

(3) $y = 2\sin 3x, -\dfrac{\pi}{6} \leqslant x \leqslant \dfrac{\pi}{6}$;

(4) $y = \dfrac{2^x}{2^x+1}$.

7. 将下列函数分解成基本初等函数:

(1) $y = \arctan e^{\sqrt{x}}$;

(2) $y = e^{\arctan \sqrt{x}}$;

(3) $y = \sqrt[3]{\cos \sqrt{x}}$.

8. 已知函数 $f(x+2) = x^2-1$,求 $f(x)$.

9. 某商场以价格 a(单位:元/件) 出售某种商品.若顾客一次性购买50件以上,则超出50件的商品以优惠价格 $0.8a$ 出售.试将一次性成交的销售收入 R(单位:元) 表示成销售量 x(单位:件) 的函数.

10. 某厂生产电冰箱,价格为 1 200 元/台.当产量不超过 1 000 台时,可全部售出;当产量超过 1 000 台时,经广告宣传后,可多售出 520 台.假定支付广告费 2 500 元,试将电冰箱的销售收入 y(单位:元) 表示成销售量 x(单位:台) 的函数.

11. 某工厂生产某型号车床,年产量为 a(单位:台),分若干批(每批产量相同) 进行生产,每批生产准备费为 b(单位:元).设生产的车床均匀投入市场,且上一批用完后立即生产下一批,即平均库存量为批量的一半.已知每年每台车床的库存费为 c(单位:元),试将一年的总费用(库存费与生产准备费之和) y(单位:元) 表示为批量 x(单位:台) 的函数.

12. 证明:函数 $f(x)$ 在数集 X 上有界的充要条件是它在 X 上既有上界也有下界.

§1.2 极限的概念

极限是描述变量在某一变化过程中的变化趋势的量,它是微积分学中的重要基本概念.微积分学中的许多概念,如连续、导数、定积分等,都是建立在极限的基础上的.

在春秋战国时期的哲学家庄周所著《庄子·天下》中指出"一尺之棰,日取其半,万世不竭".其意思是:一尺长的木棒,每天截去一半,这样的过程可以无止境地进行下去.这就隐含了深刻的极限思想.事实上,将每天截后剩余部分的长度记录下来即是 $\dfrac{1}{2}, \dfrac{1}{2^2}, \dfrac{1}{2^3}, \cdots, \dfrac{1}{2^n}, \cdots$(单位:尺).显然,当 n 无限增大时,$\dfrac{1}{2^n}$ 无限接近于零.

而魏晋时期杰出数学家刘徽创立的具有划时代意义的"割圆术",即利用圆内接正多边形的面积无限逼近圆的面积,并以此求出圆周率的方法,就是极限思想在几何上的应用.刘徽的"割圆术"是人类历史上首次将极限和无穷小分割引入数学证明中,成为人类文明历史中不朽的篇章.这些充分反映了我国古代辉煌灿烂的数学成就.

考察函数 $y=f(x)$ 的极限就是考察自变量 x 在某一变化过程中相应的函数值 $f(x)$ 的变化趋势. 下面先介绍自变量 x 的两类变化过程.

(1) 当自变量 x 沿 x 轴的正向趋向于无穷大, 即 x 无限增大时, 称这种变化过程为 x **趋向于正无穷大**, 记作 $x \to +\infty$; 当自变量 x 沿 x 轴的负向趋向于无穷大, 即 $-x \to +\infty$ 时, 称这种变化过程为 x **趋向于负无穷大**, 记作 $x \to -\infty$; 当 $|x| \to +\infty$ 时, 称这种变化过程为 x **趋向于无穷大**, 记作 $x \to \infty$.

(2) 当自变量 x 无限接近于某个数 x_0 时, 注意 $x \neq x_0$, 称这种变化过程为 x **趋向于** x_0, 记作 $x \to x_0$. 特别地, 当 $x > x_0$ 且趋向于 x_0 时, 记作 $x \to x_0^+$; 当 $x < x_0$ 且趋向于 x_0 时, 记作 $x \to x_0^-$.

一、当 $x \to \infty$ 时, 函数 $f(x)$ 的极限

当 $x \to \infty$ 时, 函数 $y = \dfrac{1}{x}$ 的值的变化趋势如图 1.7 所示. 由该函数的图形容易看出, 当 $|x|$ 无限增大时, 函数 $y = \dfrac{1}{x}$ 的值无限接近于零.

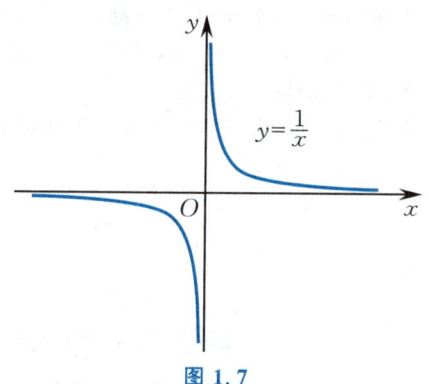

图 1.7

下面从直观上给出当 $x \to \infty$ 时, 函数 $f(x)$ 以 A 为极限的描述性定义.

定义 1.2.1 (1) 对于给定的函数 $y = f(x)$, 若存在常数 A, 当 $x \to \infty$ 时, 对应的函数值 $f(x)$ 无限接近于 A, 则称 $f(x)$ 当 $x \to \infty$ 时的极限存在, 并称 A 是 $f(x)$ 当 $x \to \infty$ 时的**极限**, 也称 $f(x)$ 当 $x \to \infty$ 时**收敛**于 A, 记作

$$\lim_{x \to \infty} f(x) = A \quad 或 \quad f(x) \to A, \quad x \to \infty.$$

若这样的常数 A 不存在, 则称 $f(x)$ 当 $x \to \infty$ 时没有极限, 也称 $f(x)$ 当 $x \to \infty$ 时是**发散**的.

(2) 对于给定的函数 $y = f(x)$, 若存在常数 A, 当 $x \to +\infty$ 时, 对应的函数值 $f(x)$ 无限接近于 A, 则称 $f(x)$ 当 $x \to +\infty$ 时的极限存在, 并称 A 是 $f(x)$ 当 $x \to +\infty$ 时的**极限**, 记作

$$\lim_{x \to +\infty} f(x) = A \quad 或 \quad f(x) \to A, \quad x \to +\infty.$$

若这样的常数 A 不存在, 则称 $f(x)$ 当 $x \to +\infty$ 时没有极限或**发散**.

(3) 对于给定的函数 $y=f(x)$,若存在常数 A,当 $x\to -\infty$ 时,对应的函数值 $f(x)$ 无限接近于 A,则称 $f(x)$ 当 $x\to -\infty$ 时的极限存在,并称 A 是 $f(x)$ 当 $x\to -\infty$ 时的**极限**,记作

$$\lim_{x\to -\infty}f(x)=A \quad \text{或} \quad f(x)\to A,\quad x\to -\infty.$$

若这样的常数 A 不存在,则称 $f(x)$ 当 $x\to -\infty$ 时没有极限或**发散**.

注 (1) 显然,$\lim\limits_{x\to\infty}f(x)=A$ 的充要条件为

$$\lim_{x\to -\infty}f(x)=A=\lim_{x\to +\infty}f(x).$$

(2) 无穷多个实数按一定顺序排成的序列

$$x_1,x_2,\cdots,x_n,\cdots$$

称为一个**数列**,简记为 $\{x_n\}$. 数列可以理解为定义域是正整数集 $\mathbf{Z}_+$ 的函数:

$$f(n)=x_n,\quad n\in \mathbf{Z}_+.$$

对于给定的数列 $\{x_n\}$,若存在常数 A,当 n 无限增大时,x_n 无限接近于 A,则称 $\{x_n\}$ 的极限存在,并称 A 为 $\{x_n\}$ 的**极限**,记作

$$\lim x_n=A \quad \text{或} \quad x_n\to A,\quad n\to\infty.$$

此时,也称 $\{x_n\}$ **收敛**于 A 或 $\{x_n\}$ 为**收敛数列**;否则,称 $\{x_n\}$ 为**发散数列**.

例 1.2.1 讨论下列函数或数列的极限是否存在;若极限存在,写出它们的极限:

(1) $\lim\limits_{x\to +\infty}\mathrm{e}^{-x}$;   (2) $\lim\limits_{x\to\infty}\arctan x$;

(3) $\lim\limits_{x\to\infty}\sin x$;   (4) $\lim\limits_{n\to\infty}\dfrac{n}{n+1}$.

解 (1) 如图 1.8(a) 所示,在 $x\to +\infty$ 的过程中,函数 $y=\mathrm{e}^{-x}$ 的值无限接近于常数 0,故 $\lim\limits_{x\to +\infty}\mathrm{e}^{-x}=0$.

(2) 如图 1.8(b) 所示,在 $x\to -\infty$ 的过程中,函数 $y=\arctan x$ 的值无限接近于常数 $-\dfrac{\pi}{2}$,即 $\lim\limits_{x\to -\infty}\arctan x=-\dfrac{\pi}{2}$;在 $x\to +\infty$ 的过程中,函数 $y=\arctan x$ 的值无限接近于常数 $\dfrac{\pi}{2}$,即 $\lim\limits_{x\to +\infty}\arctan x=\dfrac{\pi}{2}$. 因为 $\lim\limits_{x\to -\infty}\arctan x\neq \lim\limits_{x\to +\infty}\arctan x$,所以 $\lim\limits_{x\to\infty}\arctan x$ 不存在.

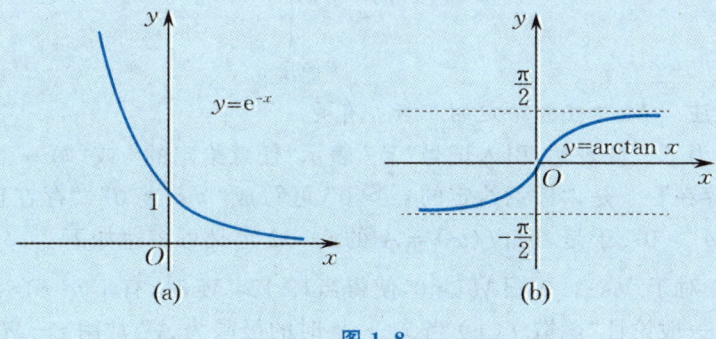

图 1.8

(3) 在 $x \to \infty$ 的过程中,函数 $y = \sin x$ 的值始终在 1 与 -1 之间来回变动,并不接近于任一确定的常数,故 $\lim\limits_{x \to \infty} \sin x$ 不存在(该函数的图形见附录 Ⅰ).

(4) 由于 $x_n = 1 - \dfrac{1}{n+1}$,因此当 $n \to \infty$ 时,x_n 无限接近于 1. 故 $\lim\limits_{n \to \infty} \dfrac{n}{n+1} = 1$.

定义 1.2.1 给出的极限定义是用直观语言描述的,这种极限的描述依赖于人的直觉判断,难以作为逻辑推理的依据. 下面给出极限的严格定义.

定义 1.2.2 设函数 $y = f(x)$,A 为常数. 若对于任意给定的(不论多么小的)$\varepsilon > 0$(ε 读作 epsilon/epˈsaɪlɒn/),存在 $M > 0$,使得当 $|x| > M$ 时,有
$$|f(x) - A| < \varepsilon,$$
则称 $f(x)$ 当 $x \to \infty$ 时的极限存在,并称 A 为 $f(x)$ 当 $x \to \infty$ 时的 **极限**,也称 $f(x)$ 当 $x \to \infty$ 时 **收敛** 于 A,记作
$$\lim_{x \to \infty} f(x) = A \quad \text{或} \quad f(x) \to A, \quad x \to \infty.$$

因为上述极限定义是用 ε 和 M 来描述的,所以该定义也常称为函数极限的 ε-M 定义.

在定义 1.2.2 中,如果只考虑 $x \to +\infty$ 或 $x \to -\infty$,那么只要把定义中的 "$|x| > M$" 替换成 "$x > M$" 或 "$x < -M$",便可得到 $\lim\limits_{x \to +\infty} f(x) = A$ 或 $\lim\limits_{x \to -\infty} f(x) = A$ 的 ε-M 定义.

$\lim\limits_{x \to \infty} f(x) = A$ 的几何解释是:对于任意给定的 $\varepsilon > 0$,作直线 $y = A - \varepsilon$ 和 $y = A + \varepsilon$,则存在正数 M,使得当 $x < -M$ 或 $x > M$ 时,函数 $y = f(x)$ 的图形必位于以这两条直线为边界,以 2ε 为宽的带形区域内,如图 1.9 所示.

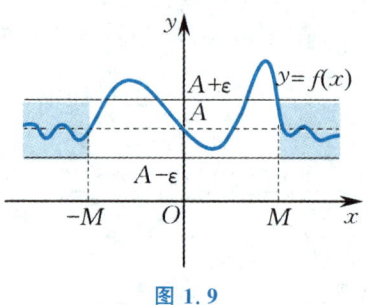

图 1.9

注 M 与任意给定的正数 ε 有关.

为了方便表达,引入记号 "$\forall$" 表示 "任意给定的" 或 "每一个";记号 "$\exists$" 表示 "存在". 于是,"任意给定的 $\varepsilon > 0$" 可写成 "$\forall \varepsilon > 0$","存在正数 M" 可写成 "$\exists M > 0$". 于是,$\lim\limits_{x \to \infty} f(x) = A$ 的 ε-M 定义可表达如下:

对于 $\forall \varepsilon > 0$,$\exists M > 0$,使得当 $|x| > M$ 时,有 $|f(x) - A| < \varepsilon$.

一般论证 "函数 $f(x)$ 当 $x \to \infty$ 时的极限为 A" 常用 ε-M 论证法,其论证步骤如下:

(1) 任意给定正数 ε;

(2) 由 $|f(x)-A|<\varepsilon$ 开始分析倒推,推出 $|x|>\varphi(\varepsilon)$,其中 $\varphi(\varepsilon)$ 是某个关于 ε 的表达式;

(3) 取 $M\geqslant\varphi(\varepsilon)$,再用 ε - M 语言叙述结论.

例 1.2.2 证明: $\lim\limits_{x\to\infty}\dfrac{1}{x}=0$.

证明 $\forall\varepsilon>0$,要使 $\left|\dfrac{1}{x}-0\right|=\dfrac{1}{|x|}<\varepsilon$,只要 $|x|>\dfrac{1}{\varepsilon}$ 即可. 取 $M=\dfrac{1}{\varepsilon}$,则当 $|x|>M$ 时,有 $\left|\dfrac{1}{x}-0\right|<\varepsilon$. 故 $\lim\limits_{x\to\infty}\dfrac{1}{x}=0$.

例 1.2.3 证明: $\lim\limits_{x\to+\infty}\mathrm{e}^{-x}=0$.

证明 $\forall\varepsilon>0$(不妨取 $0<\varepsilon<1$),要使
$$|\mathrm{e}^{-x}-0|=\mathrm{e}^{-x}<\varepsilon,$$
两边取自然对数可知只要
$$x>-\ln\varepsilon$$
即可. 取 $M=-\ln\varepsilon>0$,则当 $x>M$ 时,有
$$|\mathrm{e}^{-x}-0|<\varepsilon.$$
故
$$\lim\limits_{x\to+\infty}\mathrm{e}^{-x}=0.$$

如前面所述,数列可以理解为定义域是正整数集 $\mathbf{Z}_+$ 的函数: $f(n)=x_n$,故数列的极限可以看成函数当自变量趋向于正无穷大时的极限的一种特殊情况. 于是,按照函数 $f(x)$ 当 $x\to+\infty$ 时的极限的 ε - M 定义,有如下数列极限的 ε - N 定义.

定义 1.2.3 设有数列 $\{x_n\}$ 及常数 a. 若对于 $\forall\varepsilon>0$,∃ 正整数 N,当 $n>N$ 时,不等式
$$|x_n-a|<\varepsilon$$
成立,则称 $\{x_n\}$ 的极限存在或 $\{x_n\}$ <u>收敛</u>,并称 a 是 $\{x_n\}$ 的<u>极限</u>,也称 $\{x_n\}$ 收敛于 a,记作
$$\lim\limits_{n\to\infty}x_n=a \quad 或 \quad x_n\to a, \quad n\to\infty.$$
若一个数列没有极限,则称该数列是<u>发散</u>的.

注 由于数列的自变量 n(x_n 的下标)是正整数,因此通常在定义数列极限时把函数极限定义中的"正数 M"换成"正整数 N".

$\lim\limits_{n\to\infty}x_n=a$ 的几何解释是:对于任意给定的 $\varepsilon>0$,在数轴上作以点 a 为中心,以 ε 为半径的邻域,则当 $n>N$ 时,点 x_n 都落在该邻域内,而只有有限个(至多有 N 个)点落在该邻域之外(见图 1.10).

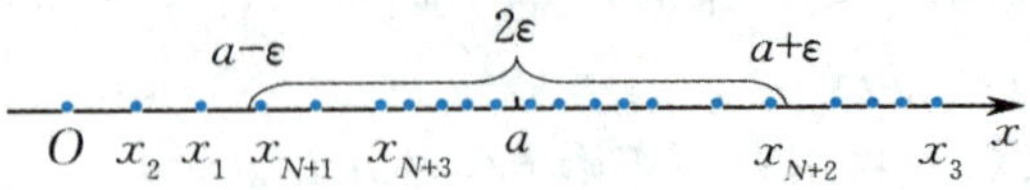

图 1.10

由数列极限的几何解释可知：去掉或改变数列 $\{x_n\}$ 的有限项，不改变其敛散性.

例 1.2.4 设 $0<|q|<1$，证明：等比数列
$$1, q, q^2, \cdots, q^{n-1}, \cdots$$
的极限为零.

证明 设 $x_n=q^{n-1}, n\in \mathbf{Z}_+, a=0$. $\forall \varepsilon>0$（不妨设 $0<\varepsilon<1$），因为
$$|x_n-a|=|q^{n-1}-0|=|q|^{n-1},$$
所以要使 $|x_n-a|<\varepsilon$，只要
$$|q|^{n-1}<\varepsilon$$
即可. 上式两边取自然对数，得 $(n-1)\ln|q|<\ln\varepsilon$. 又因为 $0<|q|<1, \ln|q|<0$，所以
$$n>1+\frac{\ln\varepsilon}{\ln|q|}.$$
因此，取 $N=\left[1+\dfrac{\ln\varepsilon}{\ln|q|}\right]$，则当 $n>N$ 时，有
$$|q^{n-1}-0|<\varepsilon.$$
故 $\lim\limits_{n\to\infty}q^{n-1}=0$.

由例 1.2.4 知，当 $0<|q|<1$ 时，$\lim\limits_{n\to\infty}q^n=0$. 还可以证明：当 $|q|>1$ 时，$\lim\limits_{n\to\infty}q^n=\infty$. 这两个极限含有深刻的人生哲理. 例如，$(1+0.01)^{365}\approx 37.783>1$，$(1-0.01)^{365}\approx 0.026<1$，这让我们明白，如果每天努力一点，那么一年后我们将进步很大；如果每天退步一点，那么一年后我们将远远落后于他人.

例 1.2.5 证明：$\lim\limits_{n\to\infty}\dfrac{n}{2n+1}=\dfrac{1}{2}$.

证明 $\forall\varepsilon>0$，由于
$$\left|\frac{n}{2n+1}-\frac{1}{2}\right|=\frac{1}{2(2n+1)}<\frac{1}{n},$$
要使 $\left|\dfrac{n}{2n+1}-\dfrac{1}{2}\right|<\varepsilon$，只要 $\dfrac{1}{n}<\varepsilon$，即 $n>\dfrac{1}{\varepsilon}$ 即可. 于是，取 $N=\left[1+\dfrac{1}{\varepsilon}\right]$，则当 $n>N$ 时，有
$$\left|\frac{n}{2n+1}-\frac{1}{2}\right|<\varepsilon.$$

故 $\lim\limits_{n\to\infty}\dfrac{n}{2n+1}=\dfrac{1}{2}$.

注 在数列极限论证中,有时为了从不等式 $|x_n-a|<\varepsilon$ 解出 $n>\varphi(\varepsilon)$ [$\varphi(\varepsilon)$ 是某个关于 ε 的表达式],往往采用"适当放大法",如例 1.2.5.

二、当 $x\to x_0$ 时,函数 $f(x)$ 的极限

定义 1.2.4 (1) 对于给定的函数 $y=f(x)$,若存在常数 A,当 $x\to x_0$ 时,对应的函数值 $f(x)$ 无限接近于 A,则称 $f(x)$ 当 $x\to x_0$ 时的极限存在,并称 A 是 $f(x)$ 当 $x\to x_0$ 时的**极限**,记作

$$\lim_{x\to x_0}f(x)=A \quad 或 \quad f(x)\to A,\quad x\to x_0;$$

(2) 对于给定的函数 $y=f(x)$,若存在常数 A,当 $x\to x_0^-$ 时,对应的函数值 $f(x)$ 无限接近于 A,则称 $f(x)$ 当 $x\to x_0$ 时的左极限存在,并称 A 是 $f(x)$ 当 $x\to x_0$ 时的**左极限**,记作

$$\lim_{x\to x_0^-}f(x)=A,\quad f(x_0^-)=A \quad 或 \quad f(x_0-0)=A;$$

(3) 对于给定的函数 $y=f(x)$,若存在常数 A,当 $x\to x_0^+$ 时,对应的函数值 $f(x)$ 无限接近于 A,则称 $f(x)$ 当 $x\to x_0$ 时的右极限存在,并称 A 是 $f(x)$ 当 $x\to x_0$ 时的**右极限**,记作

$$\lim_{x\to x_0^+}f(x)=A,\quad f(x_0^+)=A \quad 或 \quad f(x_0+0)=A.$$

左极限与右极限统称为**单侧极限**.

定义 1.2.4 给出了 $\lim\limits_{x\to x_0}f(x)=A$ 的直观定义,下面给出其严格定义.

定义 1.2.5 设 $y=f(x)$ 是一个函数,A 为一个常数.若对于 $\forall \varepsilon>0$,$\exists \delta>0$,使得当 $0<|x-x_0|<\delta$,即 $x\in\mathring{U}(x_0,\delta)$ 时,有

$$|f(x)-A|<\varepsilon,$$

则称 $f(x)$ 当 $x\to x_0$ 时的极限存在,并称 A 为 $f(x)$ 当 $x\to x_0$ 时的**极限**,或称 $f(x)$ 当 $x\to x_0$ 时**收敛**于 A,记作

$$\lim_{x\to x_0}f(x)=A \quad 或 \quad f(x)\to A,\quad x\to x_0.$$

在定义 1.2.5 中,x 可以按从 x_0 的左侧或右侧趋向于 x_0. 如果只考虑 $x\to x_0^-$ 或 $x\to x_0^+$ 的情形,那么只要将定义中的不等式"$0<|x-x_0|<\delta$"替换成"$-\delta<x-x_0<0$"[$x\in\mathring{U}(x_0^-,\delta)$]或"$0<x-x_0<\delta$"[$x\in\mathring{U}(x_0^+,\delta)$],就得到左极限 $\lim\limits_{x\to x_0^-}f(x)=A$ 或右极限 $\lim\limits_{x\to x_0^+}f(x)=A$ 的 ε-δ 定义.

注 (1) 极限 $\lim\limits_{x\to x_0}f(x)$ 存在与否与 $f(x)$ 在点 x_0 处是否有定义无关;

(2) δ 与任意给定的正数 ε 有关.

由函数极限的定义容易证明
$$\lim_{x\to x_0} f(x) = A \Leftrightarrow \lim_{x\to x_0^-} f(x) = A = \lim_{x\to x_0^+} f(x).$$
这一结论常常用来判别分段函数在分段点处的极限是否存在.

$\lim_{x\to x_0} f(x) = A$ 的几何解释是：任意给定正数 ε，作平行于 x 轴的两条直线 $y = A + \varepsilon$ 和 $y = A - \varepsilon$，则必存在点 x_0 的一个去心邻域 $\overset{\circ}{U}(x_0, \delta)$，使得当函数 $y = f(x)$ 的自变量 x 落在该去心邻域内时，函数 $y = f(x)$ 的图形必位于直线 $y = A + \varepsilon$ 和 $y = A - \varepsilon$ 之间，如图 1.11 所示.

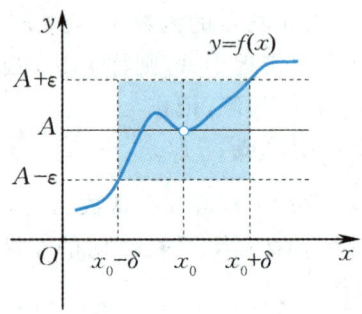

图 1.11

例 1.2.6 证明：$\lim_{x\to x_0} C = C$ （C 为常数）.

证明 $\forall \varepsilon > 0$，不等式
$$|f(x) - A| = |C - C| = 0 < \varepsilon$$
对于任一 x 都成立，故取 $\delta = 1$，则当 $0 < |x - x_0| < \delta$ 时，有
$$|C - C| < \varepsilon.$$
因此 $\lim_{x\to x_0} C = C$.

例 1.2.7 证明：$\lim_{x\to 1} \dfrac{x^2 - 1}{2(x-1)} = 1$.

证明 $f(x) = \dfrac{x^2 - 1}{2(x-1)}$ 在点 $x = 1$ 处无定义. $\forall \varepsilon > 0$，由于
$$|f(x) - A| = \left| \dfrac{x^2 - 1}{2(x-1)} - 1 \right| = \dfrac{1}{2}|x - 1|,$$
要使 $|f(x) - A| < \varepsilon$，只要 $|x - 1| < 2\varepsilon$ 即可. 取 $\delta = 2\varepsilon$，则当 $0 < |x - 1| < \delta$ 时，有
$$\left| \dfrac{x^2 - 1}{2(x-1)} - 1 \right| < \varepsilon.$$
因此 $\lim_{x\to 1} \dfrac{x^2 - 1}{2(x-1)} = 1$.

例 1.2.8 证明：$\lim\limits_{x \to x_0} e^x = e^{x_0}$.

证明 $\forall \varepsilon > 0$(不妨设 $0 < \varepsilon < e^{x_0}$)，要使 $|e^x - e^{x_0}| < \varepsilon$，即

$$e^{x_0} |e^{x-x_0} - 1| < \varepsilon,$$

只要

$$1 - \varepsilon e^{-x_0} < e^{x-x_0} < 1 + \varepsilon e^{-x_0},$$

即

$$\ln(1 - \varepsilon e^{-x_0}) < x - x_0 < \ln(1 + \varepsilon e^{-x_0})$$

即可. 取 $\delta = \min\{|\ln(1 - \varepsilon e^{-x_0})|, \ln(1 + \varepsilon e^{-x_0})\}$，则当 $0 < |x - x_0| < \delta$ 时，有

$$|e^x - e^{x_0}| < \varepsilon.$$

因此 $\lim\limits_{x \to x_0} e^x = e^{x_0}$.

同理可证 $\lim\limits_{x \to x_0} a^x = a^{x_0} \ (a > 0, a \neq 1)$.

通常将包含在函数 $f(x)$ 定义域内的区间称为函数 $f(x)$ 的定义区间.
对于初等函数，有下面的重要结论.

定理 1.2.1 设 $f(x)$ 是初等函数，且 x_0 是 $f(x)$ 的定义区间中的点，则
$$\lim_{x \to x_0} f(x) = f(x_0).$$

例 1.2.9 对于符号函数

$$\operatorname{sgn} x = \begin{cases} -1, & x < 0, \\ 0, & x = 0, \\ 1, & x > 0, \end{cases}$$

证明：当 $x \to 0$ 时，$\operatorname{sgn} x$ 的极限不存在.

证明 由于

$$\lim_{x \to 0^-} \operatorname{sgn} x = \lim_{x \to 0^-} (-1) = -1,$$

$$\lim_{x \to 0^+} \operatorname{sgn} x = \lim_{x \to 0^+} 1 = 1,$$

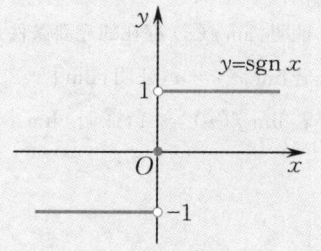

图 1.12

因此 $\lim\limits_{x \to 0^-} \operatorname{sgn} x \neq \lim\limits_{x \to 0^+} \operatorname{sgn} x$，从而当 $x \to 0$ 时，$\operatorname{sgn} x$ 的极限不存在(见图 1.12).

习题1.2

1. 观察下列函数或数列在给定自变量的变化过程中的变化趋势,判定它们的极限是否存在;如果存在,写出它们的极限:

   (1) $\dfrac{1}{a^x}(a>1), x\to +\infty$;　　　　(2) $1+\sin x, x\to -\infty$;

   (3) $\dfrac{x^2-1}{x+1}, x\to -1$;　　　　(4) $\dfrac{x-1}{x-3}, x\to 3$;

   (5) $x_n=(-1)^n\left(1+\dfrac{1}{n}\right), n\to \infty$;　　　　(6) $x_n=(-1)^n n, n\to \infty$.

2. 求下列极限:

   (1) $\lim\limits_{x\to \infty}\dfrac{1}{x^2}$;　　　　(2) $\lim\limits_{x\to -\infty}e^x$;　　　　(3) $\lim\limits_{x\to e}\ln x$;

   (4) $\lim\limits_{x\to \frac{\pi}{4}}\tan x$;　　　　(5) $\lim\limits_{x\to -1^+}\arccos x$;　　　　(6) $\lim\limits_{x\to x_0}\sqrt{x}\ (x_0>0)$.

3. 设函数
$$f(x)=\begin{cases}\sin x, & x<0,\\ x, & 0<x<1,\\ x^2, & 1\leqslant x<2,\end{cases}$$
求 $\lim\limits_{x\to -\frac{\pi}{6}}f(x), \lim\limits_{x\to 0}f(x), \lim\limits_{x\to 1}f(x)$ 和 $\lim\limits_{x\to 2^-}f(x)$.

4. 分别求函数 $f(x)=\dfrac{x}{x}, \varphi(x)=\dfrac{|x|}{x}$ 当 $x\to 0$ 时的左、右极限,并说明它们当 $x\to 0$ 时的极限是否存在.

5. 用极限的定义证明:

   (1) $\lim\limits_{n\to \infty}\dfrac{n+1}{2n+1}=\dfrac{1}{2}$;　　　　(2) $\lim\limits_{x\to 2}(5x+2)=12$;

   (3) $\lim\limits_{x\to \infty}\dfrac{6x+5}{x}=6$;　　　　(4) $\lim\limits_{x\to +\infty}\dfrac{\sin x}{\sqrt{x}}=0$.

6. 证明: $\lim\limits_{x\to \infty}f(x)$ 存在的充要条件是 $\lim\limits_{x\to +\infty}f(x)$ 与 $\lim\limits_{x\to -\infty}f(x)$ 都存在且相等.

7. 若 $\lim\limits_{n\to \infty}x_n=a$,证明: $\lim\limits_{n\to \infty}|x_n|=|a|$.

8. 若 $\lim\limits_{x\to x_0}f(x)=A$,证明: $\lim\limits_{x\to x_0}|f(x)|=|A|$.

§1.3 极限的性质

本节利用极限的定义来证明极限的基本性质,并讨论收敛数列与其子数列之间的关系,以及函数极限与数列极限之间的关系.

一、极限的基本性质

性质 1.3.1（唯一性） 若数列或函数的极限存在，则其极限是唯一的.

证明 用反证法. 设 $\lim\limits_{n\to\infty} x_n = a$，$\lim\limits_{n\to\infty} x_n = b$，且 $a \neq b$. 令 $d = |a-b|$，则 $d > 0$. 由数列极限的定义知，对于 $\varepsilon_0 = \dfrac{d}{2} > 0$，分别存在正整数 N_1, N_2，使得当 $n > N_1$ 时，有 $|x_n - a| < \varepsilon_0$；当 $n > N_2$ 时，有 $|x_n - b| < \varepsilon_0$.

取 $N = \max\{N_1, N_2\}$，则当 $n > N$ 时，有
$$|a-b| = |(a-x_n)-(b-x_n)| \leqslant |x_n - a| + |x_n - b|$$
$$< \varepsilon_0 + \varepsilon_0 = d.$$

这与假设 $d = |a-b|$ 相矛盾，从而得证.

同理可证函数极限的情形.

例 1.3.1 证明：数列 $\{x_n\} = \{(-1)^{n+1}\}$ 是发散的.

证明 用反证法. 设 $\lim\limits_{n\to\infty} x_n = a$，则按数列极限的定义，对于 $\varepsilon = \dfrac{1}{2}$，存在正整数 N，使得当 $n > N$ 时，有
$$|x_n - a| < \dfrac{1}{2},$$

即当 $n > N$ 时，$x_n \in \left(a - \dfrac{1}{2}, a + \dfrac{1}{2}\right)$，此区间的长度为 1. 而 $|x_{n+1} - x_n| = 2$，故 x_{n+1} 和 x_n 不可能同时位于长度为 1 的区间内，矛盾. 因此，该数列是发散的.

性质 1.3.2（有界性） （1）若 $\lim\limits_{n\to\infty} x_n$ 存在，则数列 $\{x_n\}$ 有界；

（2）若 $\lim\limits_{x\to x_0} f(x)$ 存在，则函数 $f(x)$ 必在 x_0 的某个去心邻域内有界；

（3）若 $\lim\limits_{x\to\infty} f(x)$ 存在，则存在 $M > 0$，使得当 $|x| > M$ 时，$f(x)$ 有界.

证明 （1）设 $\lim\limits_{n\to\infty} x_n = a$. 由数列极限的定义可知，对于 $\varepsilon = 1$，存在正整数 N，使得当 $n > N$ 时，有
$$|x_n - a| < 1.$$

于是，当 $n > N$ 时，有
$$|x_n| = |(x_n - a) + a| \leqslant |x_n - a| + |a| < 1 + |a|.$$

取 $M = \max\{|x_1|, |x_2|, \cdots, |x_N|, 1 + |a|\}$，则对于一切正整数 n，都有 $|x_n| \leqslant M$，故数列 $\{x_n\}$ 有界.

（2）设 $\lim\limits_{x\to x_0} f(x) = A$. 由函数极限的定义可知，对于 $\varepsilon = 1$，存在 $\delta > 0$，使得当 $0 < |x - x_0| < \delta$ 时，不等式

$|f(x)-A|<1$，即 $A-1<f(x)<A+1$

成立，从而 $f(x)$ 在 x_0 的去心邻域 $\mathring{U}(x_0,\delta)$ 内有界．

用极限的 $\varepsilon\text{-}M$ 定义类似可证(3)．

注 性质 1.3.2 中各命题的逆命题不成立．以数列为例，有界数列不一定是收敛数列，如数列 $\{(-1)^{n+1}\}$．

性质 1.3.3（局部保号性） (1) 若 $\lim\limits_{n\to\infty}x_n=a,\lim\limits_{n\to\infty}y_n=b$，且 $a>b$，则存在正整数 N，当 $n>N$ 时，有 $x_n>y_n$；

(2) 若 $\lim\limits_{x\to x_0}f(x)=A,\lim\limits_{x\to x_0}g(x)=B$，且 $A>B$，则在 x_0 的某个去心邻域内有 $f(x)>g(x)$．

证明 (1) 因为 $\lim\limits_{n\to\infty}x_n=a,\lim\limits_{n\to\infty}y_n=b$，且 $a>b$，所以对于 $\varepsilon_0=\dfrac{a-b}{2}>0$，分别存在正整数 N_1,N_2，使得当 $n>N_1$ 时，有 $|x_n-a|<\varepsilon_0$，即 $-\varepsilon_0<x_n-a<\varepsilon_0$，从而有 $x_n>\dfrac{a+b}{2}$；当 $n>N_2$ 时，有 $|y_n-b|<\varepsilon_0$，即 $-\varepsilon_0<y_n-b<\varepsilon_0$，从而有 $y_n<\dfrac{a+b}{2}$．

取 $N=\max\{N_1,N_2\}$，则当 $n>N$ 时，有 $y_n<\dfrac{a+b}{2}<x_n$，即 $x_n>y_n$．

用极限的 $\varepsilon\text{-}\delta$ 定义类似可证(2)．

推论 1.3.1 若 $\lim\limits_{x\to x_0}f(x)=A$，且 $A>B$，则在 x_0 的某个去心邻域内有 $f(x)>B$．特别地，当 $B=0$ 时，有 $f(x)>0$．

推论 1.3.2 若 $\lim\limits_{x\to x_0}f(x)=A,\lim\limits_{x\to x_0}g(x)=B$，且存在 x_0 的某个去心邻域，使得在此去心邻域内有 $f(x)\geqslant g(x)$，则 $A\geqslant B$．

推论 1.3.3 若 $\lim\limits_{x\to x_0}f(x)=A$，且 $A\neq 0$，则存在 $\delta>0$，使得当 $x\in\mathring{U}(x_0,\delta)$ 时，$|f(x)|\geqslant\dfrac{|A|}{2}$．

注 对于 $x\to\infty,x\to-\infty,x\to+\infty,x\to x_0^+$ 和 $x\to x_0^-$ 的情形，也有类似于性质 1.3.3 及推论 1.3.1 至推论 1.3.3 的结论．

二、收敛数列与其子数列之间的关系

在数列

$$\{x_n\}:x_1,x_2,\cdots,x_n,\cdots$$

中，任意抽取无穷多项并保持这些项在原数列 $\{x_n\}$ 中的先后次序不变，这样得到的一个新数列

$$x_{n_1},x_{n_2},\cdots,x_{n_k},\cdots$$

称为原数列 $\{x_n\}$ 的**子数列**（简称**子列**），其中 x_{n_k} 是子数列 $\{x_{n_k}\}$ 中的第 k 项，是

原数列 $\{x_n\}$ 中的第 n_k 项. 显然 $n_1 < n_2 < \cdots < n_k < \cdots$，且 $n_k \geqslant k(k=1,2,\cdots)$.

性质 1.3.4 若数列 $\{x_n\}$ 收敛于 a，则它的任一子数列也收敛于 a. 也就是说，若 $\lim\limits_{n\to\infty} x_n = a$，则 $\lim\limits_{k\to\infty} x_{n_k} = a$，其中 $\{x_{n_k}\}$ 是 $\{x_n\}$ 的任意子数列.

证明 由 $\lim\limits_{n\to\infty} x_n = a$ 可知，对于任意给定的 $\varepsilon > 0$，存在正整数 N，当 $n > N$ 时，有
$$|x_n - a| < \varepsilon.$$
取 $K = N$，则当 $k > K$ 时，$n_k > n_K = n_N \geqslant N$，从而此时有
$$|x_{n_k} - a| < \varepsilon.$$
故 $\lim\limits_{k\to\infty} x_{n_k} = a$.

由性质 1.3.4 知，若数列 $\{x_n\}$ 的一个子数列的极限不存在，或者两个子数列收敛于不同的极限值，则数列 $\{x_n\}$ 是发散的，如数列 $\{(-1)^{n+1}\}$.

三、函数极限与数列极限的关系

性质 1.3.5 设 $\lim\limits_{x\to x_0} f(x) = A$，$\{x_n\}$ 为函数 $f(x)$ 定义域内的一个数列，且 $x_n \neq x_0, n \in \mathbf{N}_+$. 若 $\lim\limits_{n\to\infty} x_n = x_0$，则相应的函数值数列 $\{f(x_n)\}$ 必收敛，且
$$\lim\limits_{n\to\infty} f(x_n) = A = \lim\limits_{x\to x_0} f(x).$$

证明 由 $\lim\limits_{x\to x_0} f(x) = A$ 可知，$\forall \varepsilon > 0, \exists \delta > 0$，使得当 $0 < |x - x_0| < \delta$ 时，有
$$|f(x) - A| < \varepsilon.$$
因 $\lim\limits_{n\to\infty} x_n = x_0$，故对于上述的 $\delta > 0$，存在正整数 N，使得当 $n > N$ 时，有
$$0 < |x_n - x_0| < \delta,$$
从而有
$$|f(x_n) - A| < \varepsilon.$$
因此
$$\lim\limits_{n\to\infty} f(x_n) = A.$$

注 对于 $x \to \infty, x \to -\infty, x \to +\infty, x \to x_0^+$ 和 $x \to x_0^-$ 的情形，也有类似于性质 1.3.5 的结论.

例 1.3.2 证明：$\lim\limits_{x\to+\infty} \sin x$ 不存在.

证明 取两个数列
$$\{x_n'\} = \{2n\pi\}, \quad \{x_n''\} = \left\{2n\pi + \frac{\pi}{2}\right\},$$
则 $\lim\limits_{n\to\infty} x_n' = +\infty$（当 n 无限增大时，x_n' 无限增大），$\lim\limits_{n\to\infty} x_n'' = +\infty$. 但

$$\lim_{n\to\infty}\sin x'_n = \lim_{n\to\infty}\sin 2n\pi = 0, \quad \lim_{n\to\infty}\sin x''_n = \lim_{n\to\infty}\sin\left(2n\pi + \frac{\pi}{2}\right) = 1,$$

故由性质 1.3.5 知，$\lim\limits_{x\to+\infty}\sin x$ 不存在.

习题1.3

1. 证明：若 $\lim\limits_{x\to+\infty}f(x)$ 存在，则存在 $X > 0$，使得当 $x > X$ 时，函数 $f(x)$ 有界.
2. 证明：若 $\lim\limits_{x\to x_0}f(x) = A$，且 $A > 0$，则存在 x_0 的某个去心邻域，使得在该去心邻域内有 $f(x) > 0$.
3. 设数列 $\{x_n\}$ 有界，又 $\lim\limits_{n\to\infty}y_n = 0$，证明：$\lim\limits_{n\to\infty}x_n y_n = 0$.
4. 若 $\lim\limits_{x\to+\infty}f(x) = A, y_n = f(n), n \in \mathbf{N}_+$，证明：$\lim\limits_{n\to\infty}y_n = A$.
5. 证明：当 $x \to 0$ 时，函数 $f(x) = \sin\dfrac{1}{x}$ 的极限不存在.

§1.4 极限的运算法则

本节主要介绍极限的四则运算法则及复合函数的极限运算法则. 利用这些法则可以计算一些比较复杂的函数极限.

一、极限的四则运算法则

定理 1.4.1 设 $x^* \in \{x_0, x_0^-, x_0^+, \infty, -\infty, +\infty\}$. 若 $\lim\limits_{x\to x^*}f(x)$ 和 $\lim\limits_{x\to x^*}g(x)$ 都存在，则 $\lim\limits_{x\to x^*}[f(x)+g(x)]$，$\lim\limits_{x\to x^*}[f(x)-g(x)]$，$\lim\limits_{x\to x^*}f(x)g(x)$，$\lim\limits_{x\to x^*}\dfrac{f(x)}{g(x)}\left[\lim\limits_{x\to x^*}g(x) \neq 0\right]$ 也存在，并且有

$$\lim_{x\to x^*}[f(x)+g(x)] = \lim_{x\to x^*}f(x) + \lim_{x\to x^*}g(x),$$
$$\lim_{x\to x^*}[f(x)-g(x)] = \lim_{x\to x^*}f(x) - \lim_{x\to x^*}g(x),$$
$$\lim_{x\to x^*}f(x)g(x) = \lim_{x\to x^*}f(x) \cdot \lim_{x\to x^*}g(x),$$
$$\lim_{x\to x^*}\frac{f(x)}{g(x)} = \frac{\lim\limits_{x\to x^*}f(x)}{\lim\limits_{x\to x^*}g(x)} \quad \left[\lim_{x\to x^*}g(x) \neq 0\right].$$

例如，若 $\lim\limits_{x\to\infty}f(x) = A, \lim\limits_{x\to\infty}g(x) = B$，则

(1) $\lim\limits_{x\to\infty}[f(x)+g(x)] = \lim\limits_{x\to\infty}f(x)+\lim\limits_{x\to\infty}g(x) = A+B$;

(2) $\lim\limits_{x\to\infty}[f(x)-g(x)] = \lim\limits_{x\to\infty}f(x)-\lim\limits_{x\to\infty}g(x) = A-B$;

(3) $\lim\limits_{x\to\infty}f(x)g(x) = \lim\limits_{x\to\infty}f(x)\cdot\lim\limits_{x\to\infty}g(x) = AB$;

(4) $\lim\limits_{x\to\infty}\dfrac{f(x)}{g(x)} = \dfrac{\lim\limits_{x\to\infty}f(x)}{\lim\limits_{x\to\infty}g(x)} = \dfrac{A}{B}$ $(B\neq 0)$.

特别地,
$$\lim Cf(x) = \lim C \cdot \lim f(x) = C\lim f(x) = CA,$$
其中 C 为常数;
$$\lim_{x\to\infty}[f(x)]^n = \lim_{x\to\infty}[f(x)\cdot f(x)\cdots f(x)]$$
$$= \lim_{x\to\infty}f(x)\cdot\lim_{x\to\infty}f(x)\cdots\lim_{x\to\infty}f(x)$$
$$= [\lim_{x\to\infty}f(x)]^n = A^n,$$
其中 n 为正整数.

证明 这里只给出(1),(3)的证明,其他的证明可以类似地给出.

先证(1). 因为 $\lim\limits_{x\to\infty}f(x)=A$, $\lim\limits_{x\to\infty}g(x)=B$, 所以对于任意给定的 $\varepsilon>0$, 分别存在正数 M_1, M_2, 使得当 $|x|>M_1$ 时, 有 $|f(x)-A|<\dfrac{\varepsilon}{2}$; 当 $|x|>M_2$ 时, 有 $|g(x)-B|<\dfrac{\varepsilon}{2}$.

取 $M=\max\{M_1,M_2\}$, 则当 $|x|>M$ 时, 有
$$|[f(x)+g(x)]-(A+B)| \leqslant |f(x)-A|+|g(x)-B|$$
$$< \dfrac{\varepsilon}{2}+\dfrac{\varepsilon}{2} = \varepsilon.$$

因此
$$\lim_{x\to\infty}[f(x)+g(x)] = A+B = \lim_{x\to\infty}f(x)+\lim_{x\to\infty}g(x).$$

再证(3). 我们有
$$|f(x)g(x)-AB| = |f(x)g(x)-Bf(x)+Bf(x)-AB|$$
$$\leqslant |f(x)||g(x)-B|+|B||f(x)-A|.$$

一方面, 因为 $\lim\limits_{x\to\infty}f(x)$ 存在, 所以根据性质 1.3.2 知, 存在正数 K, M_1, 使得当 $|x|>M_1$ 时, 有
$$|f(x)|\leqslant K.$$

另一方面, 由极限的定义, 对于任意给定的 $\varepsilon>0$, 分别存在正数 M_2, M_3, 使得当 $|x|>M_2$ 时, 有
$$|f(x)-A| < \dfrac{\varepsilon}{2(K+|B|)};$$

当 $|x|>M_3$ 时, 有
$$|g(x)-B| < \dfrac{\varepsilon}{2(K+|B|)}.$$

综上所述,取 $M=\max\{M_1,M_2,M_3\}$,则当 $|x|>M$ 时,上述三个不等式都成立,从而

$$|f(x)g(x)-AB| \leqslant |f(x)||g(x)-B|+|B||f(x)-A|$$
$$< K\frac{\varepsilon}{2(K+|B|)}+|B|\frac{\varepsilon}{2(K+|B|)}<\varepsilon.$$

因此

$$\lim_{x\to\infty}f(x)g(x)=AB=\lim_{x\to\infty}f(x)\cdot\lim_{x\to\infty}g(x).$$

注 (1) 对于其他类型的自变量变化过程,证明是类似的;

(2) 极限的四则运算法则可以推广到有限个函数的情形;

(3) 对于数列极限,也有类似的四则运算法则,即有下面的定理 1.4.2 成立.

定理 1.4.2 若 $\lim\limits_{n\to\infty}x_n$ 和 $\lim\limits_{n\to\infty}y_n$ 都存在,则 $\lim\limits_{n\to\infty}(x_n+y_n)$,$\lim\limits_{n\to\infty}(x_n-y_n)$,$\lim\limits_{n\to\infty}x_ny_n$ 和 $\lim\limits_{n\to\infty}\dfrac{x_n}{y_n}(\lim\limits_{n\to\infty}y_n\neq 0)$ 也存在,并且有

$$\lim_{n\to\infty}(x_n+y_n)=\lim_{n\to\infty}x_n+\lim_{n\to\infty}y_n,$$
$$\lim_{n\to\infty}(x_n-y_n)=\lim_{n\to\infty}x_n-\lim_{n\to\infty}y_n,$$
$$\lim_{n\to\infty}x_ny_n=\lim_{n\to\infty}x_n\cdot\lim_{n\to\infty}y_n,$$
$$\lim_{n\to\infty}\frac{x_n}{y_n}=\frac{\lim\limits_{n\to\infty}x_n}{\lim\limits_{n\to\infty}y_n}\quad(\lim_{n\to\infty}y_n\neq 0).$$

例 1.4.1 求下列极限:

(1) $\lim\limits_{x\to 2}(x^2-x+5)$; (2) $\lim\limits_{x\to 1}\dfrac{3x-1}{x^2-3x+4}$; (3) $\lim\limits_{x\to 3}\dfrac{x^2-9}{x^2-2x-3}$.

解 (1) $\lim\limits_{x\to 2}(x^2-x+5)=\lim\limits_{x\to 2}x^2-\lim\limits_{x\to 2}x+\lim\limits_{x\to 2}5=2^2-2+5=7.$

(2) $\lim\limits_{x\to 1}\dfrac{3x-1}{x^2-3x+4}=\dfrac{\lim\limits_{x\to 1}(3x-1)}{\lim\limits_{x\to 1}(x^2-3x+4)}=\dfrac{3\times 1-1}{1^2-3\times 1+4}=1.$

(3) 当 $x\to 3$ 时,分母 $x^2-2x-3\to 0$,不能直接用商的极限运算法则.但注意到当 $x\to 3$ 时,$x\neq 3$,则

$$\frac{x^2-9}{x^2-2x-3}=\frac{(x-3)(x+3)}{(x-3)(x+1)}=\frac{x+3}{x+1}.$$

因此

$$\lim_{x\to 3}\frac{x^2-9}{x^2-2x-3}=\lim_{x\to 3}\frac{x+3}{x+1}=\frac{3+3}{3+1}=\frac{3}{2}.$$

例 1.4.2 求下列极限:

(1) $\lim\limits_{x\to 0}\dfrac{\sqrt{x+4}-2}{x}$;   *(2) $\lim\limits_{x\to 1}\dfrac{\sqrt{3-x}-\sqrt{1+x}}{x^2+x-2}$.

解 (1) 当 $x\to 0$ 时,分母的极限是零,不能直接用商的极限运算法则. 但注意到当 $x\to 0$ 时,$x\neq 0$,经过分子有理化,再约去非零因子 x,便可以应用极限的运算法则求解,即

$$\lim_{x\to 0}\frac{\sqrt{x+4}-2}{x}=\lim_{x\to 0}\frac{(\sqrt{x+4}-2)(\sqrt{x+4}+2)}{x(\sqrt{x+4}+2)}=\lim_{x\to 0}\frac{(x+4)-4}{x(\sqrt{x+4}+2)}$$

$$=\lim_{x\to 0}\frac{1}{\sqrt{x+4}+2}=\frac{1}{\sqrt{0+4}+2}=\frac{1}{4}.$$

*(2) 当 $x\to 1$ 时,分母的极限是零,不能直接用商的极限运算法则. 但注意到当 $x\to 1$ 时,$x\neq 1$,经过分子有理化,再约去非零因子 $x-1$,便可以应用极限的运算法则求解,即

$$\lim_{x\to 1}\frac{\sqrt{3-x}-\sqrt{1+x}}{x^2+x-2}=\lim_{x\to 1}\frac{(\sqrt{3-x}-\sqrt{1+x})(\sqrt{3-x}+\sqrt{1+x})}{(x^2+x-2)(\sqrt{3-x}+\sqrt{1+x})}$$

$$=\lim_{x\to 1}\frac{2-2x}{(x-1)(x+2)(\sqrt{3-x}+\sqrt{1+x})}$$

$$=\lim_{x\to 1}\frac{-2}{(x+2)(\sqrt{3-x}+\sqrt{1+x})}$$

$$=-\frac{\sqrt{2}}{6}.$$

例 1.4.3 求下列极限:

(1) $\lim\limits_{n\to\infty}\dfrac{3n^2-2}{2n^2+n+5}$;   (2) $\lim\limits_{n\to\infty}\left[\dfrac{1}{1\cdot 2}+\dfrac{1}{2\cdot 3}+\cdots+\dfrac{1}{n\cdot(n+1)}\right]$.

解 (1) $\lim\limits_{n\to\infty}\dfrac{3n^2-2}{2n^2+n+5}=\lim\limits_{n\to\infty}\dfrac{3-\dfrac{2}{n^2}}{2+\dfrac{1}{n}+\dfrac{5}{n^2}}=\dfrac{3-0}{2+0+0}=\dfrac{3}{2}.$

(2) 这并非有限项之和的极限,不能直接用和的极限运算法则. 但注意到 $\dfrac{1}{n\cdot(n+1)}=\dfrac{1}{n}-\dfrac{1}{n+1}$,因此

$$\lim_{n\to\infty}\left[\frac{1}{1\cdot 2}+\frac{1}{2\cdot 3}+\cdots+\frac{1}{n\cdot(n+1)}\right]$$

$$=\lim_{n\to\infty}\left[\left(1-\frac{1}{2}\right)+\left(\frac{1}{2}-\frac{1}{3}\right)+\cdots+\left(\frac{1}{n}-\frac{1}{n+1}\right)\right]$$

$$=\lim_{n\to\infty}\left(1-\frac{1}{n+1}\right)=1.$$

二、复合函数的极限运算法则

定理 1.4.3　设函数 $y=f[\varphi(x)]$ 由函数 $y=f(u)$ 与 $u=\varphi(x)$ 复合而成，$f[\varphi(x)]$ 在 x_0 的某个去心邻域内有定义．若 $\lim\limits_{x\to x_0}\varphi(x)=u_0$，$\lim\limits_{u\to u_0}f(u)=A$，且在 x_0 的某个去心邻域内有 $\varphi(x)\neq u_0$，则

$$\lim_{x\to x_0}f[\varphi(x)]=\lim_{u\to u_0}f(u)=A.$$

分析　根据极限的 $\varepsilon-\delta$ 定义，要证：对于 $\forall \varepsilon>0$，$\exists \delta>0$，使得当 $0<|x-x_0|<\delta$ 时，有 $|f[\varphi(x)]-A|<\varepsilon$．

证明　$\forall \varepsilon>0$，由 $\lim\limits_{u\to u_0}f(u)=A$ 可知，$\exists \eta>0$，使得当 $0<|u-u_0|<\eta$ 时，有

$$|f(u)-A|<\varepsilon.$$

又 $\lim\limits_{x\to x_0}\varphi(x)=u_0$，且在 x_0 的某个去心邻域内 $\varphi(x)\neq u_0$，故对于上述的 $\eta>0$，必存在 $\delta>0$，当 $0<|x-x_0|<\delta$ 时，有

$$0<|u-u_0|=|\varphi(x)-u_0|<\eta,$$

从而有

$$|f[\varphi(x)]-A|=|f(u)-A|<\varepsilon.$$

故 $\lim\limits_{x\to x_0}f[\varphi(x)]=A$．

注　(1) 定理 1.4.3 表明，若函数 $f(u)$ 和 $\varphi(x)$ 满足该定理的条件，则可通过变量代换 $u=\varphi(x)$ 求复合函数的极限 $\lim\limits_{x\to x_0}f[\varphi(x)]$，即

$$\lim_{x\to x_0}f[\varphi(x)]\xlongequal{u=\varphi(x)}\lim_{u\to u_0}f(u)=A.$$

更进一步，若 $f(u_0)=A$，则有

$$\lim_{x\to x_0}f[\varphi(x)]=f(u_0)=f\left[\lim_{x\to x_0}\varphi(x)\right].$$

此时，极限符号与函数符号可以交换．

(2) 对于 $x\to x^*\in\{x_0^-,x_0^+,\infty,-\infty,+\infty\}$ 的情形，也有类似于定理 1.4.3 的结论．

推论 1.4.1（幂指函数的极限）　设 $x^*\in\{x_0,x_0^-,x_0^+,\infty,-\infty,+\infty\}$，$\lim\limits_{x\to x^*}f(x)$ 和 $\lim\limits_{x\to x^*}g(x)$ 都存在．若 $\lim\limits_{x\to x^*}f(x)=A(A>0)$，$\lim\limits_{x\to x^*}g(x)=B$，则 $\lim\limits_{x\to x^*}f(x)^{g(x)}$ 存在，且

$$\lim_{x\to x^*}f(x)^{g(x)}=\left[\lim_{x\to x^*}f(x)\right]^{\lim\limits_{x\to x^*}g(x)}=A^B.$$

例 1.4.4 求下列极限：

(1) $\lim\limits_{x\to 0}(x+5e^x)^{\frac{2}{x+1}}$; (2) $\lim\limits_{x\to 3}\ln\dfrac{x^2-9}{5(x-3)}$; (3) $\lim\limits_{x\to 0}\cos\dfrac{1}{x}$.

解 (1) 因为 $\lim\limits_{x\to 0}(x+5e^x)=5>0$, $\lim\limits_{x\to 0}\dfrac{2}{x+1}=2$, 所以

$$\lim_{x\to 0}(x+5e^x)^{\frac{2}{x+1}}=\left[\lim_{x\to 0}(x+5e^x)\right]^{\lim\limits_{x\to 0}\frac{2}{x+1}}=5^2=25.$$

(2) $\lim\limits_{x\to 3}\ln\dfrac{x^2-9}{5(x-3)}=\lim\limits_{x\to 3}\ln\dfrac{x+3}{5}=\ln\left(\lim\limits_{x\to 3}\dfrac{x+3}{5}\right)=\ln\dfrac{6}{5}$.

(3) 令 $u=\dfrac{1}{x}$. 因为当 $x\to 0$ 时，u 的绝对值无限增大，即 $u=\dfrac{1}{x}\to\infty$，故 $\lim\limits_{x\to 0}\cos\dfrac{1}{x}=\lim\limits_{u\to\infty}\cos u$ 不存在.

习题1.4

1. 已知极限 $\lim\limits_{x\to\infty}f(x)$ 存在，且 $f(x)=\dfrac{1}{x}-4+3\lim\limits_{x\to\infty}f(x)$，求 $f(x)$.

2. 求下列极限：

(1) $\lim\limits_{x\to\pi}(\ln\pi+2x-\ln x)$; (2) $\lim\limits_{x\to\infty}\left(2-\dfrac{1}{x}+\dfrac{1}{x^2}\right)$;

(3) $\lim\limits_{x\to\infty}\left(1+\dfrac{1}{x}\right)\left(2-\dfrac{1}{x^2}\right)$; (4) $\lim\limits_{x\to\sqrt{3}}\dfrac{x^2-3}{x^2+1}$;

(5) $\lim\limits_{x\to 1}\dfrac{x^2-2x+1}{x^2-1}$; (6) $\lim\limits_{h\to 0}\dfrac{(x+h)^2-x^2}{h}$;

(7) $\lim\limits_{x\to 1}\dfrac{1-x}{1-\sqrt{x}}$; (8) $\lim\limits_{x\to -2}\dfrac{(x+2)\sin\pi x}{x^2+x-2}$;

(9) $\lim\limits_{n\to\infty}\left(\dfrac{1}{n^2}+\dfrac{2}{n^2}+\dfrac{3}{n^2}+\cdots+\dfrac{n}{n^2}\right)$; (10) $\lim\limits_{n\to\infty}\left(1+\dfrac{1}{2}+\dfrac{1}{2^2}+\cdots+\dfrac{1}{2^n}\right)$.

3. 求下列极限：

(1) $\lim\limits_{x\to 0}\sqrt{1+x+e^x}$; (2) $\lim\limits_{x\to 1}\arctan\dfrac{1}{x}$; (3) $\lim\limits_{x\to\infty}e^{\sin\frac{1}{x}}$;

(4) $\lim\limits_{x\to 1}\ln\dfrac{x^2-1}{x-1}$; (5) $\lim\limits_{x\to\frac{\pi}{3}}\dfrac{8\cos^2 x-2\cos x-1}{2\cos^2 x+\cos x-1}$; (6) $\lim\limits_{x\to -8}\dfrac{\sqrt{1-x}-3}{2+\sqrt[3]{x}}$.

4. 设函数 $f(x)=\begin{cases} 3x+2, & x<0, \\ 2+x^2, & 0<x\leqslant 1, \\ \dfrac{2}{x}, & x>1, \end{cases}$ 分别讨论当 $x\to 0$ 及 $x\to 1$ 时，$f(x)$ 的极限是否存在.

5. 设函数 $f(x)=\begin{cases} \mathrm{e}^{\frac{1}{x}}+1, & x<0, \\ 1+x^2, & x>0, \end{cases}$ 求 $\lim\limits_{x\to 0}f(x)$.

6. 设极限 $\lim\limits_{x\to x_0}f(x)$ 存在，极限 $\lim\limits_{x\to x_0}g(x)$ 不存在，证明：极限 $\lim\limits_{x\to x_0}[f(x)+g(x)]$ 不存在.

§1.5 极限存在准则与两个重要极限

直接根据极限的定义判断极限的存在性，有时是比较困难的. 本节介绍判断极限存在的两个充分条件——极限存在准则，并由此导出两个重要极限.

一、极限存在准则

定理 1.5.1（夹逼准则） 设函数 $f(x),g(x),h(x)$ 在 x_0 的某个去心邻域内（或当 $|x|>X$ 时）有定义，且满足条件：

(1) $g(x)\leqslant f(x)\leqslant h(x)$；

(2) $\lim\limits_{x\to x_0}g(x)=\lim\limits_{x\to x_0}h(x)=A$ [或 $\lim\limits_{x\to\infty}g(x)=\lim\limits_{x\to\infty}h(x)=A$]，

则 $\lim\limits_{x\to x_0}f(x)$ [或 $\lim\limits_{x\to\infty}f(x)$] 存在，且等于 A.

证明 由条件(2)知，对于任意给定的 $\varepsilon>0$，分别存在正数 δ_1 及 δ_2，使得当 $0<|x-x_0|<\delta_1$ 时，有
$$|g(x)-A|<\varepsilon,\quad \text{即}\quad A-\varepsilon<g(x)<A+\varepsilon;$$
当 $0<|x-x_0|<\delta_2$ 时，有
$$|h(x)-A|<\varepsilon,\quad \text{即}\quad A-\varepsilon<h(x)<A+\varepsilon.$$
取 $\delta=\min\{\delta_1,\delta_2\}$，则当 $0<|x-x_0|<\delta$ 时，有
$$A-\varepsilon<g(x)\leqslant f(x)\leqslant h(x)<A+\varepsilon,$$
即
$$|f(x)-A|<\varepsilon.$$
因此 $\lim\limits_{x\to x_0}f(x)=A.$

同理可证当 $x \to \infty$ 时的情形.

注 对于 $x \to x_0^+, x \to x_0^-, x \to -\infty$ 和 $x \to +\infty$ 的情形以及数列的极限,也有类似于定理 1.5.1 的夹逼准则.

如果数列 $\{x_n\}$ 满足条件
$$x_1 \leqslant x_2 \leqslant \cdots \leqslant x_n \leqslant x_{n+1} \leqslant \cdots \quad (\text{或 } x_1 \geqslant x_2 \geqslant \cdots \geqslant x_n \geqslant x_{n+1} \geqslant \cdots),$$
那么称数列 $\{x_n\}$ 是**单调增加**(或**单调减少**)的. 单调增加和单调减少数列统称为**单调数列**.

定理 1.5.2(单调有界收敛准则) 单调有界数列一定收敛. 具体地说,单调增加且有上界或单调减少且有下界的数列一定收敛.

注 对于单调有界函数,也有类似于定理 1.5.2 的收敛准则.

例如,若 $f(x)$ 在开区间 (a, b) 内是单调有界函数,则极限 $\lim\limits_{x \to a^+} f(x)$ 与 $\lim\limits_{x \to b^-} f(x)$ 都存在;若 $f(x)$ 在区间 $(a, +\infty)$ 上是单调有界函数,则极限 $\lim\limits_{x \to a^+} f(x)$ 与 $\lim\limits_{x \to +\infty} f(x)$ 都存在.

例 1.5.1 计算极限 $\lim\limits_{n \to \infty} \left(\dfrac{1}{\sqrt{n^2+1}} + \dfrac{1}{\sqrt{n^2+2}} + \cdots + \dfrac{1}{\sqrt{n^2+n}} \right)$.

解 令 $x_n = \dfrac{1}{\sqrt{n^2+1}} + \dfrac{1}{\sqrt{n^2+2}} + \cdots + \dfrac{1}{\sqrt{n^2+n}}$ $(n=1,2,\cdots)$,则
$$\dfrac{n}{\sqrt{n^2+n}} \leqslant x_n \leqslant \dfrac{n}{\sqrt{n^2+1}} \quad (n=1,2,\cdots),$$
$$\lim_{n \to \infty} \dfrac{n}{\sqrt{n^2+n}} = 1, \quad \lim_{n \to \infty} \dfrac{n}{\sqrt{n^2+1}} = 1.$$

由夹逼准则得
$$\lim_{n \to \infty} \left(\dfrac{1}{\sqrt{n^2+1}} + \dfrac{1}{\sqrt{n^2+2}} + \cdots + \dfrac{1}{\sqrt{n^2+n}} \right) = 1.$$

二、两个重要极限

利用夹逼准则和单调有界收敛准则,可以得到以下两个常用的重要极限:

(1) $\lim\limits_{x \to 0} \dfrac{\sin x}{x} = 1$;

(2) $\lim\limits_{x \to \infty} \left(1 + \dfrac{1}{x}\right)^x = e$.

证明 (1) 由于 $\dfrac{\sin x}{x}$ 是偶函数,当 x 改变符号时,$\dfrac{\sin x}{x}$ 的值不变,故只需讨论 $x > 0$ 的情形即可.

作单位圆如图 1.13 所示. 设 $0 < x < \dfrac{\pi}{2}$,在单位圆内作 $\angle AOB = x$,过点 A 作圆的切线与 OB 的延长线交于点 C. 由于

$$\triangle OAB \text{ 的面积} < \text{扇形 } OAB \text{ 的面积} < \triangle OAC \text{ 的面积},$$

因此得

$$\frac{1}{2}\sin x < \frac{1}{2}x < \frac{1}{2}\tan x, \quad \text{即} \quad \sin x < x < \tan x.$$

用 $\sin x$ 除这个不等式的各项,得

$$1 < \frac{x}{\sin x} < \frac{1}{\cos x}, \quad \text{即} \quad \cos x < \frac{\sin x}{x} < 1.$$

因为 $\lim\limits_{x \to 0} \cos x = 1$,所以由夹逼准则可知 $\lim\limits_{x \to 0} \dfrac{\sin x}{x} = 1$.

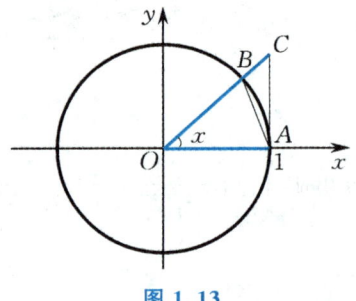

图 1.13

(2) 令 $x_n = \left(1 + \dfrac{1}{n}\right)^n$. 下面证明数列 $\{x_n\}$ 单调增加且有上界.

由二项式定理,得

$$x_n = \left(1 + \frac{1}{n}\right)^n$$

$$= 1 + \frac{n}{1!} \cdot \frac{1}{n} + \frac{n(n-1)}{2!} \cdot \frac{1}{n^2} + \cdots + \frac{n(n-1)(n-2)\cdots 2 \cdot 1}{n!} \cdot \frac{1}{n^n}$$

$$= 1 + \frac{1}{1!} + \frac{1}{2!}\left(1 - \frac{1}{n}\right) + \frac{1}{3!}\left(1 - \frac{1}{n}\right)\left(1 - \frac{2}{n}\right) + \cdots$$

$$+ \frac{1}{n!}\left(1 - \frac{1}{n}\right)\left(1 - \frac{2}{n}\right)\cdots\left(1 - \frac{n-1}{n}\right),$$

$$x_{n+1} = \left(1 + \frac{1}{n+1}\right)^{n+1}$$

$$= 1 + \frac{1}{1!} + \frac{1}{2!}\left(1 - \frac{1}{n+1}\right) + \frac{1}{3!}\left(1 - \frac{1}{n+1}\right)\left(1 - \frac{2}{n+1}\right) + \cdots$$

$$+ \frac{1}{(n+1)!}\left(1 - \frac{1}{n+1}\right)\left(1 - \frac{2}{n+1}\right)\cdots\left(1 - \frac{n}{n+1}\right).$$

比较这两个展开式可以看到,除前面两项一样外,x_{n+1} 的每一项都大于 x_n 的对

应项,而且还多了数值为正的最后一项,因此
$$x_n < x_{n+1}, \quad n=1,2,\cdots.$$
这说明了 $\{x_n\}$ 是单调增加的.

因为当 $n \geqslant 2$ 时,$1-\dfrac{1}{n}$,$1-\dfrac{2}{n}$,$\cdots$,$1-\dfrac{n-1}{n}$ 这些因子都小于1,所以
$$x_n < 1+\frac{1}{1!}+\frac{1}{2!}+\cdots+\frac{1}{n!} < 1+1+\frac{1}{2}+\frac{1}{2^2}+\cdots+\frac{1}{2^{n-1}}$$
$$=1+\frac{1-\dfrac{1}{2^n}}{1-\dfrac{1}{2}}=3-\frac{1}{2^{n-1}}<3, \quad n=2,3,\cdots.$$

又 $x_1=2<3$,这就说明 $\{x_n\}$ 有上界.

于是,由单调有界收敛准则知,数列 $\{x_n\}$ 收敛.通常用字母 e 表示它的极限,即
$$\lim_{n\to\infty}\left(1+\frac{1}{n}\right)^n = e,$$

其中 e 是一个无理数,自然对数 $y=\ln x$ 的底就是这个常数,可用其他数学方法求得 $e=2.718\,281\,828\,459\,045\cdots$.

如果 x 取实数,也可以证明
$$\lim_{x\to\infty}\left(1+\frac{1}{x}\right)^x = e.$$

利用复合函数的极限运算法则,令 $u=\dfrac{1}{x}\to 0$,$x\to\infty$,则上式变为
$$\lim_{u\to 0}(1+u)^{\frac{1}{u}} = e.$$

两个重要极限在计算极限中起重要的作用.

例 1.5.2 求下列极限:

(1) $\lim\limits_{x\to 0}\dfrac{\sin 3x}{x}$; (2) $\lim\limits_{x\to 0}\dfrac{\tan x}{x}$; (3) $\lim\limits_{x\to 0}\dfrac{1-\cos 2x}{x^2}$;

(4) $\lim\limits_{x\to 0}\dfrac{x}{\arcsin x}$; (5) $\lim\limits_{x\to 1}\dfrac{\sin(x-1)}{x^2-1}$; (6) $\lim\limits_{x\to\infty}x\sin\dfrac{1}{x}$.

解 (1) $\lim\limits_{x\to 0}\dfrac{\sin 3x}{x}=\lim\limits_{x\to 0}\left(3\cdot\dfrac{\sin 3x}{3x}\right)=3\times 1=3.$

(2) $\lim\limits_{x\to 0}\dfrac{\tan x}{x}=\lim\limits_{x\to 0}\left(\dfrac{\sin x}{x}\cdot\dfrac{1}{\cos x}\right)=\lim\limits_{x\to 0}\dfrac{\sin x}{x}\cdot\lim\limits_{x\to 0}\dfrac{1}{\cos x}=1.$

(3) $\lim\limits_{x\to 0}\dfrac{1-\cos 2x}{x^2}=\lim\limits_{x\to 0}\dfrac{2\sin^2 x}{x^2}=\lim\limits_{x\to 0}2\left(\dfrac{\sin x}{x}\right)^2=2\times 1^2=2.$

(4) 令 $u = \arcsin x$,则 $x = \sin u$,当 $x \to 0$ 时,$u \to 0$. 故

$$\lim_{x \to 0} \frac{x}{\arcsin x} = \lim_{u \to 0} \frac{\sin u}{u} = 1.$$

(5) $\lim\limits_{x \to 1} \dfrac{\sin(x-1)}{x^2-1} = \lim\limits_{x \to 1} \left[\dfrac{1}{x+1} \cdot \dfrac{\sin(x-1)}{x-1}\right] = \dfrac{1}{1+1} \times 1 = \dfrac{1}{2}.$

(6) $\lim\limits_{x \to \infty} x \sin \dfrac{1}{x} = \lim\limits_{x \to \infty} \dfrac{\sin \dfrac{1}{x}}{\dfrac{1}{x}} = 1.$

例 1.5.3 求下列极限:

(1) $\lim\limits_{x \to \infty}\left(1+\dfrac{1}{x}\right)^{2x}$;

(2) $\lim\limits_{x \to \infty}\left(1-\dfrac{1}{2x}\right)^{x}$;

(3) $\lim\limits_{x \to \infty}\left(\dfrac{x+2}{x+1}\right)^{2x+1}$;

(4) $\lim\limits_{x \to 0}(1-3x^2)^{\frac{1}{x^2}}$.

解 (1) $\lim\limits_{x \to \infty}\left(1+\dfrac{1}{x}\right)^{2x} = \lim\limits_{x \to \infty}\left[\left(1+\dfrac{1}{x}\right)^{x}\right]^{2} = e^2.$

(2) $\lim\limits_{x \to \infty}\left(1-\dfrac{1}{2x}\right)^{x} = \lim\limits_{x \to \infty}\left[\left(1+\dfrac{1}{-2x}\right)^{-2x}\right]^{-\frac{1}{2}} = e^{-\frac{1}{2}}.$

(3) 方法一 $\lim\limits_{x \to \infty}\left(\dfrac{x+2}{x+1}\right)^{2x+1} = \lim\limits_{x \to \infty}\left[\left(\dfrac{x+2}{x+1}\right)^{2(x+1)} \cdot \dfrac{x+1}{x+2}\right]$

$$= \lim_{x \to \infty}\left\{\left[\left(1+\dfrac{1}{x+1}\right)^{x+1}\right]^{2} \cdot \dfrac{1+\dfrac{1}{x}}{1+\dfrac{2}{x}}\right\} = e^2.$$

方法二 $\lim\limits_{x \to \infty}\left(\dfrac{x+2}{x+1}\right)^{2x+1} = \lim\limits_{x \to \infty}\left[\left(\dfrac{x+2}{x+1}\right)^{2x} \cdot \dfrac{x+2}{x+1}\right]$

$$= \lim_{x \to \infty}\left\{\dfrac{\left[\left(1+\dfrac{2}{x}\right)^{\frac{x}{2}}\right]^{4}}{\left[\left(1+\dfrac{1}{x}\right)^{x}\right]^{2}} \cdot \dfrac{1+\dfrac{2}{x}}{1+\dfrac{1}{x}}\right\} = \dfrac{e^4}{e^2} = e^2.$$

(4) $\lim\limits_{x \to 0}(1-3x^2)^{\frac{1}{x^2}} = \lim\limits_{x \to 0}\left\{\left[1+(-3x^2)\right]^{\frac{1}{-3x^2}}\right\}^{-3} = e^{-3}.$

例 1.5.4 (1) 计算 $\lim\limits_{x \to \infty}\dfrac{2x+1}{3}\sin\dfrac{3}{x}$;

*(2) 设常数 $a \neq \dfrac{1}{2}$,计算 $\lim\limits_{n \to \infty}\ln\left[\dfrac{n-2na+1}{n(1-2a)}\right]^{n}.$

解 (1) $\lim\limits_{x\to\infty}\dfrac{2x+1}{3}\sin\dfrac{3}{x} = \lim\limits_{x\to\infty}\left[\left(2+\dfrac{1}{x}\right)\dfrac{\sin\frac{3}{x}}{\frac{3}{x}}\right] = (2+0)\cdot 1 = 2.$

*(2) $\lim\limits_{n\to\infty}\ln\left[\dfrac{n-2na+1}{n(1-2a)}\right]^n = \lim\limits_{n\to\infty}\ln\left[\dfrac{n(1-2a)+1}{n(1-2a)}\right]^n$

$= \lim\limits_{n\to\infty}\ln\left[1+\dfrac{1}{n(1-2a)}\right]^{n(1-2a)\frac{1}{1-2a}}$

$= \ln e^{\frac{1}{1-2a}} = \dfrac{1}{1-2a}.$

习题1.5

1. 求下列极限：

   (1) $\lim\limits_{x\to 0}\dfrac{\sin 5x}{\sin 7x}$；

   (2) $\lim\limits_{x\to 0}\dfrac{\arctan x}{5x}$；

   (3) $\lim\limits_{x\to 0}\dfrac{x-\sin x}{x+\sin x}$；

   (4) $\lim\limits_{x\to a}\dfrac{\sin x - \sin a}{x-a}$；

   (5) $\lim\limits_{n\to\infty} n\sin\dfrac{\pi}{n}$；

   (6) $\lim\limits_{x\to\pi}\dfrac{\sin x}{\pi - x}$；

   (7) $\lim\limits_{x\to 0^+}\dfrac{x}{\sqrt{1-\cos x}}$；

   (8) $\lim\limits_{x\to 1}\dfrac{\sin(x-1)}{x^2+5x-6}$；

   (9) $\lim\limits_{x\to 0}\dfrac{\tan x - \sin x}{x}$.

2. 求下列极限：

   (1) $\lim\limits_{x\to\infty}\left(1+\dfrac{3}{x}\right)^{3x}$；

   (2) $\lim\limits_{x\to\infty}\left(1-\dfrac{2}{x}\right)^{\frac{x}{3}+1}$；

   (3) $\lim\limits_{x\to 0}\left(\dfrac{2-x}{2}\right)^{\frac{2}{x}}$；

   (4) $\lim\limits_{x\to 0}\sqrt[3x]{1+2x}$；

   (5) $\lim\limits_{x\to\infty}\left(\dfrac{2x+3}{2x+1}\right)^{x+1}$；

   (6) $\lim\limits_{x\to\infty}\left(\dfrac{x^2}{x^2-1}\right)^x$.

3. 设函数 $f(x)=\begin{cases}\dfrac{\sin ax}{x}, & x>0,\\ ax+2, & x<0\end{cases}$ 在点 $x=0$ 处的极限存在，求 $f(-1)$.

4. 设 $\lim\limits_{x\to\infty}\left(\dfrac{x-k}{x}\right)^{-2x}=\lim\limits_{x\to\infty}x\sin\dfrac{2}{x}$，求常数 k 的值.

5. 证明：$\lim\limits_{n\to\infty}n\left(\dfrac{1}{n^2+\pi}+\dfrac{1}{n^2+2\pi}+\cdots+\dfrac{1}{n^2+n\pi}\right)=1.$

*6. 设 $x_1=10, x_{n+1}=\sqrt{6+x_n}, n=1,2,\cdots$，试证 $\lim\limits_{n\to\infty}x_n$ 存在，并求此极限.

§1.6 无穷小与无穷大

一、无穷小的概念与性质

定义 1.6.1 设 $x^* \in \{x_0, x_0^-, x_0^+, \infty, -\infty, +\infty\}$. 若 $\lim\limits_{x \to x^*} \alpha(x) = 0$,则称当 $x \to x^*$ 时,$\alpha(x)$ 为**无穷小量**,简称**无穷小**.

例如:

(1) 因为 $\lim\limits_{x \to 0}(x^2 + x) = 0$,所以当 $x \to 0$ 时,函数 $x^2 + x$ 是无穷小;

(2) 因为 $\lim\limits_{x \to -\infty} e^x = 0$,所以当 $x \to -\infty$ 时,函数 e^x 是无穷小.

需要注意,无穷小是指在所讨论的自变量变化过程中以零为极限的函数. 若要称一个函数是无穷小,则必须指出其自变量的变化过程.

例如,函数 $f(x) = e^x$ 当 $x \to 0$ 时不是无穷小,而当 $x \to -\infty$ 时是无穷小.

由极限的运算法则和夹逼准则容易证明,无穷小具有如下运算性质:

定理 1.6.1 在同一自变量变化过程中,

(1) 有限个无穷小之代数和仍是无穷小;

(2) 有限个无穷小之积仍是无穷小;

(3) 有界变量(或常量)与无穷小之积仍是无穷小;

(4) 无穷小除以极限不为零的变量所得的商仍是无穷小.

注 无穷多个无穷小的和未必是无穷小,如例 1.5.1.

例 1.6.1 证明:$\lim\limits_{x \to \infty} \dfrac{\sin x}{x} = 0$.

证明 因 $|\sin x| \leqslant 1$,$\lim\limits_{x \to \infty} \dfrac{1}{x} = 0$,故由定理 1.6.1 的结论(3)可得 $\lim\limits_{x \to \infty} \dfrac{\sin x}{x} = 0$.

应注意此极限与 $\lim\limits_{x \to 0} \dfrac{\sin x}{x} = 1$ 的区别. 还要注意,不能利用极限的运算法则写成 $\lim\limits_{x \to \infty} \dfrac{\sin x}{x} = \lim\limits_{x \to \infty} \dfrac{1}{x} \cdot \lim\limits_{x \to \infty} \sin x$,这是因为 $\lim\limits_{x \to \infty} \sin x$ 并不存在.

定理 1.6.2 设 $x^* \in \{x_0, x_0^-, x_0^+, \infty, -\infty, +\infty\}$. $\lim\limits_{x \to x^*} f(x) = A$（$A$ 为常数）的充要条件是 $f(x) = A + \alpha(x)$，其中 $\alpha(x)$ 为当 $x \to x^*$ 时的无穷小.

证明 **必要性** 设 $\lim\limits_{x \to x^*} f(x) = A$，令 $\alpha(x) = f(x) - A$，只要证 $\alpha(x)$ 是当 $x \to x^*$ 时的无穷小即可. 我们有

$$\lim_{x \to x^*} \alpha(x) = \lim_{x \to x^*} [f(x) - A] = \lim_{x \to x^*} f(x) - A = A - A = 0.$$

充分性 若 $f(x) = A + \alpha(x)$，其中 $\alpha(x)$ 为当 $x \to x^*$ 时的无穷小，则

$$\lim_{x \to x^*} f(x) = \lim_{x \to x^*} [A + \alpha(x)] = A.$$

二、无穷大的概念与性质

无穷大与无穷小的变化趋势正好相反. 下面介绍无穷大的概念并讨论其性质.

定义 1.6.2 设 $x^* \in \{x_0, x_0^-, x_0^+, \infty, -\infty, +\infty\}$，并设函数 $f(x)$ 的自变量 $x \to x^*$.

(1) 若函数 $f(x)$ 的绝对值 $|f(x)|$ 无限增大，则称 $f(x)$ 是当 $x \to x^*$ 时的**无穷大量**，简称**无穷大**，记作 $\lim\limits_{x \to x^*} f(x) = \infty$；

(2) 若 $f(x)$ 无限增大，则称 $f(x)$ 是当 $x \to x^*$ 时的**正无穷大**，记作 $\lim\limits_{x \to x^*} f(x) = +\infty$；

(3) 若 $f(x)$ 小于零而绝对值无限增大，则称 $f(x)$ 是当 $x \to x^*$ 时的**负无穷大**，记作 $\lim\limits_{x \to x^*} f(x) = -\infty$.

例如：

(1) 当 $x \to 1$ 时，$\dfrac{1}{x-1}$ 是无穷大，即

$$\lim_{x \to 1} \frac{1}{x-1} = \infty,$$

如图 1.14 所示.

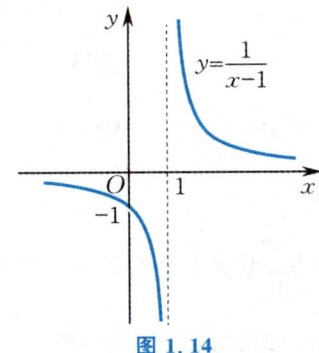

图 1.14

(2) 观察相应的函数图形（见附录 I），可得

$$\lim_{x \to \frac{\pi}{2}} \tan x = \infty, \quad \lim_{x \to +\infty} \ln x = +\infty, \quad \lim_{x \to 0^+} \ln x = -\infty.$$

下面给出无穷大的严格定义(或称 $M-\delta$ 定义).

定义 1.6.3 若对于任意给定的正数 M(不论它多么大),存在正数 δ(或正数 X),使得当 $0<|x-x_0|<\delta$(或 $|x|>X$)时,有
$$|f(x)|>M,$$
则称函数 $f(x)$ 当 $x \to x_0$(或 $x \to \infty$)时为无穷大,记作
$$\lim_{x \to x_0} f(x) = \infty \quad [\text{或} \lim_{x \to \infty} f(x) = \infty].$$

如果在定义 1.6.3 中,把"$|f(x)|>M$"替换成"$f(x)>M$"[或"$f(x)<-M$"],则得到 $f(x)$ 当 $x \to x_0$ 和 $x \to \infty$ 时为正无穷大(或负无穷大)的严格定义.

注 (1) 任何常数(即使它的绝对值非常大)都不是无穷大,因为它的绝对值不会大于任意给定的正数.

(2) 虽然采用极限记号 $\lim\limits_{x \to x^*} f(x) = \infty$ 表示无穷大,但这并不意味着 $f(x)$ 的极限存在.因为当 $x \to x^*$ 时,$f(x)$ 并不趋向于任何确定的常数,所以它的极限是不存在的.但为了便于描述函数的这一性态,这时也说"函数的极限是无穷大".

例 1.6.2 证明:$\lim\limits_{x \to 2} \dfrac{1}{x-2} = \infty$.

证明 对于任意给定的正数 M,要使 $\left|\dfrac{1}{x-2}\right| > M$,只要 $|x-2| < \dfrac{1}{M}$ 即可.取 $\delta = \dfrac{1}{M}$,则当 $0<|x-2|<\delta$ 时,有
$$\left|\dfrac{1}{x-2}\right| > \dfrac{1}{\delta} = M.$$
故 $\lim\limits_{x \to 2} \dfrac{1}{x-2} = \infty$.

关于无穷小与无穷大的关系,有如下定理.

定理 1.6.3 设 $x^* \in \{x_0, x_0^-, x_0^+, \infty, -\infty, +\infty\}$.

(1) 若 $\lim\limits_{x \to x^*} f(x) = \infty$,则 $\lim\limits_{x \to x^*} \dfrac{1}{f(x)} = 0$;

(2) 若 $\lim\limits_{x \to x^*} f(x) = 0$,且 $f(x) \neq 0$,则 $\lim\limits_{x \to x^*} \dfrac{1}{f(x)} = \infty$.

与无穷小的运算性质相仿,无穷大具有如下运算性质.

定理 1.6.4 在同一自变量变化过程中,
(1) 有限个正(或负)无穷大之和仍是正(或负)无穷大;
(2) 有界变量或常量与无穷大之和仍是无穷大;

（3）有限个无穷大之积仍是无穷大；

（4）极限为非零变量或非零常量与无穷大之积仍是无穷大；

（5）设 $f(x) \leqslant g(x)$，则由 $\lim\limits_{x \to x^*} f(x) = +\infty$ 得 $\lim\limits_{x \to x^*} g(x) = +\infty$，由 $\lim\limits_{x \to x^*} g(x) = -\infty$ 得 $\lim\limits_{x \to x^*} f(x) = -\infty$.

例 1.6.3 计算 $\lim\limits_{x \to 2} \dfrac{2x+1}{x-2}$.

解 因为 $\lim\limits_{x \to 2} \dfrac{x-2}{2x+1} = 0$，所以 $\lim\limits_{x \to 2} \dfrac{2x+1}{x-2} = \infty$.

例 1.6.4 计算 $\lim\limits_{x \to 1} \left(\dfrac{1}{x-1} - \dfrac{3}{x^3-1} \right)$.

解 这里当 $x \to 1$ 时，$\dfrac{1}{x-1}$ 和 $\dfrac{3}{x^3-1}$ 的极限均为无穷大 $\left[称 \lim\limits_{x \to 1} \left(\dfrac{1}{x-1} - \dfrac{3}{x^3-1} \right) 为\right.$ $\infty - \infty$ 型未定式$\left.\right]$. 先通分约去非零因子 $x-1$，再求极限：

$$\lim_{x \to 1} \left(\frac{1}{x-1} - \frac{3}{x^3-1} \right) = \lim_{x \to 1} \frac{x^2+x+1-3}{x^3-1} = \lim_{x \to 1} \frac{(x-1)(x+2)}{(x-1)(x^2+x+1)}$$
$$= \lim_{x \to 1} \frac{x+2}{x^2+x+1} = \frac{1+2}{1^2+1+1} = 1.$$

例 1.6.5 求下列极限：

（1）$\lim\limits_{x \to \infty} \dfrac{2x^3-3x^2-4}{5x^3+x^2+2}$；　　（2）$\lim\limits_{x \to \infty} \dfrac{7x^2-2x+5}{3x^5+x^2-2}$.

解 （1）当 $x \to \infty$ 时，分子和分母都是无穷大，不能直接用商的极限运算法则. 但将分子、分母同除以最高次幂 x^3，可得

$$\lim_{x \to \infty} \frac{2x^3-3x^2-4}{5x^3+x^2+2} = \lim_{x \to \infty} \frac{2-\dfrac{3}{x}-\dfrac{4}{x^3}}{5+\dfrac{1}{x}+\dfrac{2}{x^3}} = \frac{2-0-0}{5+0+0} = \frac{2}{5}.$$

（2）将分子、分母同除以最高次幂 x^5，可得

$$\lim_{x \to \infty} \frac{7x^2-2x+5}{3x^5+x^2-2} = \lim_{x \to \infty} \frac{\dfrac{7}{x^3}-\dfrac{2}{x^4}+\dfrac{5}{x^5}}{3+\dfrac{1}{x^3}-\dfrac{2}{x^5}} = \frac{0-0+0}{3+0-0} = 0.$$

一般地，当 $x^* \in \{\infty, -\infty, +\infty\}$，$a_0 \neq 0, b_0 \neq 0$，$m$ 和 k 均为非负整数时，有如下公式：

$$\lim_{x \to x^*} \frac{a_0 x^m + a_1 x^{m-1} + \cdots + a_{m-1} x + a_m}{b_0 x^k + b_1 x^{k-1} + \cdots + b_{k-1} x + b_k} = \begin{cases} \dfrac{a_0}{b_0}, & k = m, \\ 0, & k > m, \\ \infty, & k < m. \end{cases}$$

由这个公式以及函数极限与数列极限的关系可得

$$\lim_{n \to \infty} \frac{a_0 n^m + a_1 n^{m-1} + \cdots + a_{m-1} n + a_m}{b_0 n^k + b_1 n^{k-1} + \cdots + b_{k-1} n + b_k}$$

$$= \lim_{x \to +\infty} \frac{a_0 x^m + a_1 x^{m-1} + \cdots + a_{m-1} x + a_m}{b_0 x^k + b_1 x^{k-1} + \cdots + b_{k-1} x + b_k}$$

$$= \begin{cases} \dfrac{a_0}{b_0}, & k = m, \\ 0, & k > m, \\ \infty, & k < m. \end{cases}$$

例如,$\lim\limits_{n \to \infty} \dfrac{7n^2 - 2n + 5}{3n^3 + n^2 - 2} = 0$,$\lim\limits_{n \to \infty} \dfrac{5n^3 - 8n + 105}{2n^3 + 3n^2 - 25} = \dfrac{5}{2}$.

三、无穷小的比较

由定理 1.6.1 知道,在同一自变量变化过程中的两个无穷小的和、差及乘积仍为无穷小.但在同一自变量变化过程中的两个无穷小的商却不一定是无穷小.例如,当 $x \to 0$ 时,x,$5x$,x^2 都是无穷小,而 $\lim\limits_{x \to 0} \dfrac{5x}{x} = 5$,$\lim\limits_{x \to 0} \dfrac{x^2}{x} = 0$.

上述不同情况的出现,是由于不同的无穷小趋向于零的快慢程度的差异所致.如表 1.1 所示,在 $x \to 0$ 的过程中,$x^2 \to 0$ 比 $x \to 0$ 快,而 $5x \to 0$ 与 $x \to 0$ 的快慢程度相仿.为了比较在同一自变量变化过程中两个无穷小趋向于零的快慢程度,下面引进无穷小的阶的概念.

表 1.1

x	1	0.5	0.1	0.01	0.001	0.000 1	$\cdots$	$\to 0$
$5x$	5	2.5	0.5	0.05	0.005	0.000 5	$\cdots$	$\to 0$
x^2	1	0.25	0.01	0.000 1	0.000 001	0.000 000 01	$\cdots$	$\to 0$

1. 无穷小的阶

定义 1.6.4 设 $x^* \in \{x_0, x_0^-, x_0^+, \infty, -\infty, +\infty\}$,$\alpha = \alpha(x)$,$\beta = \beta(x)$,且 $\lim\limits_{x \to x^*} \alpha = 0$,$\lim\limits_{x \to x^*} \beta = 0$.

(1) 若 $\lim\limits_{x \to x^*} \dfrac{\beta}{\alpha^k} = c$($c \neq 0$,$k > 0$,$c$,$k$ 都是常数),则称当 $x \to x^*$ 时,β 是关于 α 的 **k 阶无穷小**.特别地,当 $k = 1$ 时,称 β 与 α 是 **同阶无穷小**,记作 $\beta = O(\alpha)$;当 $k = 1$,$c = 1$ 时,称 β 与 α 是 **等价无穷小**,记作 $\beta \sim \alpha$.

(2) 若 $\lim\limits_{x \to x^*} \dfrac{\beta}{\alpha} = 0$，则称当 $x \to x^*$ 时，β 是比 α **高阶的无穷小**，或称 α 是比 β **低阶的无穷小**，记作 $\beta = o(\alpha)$.

例如，因为

$$\lim_{x \to 0} \frac{1 - \cos x}{x^2} = \lim_{x \to 0} \frac{1}{2} \left(\frac{\sin \frac{x}{2}}{\frac{x}{2}} \right)^2 = \frac{1}{2},$$

所以当 $x \to 0$ 时，$1 - \cos x$ 是关于 x 的二阶无穷小；或者当 $x \to 0$ 时，$1 - \cos x$ 与 x^2 是同阶无穷小；或者当 $x \to 0$ 时，$1 - \cos x$ 与 $\dfrac{1}{2} x^2$ 是等价无穷小，即 $1 - \cos x \sim \dfrac{1}{2} x^2$；或者当 $x \to 0$ 时，$1 - \cos x$ 是比 x 高阶的无穷小.

易证，当 $x \to 0$ 时，

$$x \sim \sin x \sim \tan x \sim \arcsin x \sim \arctan x \sim \ln(1 + x) \sim e^x - 1,$$

$$a^x - 1 \sim x \ln a \quad (a > 0, a \neq 1),$$

$$1 - \cos x \sim \frac{1}{2} x^2,$$

$$(1 + x)^\alpha - 1 \sim \alpha x \quad (\alpha \neq 0).$$

2. 等价无穷小的应用

在求极限的过程中，有时可用等价无穷小简化计算.

定理 1.6.5 设 $x^* \in \{x_0, x_0^-, x_0^+, \infty, -\infty, +\infty\}$，当 $x \to x^*$ 时，$\alpha \sim \alpha_1, \beta \sim \beta_1$，**且** $\lim\limits_{x \to x^*} \dfrac{\beta_1}{\alpha_1}$ **存在**，则 $\lim\limits_{x \to x^*} \dfrac{\beta}{\alpha} = \lim\limits_{x \to x^*} \dfrac{\beta_1}{\alpha_1}$.

证明 因为 $\lim\limits_{x \to x^*} \dfrac{\alpha_1}{\alpha} = 1, \lim\limits_{x \to x^*} \dfrac{\beta}{\beta_1} = 1$，所以

$$\lim_{x \to x^*} \frac{\beta}{\alpha} = \lim_{x \to x^*} \left(\frac{\beta}{\beta_1} \cdot \frac{\beta_1}{\alpha_1} \cdot \frac{\alpha_1}{\alpha} \right) = \lim_{x \to x^*} \frac{\beta}{\beta_1} \cdot \lim_{x \to x^*} \frac{\beta_1}{\alpha_1} \cdot \lim_{x \to x^*} \frac{\alpha_1}{\alpha}$$

$$= \lim_{x \to x^*} \frac{\beta_1}{\alpha_1}.$$

特别地，当 $\alpha = \alpha_1$ 或 $\beta = \beta_1$ 时，定理 1.6.5 也成立.

例 1.6.6 求下列极限：

(1) $\lim\limits_{x \to 0} \dfrac{\tan 3x}{\sin 2x}$； (2) $\lim\limits_{x \to 0} \dfrac{2(e^x - 1)}{x^3 - 2x^2 + 5x}$； (3) $\lim\limits_{x \to 0} \dfrac{3 \sin x + x^2 \cos \dfrac{1}{x}}{(1 + \cos x) \ln(1 + x)}$.

解 (1) 因为当 $x \to 0$ 时，$\tan 3x \sim 3x, \sin 2x \sim 2x$，所以

$$\lim_{x\to 0}\frac{\tan 3x}{\sin 2x}=\lim_{x\to 0}\frac{3x}{2x}=\frac{3}{2}.$$

(2) 因为当 $x\to 0$ 时，$e^x-1\sim x$，所以

$$\lim_{x\to 0}\frac{2(e^x-1)}{x^3-2x^2+5x}=\lim_{x\to 0}\frac{2x}{x^3-2x^2+5x}=\lim_{x\to 0}\frac{2}{x^2-2x+5}=\frac{2}{5}.$$

(3) 因为当 $x\to 0$ 时，$\ln(1+x)\sim x$，所以

$$\lim_{x\to 0}\frac{3\sin x+x^2\cos\frac{1}{x}}{(1+\cos x)\ln(1+x)}=\lim_{x\to 0}\frac{3\sin x+x^2\cos\frac{1}{x}}{(1+\cos x)x}=\lim_{x\to 0}\frac{1}{1+\cos x}\left(\frac{3\sin x}{x}+x\cos\frac{1}{x}\right)$$
$$=\frac{1}{2}(3+0)=\frac{3}{2}.$$

例 1.6.7 若 $\lim\limits_{x\to 0}\dfrac{\sin x}{e^x-a}(\cos x-b)=5$，求常数 a,b 的值.

分析 若 $\lim\limits_{x\to 0}\dfrac{f(x)}{g(x)}=A(A\neq 0$，且 A 为常数$)$，$\lim\limits_{x\to 0}f(x)=0$，则必有

$$\lim_{x\to 0}g(x)=\lim_{x\to 0}\left[f(x)\cdot\frac{g(x)}{f(x)}\right]=0\cdot A=0.$$

解 由 $\lim\limits_{x\to 0}\dfrac{\sin x(\cos x-b)}{e^x-a}=5$ 及 $\lim\limits_{x\to 0}\sin x(\cos x-b)=0$，得

$$0=\lim_{x\to 0}(e^x-a)=1-a, \quad 从而 \quad a=1.$$

而 $5=\lim\limits_{x\to 0}\dfrac{\sin x}{e^x-1}(\cos x-b)=\lim\limits_{x\to 0}\dfrac{x}{x}(\cos x-b)=1-b$，解得 $b=-4$.

例 1.6.8 计算 $\lim\limits_{x\to 0}\dfrac{\tan x-\sin x}{x^3}$.

解 因为当 $x\to 0$ 时，$1-\cos x\sim\dfrac{1}{2}x^2$，$\tan x\sim x$，所以

$$\lim_{x\to 0}\frac{\tan x-\sin x}{x^3}=\lim_{x\to 0}\frac{(1-\cos x)\tan x}{x^3}=\lim_{x\to 0}\frac{\frac{1}{2}x^2\cdot x}{x^3}=\frac{1}{2}.$$

注 在例 1.6.8 中，注意 $\lim\limits_{x\to 0}\dfrac{\tan x-\sin x}{x^3}\neq\lim\limits_{x\to 0}\dfrac{x-x}{x^3}=0$，这是因为 $\tan x-\sin x$ 不等价于 $x-x\equiv 0$.

一般地，在同一自变量变化过程中，若 $\alpha\sim\alpha_1$，$\beta\sim\beta_1$，则 $\alpha\beta\sim\alpha_1\beta_1$，但 $\alpha\pm\beta$ 与 $\alpha_1\pm\beta_1$ 不一定等价.

习题1.6

1. 在同一自变量变化过程中,两个无穷小的商是否必为无穷小?两个无穷大的商是否必为无穷大?两个无穷大的差是否必为无穷小?试举例说明各种可能的情况.

2. 求下列极限:

   (1) $\lim\limits_{x\to\infty}\dfrac{\arctan x}{x}$;

   (2) $\lim\limits_{x\to+\infty}\dfrac{\cos x}{e^x+e^{-x}}$;

   (3) $\lim\limits_{n\to\infty}\dfrac{n^3-2n+3}{3n^2+4}$;

   (4) $\lim\limits_{x\to\infty}\dfrac{x^2-1}{2x^2-x+1}$;

   (5) $\lim\limits_{x\to\infty}\dfrac{x^2+x}{x^4-3x^2-1}$;

   (6) $\lim\limits_{x\to\infty}\dfrac{(2x-1)^{30}(3x-2)^{20}}{(2x+1)^{50}}$;

   (7) $\lim\limits_{x\to 1}\left(\dfrac{1}{1-x}-\dfrac{3}{1-x^3}\right)$;

   (8) $\lim\limits_{x\to+\infty}\sqrt{x}(\sqrt{x+1}-\sqrt{x})$;

   (9) $\lim\limits_{n\to\infty}(1+x)(1+x^2)\cdots(1+x^{2^n})$ $(|x|<1)$.

3. 利用等价无穷小求下列极限:

   (1) $\lim\limits_{x\to 0}\dfrac{\arctan 3x}{\sin 5x}$;

   (2) $\lim\limits_{x\to 0}\dfrac{1-\cos x}{\sqrt{1+x}-1}$;

   (3) $\lim\limits_{n\to\infty}n^2\left(1-\cos\dfrac{1}{n}\right)$;

   (4) $\lim\limits_{x\to\infty}x^2\ln\left(1+\dfrac{2}{x^2}\right)$;

   (5) $\lim\limits_{x\to 0}\dfrac{e^{3x^2}-1}{x\sin x}$;

   *(6) $\lim\limits_{x\to 0}\dfrac{e-e^{\cos x}}{\sqrt[3]{1+x^2}-1}$.

4. 若 $\lim\limits_{x\to\infty}\left(\dfrac{x^2+1}{x+1}-ax-b\right)=0$,求常数 a,b 的值.

5. 证明等价无穷小具有下列性质:设 α,β,γ 是同一自变量变化过程中的无穷小,则

   (1) $\alpha\sim\alpha$(自反性);

   (2) 若 $\alpha\sim\beta$,则 $\beta\sim\alpha$(对称性);

   (3) 若 $\alpha\sim\beta,\beta\sim\gamma$,则 $\alpha\sim\gamma$(传递性).

§1.7 函数的连续性与间断点

在自然界中,许多现象都是连续变化的,如生物的生长、河水的流动、气温的变化等,其特点是当时间变化很微小时,它们相应的变化也都很微小.这种现象反映在数学上,就是下面介绍的函数的连续性.

一、函数的连续性

1. 函数在点 x_0 处连续的两种等价定义

为了描述函数的连续性,下面先引入变量增量的概念.

设变量 u 从它的一个初值 u_1 变到终值 u_2,则终值 u_2 与初值 u_1 之差 u_2-u_1 称为变量 u 在点 u_1 处的**增量**或**改变量**,记作 Δu,即
$$\Delta u = u_2 - u_1.$$
由于终值 u_2 不一定大于初值 u_1,因此 Δu 可以是正的,也可以是负的.

定义 1.7.1 设函数 $y=f(x)$ 在点 x_0 的某个邻域内有定义,当自变量 x 在此邻域内从 x_0 变到 $x_0+\Delta x$ 时,相应的函数值从 $f(x_0)$ 变到 $f(x_0+\Delta x)$,记
$$\Delta y = f(x_0+\Delta x) - f(x_0).$$
令 $x=x_0+\Delta x$,则上式等价于
$$\Delta y = f(x) - f(x_0),$$
此时称 Δy 为函数 $y=f(x)$ 在点 x_0 处对应于自变量增量 Δx 的增量,如图 1.15 所示.

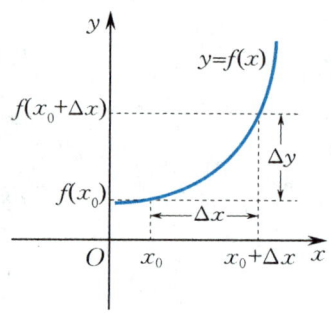

图 1.15

定义 1.7.2 设函数 $f(x)$ 在点 x_0 的某个邻域内有定义. 若
$$\lim_{x \to x_0} f(x) = f(x_0), \tag{1.7.1}$$
则称函数 $f(x)$ 在点 x_0 处**连续**.

令 $x=x_0+\Delta x$,则式(1.7.1)等价于
$$\lim_{\Delta x \to 0} f(x_0+\Delta x) = f(x_0)$$
或
$$\lim_{\Delta x \to 0} [f(x_0+\Delta x) - f(x_0)] = 0.$$
因此,"函数 $f(x)$ 在点 x_0 处连续"也可表述如下:若
$$\lim_{\Delta x \to 0} \Delta y = \lim_{\Delta x \to 0} [f(x_0+\Delta x) - f(x_0)] = 0,$$
则称函数 $f(x)$ 在点 x_0 处连续.

例如,函数 $y=f(x)=x^2$ 在点 $x=2$ 处是连续的,这是因为
$$\lim_{\Delta x \to 0} \Delta y = \lim_{\Delta x \to 0} [f(2+\Delta x) - f(2)]$$
$$= \lim_{\Delta x \to 0} [(2+\Delta x)^2 - 2^2]$$
$$= \lim_{\Delta x \to 0} [4\Delta x + (\Delta x)^2] = 0.$$

由于连续是用极限来定义的,因此"函数 $f(x)$ 在点 x_0 处连续"也可用 ε-δ 定义表述为:若对于 $\forall \varepsilon > 0$,$\exists \delta > 0$,使得当 $|x-x_0| < \delta$ 时,有
$$|f(x) - f(x_0)| < \varepsilon,$$

则称函数 $f(x)$ 在点 x_0 处连续.

2. 函数在点 x_0 处左、右连续的概念

定义 1.7.3 （1）设函数 $f(x)$ 在点 x_0 的某个左邻域内有定义. 若左极限 $\lim\limits_{x \to x_0^-} f(x) = f(x_0)$，则称函数 $f(x)$ 在点 x_0 处**左连续**，如图 1.16(a) 所示.

（2）设函数 $f(x)$ 在点 x_0 的某个右邻域内有定义. 若右极限 $\lim\limits_{x \to x_0^+} f(x) = f(x_0)$，则称函数 $f(x)$ 在点 x_0 处**右连续**，如图 1.16(b) 所示.

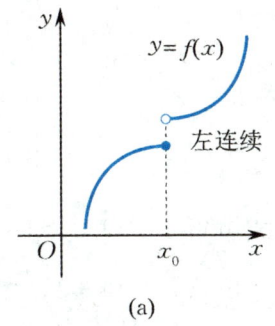
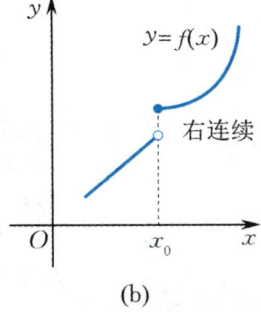

(a)　　　　　　　　　　(b)

图 1.16

左连续及右连续统称为**单侧连续**. 由极限存在的充要条件可得如下结论.

定理 1.7.1 函数 $f(x)$ 在点 x_0 处连续的充要条件是函数 $f(x)$ 在点 x_0 处既是左连续的，也是右连续的，即

$$\lim_{x \to x_0^-} f(x) = \lim_{x \to x_0^+} f(x) = f(x_0).$$

3. 函数在区间上的连续性

定义 1.7.4 若函数 $f(x)$ 在区间 I 上的每一点处都连续，则称 $f(x)$ 是区间 I 上的**连续函数**，并称 I 是 $f(x)$ 的**连续区间**.

注 函数 $f(x)$ 在区间左端点 a 处连续是指其在该点处右连续，在右端点 b 处连续是指其在该点处左连续.

连续函数的图形是一条连续（不间断）的曲线.

例 1.7.1 证明：函数 $y = \sin x$ 在区间 $(-\infty, +\infty)$ 上连续.

证明 任取 $x \in (-\infty, +\infty)$，则

$$\Delta y = \sin(x + \Delta x) - \sin x = 2\cos\left(x + \frac{\Delta x}{2}\right) \cdot \sin \frac{\Delta x}{2}.$$

于是，由 $\left|\cos\left(x + \frac{\Delta x}{2}\right)\right| \leqslant 1$，$\left|\sin \frac{\Delta x}{2}\right| \leqslant \left|\frac{\Delta x}{2}\right|$，得

$$|\Delta y| \leqslant 2 \cdot 1 \cdot \left|\frac{\Delta x}{2}\right| = |\Delta x|.$$

因此,当 $\Delta x \to 0$ 时,由夹逼准则得 $\Delta y \to 0$,故 $y = \sin x$ 在任意点 x 处连续,从而在区间 $(-\infty, +\infty)$ 上连续.

类似地,可以证明函数 $y = \cos x$ 在区间 $(-\infty, +\infty)$ 上连续.

例 1.7.2 讨论函数

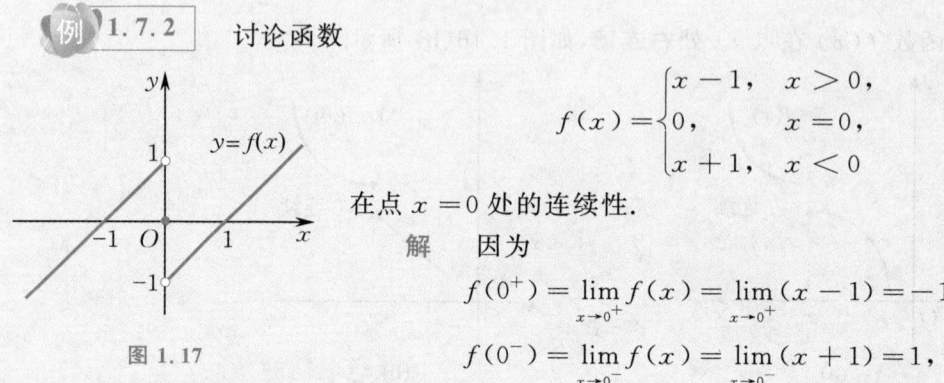

图 1.17

$$f(x) = \begin{cases} x-1, & x > 0, \\ 0, & x = 0, \\ x+1, & x < 0 \end{cases}$$

在点 $x = 0$ 处的连续性.

解 因为
$$f(0^+) = \lim_{x \to 0^+} f(x) = \lim_{x \to 0^+}(x-1) = -1,$$
$$f(0^-) = \lim_{x \to 0^-} f(x) = \lim_{x \to 0^-}(x+1) = 1,$$

即 $f(x)$ 在点 $x = 0$ 处的左、右极限不相等,所以 $f(x)$ 在点 $x = 0$ 处不连续,如图 1.17 所示.

例 1.7.3 设函数 $f(x) = \begin{cases} x^2 + 1, & |x| \leqslant c, \\ \dfrac{2}{|x|}, & |x| > c \end{cases}$ 在区间 $(-\infty, +\infty)$ 上连续,求常数 c 的值.

解 由题设知 $c \geqslant 0$. 因为

$$f(x) = \begin{cases} -\dfrac{2}{x}, & x < -c, \\ x^2 + 1, & -c \leqslant x \leqslant c, \\ \dfrac{2}{x}, & x > c, \end{cases}$$

所以 $\lim\limits_{x \to c^-} f(x) = \lim\limits_{x \to c^-}(x^2 + 1) = c^2 + 1$, $\lim\limits_{x \to c^+} f(x) = \lim\limits_{x \to c^+} \dfrac{2}{x} = \dfrac{2}{c}$.

又因为 $f(x)$ 在区间 $(-\infty, +\infty)$ 上连续,所以 $f(x)$ 必在点 $x = c$ 处连续,从而

$$\lim_{x \to c^-} f(x) = \lim_{x \to c^+} f(x), \quad 即 \quad c^2 + 1 = \dfrac{2}{c},$$

解得 $c = 1, c = -2$(舍去).

二、函数的间断点及其分类

1. 函数间断点的概念

定义 1.7.5 设函数 $f(x)$ 在点 x_0 的某个去心邻域内有定义. 若

$f(x)$ 在点 x_0 处不连续,则称 $f(x)$ 在点 x_0 处<u>间断</u>,并称 x_0 为 $f(x)$ 的<u>间断点</u>.

由函数的连续性定义可知,若函数 $f(x)$ 在点 x_0 的某个去心邻域内有定义并且满足下列三个条件之一,则 x_0 必定为该函数的间断点:

(1) $f(x)$ 在点 x_0 处无定义;

(2) $f(x)$ 在点 x_0 处有定义,但极限 $\lim\limits_{x \to x_0} f(x)$ 不存在;

(3) $f(x)$ 在点 x_0 处有定义,极限 $\lim\limits_{x \to x_0} f(x)$ 存在,但 $\lim\limits_{x \to x_0} f(x) \neq f(x_0)$.

例 1.7.4 求函数

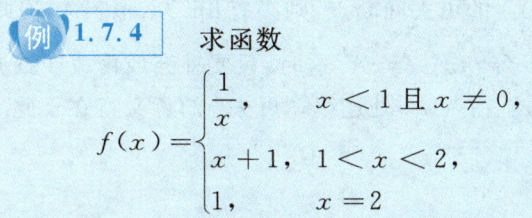

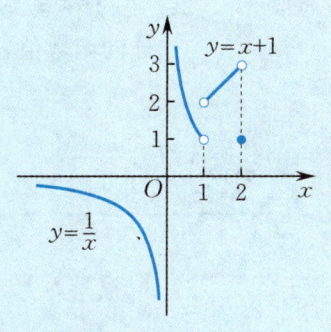

的间断点.

解 对于任一 $x_0 \in (-\infty, 0) \cup (0, 1) \cup (1, 2)$,容易验证 $\lim\limits_{x \to x_0} f(x) = f(x_0)$,故 $f(x)$ 在 $(-\infty, 0)$,$(0, 1)$,$(1, 2)$ 上均连续. 因为 $f(x)$ 在点 $x = 0, 1$ 处无定义,所以 $f(x)$ 的间断点为 $x = 0, 1$,如图 1.18 所示.

图 1.18

例 1.7.4 中值得注意的是,$x = 2$ 不是 $f(x)$ 的间断点,这是因为 $f(x)$ 在点 $x = 2$ 的任一右邻域内没有定义.

2. 间断点的分类

通常将函数的间断点按其左、右极限是否存在分为两类.

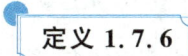 设 x_0 是函数 $f(x)$ 的间断点.

(1) 若左极限 $f(x_0^-)$ 与右极限 $f(x_0^+)$ 都存在,则称 x_0 为 $f(x)$ 的<u>第一类间断点</u>.

a. 当 $f(x_0^-) = f(x_0^+)$ 时,称 x_0 为 $f(x)$ 的<u>可去间断点</u>;

b. 当 $f(x_0^-) \neq f(x_0^+)$ 时,称 x_0 为 $f(x)$ 的<u>跳跃间断点</u>.

(2) 不是第一类间断点的间断点,均称为<u>第二类间断点</u>.

常见的第二类间断点有<u>无穷间断点</u> $\left[\lim\limits_{x \to x_0^-} f(x) = \infty \text{ 或 } \lim\limits_{x \to x_0^+} f(x) = \infty\right]$ 和<u>振荡间断点</u> $[在 x \to x_0 的过程中,函数值 f(x) 无限振荡,极限不存在]$.

例如,在例 1.7.4 中(见图 1.18),$x = 0$ 是第二类间断点中的无穷间断点 $\left[因为 \lim\limits_{x \to 0} f(x) = \lim\limits_{x \to 0} \frac{1}{x} = \infty\right]$;$x = 1$ 是第一类间断点中的跳跃间断点 $[因为 \lim\limits_{x \to 1^-} f(x) = 1, \lim\limits_{x \to 1^+} f(x) = 2]$.

又如,$x = 0$ 为函数 $y = \sin\dfrac{1}{x}$ 的振荡间断点(见图 1.19).

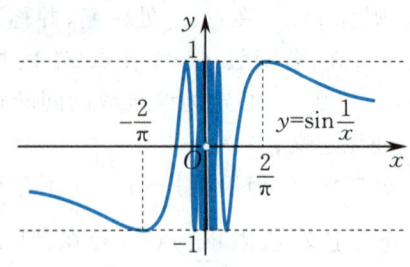

图 1.19

一般地,若 x_0 是函数 $f(x)$ 的可去间断点,则必有 $\lim\limits_{x\to x_0}f(x)=A$,但此时要么 $f(x)$ 在点 x_0 处无定义,要么 $f(x_0)\neq A$. 这时,只要补充或修改 $f(x)$ 在点 x_0 处的函数值,即可使得 $f(x)$ 在点 x_0 处连续,"可去"的意义就在于此.

1. 求函数 $y=-x^2+\dfrac{1}{2}x$ 当 $x=1,\Delta x=0.5$ 时的增量.

2. 求函数 $y=\sqrt{1+x}$ 当 $x=3,\Delta x=-0.2$ 时的增量.

3. 下列函数在点 $x=0$ 处是否连续?为什么?

   (1) $f(x)=\begin{cases}\mathrm{e}^x, & x\leqslant 0,\\ \dfrac{x}{\sin x}, & x>0;\end{cases}$
   (2) $f(x)=\begin{cases}\dfrac{1}{\mathrm{e}^{\frac{1}{x}}+1}, & x\neq 0,\\ 1, & x=0.\end{cases}$

4. 设函数 $f(x)=\begin{cases}\mathrm{e}^x, & x<0,\\ a+x, & x\geqslant 0,\end{cases}$ 应当怎样选择常数 a,使得 $f(x)$ 在区间 $(-\infty,+\infty)$ 上连续?

5. 下列函数在指定点处间断,说明这些间断点属于哪一类型;如果是可去间断点,则补充或修改函数的定义使它连续:

   (1) $y=\dfrac{x^2-1}{x^2-3x+2}, x=1,2$;
   (2) $y=\dfrac{x}{\tan x}, x=0,\dfrac{\pi}{2},\pi$.

§1.8 连续函数的性质

一、连续函数的运算性质

因为连续是用极限来定义的,所以由极限的四则运算法则、复合运算法则,即可得到连续函数的相关运算性质.

1. 连续函数的四则运算

定理 1.8.1 若函数 $f(x)$ 与 $g(x)$ 在点 x_0 处连续,则有

(1) $f(x) \pm g(x)$ 在点 x_0 处连续;

(2) $f(x)g(x)$ 在点 x_0 处连续;

(3) $\dfrac{f(x)}{g(x)}[g(x_0) \neq 0]$ 在点 x_0 处连续.

由定理 1.8.1 及 $\sin x, \cos x$ 的连续性易知:一切三角函数在其定义域上连续.

2. 反函数的连续性

定理 1.8.2 若函数 $y = f(x)$ 在区间 I_x 上严格单调增加(或严格单调减少)且连续,则它的反函数 $x = f^{-1}(y)$ 也在相应的区间
$$I_y = \{y \mid y = f(x), x \in I_x\}$$
上严格单调增加(或严格单调减少)且连续.

事实上,由 §1.1 中关于反函数的知识可以知道,$x = f^{-1}(y)$ 在区间 I_y 上严格单调增加(或严格单调减少),并且直接函数 $y = f(x)$ 与其反函数 $x = f^{-1}(y)$ 的图形是同一条曲线,自然 $x = f^{-1}(y)$ 也连续.

例 1.8.1 由于 $y = \sin x$ 在闭区间 $\left[-\dfrac{\pi}{2}, \dfrac{\pi}{2}\right]$ 上是严格单调增加的连续函数,因此它的反函数 $y = \arcsin x$ 在 $[-1,1]$ 上也是严格单调增加的连续函数.

同理可证:一切反三角函数在其定义域上连续.

由于指数函数 $y = a^x (a > 0, a \neq 1)$ 在区间 $(-\infty, +\infty)$ 上是严格单调且连续的,因此它的反函数 $y = \log_a x$ 在区间 $(0, +\infty)$ 上也是严格单调且连续的.

3. 复合函数的连续性

定理 1.8.3 若函数 $u = \varphi(x)$ 在点 x_0 处连续,且 $u_0 = \varphi(x_0)$,$y = f(u)$ 在点 u_0 处连续,则复合函数 $y = f[\varphi(x)]$ 在点 x_0 处连续.

证明 由复合函数的极限运算法则知
$$\lim_{x \to x_0} f[\varphi(x)] = \lim_{u \to u_0} f(u) = f(u_0) = f[\varphi(x_0)],$$
故复合函数 $y = f[\varphi(x)]$ 在点 x_0 处连续.

例 1.8.2 证明:幂函数 $y = x^\mu$ (μ 为常数)在区间 $(0, +\infty)$ 上连续.

证明 由于 $y = x^\mu = e^{\mu \ln x}$ 可看作由

$$y = e^u, \quad u = \mu \ln x$$

复合而成,因此根据定理 1.8.3 及指数函数、对数函数的连续性可知,$y = x^\mu$ 在 $(0, +\infty)$ 上连续.

注 如果对 μ 取各种不同值加以分别讨论,也可以证明幂函数在它的定义域上是连续的.

4. 初等函数的连续性

定理 1.8.4 基本初等函数在其定义域上都是连续的.

基本初等函数经过有限次四则运算和有限次复合运算后仍然保持连续,因而有如下结论.

定理 1.8.5 初等函数在其定义区间上都是连续的.

注 初等函数仅在其定义区间上连续,在其定义域上不一定连续.

例如,函数 $y = \sqrt{x^2(x-1)^3}$ 的定义域为 $\{0\} \cup [1, +\infty)$,在点 $x = 0$ 的邻域 $(-0.1, 0.1)$ 内没有定义,因而该函数在点 $x = 0$ 处不连续,但在定义区间 $[1, +\infty)$ 上连续.

根据定理 1.8.5,有以下结论:

(1) 求初等函数的连续区间即求它的定义区间;

(2) 若 $f(x)$ 是初等函数,且 x_0 是 $f(x)$ 的定义区间中的点,则

$$\lim_{x \to x_0} f(x) = f(x_0).$$

例 1.8.3 求 $\lim\limits_{x \to 1^-} \dfrac{e^{2x} + \ln(3-2x)}{\arcsin x}$.

解 本题是求初等函数 $y = \dfrac{e^{2x} + \ln(3-2x)}{\arcsin x}$ 的极限,因 $x = 1$ 是其定义区间中的点,故

$$\lim_{x \to 1^-} \frac{e^{2x} + \ln(3-2x)}{\arcsin x} = \frac{e^{2 \cdot 1} + \ln(3 - 2 \cdot 1)}{\arcsin 1} = \frac{2e^2}{\pi}.$$

例 1.8.4 确定函数 $y = \dfrac{\ln(x+1)}{x^2 - x - 2}$ 的连续区间及间断点,并判断间断点的类型.

解 因为该函数是初等函数,其定义域为 $(-1, 2) \cup (2, +\infty)$,所以其连续区间为 $(-1, 2), (2, +\infty)$,间断点为 $x = 2$. 又因 $\lim\limits_{x \to 2} \dfrac{\ln(x+1)}{x^2 - x - 2} = \infty$,故 $x = 2$ 为无穷间断点.

例 1.8.5 讨论函数 $f(x) = \begin{cases} 1, & 0 < x \leq e, \\ \ln x, & x > e \end{cases}$ 的连续性.

解 由初等函数的连续性可知，$f(x)$在区间$(0,e)$，$(e,+\infty)$上均连续．因为
$$f(e^-)=\lim_{x\to e^-}1=1,\quad f(e^+)=\lim_{x\to e^+}\ln x=1,\quad f(e)=1,$$
所以$f(x)$在分段点$x=e$处连续，从而$f(x)$在区间$(0,+\infty)$上连续．

二、闭区间上连续函数的性质

闭区间上的连续函数具有一些重要性质．因这些性质的严格证明较为复杂，下面只做叙述而略去其证明．

定理1.8.6（最大值和最小值定理） 若函数$f(x)$在闭区间$[a,b]$上连续，则在$[a,b]$上至少存在两点x_1,x_2，使得对于任意$x\in[a,b]$，有
$$f(x_1)\leqslant f(x)\leqslant f(x_2),$$
即$f(x_2)$与$f(x_1)$分别是$f(x)$在$[a,b]$上的最大值和最小值．

这一性质从几何上看是明显的：在闭区间上的连续函数的图形是一条有端点的连续曲线，该曲线上，至少有一点是最高点，也至少有一点是最低点，如图1.20所示．但在闭区间内有间断点或在开区间内连续的函数不一定具有这一性质（见图1.21、图1.22）．函数的最大值和最小值统称为函数的**最值**．

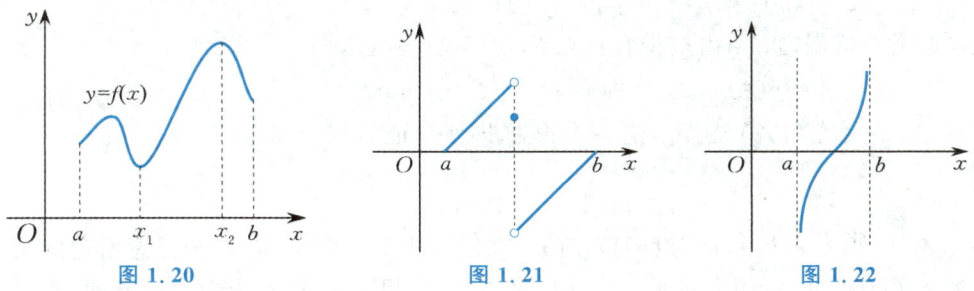

图1.20　　　　　图1.21　　　　　图1.22

推论1.8.1（有界性定理） 若函数$f(x)$在闭区间$[a,b]$上连续，则$f(x)$在$[a,b]$上一定有界．

定理1.8.7（介值定理） 设函数$f(x)$在闭区间$[a,b]$上连续，x_1,x_2是$[a,b]$上的任意两点．若$f(x_1)\neq f(x_2)$，则对介于$f(x_1)$与$f(x_2)$之间的任何实数μ，在x_1与x_2之间至少存在一点ξ，使得
$$f(\xi)=\mu.$$

介值定理说明，$f(x)$可以取得$f(x_1)$与$f(x_2)$之间的一切值，如图1.23所示．由此可得到以下推论．

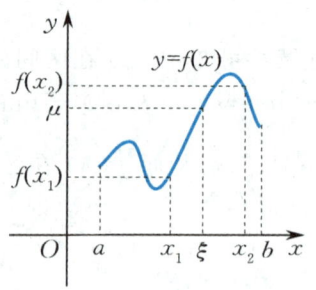

图 1.23

推论 1.8.2 闭区间上的连续函数,必能取得它的最小值与最大值之间的一切值.

推论 1.8.3(零点定理) 若函数 $f(x)$ 在闭区间 $[a,b]$ 上连续,且 $f(a)$ 与 $f(b)$ 异号,则在开区间 (a,b) 内至少有一点 ξ,使得
$$f(\xi)=0.$$

注 若 $f(x_0)=0$,则称 x_0 为 $f(x)$ 的零点. 推论 1.8.3 的结论等价于:方程 $f(x)=0$ 在开区间 (a,b) 内至少有一个根. 因此,零点定理可用于判断方程的根的存在性.

例 1.8.6 证明:方程 $x^5-3x=1$ 至少有一个根介于 1 和 2 之间.

证明 设函数 $f(x)=x^5-3x-1$,则 $f(x)$ 在闭区间 $[1,2]$ 上连续. 又
$$f(1)=-3<0, \quad f(2)=25>0,$$
故根据零点定理,在开区间 $(1,2)$ 内至少有一点 ξ,使得
$$f(\xi)=0, \quad 即 \quad \xi^5-3\xi-1=0.$$
因此,方程 $x^5-3x=1$ 在 $(1,2)$ 内至少有一个根 ξ,即所要证的结论成立.

定义 1.8.1 设函数 $f(x)$ 在区间 I 上有定义. 若对于任意给定的正数 ε,存在正数 δ,使得对于 I 上的任意两点 x_1 和 x_2,当 $|x_1-x_2|<\delta$ 时,不等式 $|f(x_1)-f(x_2)|<\varepsilon$ 成立,则称函数 $f(x)$ 在区间 I 上一致连续.

由定义 1.8.1 可知,若函数 $f(x)$ 在区间 I 上一致连续,则 $f(x)$ 在区间 I 上必连续. 但是,反之不一定成立. 例如,函数 $f(x)=\sin x^2$ 在区间 $(-\infty,+\infty)$ 上是连续的,但不是一致连续的. 事实上,取 $x_n=\sqrt{2n\pi+\dfrac{\pi}{2}}, y_n=\sqrt{2n\pi}$,则 $\lim\limits_{n\to\infty}(x_n-y_n)=0$,而 $f(x_n)-f(y_n)=1$. 由此可知,$f(x)=\sin x^2$ 在 $(-\infty,+\infty)$ 上不是一致连续的.

对于有限闭区间上的连续函数,有下面的定理.

定理 1.8.8 若函数 $f(x)$ 在闭区间 $[a,b]$ 上连续,则 $f(x)$ 在 $[a,b]$ 上一致连续.

习题1.8

1. 求下列函数的连续区间,并求极限:

   (1) $f(x) = \dfrac{x^2-1}{x^2-3x+2}$,求 $\lim\limits_{x\to 1} f(x)$;

   (2) $f(x) = \ln\arcsin x$,求 $\lim\limits_{x\to \frac{1}{2}} f(x)$;

   (3) $f(x) = \begin{cases} x^2, & 0 \leqslant x \leqslant 2, \\ 3-x, & 2 < x \leqslant 3, \end{cases}$ 求 $\lim\limits_{x\to 1} f(x)$.

2. 讨论函数 $f(x) = \lim\limits_{n\to\infty} \dfrac{1-x^{2n}}{1+x^{2n}} x$ 的连续性.

3. 若函数 $f(x)$ 在区间 $[a,b)$ 上连续,且 $\lim\limits_{x\to b^-} f(x)$ 存在,证明:$f(x)$ 在 $[a,b)$ 上有界.

4. 证明:方程 $x\mathrm{e}^x - 1 = 0$ 在区间 $(0,1)$ 内至少有一个根.

5. 证明:方程 $x - \ln x = 2$ 在区间 $(1, \mathrm{e}^2)$ 内至少有一个根.

6. 证明:方程 $4x = 2^x$ 在区间 $\left(0, \dfrac{1}{2}\right)$ 内必有根.

7. 证明:方程 $x = 2 + \sin x$ 至少有一个不超过 3 的正根.

8. 设函数 $f(x)$ 在区间 $[0, 2a]$ 上连续,且 $f(0) = f(2a)$,证明:至少存在一点 $\xi \in [0, a]$,使得
$$f(\xi) = f(\xi + a).$$

函数与极限应用案例

一、外币兑换中的损失

例 1.9.1 某人从美国去加拿大度假,他把美元换成加拿大元时,币面数值增加 12%. 回国后他发现把加拿大元兑换成美元时,币面数值减少 12%. 问:经过这样一来一回的兑换后,他是否亏损?

解 设 x 美元可以兑换成 $f_1(x)$ 加拿大元,x 加拿大元可以兑换成 $f_2(x)$ 美元,则
$$f_1(x) = x + x \cdot 12\% = 1.12x, \quad x \geqslant 0,$$
$$f_2(x) = x - x \cdot 12\% = 0.88x, \quad x \geqslant 0.$$

因为
$$f_2[f_1(x)] = 0.88 \times 1.12x = 0.9856x < x,$$
所以经过这样一来一回的兑换后,他是亏损的,每 x 美元亏损
$$(x - 0.9856x) \text{ 美元} = 0.0144x \text{ 美元},$$
即亏损了 1.44%.

二、二氧化碳过滤层的设计

例 1.9.2 设空气通过某个盛有 CO_2 吸收剂的圆柱形器皿时,该吸收剂吸收 CO_2 的量与空气中 CO_2 的百分浓度及吸收层厚度成正比.现有 CO_2 含量为 8% 的空气,通过厚度为 10 cm 的吸收层后,其 CO_2 含量变为 2%.问:

(1) 若通过的吸收层厚度为 30 cm,那么出口处空气中 CO_2 的含量是多少?

(2) 若要使出口处空气中 CO_2 的含量为 1%,那么其吸收层厚度应为多少?

解 设吸收层厚度为 d(单位:cm).现将吸收层等分成 n 小段,每小段吸收层的厚度均为 $\dfrac{d}{n}$.已知吸收 CO_2 的量与空气中 CO_2 的百分浓度及吸收层厚度成正比,现在 CO_2 含量为 8%,所以通过第一小段吸收层后,吸收 CO_2 的量为 $k \cdot 8\% \cdot \dfrac{d}{n}$($k$ 为比例常数,$k > 0$),出口处空气中 CO_2 的含量为

$$0.08 - 0.08k \cdot \frac{d}{n} = 0.08\left(1 - \frac{kd}{n}\right);$$

通过第二小段吸收层后,吸收 CO_2 的量为 $k \cdot 0.08\left(1 - \dfrac{kd}{n}\right) \cdot \dfrac{d}{n}$,出口处空气中 CO_2 的含量为

$$0.08\left(1 - \frac{kd}{n}\right) - k \cdot 0.08\left(1 - \frac{kd}{n}\right) \cdot \frac{d}{n} = 0.08\left(1 - \frac{kd}{n}\right)^2;$$

以此类推,通过第 n 小段吸收层后,出口处空气中 CO_2 的含量为

$$0.08\left(1 - \frac{kd}{n}\right)^n.$$

当 $n \to \infty$ 时,即将吸收层无限细分,通过厚度为 d 的吸收层后,出口处空气中 CO_2 的含量为

$$\lim_{n \to \infty} 0.08\left(1 - \frac{kd}{n}\right)^n = 0.08 \lim_{n \to \infty}\left[\left(1 - \frac{kd}{n}\right)^{-\frac{n}{kd}}\right]^{-kd} = 0.08 e^{-kd}.$$

因此,经过厚度为 d 的吸收层后,空气中 CO_2 的含量为

$$y(d) = 0.08 e^{-kd}.$$

又已知通过厚度为 10 cm 的吸收层后,空气中 CO_2 的含量为 2‰,即

$$0.08e^{-k \cdot 10} = 0.02,$$

解得 $k = \dfrac{\ln 2}{5}$. 故

$$y(d) = 0.08e^{-\frac{\ln 2}{5}d}.$$

(1) 若通过的吸收层厚度为 30 cm,则出口处空气中 CO_2 的含量为

$$0.08e^{-\frac{\ln 2}{5} \times 30} = \frac{0.08}{2^6} = 0.125‰.$$

(2) 若要使出口处空气中 CO_2 的含量为 1‰,则有

$$0.08e^{-\frac{\ln 2}{5}d} = 0.01, \quad 即 \quad 2^{\frac{d}{5}} = 2^3,$$

解得 $d = 15$ cm. 故此时吸收层厚度应为 15 cm.

三、反复学习及效率

例 1.9.3 众所周知,任何一种新技能的获得和提高都要通过一定的时间学习. 在学习中,常会碰到这样的现象:某些人学得快,掌握得好,而有些人学得慢,掌握得差. 现以学习计算机为例,假设每学习计算机一次,都能掌握一定的新内容,其掌握程度为常数 $r(0 < r < 1)$,试用数学知识来描述经过多少次学习,就能基本掌握计算机知识.

解 设 $a_n (n = 0, 1, 2, \cdots)$ 表示经过 n 次学习计算机后的掌握程度,则 $a_0 (0 \leqslant a_0 \leqslant 1)$ 表示开始学习计算机时的掌握程度,$1 - a_0$ 就是开始第一次学习时尚未掌握的新内容量,经过一次学习掌握的新内容量为 $r(1 - a_0)$. 于是

$$a_1 - a_0 = r(1 - a_0). \tag{1.9.1}$$

类似地,有

$$a_2 - a_1 = r(1 - a_1), \quad a_3 - a_2 = r(1 - a_2), \quad \cdots, \quad a_{n+1} - a_n = r(1 - a_n),$$

从而

$$a_{n+1} = a_n + r(1 - a_n) = (1 - r)a_n + r, \quad n = 0, 1, 2, \cdots. \tag{1.9.2}$$

于是

$$a_1 = (1 - r)a_0 + r = 1 - (1 - a_0)(1 - r),$$
$$a_2 = (1 - r)a_1 + r = (1 - r)[1 - (1 - a_0)(1 - r)] + r$$
$$\quad = 1 - (1 - a_0)(1 - r)^2,$$
$$a_3 = (1 - r)a_2 + r = (1 - r)[1 - (1 - a_0)(1 - r)^2] + r$$
$$\quad = 1 - (1 - a_0)(1 - r)^3,$$
$$\cdots\cdots$$

$$a_n = (1-r)a_{n-1} + r = (1-r)[1-(1-a_0)(1-r)^{n-1}] + r$$
$$= 1 - (1-a_0)(1-r)^n.$$

故
$$a_n = 1 - (1-a_0)(1-r)^n, \quad n=1,2,\cdots. \tag{1.9.3}$$

由此可看出,当学习次数 n 增大时,a_n 随之增大,且越来越接近于1(因为 $\lim\limits_{n\to\infty} a_n = 1$). 这说明了反复学习的重要性.

一般情况下 $a_0 = 0$,即开始学习时,对计算机一无所知,如果每次学习的掌握程度为 $r = 30\%$,则由式(1.9.3)可得到学习次数 n 与掌握程度 a_n 的关系表(见表1.2).

表 1.2

n	1	2	3	4	5	6	7	8	9	10
a_n	0.3	0.51	0.66	0.76	0.83	0.88	0.92	0.94	0.96	0.97

习题1.9

1. 一个皮球从 30 m 高处自由落向地面,每次触地后均反弹至前一次下落高度的 $\dfrac{2}{3}$ 处,问:该皮球静止不动时,它总共经过了多少路程?
2. 曲线 $y = x^2$ 与 x 轴、直线 $x=1$ 所围成的平面图形,称为曲边三角形,求它的面积.
3. 由实验知,某种细菌繁殖的速度 v 在培养基充足等条件满足时与初始时已有的数量 A_0 成正比,即 $v = kA_0$(k 为比例常数,$k>0$). 问:经过时间 t 后细菌的数量是多少?

总复习题一

1. 填空题:
   (1) 设函数 $f(\sin x) = 1 + \cos 2x$,则 $f(x) = $ _____;
   (2) $\lim\limits_{x\to\infty}\left[x\sin\dfrac{1}{x} + \left(1+\dfrac{1}{x}\right)^{2x}\right] = $ _____;
   *(3) 设函数 $f(x) = a^x$($a>0, a\neq 1$),则 $\lim\limits_{n\to\infty}\dfrac{1}{n^2}\ln[f(1)f(2)\cdots f(n)] = $ _____;
   *(4) $\lim\limits_{x\to\infty} x\sin\dfrac{2x}{x^2+1} = $ _____;
   *(5) 已知当 $x\to 0$ 时,$(1+ax^2)^{\frac{1}{3}} - 1$ 与 $\cos x - 1$ 是等价无穷小,则常数 $a = $ _____.

2. 选择题：

(1) $\lim\limits_{x\to\infty}\dfrac{x^2+2x-\cos x}{2x^2+\sin x}=($ $)$；

  A. $\dfrac{1}{2}$　　　　B. 2　　　　C. 0　　　　D. 不存在

(2) 设数列 $f(n)=\begin{cases}\dfrac{n^2+1}{n}, & n\text{ 为奇数},\\ \dfrac{1}{n}, & n\text{ 为偶数},\end{cases}$ 则当 $n\to\infty$ 时，$f(n)$ 是(   )；

  A. 无穷大　　　　　　　　　　　　B. 无穷小
  C. 有界变量，但非无穷小　　　　　D. 无界变量，但非无穷大

(3) 已知当 $x\to 0$ 时，$f(x)$ 是无穷大，下列函数中当 $x\to 0$ 时一定是无穷小的是(   )．

  A. $xf(x)$　　　B. $x+f(x)$　　　C. $\dfrac{x}{f(x)}$　　　D. $f(x)-\dfrac{1}{x}$

3. 判断题（回答时需说明理由）：

(1) 若数列 $\{x_n\}$ 是有界的，则它必存在极限；

(2) 若 $\lim\limits_{x\to a}[f(x)+g(x)]$ 和 $\lim\limits_{x\to a}f(x)$ 都存在，则 $\lim\limits_{x\to a}g(x)$ 也存在；

(3) 若 $\lim\limits_{x\to a}f(x)g(x)$ 和 $\lim\limits_{x\to a}f(x)$ 都存在，则 $\lim\limits_{x\to a}g(x)$ 也存在；

(4) 若 $f(x)>g(x)$，且 $\lim\limits_{x\to a}f(x),\lim\limits_{x\to a}g(x)$ 都存在，则必有 $\lim\limits_{x\to a}f(x)>\lim\limits_{x\to a}g(x)$；

(5) 设函数 $f(x)$ 在点 $x=0$ 处连续，且 $\lim\limits_{x\to 0}\dfrac{f(x)}{x}$ 存在，则 $f(0)=0$．

4. 求下列极限：

(1) $\lim\limits_{x\to 0}(\csc x-\cot x)$；

(2) $\lim\limits_{x\to +\infty}x(\sqrt{x^2+1}-x)$；

(3) $\lim\limits_{x\to\infty}x(2^{\frac{1}{x}}-1)$；

*(4) $\lim\limits_{x\to 0}(\cos x)^{\frac{1}{\ln(1+x^2)}}$；

*(5) $\lim\limits_{x\to\infty}\left(\sin\dfrac{2}{x}+\cos\dfrac{1}{x}\right)^x$；

(6) $\lim\limits_{x\to +\infty}\dfrac{(x-\sqrt{x^2-1})^n+(x+\sqrt{x^2-1})^n}{x^n}$；

*(7) $\lim\limits_{x\to 0}\left(\dfrac{2+\mathrm{e}^{\frac{1}{x}}}{1+\mathrm{e}^{\frac{4}{x}}}+\dfrac{\sin x}{|x|}\right)$；

(8) $\lim\limits_{n\to\infty}(1+2^n+3^n)^{\frac{1}{n}}$；

(9) $\lim\limits_{n\to\infty}\left(\dfrac{1}{1+2}+\dfrac{1}{1+2+3}+\cdots+\dfrac{1}{1+2+3+\cdots+n}\right)$；

(10) $\lim\limits_{n\to\infty}\sin(\pi\sqrt{n^2+1})$．

5. 讨论函数 $f(x)=\lim\limits_{n\to\infty}\dfrac{1}{1+x^n}(x\geqslant 0)$ 的连续性；若有间断点，判别其类型．

6. 若函数 $f(x)$ 在区间 $[a,b]$ 上连续，且无零点，证明：函数 $f(x)$ 在 $[a,b]$ 上恒正或恒负．

7. 若函数 $f(x)$ 在区间 $[a,b]$ 上连续，且 $a<c<d<b$，证明：在 $[a,b]$ 上必存在点 ξ，使得
$$mf(c)+nf(d)=(m+n)f(\xi)\quad(m>0,n>0).$$

第2章

导数与微分

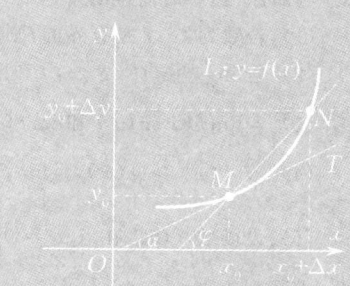

　　微积分学包含微分学和积分学两个主要部分,而微分学中最基本的概念是导数与微分.本章将重点介绍导数与微分的概念,并讨论它们的计算方法.

§2.1 导数的概念

在实际中,经常需要研究变量变化的快慢问题.例如,城市人口增长的速度、国民经济发展的速度及劳动力生产率等,都属于变量变化的快慢问题.实质上,这些问题都可归结为函数的变化率问题,即函数的导数问题.

一、引例

为了更好地理解微分学中导数的概念,先讨论与导数密切相关的两个问题:变速直线运动的速度问题和切线问题.

1. 变速直线运动的速度问题

设一个物体做变速直线运动,其位移 s 与时间 t 的函数关系为 $s=f(t)$(称为**位移函数**).现讨论该物体在 $t=t_0$ 时刻的速度 $v(t_0)$.

当时间 t 从 t_0 变到 $t_0+\Delta t$ 时,位移函数的增量为 $\Delta s=f(t_0+\Delta t)-f(t_0)$,它就是该物体在 Δt 时间段内的位移,则比值

$$\frac{\Delta s}{\Delta t}=\frac{f(t_0+\Delta t)-f(t_0)}{\Delta t} \tag{2.1.1}$$

表示该物体在 Δt 这一时间段内的**平均速度** $\bar{v}$.当 Δt 很小时,$\bar{v}$ 近似地表示该物体在 t_0 时刻的速度 $v(t_0)$.Δt 越小,它的近似程度就越高.因此,为了精确求出该物体在 t_0 时刻的速度,令 $\Delta t \to 0$,对式(2.1.1)取极限.若极限 $\lim\limits_{\Delta t \to 0}\dfrac{\Delta s}{\Delta t}$ 存在,则此极限就是该物体在 t_0 时刻的速度(称为**瞬时速度**),即

$$v(t_0)=\lim_{\Delta t \to 0}\frac{\Delta s}{\Delta t}=\lim_{\Delta t \to 0}\frac{f(t_0+\Delta t)-f(t_0)}{\Delta t}.$$

2. 切线问题

设曲线 $L:y=f(x)$ 如图 2.1 所示,$M(x_0,y_0)$ 是曲线 L 上的一个定点,而 $N(x_0+\Delta x,y_0+\Delta y)$ 是曲线 L 上的一个动点,则有 $y_0=f(x_0)$,$y_0+\Delta y=f(x_0+\Delta x)$.作割线 MN,易知此割线的斜率为

$$\tan \varphi=\frac{\Delta y}{\Delta x}=\frac{f(x_0+\Delta x)-f(x_0)}{\Delta x},$$

其中 φ 为割线 MN 的倾角.

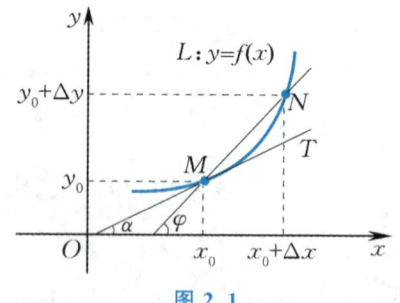

图 2.1

当 $\Delta x \to 0$ 时,动点 N 将沿曲线 L 趋向于定点 M,割线 MN 也随之变动并趋向于极限位置 MT,直线 MT 就称为曲线 L 在点 M 处的**切线**. 对上式取 $\Delta x \to 0$ 时的极限,如果极限 $\lim\limits_{\Delta x \to 0} \dfrac{\Delta y}{\Delta x}$ 存在,则此极限就是切线 MT 的斜率,即

$$\tan \alpha = \lim_{\Delta x \to 0} \tan \varphi = \lim_{\Delta x \to 0} \frac{\Delta y}{\Delta x} = \lim_{\Delta x \to 0} \frac{f(x_0 + \Delta x) - f(x_0)}{\Delta x},$$

其中 α 为切线 MT 的倾角.

二、导数的定义

1. 可导和导数的定义

以上讨论的两个问题虽然具体意义不相同,但从数量关系看,它们都可归结为求如下特殊形式的极限:

$$\lim_{\Delta x \to 0} \frac{\Delta y}{\Delta x} = \lim_{\Delta x \to 0} \frac{f(x_0 + \Delta x) - f(x_0)}{\Delta x}.$$

这就是函数增量与自变量增量之比当自变量增量趋向于零时的极限. 这种表达函数变化率的特殊形式的极限就定义为导数.

定义 2.1.1   设函数 $y = f(x)$ 在点 x_0 的某个邻域内有定义,当自变量 x 在点 x_0 处取得增量 Δx(假设 $x_0 + \Delta x$ 仍在该邻域内)时,函数 $y = f(x)$ 取得相应的增量 $\Delta y = f(x_0 + \Delta x) - f(x_0)$. 如果极限 $\lim\limits_{\Delta x \to 0} \dfrac{\Delta y}{\Delta x}$ 存在,那么称函数 $y = f(x)$ 在点 x_0 处**可导**,并称此极限为函数 $y = f(x)$ 在点 x_0 处的**导数**,记为 $f'(x_0), y' \big|_{x=x_0}, \dfrac{\mathrm{d}y}{\mathrm{d}x}\big|_{x=x_0}$ 或 $\dfrac{\mathrm{d}f(x)}{\mathrm{d}x}\big|_{x=x_0}$;如果极限 $\lim\limits_{\Delta x \to 0} \dfrac{\Delta y}{\Delta x}$ 不存在,那么称函数 $y = f(x)$ 在点 x_0 处**不可导**.

函数 $y = f(x)$ 在点 x_0 处可导时,也称 $y = f(x)$ 在点 x_0 处**具有导数**或**存在导数**. 若极限 $\lim\limits_{\Delta x \to 0} \dfrac{\Delta y}{\Delta x} = \infty$,此时虽然函数 $y = f(x)$ 在点 x_0 处不可导,但为了方便起见,也称函数 $y = f(x)$ 在点 x_0 处的导数为无穷大,记为 $f'(x_0) = \infty$.

若函数 $y = f(x)$ 在点 x_0 处可导,则由定义有

$$f'(x_0) = \lim_{\Delta x \to 0} \frac{\Delta y}{\Delta x} = \lim_{\Delta x \to 0} \frac{f(x_0 + \Delta x) - f(x_0)}{\Delta x}. \tag{2.1.2}$$

根据复合函数的极限运算法则,还可以得到导数定义式(2.1.2)的其他等价表达形式. 例如,令 $\Delta x = h$,则

$$f'(x_0) = \lim_{h \to 0} \frac{f(x_0 + h) - f(x_0)}{h}; \tag{2.1.3}$$

令 $x_0 + \Delta x = x$,则当 $\Delta x \to 0$ 时,有 $x \to x_0$,从而

$$f'(x_0) = \lim_{x \to x_0} \frac{f(x) - f(x_0)}{x - x_0}. \tag{2.1.4}$$

例 2.1.1 求函数 $f(x) = \sin x$ 在点 $x = 0$ 处的导数.

解 $f'(0) = \lim\limits_{x \to 0} \dfrac{f(x) - f(0)}{x - 0} = \lim\limits_{x \to 0} \dfrac{\sin x - \sin 0}{x - 0} = \lim\limits_{x \to 0} \dfrac{\sin x}{x} = 1.$

例 2.1.2 考察函数 $f(x) = \sqrt[3]{x}$ 在点 $x = 0$ 处的导数.

解 因为

$$f'(0) = \lim_{x \to 0} \frac{f(x) - f(0)}{x - 0} = \lim_{x \to 0} \frac{\sqrt[3]{x} - \sqrt[3]{0}}{x - 0} = \lim_{x \to 0} \frac{1}{\sqrt[3]{x^2}} = +\infty,$$

所以函数 $f(x) = \sqrt[3]{x}$ 在点 $x = 0$ 处不可导,或者说其导数为无穷大.

由导数的定义可知,导数 $f'(x_0)$ 是因变量 y 在点 x_0 处的变化率,其大小反映了因变量随自变量的变化而变化的快慢程度. 因此,导数是对函数变化率的精确描述.

导数是用函数的极限来定义的. 考虑左、右极限,可以给出相应的左、右导数的概念.

如果极限 $\lim\limits_{\Delta x \to 0^-} \dfrac{\Delta y}{\Delta x}$ 存在,则称此极限为函数 $y = f(x)$ 在点 x_0 处的**左导数**,记作 $f'_-(x_0)$,即

$$f'_-(x_0) = \lim_{\Delta x \to 0^-} \frac{\Delta y}{\Delta x} = \lim_{\Delta x \to 0^-} \frac{f(x_0 + \Delta x) - f(x_0)}{\Delta x};$$

如果极限 $\lim\limits_{\Delta x \to 0^+} \dfrac{\Delta y}{\Delta x}$ 存在,则称此极限为函数 $y = f(x)$ 在点 x_0 处的**右导数**,记作 $f'_+(x_0)$,即

$$f'_+(x_0) = \lim_{\Delta x \to 0^+} \frac{\Delta y}{\Delta x} = \lim_{\Delta x \to 0^+} \frac{f(x_0 + \Delta x) - f(x_0)}{\Delta x}.$$

函数 $y = f(x)$ 在点 x_0 处的左、右导数还可以分别表示为

$$f'_-(x_0) = \lim_{x \to x_0^-} \frac{f(x) - f(x_0)}{x - x_0}, \quad f'_+(x_0) = \lim_{x \to x_0^+} \frac{f(x) - f(x_0)}{x - x_0}.$$

函数 $y = f(x)$ 在点 x_0 处的左、右导数统称为**单侧导数**.

由于极限存在的充要条件是其左、右极限存在且相等,因此不难得到如下定理.

定理 2.1.1　函数 $f(x)$ 在点 x_0 处可导的充要条件是函数 $f(x)$ 在点 x_0 处的左、右导数都存在且相等.

例 2.1.3　讨论函数
$$f(x)=|x|=\begin{cases} x, & x\geqslant 0, \\ -x, & x<0 \end{cases}$$
在点 $x=0$ 处的可导性.

解　因为
$$f'_-(0)=\lim_{\Delta x\to 0^-}\frac{f(0+\Delta x)-f(0)}{\Delta x}=\lim_{\Delta x\to 0^-}\frac{|\Delta x|}{\Delta x}=\lim_{\Delta x\to 0^-}\frac{-\Delta x}{\Delta x}=-1,$$
$$f'_+(0)=\lim_{\Delta x\to 0^+}\frac{f(0+\Delta x)-f(0)}{\Delta x}=\lim_{\Delta x\to 0^+}\frac{|\Delta x|}{\Delta x}=\lim_{\Delta x\to 0^+}\frac{\Delta x}{\Delta x}=1,$$
所以 $f'_-(0)\neq f'_+(0)$，从而 $f(x)=|x|$ 在点 $x=0$ 处不可导.

上面讨论的是函数在某点可导的概念. 若函数 $y=f(x)$ 在开区间 (a,b) 内每一点都可导,则称 $y=f(x)$ **在开区间 (a,b) 内可导**. 此时,对于 (a,b) 内任一点 x,都有一个确定的导数 $f'(x)$ 与它对应,这就定义了一个新的函数,称之为 $y=f(x)$ 在 (a,b) 内的**导函数**,简称 $y=f(x)$ 的**导数**,记作

$$y',\quad f'(x),\quad \frac{\mathrm{d}y}{\mathrm{d}x}\quad \text{或}\quad \frac{\mathrm{d}f(x)}{\mathrm{d}x}.$$

在式 (2.1.2) 或式 (2.1.3) 中,只要把 x_0 换成 x,即可得到函数 $f(x)$ 的导函数的定义式:
$$f'(x)=\lim_{\Delta x\to 0}\frac{f(x+\Delta x)-f(x)}{\Delta x}$$
或
$$f'(x)=\lim_{h\to 0}\frac{f(x+h)-f(x)}{h}.$$

显然,函数 $f(x)$ 在点 x_0 处的导数 $f'(x_0)$ 就是函数 $f(x)$ 的导函数 $f'(x)$ 在点 $x=x_0$ 处的函数值,即
$$f'(x_0)=f'(x)\big|_{x=x_0}.$$

如果函数 $f(x)$ 在开区间 (a,b) 内可导,且 $f'_+(a)$ 及 $f'_-(b)$ 都存在,那么称 $f(x)$ **在闭区间 $[a,b]$ 上可导**.

2. 求导数举例

下面根据导数的定义推导常数函数与一些基本初等函数的导数公式.

例 2.1.4 求常数函数 $f(x)=C$（C 为常数）的导数.

解 $f'(x)=\lim\limits_{h\to 0}\dfrac{f(x+h)-f(x)}{h}=\lim\limits_{h\to 0}\dfrac{C-C}{h}=0$，即
$$(C)'=0.$$

例 2.1.4 说明，常数函数的导数恒为零（常数函数的导函数也是一个常数函数）. 由于 $f(x_0)$ 为 $f(x)$ 在点 $x=x_0$ 处的函数值，故可把 $f(x_0)$ 理解为一个常数函数，因此 $[f(x_0)]'=0$. 要注意 $[f(x_0)]'$ 与 $f'(x_0)$ 的区别.

例 2.1.5 求函数 $f(x)=x^n$（$n\in \mathbf{N}_+$）的导数.

解 $f'(x)=\lim\limits_{h\to 0}\dfrac{f(x+h)-f(x)}{h}=\lim\limits_{h\to 0}\dfrac{(x+h)^n-x^n}{h}$

$=\lim\limits_{h\to 0}\dfrac{\left[x^n+nx^{n-1}h+\dfrac{n(n-1)}{2}x^{n-2}h^2+\cdots+h^n\right]-x^n}{h}$

$=\lim\limits_{h\to 0}\left[nx^{n-1}+\dfrac{n(n-1)}{2}x^{n-2}h+\cdots+h^{n-1}\right]=nx^{n-1}$,

即
$$(x^n)'=nx^{n-1}.$$

§2.2 还将证明对一般的幂函数 $y=x^\mu$（μ 为常数）有如下导数公式：
$$(x^\mu)'=\mu x^{\mu-1}.$$
利用这一公式可求出一些具体的幂函数的导数，例如：

$(\sqrt{x^3})'=\left(x^{\frac{3}{2}}\right)'=\dfrac{3}{2}x^{\frac{3}{2}-1}=\dfrac{3\sqrt{x}}{2}$,

$\left(\dfrac{x^2\sqrt{x}}{\sqrt[3]{x}}\right)'=\left(\dfrac{x^2\cdot x^{\frac{1}{2}}}{x^{\frac{1}{3}}}\right)'=\left(x^{2+\frac{1}{2}-\frac{1}{3}}\right)'=\left(x^{\frac{13}{6}}\right)'$

$=\dfrac{13}{6}x^{\frac{13}{6}-1}=\dfrac{13}{6}x^{\frac{7}{6}}.$

例 2.1.6 求指数函数 $f(x)=a^x$（$a>0, a\neq 1$）的导数.

解 $f'(x)=\lim\limits_{h\to 0}\dfrac{f(x+h)-f(x)}{h}=\lim\limits_{h\to 0}\dfrac{a^{x+h}-a^x}{h}=a^x\lim\limits_{h\to 0}\dfrac{a^h-1}{h}$

$=a^x\lim\limits_{h\to 0}\dfrac{\mathrm{e}^{h\ln a}-1}{h}=a^x\lim\limits_{h\to 0}\dfrac{h\ln a}{h}=a^x\ln a,$

即
$$(a^x)' = a^x \ln a.$$

特别地,当 $a = e$ 时,有
$$(e^x)' = e^x.$$

例 2.1.7 求对数函数 $f(x) = \log_a x \, (a > 0, a \neq 1)$ 的导数.

解 $f'(x) = \lim\limits_{h \to 0} \dfrac{f(x+h) - f(x)}{h} = \lim\limits_{h \to 0} \dfrac{\log_a(x+h) - \log_a x}{h}$

$= \lim\limits_{h \to 0} \dfrac{1}{h} \log_a \left(1 + \dfrac{h}{x}\right) = \lim\limits_{h \to 0} \left[\dfrac{1}{x} \cdot \dfrac{x}{h} \log_a \left(1 + \dfrac{h}{x}\right)\right]$

$= \dfrac{1}{x} \lim\limits_{h \to 0} \log_a \left(1 + \dfrac{h}{x}\right)^{\frac{x}{h}} = \dfrac{1}{x} \log_a e = \dfrac{1}{x \ln a},$

即
$$(\log_a x)' = \dfrac{1}{x \ln a}.$$

特别地,当 $a = e$ 时,有
$$(\ln x)' = \dfrac{1}{x}.$$

例 2.1.8 求正弦函数 $f(x) = \sin x$ 的导数.

解 $f'(x) = \lim\limits_{h \to 0} \dfrac{f(x+h) - f(x)}{h} = \lim\limits_{h \to 0} \dfrac{\sin(x+h) - \sin x}{h}$

$= \lim\limits_{h \to 0} \dfrac{2\cos\left(x + \dfrac{h}{2}\right) \cdot \sin \dfrac{h}{2}}{h} = \lim\limits_{h \to 0} \cos\left(x + \dfrac{h}{2}\right) \cdot \lim\limits_{h \to 0} \dfrac{\sin \dfrac{h}{2}}{\dfrac{h}{2}}$

$= \cos x,$

即
$$(\sin x)' = \cos x.$$

类似地,可求得余弦函数的导数公式
$$(\cos x)' = -\sin x.$$

三、导数的几何意义

由前面的切线问题及导数的定义可知,函数 $f(x)$ 在点 x_0 处的导数 $f'(x_0)$ 在几何上表示曲线 $y=f(x)$ 在点 $M(x_0,f(x_0))$ 处的切线 MT 的斜率,即
$$f'(x_0)=\tan\alpha,$$
其中 α 是切线 MT 的倾角(见图 2.2).

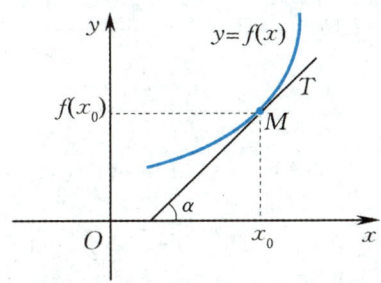

图 2.2

记 $y_0=f(x_0)$. 由直线的点斜式方程可知,曲线 $y=f(x)$ 在点 $M(x_0,y_0)$ 处的**切线方程**为
$$y-y_0=f'(x_0)(x-x_0).$$

过切点 $M(x_0,y_0)$ 且与切线垂直的直线称为曲线 $y=f(x)$ 在点 M 处的**法线**. 若 $f'(x_0)\neq 0$,则法线的斜率为 $-\dfrac{1}{f'(x_0)}$,从而曲线 $y=f(x)$ 在点 M 处的**法线方程**为
$$y-y_0=-\frac{1}{f'(x_0)}(x-x_0).$$

特别地,当 $f'(x_0)=0$ 时,曲线 $y=f(x)$ 在点 $M(x_0,y_0)$ 处有平行于 x 轴或与 x 轴重合的切线 $y=y_0$,有垂直于 x 轴的法线 $x=x_0$;当 $f'(x_0)=\infty$ 时,曲线 $y=f(x)$ 在点 $M(x_0,y_0)$ 处有垂直于 x 轴的切线 $x=x_0$,有平行于 x 轴或与 x 轴重合的法线 $y=y_0$.

例如,函数 $f(x)=\sqrt[3]{x}$ 在点 $x=0$ 处不可导,但 $f'(0)=\infty$,所以曲线 $y=\sqrt[3]{x}$ 在原点 O 处有垂直于 x 轴的切线 $x=0$(y 轴),且有法线 $y=0$(x 轴),如图 2.3 所示.

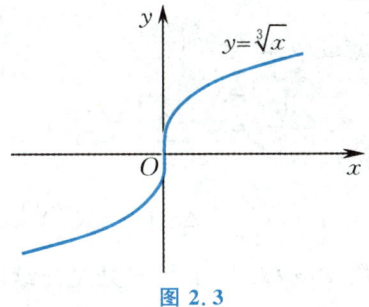

图 2.3

例 2.1.9 求曲线 $y=\sqrt{x}$ 在点 $(1,1)$ 处的切线方程和法线方程.

解 由导数的几何意义可知,所求切线的斜率为

$$k_1 = y'\Big|_{x=1} = \left(x^{\frac{1}{2}}\right)'\Big|_{x=1} = \frac{1}{2}x^{\frac{1}{2}-1}\Big|_{x=1} = \frac{1}{2},$$

故所求切线方程为

$$y-1 = \frac{1}{2}(x-1), \quad 即 \quad y = \frac{1}{2}x + \frac{1}{2}.$$

所求法线的斜率为

$$k_2 = -\frac{1}{k_1} = -2,$$

于是所求法线方程为

$$y-1 = -2(x-1), \quad 即 \quad y = -2x + 3.$$

例 2.1.10 求曲线 $y = \ln x$ 的过原点的切线方程.

解 显然,函数 $y = \ln x$ 的定义域为 $(0, +\infty)$. 设切点为 (x_0, y_0),则切线的斜率为

$$(\ln x)'\Big|_{x=x_0} = \frac{1}{x_0}.$$

于是,所求切线方程可设为

$$y - y_0 = \frac{1}{x_0}(x - x_0). \tag{2.1.5}$$

因切点 (x_0, y_0) 在曲线 $y = \ln x$ 上,故有

$$y_0 = \ln x_0.$$

已知所求切线过原点 $(0,0)$,故 $(0,0)$ 满足方程 $(2.1.5)$. 因此有

$$0 - \ln x_0 = \frac{1}{x_0}(0 - x_0),$$

解得 $x_0 = \mathrm{e}$,从而 $y_0 = \ln \mathrm{e} = 1$. 将切点 $(\mathrm{e}, 1)$ 代入方程 $(2.1.5)$ 并化简,得所求切线方程为

$$y = \frac{x}{\mathrm{e}}.$$

四、可导与连续的关系

设函数 $y = f(x)$ 在点 x 处可导,即有

$$\lim_{\Delta x \to 0} \frac{\Delta y}{\Delta x} = f'(x),$$

从而

$$\lim_{\Delta x \to 0} \Delta y = \lim_{\Delta x \to 0} \left(\frac{\Delta y}{\Delta x} \cdot \Delta x\right) = f'(x) \cdot 0 = 0,$$

于是由定义 1.7.2 知,函数 $y = f(x)$ 在点 x 处是连续的. 因此,有下述定理.

定理 2.1.2 若函数 $f(x)$ 在点 x_0 处可导,则函数 $f(x)$ 在点 x_0 处

连续.

需要注意的是,此定理的逆命题不一定成立,即函数 $f(x)$ 在点 x 处连续时,它在该点处不一定可导.

例如,函数 $f(x)=|x|=\begin{cases} x, & x\geqslant 0, \\ -x, & x<0 \end{cases}$ 在点 $x=0$ 处连续(见图 2.4),但由例 2.1.3 知 $f(x)$ 在点 $x=0$ 处不可导. 又如,函数 $f(x)=\sqrt[3]{x}$ 在点 $x=0$ 处连续,但它在点 $x=0$ 处却不可导.

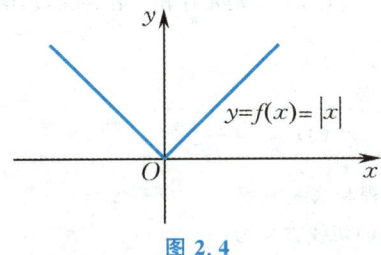

图 2.4

例 2.1.11 讨论函数

$$f(x)=\begin{cases} x\cos\dfrac{1}{x}, & x\neq 0, \\ 0, & x=0 \end{cases}$$

在点 $x=0$ 处的连续性与可导性.

解 因为

$$\lim_{x\to 0}f(x)=\lim_{x\to 0}x\cos\frac{1}{x}=0=f(0),$$

所以 $f(x)$ 在点 $x=0$ 处连续. 由于

$$\lim_{x\to 0}\frac{f(x)-f(0)}{x-0}=\lim_{x\to 0}\frac{x\cos\dfrac{1}{x}}{x}=\lim_{x\to 0}\cos\frac{1}{x},$$

而 $\lim\limits_{x\to 0}\cos\dfrac{1}{x}$ 不存在,因此 $f(x)$ 在点 $x=0$ 处不可导.

由以上讨论可知,函数在某点处连续是函数在该点处可导的必要条件,但不是充分条件. 简而言之,可导必连续,但连续不一定可导. 于是易知,不连续必不可导.

习题2.1

1. 设函数 $f(x)=1-2x^2$,试按导数的定义求 $f'(1)$.
2. 证明:$(\cos x)'=-\sin x$.

3. 设导数 $f'(x_0)$ 存在,求下列极限:

(1) $\lim\limits_{\Delta x \to 0} \dfrac{f(x_0 + 3\Delta x) - f(x_0)}{\Delta x}$;

(2) $\lim\limits_{h \to 0} \dfrac{f(x_0 + h) - f(x_0 - h)}{h}$;

(3) $\lim\limits_{n \to \infty} n\left[f\left(x_0 + \dfrac{2}{n}\right) - f(x_0)\right]$;

(4) $\lim\limits_{x \to x_0} \dfrac{x_0 f(x) - x f(x_0)}{x - x_0}$.

4. 已知 $f(0) = 0, f'(0) = 3$,计算极限 $\lim\limits_{x \to 0} \dfrac{f(2x)}{x}$.

*5. 设函数 $f(x) = \begin{cases} \dfrac{2}{3}x^3, & x \leqslant 1, \\ x^2, & x > 1, \end{cases}$ 问:$f'_{-}(1), f'_{+}(1)$ 是否存在?若存在,求出其值.

6. 求下列函数的导数:

(1) $y = \dfrac{1}{x}$; (2) $y = x\sqrt[3]{x^2}$; (3) $y = \dfrac{1}{\sqrt{x}}$; (4) $y = \dfrac{x^2 \sqrt[3]{x^2}}{\sqrt{x^5}}$.

7. 求曲线 $y = \sin x$ 在点 $(\pi, 0)$ 处的切线方程和法线方程.

*8. 曲线 $y = \ln x$ 的与直线 $x + y = 1$ 垂直的切线方程为 _____.

*9. 设函数 $f(x) = (e^x - 1)(e^{2x} - 2)\cdots(e^{nx} - n)$,其中 n 为正整数,则 $f'(0) = ($).

A. $(-1)^{n-1}(n-1)!$ B. $(-1)^n(n-1)!$

C. $(-1)^{n-1}n!$ D. $(-1)^n n!$

10. 已知某个物体的运动规律为 $s = t^3$ (s 的单位为 m, t 的单位为 s),求此物体在 $t = 3$ s 时的速度.

11. 设 t 时刻细菌的个数为 $N = N(t)$,且细菌不断增长,求 t_0 时刻的细菌增长速度.

12. 讨论下列函数在点 $x = 0$ 处的连续性和可导性:

(1) $y = x|x|$;

(2) $y = \begin{cases} x^2 \sin \dfrac{1}{x}, & x \neq 0, \\ 0, & x = 0. \end{cases}$

13. 设函数 $f(x) = \begin{cases} 2e^x + a, & x < 0, \\ x^2 + bx + 1, & x \geqslant 0, \end{cases}$ 在点 $x = 0$ 处可导,求常数 a, b 的值.

14. 设函数 $\varphi(x)$ 在点 $x = a$ 处连续,函数 $f(x) = (x^2 - a^2)\varphi(x)$,求 $f'(a)$.

15. 按定义证明:可导的偶函数的导数是奇函数,可导的奇函数的导数是偶函数.

§2.2 函数的求导法则与基本导数公式

前面根据导数的定义求出了一些简单函数的导数.但是,对于比较复杂的函数,用导数的定义直接求其导数往往很困难.为了便于求初等函数的导数,本节将介绍函数的求导法则,并给出基本初等函数的导数公式.

一、函数的和、差、积、商的求导法则

定理 2.2.1 如果函数 $u = u(x)$ 和 $v = v(x)$ 在点 x 处都可导,那么

它们的和、差、积、商(分母不为零)在点 x 处都可导,且有如下求导法则:

(1) $[u(x) \pm v(x)]' = u'(x) \pm v'(x)$;

(2) $[u(x)v(x)]' = u'(x)v(x) + u(x)v'(x)$;

(3) $\left[\dfrac{u(x)}{v(x)}\right]' = \dfrac{u'(x)v(x) - u(x)v'(x)}{v^2(x)} \quad [v(x) \neq 0]$.

证明 在此只证明求导法则(2),请读者自己证明法则(1),(3).

$$
\begin{aligned}
[u(x)v(x)]' &= \lim_{\Delta x \to 0} \frac{u(x+\Delta x)v(x+\Delta x) - u(x)v(x)}{\Delta x} \\
&= \lim_{\Delta x \to 0} \frac{u(x+\Delta x)v(x+\Delta x) - u(x)v(x+\Delta x)}{\Delta x} \\
&\quad + \lim_{\Delta x \to 0} \frac{u(x)v(x+\Delta x) - u(x)v(x)}{\Delta x} \\
&= \lim_{\Delta x \to 0} \frac{u(x+\Delta x) - u(x)}{\Delta x} \cdot \lim_{\Delta x \to 0} v(x+\Delta x) \\
&\quad + u(x) \lim_{\Delta x \to 0} \frac{v(x+\Delta x) - v(x)}{\Delta x} \\
&= u'(x)v(x) + u(x)v'(x),
\end{aligned}
$$

其中 $\lim\limits_{\Delta x \to 0} v(x+\Delta x) = v(x)$ 是由于 $v(x)$ 在点 x 处连续[因 $v(x)$ 在点 x 处可导].

为了便于记忆,定理 2.2.1 中三个求导法则常简单地表示如下:

(1) $(u \pm v)' = u' \pm v'$;

(2) $(uv)' = u'v + uv'$;

(3) $\left(\dfrac{u}{v}\right)' = \dfrac{u'v - uv'}{v^2} \quad (v \neq 0)$.

另外,求导法则(1),(2)可推广到任意有限个可导函数的情形. 例如,设 u, v, w 均是可导函数,则

$$(u \pm v \pm w)' = u' \pm v' \pm w',$$
$$(uvw)' = u'vw + uv'w + uvw'.$$

特别地,在求导法则(2)中,当 $v(x) = C$(C 为常数)时,有

$$(Cu)' = Cu';$$

在求导法则(3)中,当 $u(x) = 1$ 时,有

$$\left(\frac{1}{v}\right)' = -\frac{v'}{v^2}.$$

例 2.2.1 设函数 $y = 2x\sqrt{x^3} + 2^x \cos x - \ln 5$,求 y' 和 $y'\big|_{x=0}$.

解 $y' = (2x\sqrt{x^3} + 2^x \cos x - \ln 5)'$
$\quad\;\; = (2x\sqrt{x^3})' + (2^x \cos x)' - (\ln 5)'$

$$= 2\left(x^{\frac{5}{2}}\right)' + (2^x)'\cos x + 2^x(\cos x)' - 0$$

$$= 5\sqrt{x^3} + 2^x \ln 2 \cos x - 2^x \sin x,$$

$$y'\Big|_{x=0} = (5\sqrt{x^3} + 2^x \ln 2 \cos x - 2^x \sin x)\Big|_{x=0} = \ln 2.$$

例 2.2.2 设函数 $y = \tan x$,求 y'.

解 $y' = (\tan x)' = \left(\dfrac{\sin x}{\cos x}\right)' = \dfrac{(\sin x)'\cos x - \sin x(\cos x)'}{\cos^2 x}$

$$= \dfrac{\cos^2 x + \sin^2 x}{\cos^2 x} = \dfrac{1}{\cos^2 x} = \sec^2 x,$$

从而得到正切函数的导数公式

$$(\tan x)' = \sec^2 x.$$

例 2.2.3 设函数 $y = \sec x$,求 y'.

解 $y' = (\sec x)' = \left(\dfrac{1}{\cos x}\right)' = \dfrac{-(\cos x)'}{\cos^2 x} = \dfrac{\sin x}{\cos^2 x} = \sec x \tan x,$

从而得到正割函数的导数公式

$$(\sec x)' = \sec x \tan x.$$

类似地,还可求得余切函数及余割函数的导数公式

$$(\cot x)' = -\csc^2 x, \quad (\csc x)' = -\csc x \cot x.$$

二、反函数的求导法则

由第 1 章可知,严格单调的连续函数的反函数也是严格单调的连续函数. 下面讨论函数与其反函数的导数之间的关系.

定理 2.2.2 若函数 $y = f(x)$ 在区间 I_x 上严格单调、可导且 $f'(x) \neq 0$,则它的反函数 $x = f^{-1}(y)$ 在相应区间 $I_y = \{y \mid y = f(x), x \in I_x\}$ 上也可导,且

$$[f^{-1}(y)]' = \dfrac{1}{f'(x)} \quad \text{或} \quad \dfrac{dx}{dy} = \dfrac{1}{\dfrac{dy}{dx}}. \tag{2.2.1}$$

证明 设 $x = f^{-1}(y)$ 的自变量 y 取得增量 $\Delta y (y + \Delta y \in I_y)$ 时,因变量 x 取得相应增量 Δx,即 $\Delta x = f^{-1}(y + \Delta y) - f^{-1}(y)$.

由于 $y = f(x)$ 在 I_x 上严格单调,其反函数 $x = f^{-1}(y)$ 在相应区间 I_y 上也严格单调,因此当 $\Delta y \neq 0$ 时,$\Delta x \neq 0$,且

$$\dfrac{\Delta x}{\Delta y} = \dfrac{1}{\dfrac{\Delta y}{\Delta x}}.$$

又由于 $y=f(x)$ 在 I_x 上可导,因此 $y=f(x)$ 在 I_x 上连续,其反函数 $x=f^{-1}(y)$ 在相应区间 I_y 上也连续. 故 $\lim\limits_{\Delta y\to 0}\Delta x=0$,从而由导数的定义得

$$[f^{-1}(y)]' = \lim_{\Delta y\to 0}\frac{f^{-1}(y+\Delta y)-f^{-1}(y)}{\Delta y}$$

$$= \lim_{\Delta y\to 0}\frac{\Delta x}{\Delta y} = \lim_{\Delta x\to 0}\frac{1}{\frac{\Delta y}{\Delta x}} = \frac{1}{\lim\limits_{\Delta x\to 0}\frac{\Delta y}{\Delta x}} = \frac{1}{f'(x)}.$$

当 $f'(x)\ne 0$ 时,由式(2.2.1)可知 $[f^{-1}(y)]'\ne 0$,所以式(2.2.1)也常表示为

$$f'(x)=\frac{1}{[f^{-1}(y)]'} \quad \text{或} \quad \frac{\mathrm{d}y}{\mathrm{d}x}=\frac{1}{\frac{\mathrm{d}x}{\mathrm{d}y}}. \tag{2.2.2}$$

此求导法则可简述如下:反函数的导数等于其直接函数导数的倒数.

不难验证,对数函数 $y=\log_a x\,(a>0,a\ne 1)$ 和其反函数(指数函数) $x=a^y$ 的导数满足上述求导法则. 下面应用此求导法则求反三角函数的导数.

例 2.2.4 设函数 $y=\arcsin x, x\in(-1,1)$,求 y'.

解 因为 $y=\arcsin x, x\in(-1,1)$ 的反函数 $x=\sin y$ 在 $\left(-\dfrac{\pi}{2},\dfrac{\pi}{2}\right)$ 内严格单调、可导且

$$(\sin y)'=\cos y,$$

而在 $\left(-\dfrac{\pi}{2},\dfrac{\pi}{2}\right)$ 内,$\cos y=\sqrt{1-\sin^2 y}=\sqrt{1-x^2}>0$,所以由式(2.2.2)有

$$y'=(\arcsin x)'=\frac{1}{(\sin y)'}=\frac{1}{\cos y}=\frac{1}{\sqrt{1-x^2}},\quad x\in(-1,1),$$

从而得到反正弦函数的导数公式

$$(\arcsin x)'=\frac{1}{\sqrt{1-x^2}}.$$

例 2.2.5 设函数 $y=\arctan x, x\in(-\infty,+\infty)$,求 y'.

解 因为 $y=\arctan x$ 的反函数 $x=\tan y$ 在 $\left(-\dfrac{\pi}{2},\dfrac{\pi}{2}\right)$ 内严格单调、可导且

$$(\tan y)'=\sec^2 y\ne 0,$$

而 $\sec^2 y=1+\tan^2 y=1+x^2>0$,所以由式(2.2.2)有

$$y'=(\arctan x)'=\frac{1}{(\tan y)'}=\frac{1}{\sec^2 y}=\frac{1}{1+x^2},$$

从而得到反正切函数的导数公式

$$(\arctan x)'=\frac{1}{1+x^2}.$$

类似地,可求得反余弦函数和反余切函数的导数公式

$$(\arccos x)' = -\frac{1}{\sqrt{1-x^2}}, \quad (\text{arccot } x)' = -\frac{1}{1+x^2}.$$

三、复合函数的求导法则

定理 2.2.3 若函数 $u = g(x)$ 在点 x 处可导,而 $y = f(u)$ 在相应点 $u = g(x)$ 处可导,则复合函数 $y = f[g(x)]$ 在点 x 处可导,且

$$\frac{dy}{dx} = f'(u)g'(x) \quad \text{或} \quad \frac{dy}{dx} = \frac{dy}{du} \cdot \frac{du}{dx}. \tag{2.2.3}$$

证明 设复合函数 $y = f[g(x)]$ 的自变量 x 取得增量 $\Delta x (\Delta x \neq 0)$ 时,中间变量 u 取得相应增量 Δu,因变量 y 取得相应增量 Δy,即

$$\Delta y = f[g(x+\Delta x)] - f[g(x)] = f(u+\Delta u) - f(u).$$

由 $y = f(u)$ 在点 u 处可导,有

$$\lim_{\Delta u \to 0} \frac{\Delta y}{\Delta u} = f'(u).$$

根据极限与无穷小的关系,有

$$\frac{\Delta y}{\Delta u} = f'(u) + \alpha,$$

其中 α 为当 $\Delta u \to 0$ 时的无穷小.

当 $\Delta u \neq 0$ 时,上式两边乘以 Δu,得

$$\Delta y = f'(u)\Delta u + \alpha \Delta u. \tag{2.2.4}$$

当 $\Delta u = 0$ 时,$\alpha = \frac{\Delta y}{\Delta u} - f'(u)$ 无定义,又当 $\Delta u \to 0$ 时,$\alpha \to 0$,现规定当 $\Delta u = 0$ 时,$\alpha = 0$,则 α 在点 $\Delta u = 0$ 处连续. 于是,无论 $\Delta u \neq 0$ 或 $\Delta u = 0$,式(2.2.4)都成立.

用 Δx 除式(2.2.4)两边,注意到 $\Delta x \to 0$ 时,$\Delta u \to 0$,有

$$\lim_{\Delta x \to 0} \alpha = \lim_{\Delta u \to 0} \alpha = 0,$$

从而

$$\frac{dy}{dx} = \lim_{\Delta x \to 0} \frac{\Delta y}{\Delta x} = \lim_{\Delta x \to 0} \frac{f'(u)\Delta u + \alpha \Delta u}{\Delta x}$$

$$= f'(u)\lim_{\Delta x \to 0} \frac{\Delta u}{\Delta x} + \lim_{\Delta x \to 0} \alpha \cdot \lim_{\Delta x \to 0} \frac{\Delta u}{\Delta x}$$

$$= f'(u)g'(x).$$

这就证明了式(2.2.3)成立.

式(2.2.3)表明,复合函数的因变量对自变量的导数等于因变量对中间变量的导数乘以中间变量对自变量的导数. 通常把这种复合函数的求导法则称为**链式法则**.

例 2.2.6 设函数 $y = \ln \sin x$，求 $\dfrac{dy}{dx}$.

解 $y = \ln \sin x$ 可看作由 $y = \ln u, u = \sin x$ 复合而成，于是由式 (2.2.3) 有

$$\frac{dy}{dx} = \frac{dy}{du} \cdot \frac{du}{dx} = (\ln u)'_u \cdot (\sin x)'_x = \frac{1}{u} \cos x = \frac{\cos x}{\sin x} = \cot x,$$

其中 $(\ln u)'_u$ 和 $(\sin x)'_x$ 中的下标分别表示对 u 和 x 求导数.

例 2.2.7 设函数 $y = e^{x^3}$，求 $\dfrac{dy}{dx}$.

解 $y = e^{x^3}$ 可看作由 $y = e^u, u = x^3$ 复合而成，于是由式 (2.2.3) 有

$$\frac{dy}{dx} = \frac{dy}{du} \cdot \frac{du}{dx} = (e^u)'_u \cdot (x^3)'_x = e^u \cdot 3x^2 = 3x^2 e^{x^3}.$$

一般在熟练掌握复合函数的求导法则后，在计算过程中可以不用写出中间变量，而直接写出函数对中间变量的求导数结果.

例 2.2.8 设函数 $y = \cos nx$，求 $\dfrac{dy}{dx}$.

解 $\dfrac{dy}{dx} = (\cos nx)' = -\sin nx \cdot (nx)' = -n \sin nx$.

例 2.2.9 设函数 $y = \operatorname{arccot} \dfrac{1}{x}$，求 $\dfrac{dy}{dx}$.

解 $\dfrac{dy}{dx} = \left(\operatorname{arccot} \dfrac{1}{x}\right)' = -\dfrac{1}{1 + \left(\dfrac{1}{x}\right)^2} \left(\dfrac{1}{x}\right)' = -\dfrac{x^2}{1 + x^2} \left(-\dfrac{1}{x^2}\right) = \dfrac{1}{1 + x^2}.$

反复使用式 (2.2.3)，可将复合函数的求导法则推广到有限个中间变量的情形. 例如，设 $y = f(u), u = \varphi(v), v = \psi(x)$，则复合函数 $y = f\{\varphi[\psi(x)]\}$ 的导数公式为

$$\frac{dy}{dx} = f'(u) \varphi'(v) \psi'(x) \quad \text{或} \quad \frac{dy}{dx} = \frac{dy}{du} \cdot \frac{du}{dv} \cdot \frac{dv}{dx}.$$

例 2.2.10 设函数 $y = e^{\arccos \sqrt{x}}$，求 $\dfrac{dy}{dx}$.

解 $y = e^{\arccos \sqrt{x}}$ 可看作由 $y = e^u, u = \arccos v, v = \sqrt{x}$ 复合而成，则

$$\frac{dy}{dx} = \frac{dy}{du} \cdot \frac{du}{dv} \cdot \frac{dv}{dx} = (e^u)'_u \cdot (\arccos v)'_v \cdot (\sqrt{x})'_x$$

$$= e^u \frac{-1}{\sqrt{1 - v^2}} \cdot \frac{1}{2\sqrt{x}} = -\frac{e^{\arccos \sqrt{x}}}{2\sqrt{x(1-x)}}.$$

同样，在熟练掌握求导法则后，中间变量可以不写出来，但要注意分清复合的步骤以及每一步是对哪一个变量求导数. 如不写出中间变量，上例可写为

$$\frac{dy}{dx} = (e^{\arccos\sqrt{x}})' = e^{\arccos\sqrt{x}}(\arccos\sqrt{x})'$$

$$= e^{\arccos\sqrt{x}} \frac{-1}{\sqrt{1-(\sqrt{x})^2}}(\sqrt{x})'$$

$$= e^{\arccos\sqrt{x}} \frac{-1}{\sqrt{1-x}} \cdot \frac{1}{2\sqrt{x}} = -\frac{e^{\arccos\sqrt{x}}}{2\sqrt{x(1-x)}}.$$

例 2.2.11 设函数 $y = \ln\cot\frac{x}{2}$，求 $\frac{dy}{dx}$.

解 $\frac{dy}{dx} = \left(\ln\cot\frac{x}{2}\right)' = \frac{1}{\cot\frac{x}{2}}\left(\cot\frac{x}{2}\right)' = -\tan\frac{x}{2} \cdot \csc^2\frac{x}{2} \cdot \left(\frac{x}{2}\right)'$

$$= -\frac{1}{2\sin\frac{x}{2}\cos\frac{x}{2}} = -\frac{1}{\sin x} = -\csc x.$$

例 2.2.12 证明幂函数的导数公式：$(x^\mu)' = \mu x^{\mu-1}$（μ 为常数，$x > 0$）.

证明 因为 $x^\mu = e^{\mu\ln x}$，所以

$$(x^\mu)' = (e^{\mu\ln x})' = e^{\mu\ln x}(\mu\ln x)' = x^\mu \cdot \mu \cdot \frac{1}{x} = \mu x^{\mu-1}.$$

四、求导法则与基本导数公式

在求初等函数的导数时，基本初等函数的导数公式和求导法则都起着重要的作用. 为了便于记忆和使用，现把前面推导的导数公式和求导法则归纳如下.

1. 基本导数公式

(1) $(C)' = 0$ （C 为常数）；

(2) $(x^\mu)' = \mu x^{\mu-1}$ （μ 为常数）；

(3) $(\sin x)' = \cos x$；

(4) $(\cos x)' = -\sin x$；

(5) $(\tan x)' = \sec^2 x$；

(6) $(\cot x)' = -\csc^2 x$；

(7) $(\sec x)' = \sec x \tan x$；

(8) $(\csc x)' = -\csc x \cot x$；

(9) $(a^x)' = a^x \ln a$ （$a > 0, a \neq 1$）；

(10) $(e^x)' = e^x$；

(11) $(\log_a x)' = \dfrac{1}{x \ln a}$ $(a > 0, a \neq 1)$;

(12) $(\ln x)' = \dfrac{1}{x}$;

(13) $(\arcsin x)' = \dfrac{1}{\sqrt{1-x^2}}$;

(14) $(\arccos x)' = -\dfrac{1}{\sqrt{1-x^2}}$;

(15) $(\arctan x)' = \dfrac{1}{1+x^2}$;

(16) $(\mathrm{arccot}\, x)' = -\dfrac{1}{1+x^2}$.

2. 函数的和、差、积、商的求导法则

设函数 $u = u(x), v = v(x)$ 都可导,则有

(1) $(u \pm v)' = u' \pm v'$;

(2) $(Cu)' = Cu'$ (C 为常数);

(3) $(uv)' = u'v + uv'$;

(4) $\left(\dfrac{u}{v}\right)' = \dfrac{u'v - uv'}{v^2}$ $(v \neq 0)$.

3. 反函数的求导法则

设函数 $y = f(x)$ 在区间 I_x 上严格单调、可导且 $f'(x) \neq 0$,则它的反函数 $x = f^{-1}(y)$ 在相应区间 $I_y = f(I_x)$ 上也可导,且

$$[f^{-1}(y)]' = \dfrac{1}{f'(x)} \quad \text{或} \quad \dfrac{\mathrm{d}x}{\mathrm{d}y} = \dfrac{1}{\dfrac{\mathrm{d}y}{\mathrm{d}x}}.$$

4. 复合函数的求导法则

设函数 $y = f(u), u = g(x)$,且 $f(u)$ 及 $g(x)$ 都可导,则复合函数 $y = f[g(x)]$ 的导数公式为

$$\dfrac{\mathrm{d}y}{\mathrm{d}x} = f'(u)g'(x) \quad \text{或} \quad \dfrac{\mathrm{d}y}{\mathrm{d}x} = \dfrac{\mathrm{d}y}{\mathrm{d}u} \cdot \dfrac{\mathrm{d}u}{\mathrm{d}x}.$$

下面给出一些综合运用上述求导法则和导数公式的例子.

例 2.2.13 设函数 $y = \cos \dfrac{2x}{1+x^2}$,求 $\dfrac{\mathrm{d}y}{\mathrm{d}x}$.

解 $\dfrac{\mathrm{d}y}{\mathrm{d}x} = -\sin \dfrac{2x}{1+x^2} \cdot \left(\dfrac{2x}{1+x^2}\right)'$

$$= -\sin\frac{2x}{1+x^2} \cdot \frac{(2x)'(1+x^2) - 2x(1+x^2)'}{(1+x^2)^2}$$

$$= -\sin\frac{2x}{1+x^2} \cdot \frac{2(1+x^2) - (2x)^2}{(1+x^2)^2}$$

$$= -\sin\frac{2x}{1+x^2} \cdot \frac{2(1-x^2)}{(1+x^2)^2} = \frac{2(x^2-1)}{(1+x^2)^2}\sin\frac{2x}{1+x^2}.$$

例 2.2.14 设函数 $y = e^{\tan\frac{1}{x}}\sin\frac{1}{x}$，求 y'.

解 $y' = \left(e^{\tan\frac{1}{x}}\right)'\sin\frac{1}{x} + e^{\tan\frac{1}{x}}\left(\sin\frac{1}{x}\right)'$

$$= e^{\tan\frac{1}{x}}\left(\tan\frac{1}{x}\right)'\sin\frac{1}{x} + e^{\tan\frac{1}{x}}\cos\frac{1}{x} \cdot \left(\frac{1}{x}\right)'$$

$$= e^{\tan\frac{1}{x}}\sec^2\frac{1}{x} \cdot \left(\frac{1}{x}\right)' \cdot \sin\frac{1}{x} + e^{\tan\frac{1}{x}}\cos\frac{1}{x} \cdot \frac{-1}{x^2}$$

$$= e^{\tan\frac{1}{x}}\sec^2\frac{1}{x} \cdot \frac{-1}{x^2} \cdot \sin\frac{1}{x} + e^{\tan\frac{1}{x}}\cos\frac{1}{x} \cdot \frac{-1}{x^2}$$

$$= -\frac{1}{x^2}e^{\tan\frac{1}{x}}\left(\sec^2\frac{1}{x}\sin\frac{1}{x} + \cos\frac{1}{x}\right).$$

例 2.2.15 设函数 $f(x)$ 可导，试求函数 $y = f(\cos^2 x) + f(\sin 2x)$ 的导数.

解 $y' = [f(\cos^2 x)]' + [f(\sin 2x)]'$

$$= f'(\cos^2 x)(\cos^2 x)' + f'(\sin 2x)(\sin 2x)'$$

$$= -f'(\cos^2 x) \cdot 2\sin x\cos x + f'(\sin 2x) \cdot 2\cos 2x$$

$$= -f'(\cos^2 x)\sin 2x + 2f'(\sin 2x)\cos 2x.$$

例 2.2.16 已知函数 $f(x) = \begin{cases} x^2, & x \leqslant 1, \\ 2x-1, & x > 1, \end{cases}$ 求 $f'(x)$.

解 求分段函数的导数时，除分段点处的导数需用导数的极限定义讨论外，定义域内其他点处的导数可按一般求导法则求之.

当 $x < 1$ 时，$f'(x) = (x^2)' = 2x$.

当 $x > 1$ 时，$f'(x) = (2x-1)' = 2$.

当 $x = 1$ 时，

$$f'_-(1) = \lim_{x \to 1^-}\frac{f(x) - f(1)}{x-1} = \lim_{x \to 1^-}\frac{x^2-1}{x-1} = 2,$$

$$f'_+(1) = \lim_{x \to 1^+}\frac{f(x) - f(1)}{x-1} = \lim_{x \to 1^+}\frac{2x-1-1}{x-1} = \lim_{x \to 1^+}\frac{2(x-1)}{x-1} = 2.$$

由 $f'_-(1) = f'_+(1) = 2$ 知 $f'(1) = 2$.

因此

$$f'(x) = \begin{cases} 2x, & x < 1, \\ 2, & x \geqslant 1. \end{cases}$$

习题2.2

1. 求下列函数的导数：

   (1) $y = x^4 + \dfrac{6}{x^2} - x^3 \sqrt[5]{x} + 12$；　　(2) $y = 2\tan x + \sec x - 1$；　　(3) $y = \dfrac{\ln x}{x}$；

   (4) $y = 2^x \mathrm{e}^x$；　　(5) $y = x^2 \ln x \cdot \cos x$；　　(6) $y = \dfrac{\mathrm{e}^x}{x^2} + \ln 3$；

   (7) $y = \dfrac{5\sin x}{1 + \cos x}$；　　(8) $y = \dfrac{\arccos x}{\sqrt{1-x^2}}$；　　(9) $y = x \arctan x$.

2. 求下列函数在给定点处的导数：

   (1) 设函数 $f(x) = x^3 + 4\cos x - \sin \dfrac{\pi}{2}$，求 $f'\left(\dfrac{\pi}{2}\right)$；

   *(2) 设函数 $f(x) = \left(x + \mathrm{e}^{-\frac{x}{2}}\right)^{\frac{2}{3}}$，求 $f'(0)$；

   *(3) 设函数 $y = \arctan \mathrm{e}^x - \ln \sqrt{\dfrac{\mathrm{e}^{2x}}{\mathrm{e}^{2x}+1}}$，求 $\left.\dfrac{\mathrm{d}y}{\mathrm{d}x}\right|_{x=1}$.

3. 求下列函数的导数：

   (1) $y = \mathrm{e}^{4x}$；　　(2) $y = \sin^2 x$；　　(3) $y = \tan x^2$；

   *(4) $y = \arcsin \mathrm{e}^{-\sqrt{x}}$；　　(5) $y = \arcsin \sqrt{x}$；　　(6) $y = \left(\arctan \dfrac{x}{2}\right)^2$；

   (7) $y = \ln \cos \mathrm{e}^x$；　　(8) $y = \ln \ln \ln x$；　　(9) $y = \mathrm{e}^{-\sin^2 \frac{1}{x}}$.

4. 求曲线 $y = x + \sin^2 x$ 在点 $\left(\dfrac{\pi}{2}, 1 + \dfrac{\pi}{2}\right)$ 处的切线方程.

*5. a 为何值时，曲线 $y = x^2$ 与 $y = a\ln x (a \neq 0)$ 相切？

6. 现给一个水箱排水，阀门打开经过时间 t（单位：h）后水的深度 h（单位：m）可近似认为由公式
$$h = 5\left(1 - \dfrac{t}{10}\right)^2$$
给出，求随时间 t 变化水深下降的快慢程度 $\dfrac{\mathrm{d}h}{\mathrm{d}t}$.

7. 求下列函数的导数：

   (1) $y = (2 + 3x^2)\sqrt{1 + 5x^2}$；　　(2) $y = \mathrm{e}^{-\frac{x}{2}} \cos 3x$；

   (3) $y = \ln\sqrt{x} + \sqrt{\ln x}$；　　(4) $y = \dfrac{\sin 2x}{x}$；

   (5) $y = \arcsin(1 - 2x)$；　　(6) $y = \dfrac{x}{\sqrt{1-x^2}}$；

   (7) $y = \sqrt{1 + \ln^2 x}$；　　(8) $y = \log_a(1 + x^2)\ (a > 0, a \neq 1)$；

   *(9) $y = \cos x^2 \sin^2 \dfrac{1}{x}$；　　(10) $y = \mathrm{e}^{\cos x^3}$；

   (11) $y = \dfrac{(x+4)^2}{x+3}$；　　(12) $y = \dfrac{2^x \cdot 3^x}{5^x} + \dfrac{x\sqrt{x}}{\sqrt[3]{x}} - \ln\sqrt{\dfrac{\mathrm{e}^{2x}}{x^3}}$；

(13) $y = \arcsin \dfrac{2x}{1+x^2}$, $|x| < 1$; (14) $y = \sqrt{x + \sqrt{x}}$;

(15) $y = \sin^3 x \cos 3x$.

8. 设函数 $f(x)$ 可导,求下列函数的导数 $\dfrac{\mathrm{d}y}{\mathrm{d}x}$:

(1) $y = f(\mathrm{e}^x)\mathrm{e}^{f(x)}$; (2) $y = f\left(\arcsin \dfrac{1}{x}\right)$;

(3) $y = f[f(x)]$; (4) $y = f(x^2 + \sin\sqrt{x})$.

9. 设 $f'(x) = \sin\sqrt{x}$,$x > 0$,又 $y = f(x^2 \mathrm{e}^{2x})$,求 $\dfrac{\mathrm{d}y}{\mathrm{d}x}$.

10. 设函数 $f\left(\dfrac{1}{x}\right) = x^2 - \dfrac{2}{x} + \ln x$,求 $f'(x)$.

11. 设函数 $f(x) = \arcsin x$,$\varphi(x) = x^2$,求 $f[\varphi'(x)]$,$f'[\varphi(x)]$,$\{f[\varphi(x)]\}'$.

12. 已知函数 $f(x) = \begin{cases} \sin x, & x < 0, \\ x, & x \geqslant 0, \end{cases}$ 求 $f'(x)$.

*13. 设函数 $f(x) = \begin{cases} x \arctan \dfrac{1}{x^2}, & x \neq 0, \\ 0, & x = 0, \end{cases}$ 试讨论 $f'(x)$ 在点 $x = 0$ 处的连续性.

§2.3 高阶导数

由 §2.1 知道,做变速直线运动的物体在 t 时刻的速度是其位移函数 $s = f(t)$ 对时间 t 的导数,即

$$v = \dfrac{\mathrm{d}s}{\mathrm{d}t} \quad \text{或} \quad v = s' = f'(t).$$

而由物理学知识可知,加速度是速度对时间的变化率,故速度 v 对时间 t 的导数就是该物体在 t 时刻的加速度 a,即

$$a = \dfrac{\mathrm{d}v}{\mathrm{d}t} = \dfrac{\mathrm{d}}{\mathrm{d}t}\left(\dfrac{\mathrm{d}s}{\mathrm{d}t}\right) \quad \text{或} \quad a = (s')' = [f'(t)]'.$$

这种导数的导数 $\dfrac{\mathrm{d}}{\mathrm{d}t}\left(\dfrac{\mathrm{d}s}{\mathrm{d}t}\right)$ 或 $(s')'$ 称为函数 s 对 t 的二阶导数. 因此,做变速直线运动的物体的加速度是位移函数 $s = f(t)$ 对时间 t 的二阶导数. 下面引入有关高阶导数的概念.

定义 2.3.1 若函数 $y = f(x)$ 的导数 $y' = f'(x)$ 仍可导,则称 $f'(x)$ 的导数为函数 $y = f(x)$ 的**二阶导数**,记作 y'',$f''(x)$,$\dfrac{\mathrm{d}^2 y}{\mathrm{d}x^2}$ 或 $\dfrac{\mathrm{d}^2 f(x)}{\mathrm{d}x^2}$,即

$$y'' = f''(x) = \lim_{\Delta x \to 0} \frac{f'(x + \Delta x) - f'(x)}{\Delta x}.$$

类似地，$y = f(x)$ 的二阶导数的导数称为 $y = f(x)$ 的**三阶导数**，$y = f(x)$ 的三阶导数的导数称为 $y = f(x)$ 的**四阶导数** …… 一般地，$y = f(x)$ 的 $n-1$ 阶导数的导数称为 $y = f(x)$ 的 **n 阶导数**，它们分别记作

$$y''',\quad f'''(x) \quad \text{或} \quad \frac{\mathrm{d}^3 y}{\mathrm{d} x^3};$$

$$y^{(4)},\quad f^{(4)}(x) \quad \text{或} \quad \frac{\mathrm{d}^4 y}{\mathrm{d} x^4};$$

……

$$y^{(n)},\quad f^{(n)}(x) \quad \text{或} \quad \frac{\mathrm{d}^n y}{\mathrm{d} x^n},$$

即

$$y^{(n)} = f^{(n)}(x) = \lim_{\Delta x \to 0} \frac{f^{(n-1)}(x + \Delta x) - f^{(n-1)}(x)}{\Delta x}.$$

当函数 $f(x)$ 具有 n 阶导数时，也常称 $f(x)$ 是 **n 阶可导**的。如果函数 $f(x)$ 在点 x 处具有 n 阶导数，那么 $f(x)$ 在点 x 的某个邻域内必定具有一切低于 n 阶的导数。

二阶及二阶以上的导数统称为**高阶导数**。相应地，也把 $f'(x)$ 称为 $f(x)$ 的**一阶导数**，而把 $f(x)$ 本身称为 $f(x)$ 的**零阶导数**，即 $f^{(0)}(x) = f(x)$。

例 2.3.1 设函数 $y = \sqrt{2x - x^2}$，求 y''。

解
$$y' = \frac{2 - 2x}{2\sqrt{2x - x^2}} = \frac{1 - x}{\sqrt{2x - x^2}},$$

$$y'' = \frac{(1-x)'\sqrt{2x-x^2} - (1-x)(\sqrt{2x-x^2})'}{(\sqrt{2x-x^2})^2}$$

$$= \frac{-\sqrt{2x-x^2} - (1-x)\dfrac{1-x}{\sqrt{2x-x^2}}}{2x - x^2}$$

$$= \frac{-2x + x^2 - (1-x)^2}{(2x - x^2)\sqrt{2x - x^2}}$$

$$= -\frac{1}{(2x - x^2)^{\frac{3}{2}}}.$$

例 2.3.2 设函数 $y = \sin[f(x^2)]$，其中 $f(x)$ 二阶可导，求 $\dfrac{\mathrm{d}^2 y}{\mathrm{d} x^2}$。

解
$$\frac{\mathrm{d} y}{\mathrm{d} x} = \cos[f(x^2)] \cdot [f(x^2)]' = \cos[f(x^2)] \cdot f'(x^2) \cdot 2x$$

$$= 2x f'(x^2) \cos[f(x^2)],$$

$$\frac{d^2y}{dx^2} = (2x)'f'(x^2)\cos[f(x^2)] + 2x[f'(x^2)]'\cos[f(x^2)]$$
$$+ 2xf'(x^2)\{\cos[f(x^2)]\}'$$
$$= 2f'(x^2)\cos[f(x^2)] + 4x^2f''(x^2)\cos[f(x^2)] - 4x^2[f'(x^2)]^2\sin[f(x^2)].$$

求一个函数的 n 阶导数,一般可先求出其前几阶导数,然后归纳得出 n 阶导数的表达式,并用数学归纳法证明表达式成立. 通常可省去证明部分. 下面介绍几个常见初等函数的 n 阶导数公式.

例 2.3.3 求函数 $y = a^x (a > 0, a \neq 1)$ 的 n 阶导数.

解 $y' = (a^x)' = a^x \ln a$,
$y'' = (a^x \ln a)' = a^x (\ln a)^2$,
$y''' = [a^x (\ln a)^2]' = a^x (\ln a)^3$,

依次类推,可得

$$y^{(n)} = a^x (\ln a)^n, \quad \text{即} \quad (a^x)^{(n)} = a^x (\ln a)^n.$$

特别地,当 $a = e$ 时,有

$$(e^x)^{(n)} = e^x.$$

例 2.3.4 求函数 $y = \sin x$ 的 n 阶导数.

解 $y' = \cos x = \sin\left(x + \frac{\pi}{2}\right)$,
$y'' = -\sin x = \sin\left(x + 2 \cdot \frac{\pi}{2}\right)$,
$y''' = -\cos x = \sin\left(x + 3 \cdot \frac{\pi}{2}\right)$,
$y^{(4)} = \sin x = \sin\left(x + 4 \cdot \frac{\pi}{2}\right)$,

依次类推,可得

$$y^{(n)} = \sin\left(x + n \cdot \frac{\pi}{2}\right), \quad \text{即} \quad (\sin x)^{(n)} = \sin\left(x + \frac{n\pi}{2}\right).$$

类似地,可求得余弦函数的 n 阶导数公式

$$(\cos x)^{(n)} = \cos\left(x + \frac{n\pi}{2}\right).$$

例 2.3.5 求函数 $y=\ln(1+x)$ 的 n 阶导数.

解 $y'=\dfrac{1}{1+x}$, $y''=-\dfrac{1}{(1+x)^2}$, $y'''=\dfrac{1\cdot 2}{(1+x)^3}$, $y^{(4)}=-\dfrac{1\cdot 2\cdot 3}{(1+x)^4}$,

依次类推,可得

$$y^{(n)}=(-1)^{n-1}\frac{(n-1)!}{(1+x)^n},$$

即

$$[\ln(1+x)]^{(n)}=(-1)^{n-1}\frac{(n-1)!}{(1+x)^n}.$$

通常规定 $0!=1$,因此这个公式当 $n=1$ 时也成立.

例 2.3.6 求函数 $y=x^\mu$($x>0$,μ 为常数)的 n 阶导数.

解 $y'=\mu x^{\mu-1}$, $y''=\mu(\mu-1)x^{\mu-2}$, $y'''=\mu(\mu-1)(\mu-2)x^{\mu-3}$,

依次类推,可得

$$y^{(n)}=\mu(\mu-1)(\mu-2)(\mu-3)\cdots(\mu-n+1)x^{\mu-n}.$$

特别地,当 $\mu=n\in\mathbf{N}_+$ 时,有

$$(x^n)^{(n)}=n(n-1)(n-2)\cdot\cdots\cdot 3\cdot 2\cdot 1=n!.$$

显然

$$(x^n)^{(k)}=0,\quad k>n.$$

为了方便求高阶导数,下面介绍高阶导数的运算法则.

利用函数的求导法则和数学归纳法,可得到以下高阶导数的运算法则:

若函数 $u=u(x)$ 和 $v=v(x)$ 在点 x 处具有 n 阶导数,则函数 $\alpha u\pm\beta v=\alpha u(x)\pm\beta v(x)$($\alpha,\beta$ 是常数)和 $uv=u(x)v(x)$ 在点 x 处也都具有 n 阶导数,且

(1) $(\alpha u\pm\beta v)^{(n)}=\alpha u^{(n)}\pm\beta v^{(n)}$;

(2) $(uv)^{(n)}=\sum\limits_{k=0}^{n}C_n^k u^{(n-k)}v^{(k)}$

$\qquad\quad =C_n^0 u^{(n)}v+C_n^1 u^{(n-1)}v'+C_n^2 u^{(n-2)}v''+\cdots$

$\qquad\quad\quad +C_n^k u^{(n-k)}v^{(k)}+\cdots+C_n^n uv^{(n)}$

$\qquad\quad =u^{(n)}v+nu^{(n-1)}v'+\dfrac{n(n-1)}{2!}u^{(n-2)}v''+\cdots$

$\qquad\quad\quad +\dfrac{n(n-1)\cdots(n-k+1)}{k!}u^{(n-k)}v^{(k)}+\cdots+uv^{(n)}.$

公式(2)称为**莱布尼茨(Leibniz)公式**.

数学家介绍

例 2.3.7 设函数 $f(x)=2\sin^2\dfrac{x}{2}$,求 $f^{(2\,003)}(x)$.

解
$$f^{(2\,003)}(x)=\left(2\sin^2\dfrac{x}{2}\right)^{(2\,003)}=(1-\cos x)^{(2\,003)}$$
$$=-(\cos x)^{(2\,003)}=-\cos\left(x+2\,003\cdot\dfrac{\pi}{2}\right)$$
$$=-\cos\left(x+\dfrac{3\pi}{2}+500\cdot 2\pi\right)$$
$$=-\cos\left(x+\dfrac{3\pi}{2}\right)=-\sin x.$$

例 2.3.8 求函数 $f(x)=x^2\ln(1+x)$ 在点 $x=0$ 处的 n 阶导数 $f^{(n)}(0)$,$n\geqslant 3$.

解 令 $u(x)=\ln(1+x)$,$v=x^2$,则
$$u^{(k)}(0)=(-1)^{k-1}(k-1)!,\quad k=1,2,\cdots;$$
$$v'(0)=0,\quad v''(0)=2,\quad v^{(k)}(0)=0,\quad k=3,4,\cdots.$$

当 $n\geqslant 3$ 时,由莱布尼茨公式得
$$f^{(n)}(0)=\sum_{k=0}^{n}C_n^k u^{(n-k)}(0)v^{(k)}(0)=C_n^2 u^{(n-2)}(0)v''(0)$$
$$=\dfrac{n(n-1)}{2}\cdot(-1)^{n-3}\cdot(n-3)!\cdot 2=(-1)^{n-3}\dfrac{n!}{n-2}.$$

习题2.3

1. 求下列函数的二阶导数:

   (1) $y=2x^2+x\ln x$;   (2) $y=e^{3x-1}$;   (3) $y=x\cos x$;

   (4) $y=\ln(x+\sqrt{1+x^2})$;   (5) $y=\ln(x^2+1)$;   (6) $y=\cot x$;

   (7) $y=\dfrac{1}{x^2+1}$;   (8) $y=(x^2+1)\arctan x$;   (9) $y=\dfrac{e^x}{x}$.

*2. 设函数 $y=\ln\sqrt{\dfrac{1-x}{1+x^2}}$,则 $y''\big|_{x=0}=$ _____.

3. 设导数 $f''(x)$ 存在,求下列函数的二阶导数 $\dfrac{d^2y}{dx^2}$:

   (1) $y=f(x^2)$;   (2) $y=\ln f(x)$;   (3) $y=x^2 f\left(\sin\dfrac{1}{x}\right)$.

4. 设函数 y 的 $n-2$ 阶导数为 $y^{(n-2)}=\dfrac{x}{\ln x}$,求 $y^{(n)}$.

5. 求下列函数的 n 阶导数：

(1) $y = \cos^2 x$； (2) $y = \dfrac{1-x}{1+x}$； (3) $y = \dfrac{1}{x^2 - 3x + 2}$.

6. 求下列函数的高阶导数：

(1) $y = \mathrm{e}^x \cos x$，求 $y^{(4)}$；   (2) $y = x^2 \sin 2x$，求 $y^{(50)}$；

*(3) $y = \dfrac{1}{2x+3}$，求 $y^{(n)}(0)$；   *(4) $y = \ln(1-2x)$，求 $y^{(n)}(0)$.

7. 试从 $\dfrac{\mathrm{d}x}{\mathrm{d}y} = \dfrac{1}{y'}$ 证明下列等式：

(1) $\dfrac{\mathrm{d}^2 x}{\mathrm{d} y^2} = -\dfrac{y''}{(y')^3}$；   (2) $\dfrac{\mathrm{d}^3 x}{\mathrm{d} y^3} = \dfrac{3(y'')^2 - y' y'''}{(y')^5}$.

8. 讨论函数 $f(x) = \begin{cases} x^3 \cos \dfrac{1}{x}, & x \neq 0, \\ 0, & x = 0 \end{cases}$ 在点 $x = 0$ 处一阶与二阶导数的存在性；若存在，试求其值.

§2.4 由参数方程所确定的函数和隐函数的导数及相关变化率

一、由参数方程所确定的函数的导数

函数 $y = f(x)$ 表示两个变量 y 与 x 之间的对应关系，这种对应关系有时可用不同方式表示.

若参数方程
$$\begin{cases} x = \varphi(t), \\ y = \psi(t) \end{cases} \tag{2.4.1}$$
确定了 y 与 x 之间的函数关系，则称此函数为**由参数方程所确定的函数**.

如何求由参数方程所确定的函数的导数？直接的想法就是从参数方程中消去参数后再求导数.但这样做有时会比较困难，甚至是不可能的.因此，下面给出一种直接由参数方程求其所确定函数的导数的方法：

在参数方程(2.4.1)中，假设函数 $x = \varphi(t)$ 具有严格单调的连续反函数 $t = \varphi^{-1}(x)$，并能与函数 $y = \psi(t)$ 构成复合函数，则函数 $y = \psi[\varphi^{-1}(x)]$ 就是由参数方程(2.4.1)所确定的函数.

因此，若再假设 $x = \varphi(t)$，$y = \psi(t)$ 都可导，且 $\varphi'(t) \neq 0$，则由复合函数的求导法则与反函数的求导法则可得

$$\dfrac{\mathrm{d}y}{\mathrm{d}x} = \dfrac{\mathrm{d}y}{\mathrm{d}t} \cdot \dfrac{\mathrm{d}t}{\mathrm{d}x} = \dfrac{\mathrm{d}y}{\mathrm{d}t} \cdot \dfrac{1}{\dfrac{\mathrm{d}x}{\mathrm{d}t}} = \dfrac{\psi'(t)}{\varphi'(t)},$$

即

$$\frac{dy}{dx} = \frac{\psi'(t)}{\varphi'(t)} \quad \text{或} \quad \frac{dy}{dx} = \frac{\frac{dy}{dt}}{\frac{dx}{dt}}. \tag{2.4.2}$$

式(2.4.2)就是由参数方程(2.4.1)所确定的函数的导数公式.

值得注意的是,由参数方程(2.4.1)所确定的函数作为 x 的函数,其导数 $\dfrac{dy}{dx}$ 也应是 x 的函数. 因此, $\dfrac{dy}{dx}$ 应表示为

$$\begin{cases} x = \varphi(t), \\ \dfrac{dy}{dx} = \dfrac{\psi'(t)}{\varphi'(t)}, \end{cases}$$

即 $\dfrac{dy}{dx}$ 也是由参数方程所确定的,但为了方便起见, $\dfrac{dy}{dx}$ 常常以式(2.4.2)的形式呈现.

由于由参数方程所确定的函数的导数也是由参数方程所确定的,因此如果 $x = \varphi(t), y = \psi(t)$ 还具有二阶导数,则可进一步求得由参数方程(2.4.1)所确定的函数的二阶导数,即

$$\begin{aligned}\frac{d^2 y}{dx^2} &= \frac{d}{dx}\left(\frac{dy}{dx}\right) = \frac{d\left(\dfrac{dy}{dx}\right)}{dt} \cdot \frac{1}{\dfrac{dx}{dt}} = \frac{\left[\dfrac{\psi'(t)}{\varphi'(t)}\right]'}{\varphi'(t)} \\ &= \frac{\psi''(t)\varphi'(t) - \psi'(t)\varphi''(t)}{[\varphi'(t)]^2} \cdot \frac{1}{\varphi'(t)} \\ &= \frac{\psi''(t)\varphi'(t) - \psi'(t)\varphi''(t)}{[\varphi'(t)]^3}. \end{aligned} \tag{2.4.3}$$

例 2.4.1 求曲线 $\begin{cases} x = e^t \sin 2t, \\ y = e^t \cos t \end{cases}$ 在点 $(0, 1)$ 处的切线方程和法线方程.

解 显然点 $(0, 1)$ 对应的参数值为 $t = 0$,从而该曲线在这一点处的切线斜率是

$$\left.\frac{dy}{dx}\right|_{t=0} = \left.\frac{(e^t \cos t)'}{(e^t \sin 2t)'}\right|_{t=0} = \left.\frac{e^t \cos t - e^t \sin t}{e^t \sin 2t + 2e^t \cos 2t}\right|_{t=0} = \frac{1}{2}.$$

所求切线方程为

$$y - 1 = \frac{1}{2}(x - 0), \quad \text{即} \quad x - 2y + 2 = 0;$$

所求法线方程为

$$y - 1 = -2(x - 0), \quad \text{即} \quad 2x + y - 1 = 0.$$

例 2.4.2 求由参数方程 $\begin{cases} x = \ln(1 + t^2), \\ y = \arctan t \end{cases}$ 所确定的函数的二阶导数 $\dfrac{d^2 y}{dx^2}$.

解 $\dfrac{\mathrm{d}y}{\mathrm{d}x} = \dfrac{\dfrac{\mathrm{d}y}{\mathrm{d}t}}{\dfrac{\mathrm{d}x}{\mathrm{d}t}} = \dfrac{(\arctan t)'}{[\ln(1+t^2)]'} = \dfrac{\dfrac{1}{1+t^2}}{\dfrac{2t}{1+t^2}} = \dfrac{1}{2t},$

$\dfrac{\mathrm{d}^2 y}{\mathrm{d}x^2} = \dfrac{\mathrm{d}\left(\dfrac{\mathrm{d}y}{\mathrm{d}x}\right)}{\mathrm{d}t} \cdot \dfrac{1}{\dfrac{\mathrm{d}x}{\mathrm{d}t}} = \dfrac{\left(\dfrac{1}{2t}\right)'}{[\ln(1+t^2)]'} = \dfrac{-\dfrac{1}{2t^2}}{\dfrac{2t}{1+t^2}} = -\dfrac{1+t^2}{4t^3}.$

二、隐函数的导数

若 x 在区间 I 上任取一个值时,总有唯一确定的 y 值与其对应,且它们满足方程 $F(x,y)=0$,其中 $F(x,y)$ 是关于 x,y 的一个表达式,则方程 $F(x,y)=0$ 在区间 I 上确定了一个 y 关于 x 的函数,称此函数为**隐函数**.为了区别起见,将以 $y=f(x)$ 的形式给出的函数称为**显函数**,而把隐函数化成显函数的过程,称为**隐函数的显化**.例如,方程 $x+y^3-1=0$ 在区间 $(-\infty,+\infty)$ 上确定一个 y 关于 x 的函数,而从该方程中解出 $y=\sqrt[3]{1-x}$ 就是把隐函数化成显函数.

如何计算隐函数的导数?如果一个隐函数易于显化,自然可经显化后再求其导数.但有些隐函数的显化是很困难甚至不可能的.例如,方程 $y^5+2y-x-3x^3=0$ 可确定一个 y 关于 x 的隐函数,但此隐函数无法显化.因此,研究无须将隐函数显化就能求其导数的方法是十分必要的.下面通过具体例子介绍一种求隐函数导数的方法.

例 2.4.3 求由方程 $y^5+2y-x-3x^3=0$ 所确定的隐函数的导数 $\dfrac{\mathrm{d}y}{\mathrm{d}x}$.

解 把 y 看作 x 的函数,原方程两边对 x 求导数,得

$$5y^4 \dfrac{\mathrm{d}y}{\mathrm{d}x} + 2\dfrac{\mathrm{d}y}{\mathrm{d}x} - 1 - 9x^2 = 0,$$

解得

$$\dfrac{\mathrm{d}y}{\mathrm{d}x} = \dfrac{1+9x^2}{5y^4+2}.$$

例 2.4.4 求曲线 $xy + 2\ln x = y^4$ 在点 $(1,1)$ 处的切线方程.

解 把 y 看作 x 的函数,方程 $xy+2\ln x = y^4$ 两边对 x 求导数,得

$$y + x\dfrac{\mathrm{d}y}{\mathrm{d}x} + \dfrac{2}{x} = 4y^3 \dfrac{\mathrm{d}y}{\mathrm{d}x},$$

解得

$$\frac{dy}{dx} = \frac{y + \frac{2}{x}}{4y^3 - x} = \frac{xy + 2}{4xy^3 - x^2}.$$

由导数的几何意义知,所求切线的斜率为

$$k = \frac{dy}{dx}\bigg|_{(1,1)} = \frac{xy+2}{4xy^3 - x^2}\bigg|_{(1,1)} = \frac{1+2}{4-1} = 1.$$

于是,所求切线方程为 $y - 1 = x - 1$,即 $x - y = 0$.

由以上例子可知,求由方程 $F(x,y) = 0$ 所确定隐函数的导数的方法为:把 y 看作 x 的函数,方程 $F(x,y) = 0$ 两边对 x 求导数,然后从所得方程中解出 y' 即可.

例 2.4.5 求由方程 $y - xe^y = 1$ 所确定的隐函数的二阶导数 $\dfrac{d^2 y}{dx^2}\bigg|_{x=0}$.

解 把 y 看作 x 的函数,原方程两边对 x 求导数,得

$$\frac{dy}{dx} - e^y - xe^y \frac{dy}{dx} = 0.$$

由原方程知,当 $x = 0$ 时,$y = 1$. 于是,将 $x = 0, y = 1$ 代入上式,得

$$\frac{dy}{dx}\bigg|_{x=0} = e.$$

等式 $\dfrac{dy}{dx} - e^y - xe^y \dfrac{dy}{dx} = 0$ 两边再对 x 求导数,得

$$\frac{d^2 y}{dx^2} - e^y \frac{dy}{dx} - e^y \frac{dy}{dx} - xe^y \left(\frac{dy}{dx}\right)^2 - xe^y \frac{d^2 y}{dx^2} = 0.$$

将 $x = 0, y = 1, \dfrac{dy}{dx}\bigg|_{x=0} = e$ 代入上式,得

$$\frac{d^2 y}{dx^2}\bigg|_{x=0} = 2e^2.$$

例 2.4.6 设函数 $y = y(x)$ 由方程 $xe^{f(y)} = e^y$ 所确定,其中 $f(y)$ 具有二阶导数,且 $f'(y) \neq 1$,求 $\dfrac{d^2 y}{dx^2}$.

解 把 y 看作 x 的函数,原方程两边对 x 求导数,得

$$e^{f(y)} + xe^{f(y)} f'(y) \frac{dy}{dx} = e^y \frac{dy}{dx},$$

于是

$$\frac{dy}{dx} = \frac{e^{f(y)}}{e^y - xe^{f(y)} f'(y)}.$$

又由 $e^y = x e^{f(y)}$ 有

$$\frac{dy}{dx} = \frac{1}{x[1-f'(y)]}.$$

上式两边再对 x 求导数,并将上式代入,整理得

$$\frac{d^2 y}{dx^2} = -\frac{1-f'(y)-xf''(y)\dfrac{dy}{dx}}{x^2[1-f'(y)]^2} = \frac{f''(y)-[1-f'(y)]^2}{x^2[1-f'(y)]^3}.$$

有时为了便于计算,在对某些函数 $y=f(x)$ 进行求导时,可先对 $y=f(x)$ 的两边取对数,将显函数 $y=f(x)$ 化为隐函数形式:$\ln y = \ln f(x)$(严格上讲应写成 $\ln|y| = \ln|f(x)|$,为了便于化简而略去绝对值符号,但结果是一样的),并利用对数的运算性质改变 $\ln f(x)$ 的运算构成,然后利用隐函数的求导数方法求 y 的导数. 这种方法称为**对数求导法**. 对数求导法多用于求乘、除、幂的混合运算所得的函数及幂指函数的导数.

例 2.4.7 求函数 $y = \dfrac{x\sqrt{1-x^2}}{\sqrt[3]{1+x^3}}$ 的导数.

解 对函数两边取对数,并整理得

$$\ln y = \ln x + \frac{1}{2}\ln(1-x^2) - \frac{1}{3}\ln(1+x^3).$$

上式两边对 x 求导数,得

$$\frac{1}{y}y' = \frac{1}{x} + \frac{1}{2} \cdot \frac{1}{1-x^2} \cdot (-2x) - \frac{1}{3} \cdot \frac{1}{1+x^3} \cdot 3x^2,$$

于是

$$y' = y\left(\frac{1}{x} - \frac{x}{1-x^2} - \frac{x^2}{1+x^3}\right),$$

即

$$y' = \frac{x\sqrt{1-x^2}}{\sqrt[3]{1+x^3}}\left(\frac{1}{x} - \frac{x}{1-x^2} - \frac{x^2}{1+x^3}\right).$$

例 2.4.8 求函数 $y = (\cos x)^{\sin x}$ 的导数.

解 对 $y = (\cos x)^{\sin x}$ 两边取对数,得

$$\ln y = \sin x \cdot \ln \cos x.$$

上式两边对 x 求导数,得

$$\frac{1}{y}y' = \cos x \cdot \ln \cos x + \sin x \cdot \frac{1}{\cos x} \cdot (-\sin x),$$

于是

$$y' = y\left(\cos x \cdot \ln \cos x - \frac{\sin^2 x}{\cos x}\right),$$

即
$$y' = (\cos x)^{\sin x}\left(\cos x \cdot \ln \cos x - \frac{\sin^2 x}{\cos x}\right).$$

幂指函数也可以利用公式 $u(x)^{v(x)} = e^{v(x)\ln u(x)}$ 转化为复合函数. 因此, 例 2.4.8 还可以这样求解: 由于
$$y = (\cos x)^{\sin x} = e^{\sin x \cdot \ln \cos x},$$
于是
$$\begin{aligned}y' &= (e^{\sin x \cdot \ln \cos x})' = e^{\sin x \cdot \ln \cos x}(\sin x \cdot \ln \cos x)'\\ &= e^{\sin x \cdot \ln \cos x}\left[\cos x \cdot \ln \cos x + \sin x \cdot \frac{1}{\cos x} \cdot (-\sin x)\right]\\ &= (\cos x)^{\sin x}\left(\cos x \cdot \ln \cos x - \frac{\sin^2 x}{\cos x}\right).\end{aligned}$$

三、相关变化率

设 $x = x(t), y = y(t)$ 都是可导函数, 而 x 与 y 之间存在某种关系: $F(x,y) = 0$. 由隐函数的求导数方法知, $\frac{dx}{dt}$ 与 $\frac{dy}{dt}$ 之间也具有一定关系. 这两个相互依赖的变化率称为**相关变化率**. 实际问题中有时需要研究两个变化率之间的关系, 以便从其中一个变化率求出另一个变化率. 这类问题称为**相关变化率问题**.

解决这类相关变化率问题的一般步骤如下:

(1) 建立变量 x 与 y 之间的关系式 $F(x,y) = 0$;

(2) 把 x 与 y 均看作 t 的函数, 根据复合函数的求导法则, 将 $F(x,y) = 0$ 两边对 t 求导数, 得到 $\frac{dx}{dt}$ 与 $\frac{dy}{dt}$ 之间的关系式;

(3) 从 (2) 所得到的关系式中解出要求的变化率.

例 2.4.9 设有一个底面半径为 r (单位: m)、高为 h (单位: m) 的装满水的圆柱形水箱. 如果水从水箱底部的一个孔以速度 $3 \text{ m}^3/\text{min}$ 向外流出, 问: 水箱内水的高度下降有多快?

解 设在 t 时刻水箱内水的高度为 H (单位: m), 则此时水箱内水的体积为
$$V = \pi r^2 H.$$
上式两边对 t 求导数, 得
$$\frac{dV}{dt} = \pi r^2 \frac{dH}{dt}.$$
将 $\frac{dV}{dt} = 3 \text{ m}^3/\text{min}$ 代入上式, 得

$$\frac{dH}{dt} = \frac{3}{\pi r^2} (单位:m/min),$$

即此时水箱内水的高度下降的速度为 $\frac{3}{\pi r^2}$(单位:m/min).

例 2.4.10 落在平静水面的石头使水面产生同心波纹. 若最外一圈波半径的增大率为 6 m/s,并设石头刚落到水面时的时间为 $t=0$ s. 问:在 $t=2$ s 时,被扰动水面面积的增大率为多少?

解 设在 t 时刻被扰动水面的面积为 S(单位:m²),最外一圈波半径为 r(单位:m),则
$$S = \pi r^2.$$
上式两边对 t 求导数,得
$$\frac{dS}{dt} = 2\pi r \frac{dr}{dt}.$$
由题意知
$$\begin{cases} \dfrac{dr}{dt} = 6 \text{ m/s}, \\ r(0) = 0 \text{ m}, \end{cases}$$
从而有
$$r(t) = 6t,$$
因此
$$\frac{dS}{dt} = 2\pi r \frac{dr}{dt} = 2\pi \cdot 6t \cdot 6 = 72\pi t (单位:m^2/s).$$
将 $t=2$ s 代入上式,得
$$\frac{dS}{dt} = 72\pi \cdot 2 \text{ m}^2/\text{s} = 144\pi \text{ m}^2/\text{s},$$
即在 $t=2$ s 时,被扰动水面面积的增大率为 144π m²/s.

习题 2.4

1. 求由下列参数方程所确定的函数的导数 $\dfrac{dy}{dx}$:

   (1) $\begin{cases} x = t\ln t, \\ y = \dfrac{\ln t}{t}; \end{cases}$
   (2) $\begin{cases} x = t\cos t, \\ y = t\sin t; \end{cases}$
   (3) $\begin{cases} x = t^2 + 2t, \\ y = \ln(1+t). \end{cases}$

*2. 求曲线 $\begin{cases} x = 1+t^2, \\ y = t^3 \end{cases}$ 上对应于 $t=2$ 处的切线方程.

*3. 求曲线 $\begin{cases} x = \cos^3 t, \\ y = \sin^3 t \end{cases}$ 上对应于 $t = \dfrac{\pi}{6}$ 处的法线方程.

*4. 设 $\begin{cases} x = f(t) - \pi, \\ y = f(e^{3t} - 1), \end{cases}$ 其中 f 可导,且 $f'(0) \neq 0$,求 $\dfrac{dy}{dx}\Big|_{t=0}$.

*5. 求由下列参数方程所确定的函数的二阶导数 $\dfrac{d^2 y}{dx^2}$:

(1) $\begin{cases} x = 1+t^2, \\ y = \cos t; \end{cases}$ (2) $\begin{cases} x = t - \ln(1+t), \\ y = t^3 + t^2; \end{cases}$ (3) $\begin{cases} x = 5(t - \sin t), \\ y = 5(1 - \sin t). \end{cases}$

6. 求由下列方程所确定的隐函数的导数 $\dfrac{dy}{dx}$:

(1) $\arctan \dfrac{y}{x} = \ln\sqrt{x^2 + y^2}$; (2) $y e^x + \ln y = 1$;

*(3) $e^{x+y} + \cos xy = 0$; *(4) $\sin(x^2 + y^2) + e^x - xy^2 = 0$.

*7. 设函数 $y = y(x)$ 由方程 $\ln(x^2 + y) = x^3 y + \sin x$ 所确定,求 $\dfrac{dy}{dx}\Big|_{x=0}$.

*8. 求曲线 $\sin xy + \ln(y-x) = x$ 在点 $(0,1)$ 处的切线方程.

9. 求由下列方程所确定的隐函数的二阶导数:

(1) $x - y + \dfrac{1}{2}\sin y = 0$,求 $\dfrac{d^2 y}{dx^2}$; (2) $y = \tan(x+y)$,求 $\dfrac{d^2 y}{dx^2}$;

*(3) $x^2 - y + 1 = e^y$,求 $\dfrac{d^2 y}{dx^2}\Big|_{x=0}$; *(4) $e^y + 6xy + x^2 - 1 = 0$,求 $\dfrac{d^2 y}{dx^2}\Big|_{x=0}$.

*10. 设函数 $y = f(x+y)$,其中 f 具有二阶导数,且 $f'(x) \neq 1$,求 y''.

11. 求下列函数的导数:

(1) $y = (\ln x)^x$; (2) $y = \left(\dfrac{x}{1+x}\right)^x$;

(3) $y = \sqrt[5]{\dfrac{x-5}{\sqrt[5]{x^2+2}}}$; (4) $y = \sqrt{x \sin x \sqrt{1-e^x}}$.

12. 已知由方程 $x^y = y^x$ 可以确定 y 是 x 的函数,求 $\dfrac{dy}{dx}$.

13. 已知 $\begin{cases} x = 3t^2 + 2t, \\ e^y \sin t - y + 1 = 0, \end{cases}$ 求 $\dfrac{dy}{dx}\Big|_{t=0}$.

14. 一个圆锥形蓄水池,其高为 $H = 10$ m,底半径为 $R = 4$ m. 若以 5 m^3/min 的速度往该水池里注水,试求当水深为 5 m 时,水面上升的速度.

15. 从水平场地正在垂直上升的一个热气球被距离起飞点 500 m 处的测距器所跟踪. 在测距器的仰角为 $\dfrac{\pi}{4}$ 的瞬间,仰角以 0.14 rad/min 的速度增长,问:在该瞬间气球上升有多快?

*16. 已知一个长方形的长 l(单位:cm)以 2 cm/s 的速度增加,宽 w(单位:cm)以 3 cm/s 的速度增加,则当 $l = 12$ cm,$w = 5$ cm 时,它的对角线增加的速度为_____.

§2.5 函数的微分

一、微分的定义

微分是微分学的另一个重要的基本概念,它与导数密切相关,但又有本质的差别.在介绍微分的概念前,先分析一个具体问题.

设一块密度均匀的正方形钢板因受热而均匀膨胀,其边长由原来的 x 变到 $x+\Delta x$,问:此钢板的面积 S 增加了多少?因为钢板面积 S 与边长 x 的函数关系式是 $S=x^2$,所以当钢板边长由 x 增加到 $x+\Delta x$ 时,钢板面积的增量为

$$\Delta S = S(x+\Delta x) - S(x) = (x+\Delta x)^2 - x^2 = 2x\Delta x + (\Delta x)^2.$$

从上式可看出,ΔS 分成两部分之和:第一部分为 $2x\Delta x$,它是 Δx 的线性函数,即图 2.5 中带有浅色阴影的两个矩形面积之和;第二部分是 $(\Delta x)^2$,即图 2.5 中带有深色阴影的正方形面积,当 $\Delta x \to 0$ 时,它是比 Δx 高阶的无穷小,即 $(\Delta x)^2 = o(\Delta x)$.由此可见,当 $|\Delta x|$ 很小时,面积的增量 ΔS 可近似地用 $2x\Delta x$ 来代替,即 $\Delta S \approx 2x\Delta x$,两者的误差只是一个比 Δx 高阶的无穷小.把 $2x\Delta x$ 称为函数 $S=x^2$ 的微分,记作 $\mathrm{d}S = 2x\Delta x$.

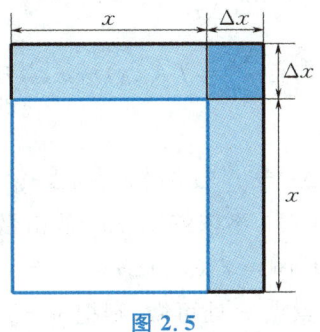

图 2.5

定义 2.5.1 设函数 $y=f(x)$ 在区间 I 上有定义,自变量 x 在点 x_0 处取得增量 $\Delta x (x_0, x_0+\Delta x$ 均在区间 I 上).若函数增量 $\Delta y = f(x_0+\Delta x) - f(x_0)$ 可表示为

$$\Delta y = A\Delta x + o(\Delta x), \tag{2.5.1}$$

其中 A 是不依赖于 Δx 的常数,则称函数 $y=f(x)$ 在点 x_0 处**可微**,并把 $A\Delta x$ 称为函数 $y=f(x)$ 在点 x_0 处的**微分**,记作 $\mathrm{d}y$,即

$$\mathrm{d}y = A\Delta x.$$

由微分定义知,微分 $dy = A\Delta x$ 有两个特点:首先,它是 Δx 的线性函数;其次,它与 Δy 之差是 Δx 的高阶无穷小($\Delta x \to 0$).因此,它是 Δy 的主要部分.所以,当 $\Delta x \to 0$ 时,我们说微分 dy 是函数增量 Δy 的**线性主部**.

直接从微分的定义判断函数是否可微,有时会很困难,甚至无法做到.因此,接下来的问题是:讨论函数可微的条件;如果可微,那么微分中的常数 A 又如何确定?

定理 2.5.1 函数 $y = f(x)$ 在点 x_0 处可微的充要条件是 $y = f(x)$ 在点 x_0 处可导,且当 $y = f(x)$ 在点 x_0 处可微时,有

$$dy = f'(x_0)\Delta x. \tag{2.5.2}$$

证明 设函数 $y = f(x)$ 在点 x_0 处可微,则由微分的定义,有

$$\Delta y = A\Delta x + o(\Delta x).$$

上式两边同时除以 $\Delta x (\Delta x \neq 0)$,得

$$\frac{\Delta y}{\Delta x} = A + \frac{o(\Delta x)}{\Delta x}.$$

令 $\Delta x \to 0$,上式两边同时取极限,得

$$\lim_{\Delta x \to 0} \frac{\Delta y}{\Delta x} = A, \quad 即 \quad f'(x_0) = A.$$

这表明,若 $y = f(x)$ 在点 x_0 处可微,则 $y = f(x)$ 在点 x_0 处也必定可导,且

$$f'(x_0) = A.$$

反之,若 $y = f(x)$ 在点 x_0 处可导,即

$$\lim_{\Delta x \to 0} \frac{\Delta y}{\Delta x} = f'(x_0),$$

根据极限与无穷小的关系,则有 $\frac{\Delta y}{\Delta x} = f'(x_0) + \alpha$,其中 α 为当 $\Delta x \to 0$ 时的无穷小,从而

$$\Delta y = f'(x_0)\Delta x + \alpha \Delta x.$$

显然,$\alpha \Delta x = o(\Delta x)$,且 $f'(x_0)$ 不依赖于 Δx,故由微分的定义,$y = f(x)$ 在点 x_0 处是可微的,且其微分为 $dy = f'(x_0)\Delta x$.

若函数 $y = f(x)$ 在任意点 x 处可微,则把 $y = f(x)$ 在任意点 x 处的微分称为 $y = f(x)$ **的微分**,记作 dy 或 $df(x)$,即

$$dy = f'(x)\Delta x.$$

设函数 $f(x) = x$,则其微分为 $df(x) = dx = (x)'\Delta x = \Delta x$,故自变量 x 的增量 Δx 等于自变量 x 的微分 dx.于是,函数 $y = f(x)$ 的微分又可记作

$$dy = f'(x)dx.$$

因函数的微分就是函数的导数与自变量的微分之乘积,故有

$$\frac{dy}{dx} = f'(x),$$

即函数的导数等于函数的微分 dy 与自变量的微分 dx 之商.因此,导数也常称作**微商**.这也是把导数记作 $\dfrac{dy}{dx}$ 的一个原因.

综上可知,求微分的问题可归结为求导数的问题.

例 2.5.1 求函数 $y=x^2$ 在点 $x=1$ 处的微分.

解 函数 $y=x^2$ 在点 $x=1$ 处的微分为
$$dy=(x^2)'\bigg|_{x=1}dx=2x\bigg|_{x=1}dx=2dx.$$

例 2.5.2 求下列函数的微分:

(1) $y=\arcsin x$; (2) $y=e^{\sin x}$; (3) $y=\ln\sqrt{x}+\sqrt{\ln x}$.

解 (1) 因为 $y'=(\arcsin x)'=\dfrac{1}{\sqrt{1-x^2}}$,所以
$$dy=\frac{1}{\sqrt{1-x^2}}dx.$$

(2) 因为 $y'=(e^{\sin x})'=e^{\sin x}\cos x$,所以
$$dy=e^{\sin x}\cos x\,dx.$$

(3) 因为 $y'=(\ln\sqrt{x}+\sqrt{\ln x})'=\dfrac{1}{2x}+\dfrac{1}{2\sqrt{\ln x}}\cdot\dfrac{1}{x}=\dfrac{1}{2x}\left(1+\dfrac{1}{\sqrt{\ln x}}\right)$,所以
$$dy=\frac{1}{2x}\left(1+\frac{1}{\sqrt{\ln x}}\right)dx.$$

二、微分的几何意义

为了加深对微分的理解,下面阐述它的几何意义.

在直角坐标系中作函数 $y=f(x)$ 的图形,设图形为曲线 L,如图 2.6 所示.在曲线 L 上取定一点 $M(x_0,y_0)[y_0=f(x_0)]$,过点 M 作曲线 L 的切线 MT,设它的倾角为 α,则此切线的斜率为
$$\tan\alpha=f'(x_0).$$
当自变量在点 x_0 处有微小增量 Δx 时,得到曲线 L 上另一点 $N(x_0+\Delta x,y_0+\Delta y)$.由图 2.6 易知
$$MQ=\Delta x,\quad NQ=\Delta y.$$
由 Rt$\triangle MPQ$ 的边角关系,有
$$QP=MQ\cdot\tan\alpha=f'(x_0)\Delta x,$$

故

$$QP = \mathrm{d}y.$$

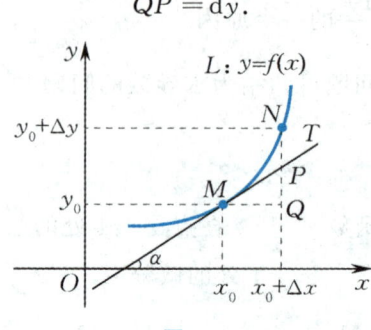

图 2.6

由此可见,当函数 $y=f(x)$ 的自变量在点 x_0 处取得增量 Δx 时,函数的微分 $\mathrm{d}y$ 就是曲线 $y=f(x)$ 上过点 $M(x_0,y_0)$ 的切线的相应纵坐标的增量,而函数的增量 Δy 是曲线 $y=f(x)$ 的相应纵坐标的增量. 由于当 $f'(x_0)\neq 0$ 时,有

$$\lim_{\Delta x \to 0}\frac{\Delta y}{\mathrm{d}y}=\lim_{\Delta x \to 0}\frac{\Delta y}{f'(x_0)\Delta x}=\frac{1}{f'(x_0)}\lim_{\Delta x \to 0}\frac{\Delta y}{\Delta x}=1,$$

因此当 $\Delta x \to 0$ 时,Δy 与 $\mathrm{d}y$ 是等价无穷小. 于是,由等价无穷小的充要条件可知 $\Delta y = \mathrm{d}y + o(\mathrm{d}y)$,即用 $\mathrm{d}y$ 代替 Δy,其误差不仅是比 Δx 高阶的无穷小,也是比 $\mathrm{d}y$ 高阶的无穷小. 故当 $|\Delta x|$ 很小时,有

$$\Delta y \approx \mathrm{d}y = f'(x_0)\Delta x,$$

即

$$f(x_0+\Delta x)-f(x_0) \approx f'(x_0)\Delta x.$$

令 $x=x_0+\Delta x$,则上面的近似等式可写成

$$f(x) \approx f(x_0)+f'(x_0)(x-x_0).$$

上式表明,当 $|\Delta x| \ll 1$ 时,函数 $y=f(x)$ 可以用线性函数 $y=f(x_0)+f'(x_0)(x-x_0)$ 近似代替,而且 $|\Delta x|$ 越小,代替所产生的误差就越小. 在几何上就是说,在点 $(x_0,f(x_0))$ 附近,曲线段 MN 可用相应的切线段 MP 近似代替. 这就是在科学研究中常用的非线性函数的局部线性化思想.

三、基本微分公式与微分运算法则

由 $\mathrm{d}y=f'(x)\mathrm{d}x$ 可知,求函数 $y=f(x)$ 的微分 $\mathrm{d}y$ 时,可先求出函数的导数 $f'(x)$,再乘以自变量的微分 $\mathrm{d}x$ 即可. 因此,由基本导数公式和求导法则,不难得到以下基本微分公式与微分运算法则.

1. 基本微分公式

(1) $\mathrm{d}(C)=0$ (C 为常数);

(2) $\mathrm{d}(x^\mu)=\mu x^{\mu-1}\mathrm{d}x$ (μ 为常数);

(3) $\mathrm{d}(a^x)=a^x \ln a\, \mathrm{d}x$ ($a>0, a\neq 1$);

(4) $\mathrm{d}(\mathrm{e}^x)=\mathrm{e}^x\mathrm{d}x$;

(5) $\mathrm{d}(\log_a x)=\dfrac{1}{x\ln a}\mathrm{d}x$ ($a>0, a\neq 1$);

(6) $d(\ln x) = \dfrac{1}{x} dx$;

(7) $d(\sin x) = \cos x \, dx$;

(8) $d(\cos x) = -\sin x \, dx$;

(9) $d(\tan x) = \sec^2 x \, dx$;

(10) $d(\cot x) = -\csc^2 x \, dx$;

(11) $d(\sec x) = \sec x \tan x \, dx$;

(12) $d(\csc x) = -\csc x \cot x \, dx$;

(13) $d(\arcsin x) = \dfrac{1}{\sqrt{1-x^2}} dx$;

(14) $d(\arccos x) = -\dfrac{1}{\sqrt{1-x^2}} dx$;

(15) $d(\arctan x) = \dfrac{1}{1+x^2} dx$;

(16) $d(\operatorname{arccot} x) = -\dfrac{1}{1+x^2} dx$.

2. 函数的和、差、积、商的微分运算法则

设 $u = u(x), v = v(x)$ 均为可微函数,则

(1) $d(u \pm v) = du \pm dv$;

(2) $d(uv) = u \, dv + v \, du$;

(3) $d(Cu) = C \, du$ （C 为常数）;

(4) $d\left(\dfrac{u}{v}\right) = \dfrac{v \, du - u \, dv}{v^2}$ （$v \neq 0$）.

3. 复合函数的微分运算法则

设函数 $y = f(u)$ 及 $u = g(x)$ 都可微,则复合函数 $y = f[g(x)]$ 的微分公式为

$$dy = f'[g(x)] g'(x) dx.$$

由于 $f'[g(x)] = f'(u), g'(x) dx = du$,因此上式又可写成

$$dy = f'(u) du.$$

由此可见,对可导函数 $y = f(u)$ 求微分时,不论 u 是自变量还是中间变量,其微分都具有相同的形式,即 $dy = f'(u) du$. 这一性质称为 <u>一阶微分的形式不变性</u>.

下面给出一些利用基本微分公式和微分运算法则求函数微分的例子.

例 2.5.3 设函数 $y = \ln \sqrt{1-x}$,求 dy.

解 $dy = d\left[\dfrac{1}{2} \ln(1-x)\right] = \dfrac{1}{2} d[\ln(1-x)] = \dfrac{1}{2(1-x)} d(1-x)$

$$= \frac{1}{2(1-x)}(-dx) = \frac{1}{2(x-1)}dx.$$

例 2.5.4 设函数 $y = e^{1-2x}\sin 2x$，求 dy.

解
$$\begin{aligned}
dy &= d(e^{1-2x}\sin 2x) = \sin 2x\, d(e^{1-2x}) + e^{1-2x}d(\sin 2x) \\
&= \sin 2x \cdot e^{1-2x}d(1-2x) + e^{1-2x}\cos 2x\, d(2x) \\
&= \sin 2x \cdot e^{1-2x}(-2)dx + e^{1-2x}\cos 2x \cdot 2dx \\
&= 2e^{1-2x}(\cos 2x - \sin 2x)dx.
\end{aligned}$$

例 2.5.5 已知方程 $y\sin x - \cos(x-y) = 0$ 可以确定一个 y 关于 x 的函数，求 dy.

解 将原方程两边同时求微分，得
$$y\,d(\sin x) + \sin x\, dy + \sin(x-y)d(x-y) = 0,$$

即
$$y\cos x\, dx + \sin x\, dy + \sin(x-y)(dx-dy) = 0,$$

整理得
$$[y\cos x + \sin(x-y)]dx - [\sin(x-y) - \sin x]dy = 0,$$

解出
$$dy = \frac{y\cos x + \sin(x-y)}{\sin(x-y) - \sin x}dx.$$

四、微分在近似计算中的应用

由前面的讨论可知，对于可微函数 $y = f(x)$，当 $f'(x_0) \neq 0$，且 $|\Delta x|$ 很小时，有

$$\Delta y \approx dy = f'(x_0)\Delta x. \tag{2.5.3}$$

此公式常用来近似计算函数的增量 Δy.

例 2.5.6 核弹在与它的爆炸当量 x（单位：kg）的立方根成正比的距离内，会产生 $3.25\ \text{N/cm}^2$ 的超压，这种距离称为有效距离，记为 D（单位：km）. 已知 $x = 10^8$ kg 时，$D = 3.22$ km. 计算 $x = 10^9$ kg 时增加 10^6 kg 的爆炸当量所引起的有效距离 D 的增量.

解 根据题意，得 $D = kx^{\frac{1}{3}}$（k 为正比例系数）.
由 $x = 10^8$ kg 时 $D = 3.22$ km，可求得
$$k = 3.22 \times 10^{-\frac{8}{3}},$$

所以
$$D = 3.22 \times 10^{-\frac{8}{3}} x^{\frac{1}{3}}.$$

由函数的微分知

$$\Delta D \approx \mathrm{d}D = \frac{3.22 \times 10^{-\frac{8}{3}}}{3} x^{-\frac{2}{3}} \Delta x \approx 0.231 \times 10^{-2} x^{-\frac{2}{3}} \Delta x.$$

当 $x = 10^9$ kg, $\Delta x = 10^6$ kg 时,

$$\Delta D \approx 0.231 \times 10^{-2} \times 10^{9 \times \left(-\frac{2}{3}\right)} \times 10^6 = 0.00231 (单位:\mathrm{km}).$$

可见,对百万吨的核弹来说,增加 10^6 kg 的爆炸当量,有效距离仅增加 0.00231 km,即 2.31 m,相对效率下降.因此,不宜制造当量级太大的核弹.

局部线性化的近似公式

$$f(x) \approx f(x_0) + f'(x_0)(x - x_0) \qquad (2.5.4)$$

提供了一种求函数近似值的方法.具体地讲,若在点 x_0 附近的函数值 $f(x)$ 不易求得,而 $f(x_0)$ 与 $f'(x_0)$ 的值容易求出,则可以利用式(2.5.4)右端的线性函数去求函数值 $f(x)$.

例 2.5.7 利用微分求 $\sin 44°$ 的近似值.

解 可将此问题看成求函数 $f(x) = \sin x$ 在点 $x = 44°$ 处的近似值问题,此时 $f'(x) = \cos x$. 由式(2.5.4)知

$$\sin x \approx \sin x_0 + \cos x_0 \cdot (x - x_0).$$

因为 $x = 44° = 45° - 1° = \frac{\pi}{4} - \frac{\pi}{180}$,所以取 $x_0 = \frac{\pi}{4}$,则有 $x - x_0 = -\frac{\pi}{180}$,从而有

$$\sin 44° = \sin\left(\frac{\pi}{4} - \frac{\pi}{180}\right) \approx \sin\frac{\pi}{4} + \cos\frac{\pi}{4} \cdot \left(-\frac{\pi}{180}\right)$$

$$= \frac{\sqrt{2}}{2} + \frac{\sqrt{2}}{2} \times \left(-\frac{\pi}{180}\right) \approx 0.6948.$$

在近似公式(2.5.4)中,取 $x_0 = 0$,则有

$$f(x) \approx f(0) + f'(0)x \quad (当 |x| 很小时). \qquad (2.5.5)$$

因此,当 $|x|$ 很小时,由式(2.5.5)可得到一些在工程技术中较为实用的近似计算公式:

(1) $\mathrm{e}^x \approx 1 + x$;

(2) $\sin x \approx x$ (x 的单位取 rad);

(3) $\tan x \approx x$ (x 的单位取 rad);

(4) $\ln(1+x) \approx x$;

(5) $(1+x)^\alpha \approx 1 + \alpha x$ (α 为常数).

例 2.5.8 求 $\sqrt[3]{1.02}$ 的近似值.

解 利用近似公式

$$(1+x)^\alpha \approx 1 + \alpha x,$$

取 $\alpha = \dfrac{1}{3}, x = 0.02$,则有

$$\sqrt[3]{1.02} \approx 1 + \dfrac{1}{3} \times 0.02 \approx 1.006\ 7.$$

习题 2.5

1. 设函数 $y = x^4 - 2x$,求 $x = 2, \mathrm{d}x = 0.1$ 时 $\mathrm{d}y$ 的值.
2. 求下列函数的微分:

   (1) $y = x \sin 2x$;
   (2) $y = [\ln(x \sec x)]^2$;
   (3) $y = \ln \sqrt{1-x^3}$;

   *(4) $y = \ln(1 + 3^{-x})$;
   (5) $y = \arccos \dfrac{1}{x}$;
   (6) $y = \dfrac{x}{\sqrt{x^2+1}}$;

   (7) $y = \tan^2(1+2x^2)$;
   (8) $y = x^x$;
   (9) $y = \arctan \dfrac{1-x^2}{1+x^2}$.

*3. 利用微分运算法则求由方程 $\tan y = x + y$ 所确定的隐函数的微分 $\mathrm{d}y$.

*4. 设函数 $y = (1+\sin x)^x$,则 $\mathrm{d}y \big|_{x=\pi} = $ _____.

*5. 假设函数 $y = y(x)$ 由方程 $2^{xy} = x + y$ 所确定,则 $\mathrm{d}y \big|_{x=0} = $ _____.

6. 已知某种扩音器的插头是圆柱形的,截面半径为 $r = 0.15$ cm,长度为 $l = 4$ cm. 为了提高这种扩音器的导电性能,要在其圆柱侧面镀一层厚度为 0.001 cm 的纯铜. 问:每个这种插头约需多少纯铜(铜的密度是 8.9 g/cm³)?

7. 求下列数的近似值:

   (1) $\sqrt{1.05}$;
   (2) $\sqrt[3]{996}$;
   (3) $\tan 46°$;
   (4) $\ln 1.01$.

*§2.6 导数在经济分析中的应用

导数在经济学中有许多应用,本节重点介绍其中的两个应用:边际分析与弹性分析.

一、边际分析

边际是经济学中的一个重要概念,是指经济函数的变化率.边际分析就是利用导数分析经济现象.

1. 边际函数

由 §2.1 可知,函数 $y=f(x)$ 在点 x_0 处的增量 Δy 与自变量的增量 Δx 之比

$$\frac{\Delta y}{\Delta x} = \frac{f(x_0+\Delta x)-f(x_0)}{\Delta x}$$

就是 $y=f(x)$ 在 $(x_0, x_0+\Delta x)$ 内的**平均变化率**.若 $y=f(x)$ 在点 x_0 处可导,则称

$$\lim_{\Delta x \to 0} \frac{\Delta y}{\Delta x} = \lim_{\Delta x \to 0} \frac{f(x_0+\Delta x)-f(x_0)}{\Delta x} = f'(x_0)$$

为 $y=f(x)$ 在点 x_0 处的**瞬时变化率**,简称**变化率**,即导数.

定义 2.6.1 设函数 $y=f(x)$ 在点 x 处可导,则称导数 $f'(x)$ 为 $y=f(x)$ 的**边际函数**,并称 $f'(x)$ 在点 x_0 处的函数值 $f'(x_0)$ 为 $y=f(x)$ 在点 x_0 处的**边际函数值**.

由微分的应用可知,若自变量 x 在点 $x=x_0$ 处增加 1,即 $\Delta x=1$,则函数 $y=f(x)$ 的相应增量 $\Delta y=f(x_0+1)-f(x_0)$ 的近似值为

$$\Delta y \approx \mathrm{d}y \Big|_{\substack{x=x_0 \\ \Delta x=1}} = f'(x)\Delta x \Big|_{\substack{x=x_0 \\ \Delta x=1}} = f'(x_0).$$

这说明函数 $y=f(x)$ 在点 x_0 处的边际函数值 $f'(x_0)$ 的经济意义是:当 x 在点 $x=x_0$ 处增加 1 单位时,y 将近似改变 $f'(x_0)$ 单位[若 $f'(x_0)$ 为正,则增加;若 $f'(x_0)$ 为负,则减少].在经济分析中解释边际函数值的具体经济意义时,往往省略"近似"二字.

2. 经济学中常见的边际函数

1) 边际成本

总成本函数 $C=C(Q)$(Q 是产量)的导数 $C'(Q)$ 称为**边际成本函数**,其经济意义是产量增加 1 单位时成本的增量.

例 2.6.1 设某种产品的产量为 Q(单位:件)时总成本为 $C(Q)=100+\dfrac{Q^2}{4}$(单位:元),求当 $Q=10$ 件时的总成本、平均成本及边际成本,并解释边际成本的经济意义.

解 边际成本函数为

$$C'(Q)=\frac{Q}{2}(\text{单位:元}/\text{件});$$

平均成本函数为
$$\overline{C}(Q)=\frac{C(Q)}{Q}=\frac{100}{Q}+\frac{Q}{4}(单位:元).$$

当 $Q=10$ 件时,总成本为 $C(10)=125$ 元,平均成本为 $\overline{C}(10)=12.5$ 元,边际成本为 $C'(10)=5$ 元/件,其经济意义是:当产量为 10 件时,若产量再增加 1 件,则成本将增加 5 元.

2) 边际收益与边际利润

设 Q 为产品的销售量,则总收益函数 $R(Q)$ 的导数 $R'(Q)$ 称为**边际收益函数**,其经济意义是销售量增加 1 单位时收益的增量.总利润函数 $L(Q)$ 的导数 $L'(Q)$ 称为**边际利润函数**,其经济意义是销售量增加 1 单位时利润的增量.

例 2.6.2 设某种产品的需求函数为 $Q=1\,000-100P$,其中 P(单位:元/件)为价格,Q(单位:件)为需求量,求当需求量 $Q=300$ 件时的总收益和边际收益.

解 易知,销售量为 Q 且价格为 P 时的总收益为
$$R(Q)=PQ.$$
由需求函数为 $Q=1\,000-100P$,得 $P=10-0.01Q$,从而总收益函数为
$$R(Q)=(10-0.01Q)Q=10Q-0.01Q^2,$$
边际收益函数为
$$R'(Q)=(10Q-0.01Q^2)'=10-0.02Q.$$

因此,当 $Q=300$ 件时,总收益为
$$R(300)=10\times 300-0.01\times 300^2=2\,100(单位:元),$$
边际收益为
$$R'(300)=10-0.02\times 300=4(单位:元/件),$$
其经济意义是:当需求量为 300 件时,若需求量增加 1 件,则收益增加 4 元.

例 2.6.3 设某种产品的需求函数为 $P=80-0.1Q$,其中 P(单位:元/件)为价格,Q(单位:件)为需求量,即销售量,总成本函数为 $C(Q)=5\,000+20Q$(单位:元),求边际利润函数 $L'(Q)$ 以及 $Q=150$ 件和 $Q=400$ 件时的边际利润,并说明其经济意义.

解 总收益函数为
$$R(Q)=PQ=(80-0.1Q)Q=80Q-0.1Q^2;$$
总利润函数为
$$L(Q)=R(Q)-C(Q)=-0.1Q^2+60Q-5\,000,$$
边际利润函数为
$$L'(Q)=(-0.1Q^2+60Q-5\,000)'=-0.2Q+60.$$

当 $Q=150$ 件时,边际利润为

$$L'(150) = -0.2 \times 150 + 60 = 30 \text{(单位:元/件)},$$

其经济意义是:当销售量为 150 件时,若再多销售 1 件产品,则利润将增加 30 元.

当 $Q = 400$ 件时,边际利润为

$$L'(400) = -0.2 \times 400 + 60 = -20 \text{(单位:元/件)},$$

其经济意义是:当销售量为 400 件时,若再多销售 1 件产品,则利润将减少 20 元.

上述结果说明,并非销售量越大,利润越大.

3) 边际需求

设需求量 Q 关于价格 P 的需求函数是 $Q = f(P)$,则其导数 $\dfrac{\mathrm{d}Q}{\mathrm{d}P} = f'(P)$ 称为**边际需求函数**,其经济意义是价格增加 1 单位时需求量的增量.

例 2.6.4 设某种商品的需求函数为 $Q = 75 - P^2$(单位:件),求 $P = 4$ 元/件时的边际需求,并说明其经济意义.

解 因为 $Q'(P) = -2P$,所以当 $P = 4$ 元/件时,边际需求为 $Q'(4) = -8$(单位:件),其经济意义是:当价格为 4 元/件时,若单位价格上涨 1 元,则需求量将减少 8 件.

二、弹性分析

边际分析中所研究的是函数的绝对增量与绝对变化率.而在实际问题中,仅仅用绝对数的概念不足以深入分析问题.例如,设甲商品的单位价格为 5 元,现涨价 1 元;乙商品的单位价格为 200 元,也涨价 1 元,则这两种商品单位价格的绝对增量都是 1 元.但是,哪种商品的涨价幅度更大呢?我们只要用两种商品价格的绝对增量与其各自的原价相比就能获得问题的解答.甲商品涨价百分比为 20%,乙商品涨价百分比为 0.5%,显然甲商品的涨价幅度比乙商品的涨价幅度更大.因此,有必要研究函数的相对增量与相对变化率.

1. 函数弹性的概念

设函数 $y = x^2$,当自变量 x 从 8 增加到 10 时,相应的因变量 y 从 64 增加到 100,即 x 的绝对增量为 $\Delta x = 2$,y 的绝对增量为 $\Delta y = 36$,则

$$\frac{\Delta x}{x} = \frac{2}{8} = 25\%, \quad \frac{\Delta y}{y} = \frac{36}{64} = 56.25\%.$$

这表示在此过程中,自变量 x 增加了 25%,因变量 y 相应地增加了 56.25%.这就是 x 与 y 的相对增量.而

$$\frac{\Delta y / y}{\Delta x / x} = \frac{56.25\%}{25\%} = 2.25$$

表示在开区间 $(8, 10)$ 内,自变量 x 从 $x = 8$ 起平均每增加 1%,相应的因变量 y 将增加 2.25%.此时,称 2.25 为函数 $y = x^2$ 从 $x = 8$ 到 $x = 10$ 两点间的**平均相对变化率**.下面引入函数弹性的概念.

定义 2.6.2 设函数 $y=f(x)$ 可导，其因变量的相对增量 $\dfrac{\Delta y}{y}=\dfrac{f(x+\Delta x)-f(x)}{f(x)}$ 与自变量的相对增量 $\dfrac{\Delta x}{x}$ 之比 $\dfrac{\Delta y/y}{\Delta x/x}$ 称为函数 $y=f(x)$ 从 x 到 $x+\Delta x$ 两点间的**平均弹性**（或两点间的**平均相对变化率**）. 而称极限

$$\lim_{\Delta x\to 0}\dfrac{\Delta y/y}{\Delta x/x}$$

为函数 $y=f(x)$ 在点 x 处的**弹性**（或**相对变化率**），记作 $\dfrac{Ey}{Ex}$ 或 $\dfrac{E}{Ex}f(x)$，即

$$\dfrac{Ey}{Ex}=\lim_{\Delta x\to 0}\dfrac{\Delta y/y}{\Delta x/x}=\lim_{\Delta x\to 0}\dfrac{\Delta y}{\Delta x}\cdot\dfrac{x}{y}=y'\cdot\dfrac{x}{y}.$$

注 （1）函数 $f(x)$ 在点 x 处的弹性反映了 $f(x)$ 随 x 变化而变化的幅度大小，即 $f(x)$ 对 x 变化反应的强烈程度或灵敏度.

（2）弹性 $\dfrac{E}{Ex}f(x)$ 表示 $f(x)$ 在点 x 处，当 x 产生 1% 的改变时，函数 $f(x)$ 将近似改变 $\dfrac{E}{Ex}f(x)\%$. 在解释弹性的具体意义时，通常略去"近似"二字.

（3）两点间的平均弹性是有方向性的，因为它是相对初始值而言的.

根据弹性的定义，弹性

$$\dfrac{Ey}{Ex}=y'\cdot\dfrac{x}{y}=\dfrac{y'}{y/x}$$

在经济学上又可理解为边际函数与平均函数之比.

当函数的弹性为常数时，称其为**不变弹性函数**. 例如，幂函数 $y=x^a$ 的弹性为常数 a.

2. 经济分析中常见的弹性函数

1）需求对价格的弹性

设需求函数 $Q=f(P)$ 在点 P_0 处可导，$Q_0=f(P_0)$，这里 P 表示商品的价格. 因需求函数是单调减少函数，即 ΔP 和 ΔQ 符号相反，故 $\dfrac{\Delta Q/Q_0}{\Delta P/P_0}$ 和 $\dfrac{\mathrm{d}Q}{\mathrm{d}P}\cdot\dfrac{P_0}{Q_0}$ 均非正数. 为了用正数表示弹性，定义商品在价格为 P_0 时的**需求弹性**为

$$\eta=\eta(P_0)=-\lim_{\Delta P\to 0}\dfrac{\Delta Q/Q_0}{\Delta P/P_0}=-\dfrac{\mathrm{d}Q}{\mathrm{d}P}\cdot\dfrac{P_0}{Q_0}=-P_0\cdot\dfrac{f'(P_0)}{f(P_0)},$$

其经济意义是：当价格为 P_0 时，若价格上涨（或下降）1%，则需求量将减少（或增加）$\eta(P_0)\%$.

在经济分析中，通常认为某种商品的需求弹性对总收益有直接的影响. 下面用需求弹性分析总收益的变化.

总收益 R 是商品价格 P 与销售量 Q 的乘积，即 $R=PQ=Pf(P)$，则

$$R'(P)=f(P)+Pf'(P)=f(P)\left[1+f'(P)\dfrac{P}{f(P)}\right]$$
$$=f(P)(1-\eta).$$

(1) 若 $\eta < 1$，即需求量变动的幅度小于价格变动的幅度，则 $R'(P) > 0$，即 $R(P)$ 严格单调增加. 这说明，此时若价格上涨，则总收益增加；若价格下跌，则总收益减少.

(2) 若 $\eta > 1$，即需求量变动的幅度大于价格变动的幅度，则 $R'(P) < 0$，即 $R(P)$ 严格单调减少. 这说明，此时若价格上涨，则总收益减少；若价格下跌，则总收益增加.

(3) 若 $\eta = 1$，即需求量变动的幅度等于价格变动的幅度，则 $R'(P) = 0$. 这说明，此时 R 取得最大值.

综上所述，总收益的变化受需求弹性的制约，随商品需求弹性的变化而变化，其关系如图 2.7 所示.

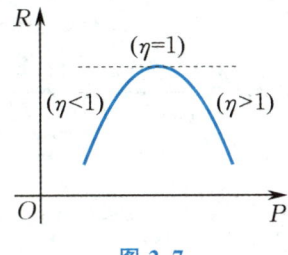

图 2.7

2) 供给对价格的弹性

设商品的供给量 S 是价格 P 的函数：$S = S(P)$，定义**供给对价格的弹性**（简称**供给弹性**）为

$$\frac{ES}{EP} = \frac{dS}{dP} \cdot \frac{P}{S} = P \cdot \frac{S'(P)}{S(P)}.$$

3) 收益对价格的弹性

设商品销售的总收益 R 是价格 P 的函数：$R = R(P)$，定义**收益对价格的弹性**（简称**收益弹性**）为

$$\frac{ER}{EP} = \frac{dR}{dP} \cdot \frac{P}{R} = P \cdot \frac{R'(P)}{R(P)}.$$

例 2.6.5 设某种商品的需求函数为 $Q = 75 - P^2$（Q 为需求量，P 为价格）.

(1) 求 $P = 4$ 单位时的边际需求，并说明其经济意义.

(2) 求 $P = 4$ 单位时的需求弹性，并说明其经济意义.

(3) 当 $P = 4$ 单位时，若价格上涨 1%，则总收益将变化百分之几？是增加还是减少？

(4) 当 $P = 6$ 单位时，若价格上涨 1%，则总收益将变化百分之几？是增加还是减少？

解 (1) 因为 $Q'(P) = -2P$，所以当 $P = 4$ 单位时的边际需求为

$$Q'(4) = -2P \bigg|_{P=4} = -8,$$

其经济意义是：当价格 $P=4$ 单位时，若价格上涨 1 单位，则需求量将减少 8 单位.

(2) 因为需求弹性为
$$\eta = -P \cdot \frac{Q'(P)}{Q(P)} = P \cdot \frac{2P}{75-P^2},$$

所以当 $P=4$ 单位时的需求弹性为
$$\eta(4) = 4 \times \frac{8}{75-4^2} = \frac{32}{59} \approx 0.54,$$

其经济意义是：当 $P=4$ 单位时，若价格上涨（或下降）1%，则需求量将减少（或增加）0.54%.

(3) 因为总收益函数为
$$R = PQ = P(75-P^2) = 75P - P^3,$$

所以收益弹性为
$$\frac{ER}{EP} = \frac{\mathrm{d}R}{\mathrm{d}P} \cdot \frac{P}{R} = (75-3P^2)\frac{P}{75P-P^3} = \frac{75-3P^2}{75-P^2}.$$

故
$$\left.\frac{ER}{EP}\right|_{P=4} = \left.\frac{75-3P^2}{75-P^2}\right|_{P=4} \approx 0.46,$$

即当 $P=4$ 单位时，若价格上涨 1%，则总收益将增加 0.46%.

(4) 因为
$$\left.\frac{ER}{EP}\right|_{P=6} = \left.\frac{75-3P^2}{75-P^2}\right|_{P=6} \approx -0.85,$$

所以当 $P=6$ 单位时，若价格上涨 1%，则总收益将减少 0.85%.

习题2.6

1. 求下列函数的边际函数与弹性函数：

   (1) $y = \dfrac{\mathrm{e}^x}{x}$； (2) $y = x^a \mathrm{e}^{-b(x+c)}$； (3) $y = 10\sqrt{9-x}$.

2. 设函数 $y = 10x\mathrm{e}^{-\frac{x}{5}}$，试求 $x=10$ 时该函数的边际函数值，并说明其意义.

3. 设某种产品的产量为 Q（单位：件）时总成本为 $C(Q) = 200 + 5Q + \dfrac{Q^2}{20}$（单位：元），求当 $Q=20$ 件时的总成本、平均成本及边际成本，并说明边际成本的经济意义.

4. 已知某种产品的需求函数为 $P = 10 - \dfrac{Q}{5}$（单位：元/件），总成本函数为 $C(Q) = 50 + 2Q$（单位：元），求当 $Q=30$ 件时的总收益、边际收益和边际利润.

5. 设某种商品的需求函数为 $Q = 12 - \dfrac{P}{2}$（Q 为需求量，P 为价格）.

(1) 求需求弹性.

(2) 求 $P=6$ 单位时的需求弹性.

(3) 当 $P=6$ 单位时,若价格上涨 1%,那么需求量将增加还是减少？变化百分之几？

6. 设需求量 Q 关于价格 P 的函数为 $Q=ae^{-bP}$ $(a>0,b>0)$,求：

(1) 总收益函数、平均收益函数和边际收益；

(2) 需求弹性 $\dfrac{EQ}{EP}$.

*7. 设某种商品需求量 Q 是价格 P 的单调减少函数：$Q=Q(P)$,其需求弹性为 $\eta=\dfrac{2P^2}{192-P^2}>0$,又设 R 为总收益函数.

(1) 证明：$\dfrac{dR}{dP}=Q(1-\eta)$.

(2) 求 $P=6$ 单位时,总收益相对价格的弹性,并说明其经济意义.

*8. 设某种产品的需求函数为 $Q=Q(P)$（单位：件）,其对价格 P（单位：元/件）的弹性为 $\eta=0.2$,则当需求量 $Q=10\,000$ 件时,价格 P 增加 1 元/件会使该产品的总收益增加多少元？

*§2.7

导数与微分应用案例（一）

一、水面上升的速度问题

例 2.7.1 设一个深度为 18 cm、顶部直径为 12 cm 的圆锥形漏斗装满水,它下面接一个直径为 10 cm 的圆柱形水桶,水由漏斗流入桶内.当漏斗中水深 12 cm、水面下降速度为 1 cm/s 时,求水桶中水面上升的速度.

解 设在 t 时刻（单位：s）漏斗中水面的高度为 $h=h(t)$（单位：cm）,漏斗在水面高 $h(t)$ 处截面圆的半径为 $r(t)$（单位：cm）,桶中水面高度为 $H=H(t)$（单位：cm）.根据题意,需要求 $\dfrac{dh}{dt}$ 与 $\dfrac{dH}{dt}$ 的关系.

由于在任何时刻 t,漏斗中的水量与水桶中水量之和应等于开始时装满漏斗的总水量（设水的密度为 1 g/cm³）,故有

$$\dfrac{\pi}{3}r^2(t)h(t)+5^2\pi H(t)=\dfrac{\pi}{3}\cdot 6^2\cdot 18.$$

这里有三个变量 H,h,r,而漏斗的截面圆半径 r 是受水面的高度 h 制约的,故可将 r 用 h 表示.因为 $\dfrac{r(t)}{6}=\dfrac{h(t)}{18}$,所以 $r(t)=\dfrac{1}{3}h(t)$.代入上式,得

$$\frac{\pi}{27}h^3(t) + 25\pi H(t) = 6^3\pi.$$

上式两边对 t 求导数,得

$$\frac{\pi}{9}h^2(t)\frac{\mathrm{d}h}{\mathrm{d}t} + 25\pi\frac{\mathrm{d}H}{\mathrm{d}t} = 0,$$

解得

$$\frac{\mathrm{d}H}{\mathrm{d}t} = -\frac{h^2(t)}{9\times 25}\cdot\frac{\mathrm{d}h}{\mathrm{d}t}.$$

由已知,当 $h(t)=12$ cm 时,$\frac{\mathrm{d}h}{\mathrm{d}t}=-1$ cm/s. 代入上式,得

$$\frac{\mathrm{d}H}{\mathrm{d}t} = -\frac{12^2}{9\times 25}\times(-1) = \frac{16}{25} \text{(单位:cm/s)}.$$

因此,当漏斗中水深 12 cm、水面下降速度为 1 cm/s 时,水桶中水面上升的速度为 $\frac{16}{25}$ cm/s.

二、火箭的摄像问题

例 2.7.2 一台摄像机被安置在距火箭发射塔 4 000 m 处. 为了使摄像机的镜头始终对准火箭,摄像机的仰角应随火箭的上升而不断增加. 已知当火箭垂直上升的距离为 3 000 m 时,其速度达到 600 m/s. 火箭发射后,它与地面的垂直距离 x(单位:m)随着时间 t(单位:s)变化的规律 $x=x(t)$ 是很容易得知的. 假设 $x(t)$ 已知,试求摄像机仰角的变化率.

解 如图 2.8 所示,设火箭升空后 t 时刻摄像机的仰角为 $\alpha=\alpha(t)$(单位:rad). 先建立 α 与 x 的关系. 由图 2.8 可知

$$\tan\alpha = \frac{x}{4\,000},$$

上式两边对 t 求导数,得

$$\sec^2\alpha\frac{\mathrm{d}\alpha}{\mathrm{d}t} = \frac{1}{4\,000}\cdot\frac{\mathrm{d}x}{\mathrm{d}t}.$$

将 $\sec^2\alpha = 1+\tan^2\alpha = 1+\frac{x^2}{4\,000^2}$ 代入上式,化简得

$$\frac{\mathrm{d}\alpha}{\mathrm{d}t} = \frac{4\,000}{4\,000^2+x^2}\cdot\frac{\mathrm{d}x}{\mathrm{d}t}.$$

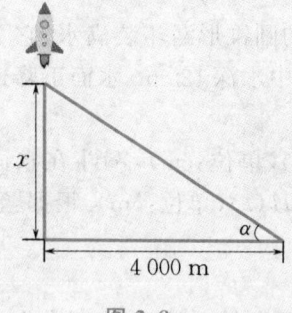

图 2.8

由于 $x(t)$ 已知,因此 $\frac{\mathrm{d}x}{\mathrm{d}t}$ 已知,由上式便可控制仰角增加的速度,以确保摄像机始终能拍摄到火箭.

已知当火箭垂直上升的距离为 3 000 m 时,其速度达到 600 m/s,代入上式,便得

$$\frac{d\alpha}{dt} = \frac{4\,000}{4\,000^2 + 3\,000^2} \cdot 600 = 0.096 \text{ (单位:rad/s)}.$$

三、质能转换关系中的近似计算问题

例 2.7.3 在牛顿(Newton)力学中总是假定质量为常量(在任何运动过程中质量都是固定不变的),但爱因斯坦(Einstein)的相对论认为质量会随着运动速度的不同而变化. 爱因斯坦给出了一个运动速度为 v 时的质量 m 的计算公式:

$$m = \frac{m_0}{\sqrt{1 - \frac{v^2}{c^2}}},$$

其中 m_0 表示速度为零时物体的质量(称为静止质量),c 为光速,大约为 3.0×10^8 m/s. 现近似估计速度为 v 时质量的增量 Δm.

解 当运动速度 v 与光速 c 相比很小时,$\frac{v^2}{c^2}$ 接近于零,利用近似计算公式

$$\frac{1}{\sqrt{1-x^2}} \approx 1 + \frac{1}{2}x^2$$

(请读者自己推导这一近似计算公式),得

$$m = \frac{m_0}{\sqrt{1 - \frac{v^2}{c^2}}} \approx m_0\left[1 + \frac{1}{2}\left(\frac{v}{c}\right)^2\right] = m_0 + \frac{1}{2}m_0\left(\frac{v}{c}\right)^2,$$

即

$$\Delta m = m - m_0 \approx \frac{1}{2}m_0\left(\frac{v}{c}\right)^2.$$

从上面的例子可以得到如下物理现象的解释:在牛顿力学中,$\frac{1}{2}m_0 v^2$ 是物体的动能(记为 E_k). 如果把上例中最后所得的式子改写为

$$(\Delta m)c^2 \approx \frac{1}{2}m_0 v^2$$

的形式,那么就看到

$$(\Delta m)c^2 \approx \frac{1}{2}m_0 v^2 = \frac{1}{2}m_0 v^2 - \frac{1}{2}m_0 0^2 = \Delta E_k$$

或

$$(\Delta m)c^2 \approx \Delta E_k.$$

换言之,速度从 0 变到 v 时物体的动能变化 ΔE_k 近似等于 $(\Delta m)c^2$.

已知 $c = 3 \times 10^8$ m/s，代入上式，得（此时，质量的单位为 kg）
$$\Delta E_k \approx 9 \times 10^{16} \Delta m \quad （单位：\text{J}）.$$

由此可知，小的质量变化可以创造出大的能量变化. 例如，1 g 的质量改变量转换成的能量改变量就相当于爆炸一颗当量为 2 t TNT 炸药的原子弹释放的能量.

习题 2.7

1. （人影移动的速度问题）某人高 1.8 m，在水平路面上以 1.6 m/s 的速度走向一盏街灯. 若此街灯在路面上方 5 m 处，当此人与灯的水平距离为 4 m 时，人影端点移动的速度为多少？
2. （航空摄影问题）一架飞机在离地面 2 km 的高度，以 200 km/h 的速度飞临某目标地的上空，以便进行航空摄影，求飞机飞至该目标地上方时摄影机转动的速度.
3. （车速问题）在追逐一辆超速行驶汽车的一辆警察巡逻车正从北向南驶向一个直角路口，超速汽车已拐过路口向东驶去. 当警察巡逻车离路口向北 0.6 km 而超速汽车离路口向东 0.8 km 时，警察用雷达确定了两车之间的距离正以 20 km/h 的速度增长. 如果警察巡逻车在此测量时刻以 60 km/h 的速度行驶，问：此测量时刻超速汽车的速度为多少？

总复习题二

1. 填空题（在"充分""必要"和"充要"三者中选择一个正确的填入下列横线上方空白处）：
   (1) 函数 $f(x)$ 在点 x_0 处连续是 $f(x)$ 在点 x_0 处可导的_____条件；
   (2) 函数 $f(x)$ 在点 x_0 处连续是 $\lim\limits_{x \to x_0} f(x)$ 存在的_____条件；
   (3) 函数 $f(x)$ 在点 x_0 处左、右导数都存在是 $f(x)$ 在点 x_0 处可导的_____条件；
   (4) 函数 $f(x)$ 在点 x_0 处可微是 $f(x)$ 在点 x_0 处可导的_____条件，$f(x)$ 在点 x_0 处连续是 $f(x)$ 在点 x_0 处可微的_____条件.

*2. 选择题：
   (1) 设函数 $f(x)$ 在点 $x = 0$ 处连续，下列命题中错误的是（　　）；

   A. 若 $\lim\limits_{x \to 0} \dfrac{f(x)}{x}$ 存在，则 $f(0) = 0$

   B. 若 $\lim\limits_{x \to 0} \dfrac{f(x) + f(-x)}{x}$ 存在，则 $f(0) = 0$

   C. 若 $\lim\limits_{x \to 0} \dfrac{f(x)}{x}$ 存在，则 $f'(0)$ 存在

   D. 若 $\lim\limits_{x \to 0} \dfrac{f(x) - f(-x)}{x}$ 存在，则 $f'(0)$ 存在

(2) 设函数 $g(x)$ 可微,函数 $h(x) = e^{1+g(x)}$,且 $h'(1) = 1, g'(1) = 2$,则 $g(1)$ 等于(　　);

  A. $\ln 3 - 1$ B. $-\ln 3 - 1$ C. $-\ln 2 - 1$ D. $\ln 2 - 1$

(3) 设函数 $f(x)$ 在点 $x = 0$ 处可导,且 $f(0) = 0$,则 $\lim\limits_{x \to 0} \dfrac{x^2 f(x) - 2f(x^3)}{x^3} = (\quad)$;

  A. $-2f'(0)$ B. $-f'(0)$ C. $f'(0)$ D. 0

(4) 设函数 $f(x) = \begin{cases} \dfrac{|x^2 - 1|}{x - 1}, & x \neq 1, \\ 2, & x = 1, \end{cases}$ 则 $f(x)$ 在点 $x = 1$ 处(　　);

  A. 不连续   B. 连续,但不可导

  C. 可导,但导数不连续   D. 可导,且导数连续

(5) 设函数 $f(x) = \begin{cases} \dfrac{1 - \cos x}{\sqrt{x}}, & x > 0, \\ x^2 g(x), & x \leqslant 0, \end{cases}$ 其中 $g(x)$ 是有界函数,则 $f(x)$ 在点 $x = 0$ 处(　　);

  A. 极限不存在   B. 极限存在,但不连续

  C. 连续,但不可导   D. 可导

(6) 设函数 $f(u)$ 可导,$y = f(x^2)$ 当自变量 x 在点 $x = -1$ 处取得增量 $\Delta x = -0.1$ 时,相应的函数增量 Δy 的线性主部为 0.1,则 $f'(1) = (\quad)$.

  A. -1 B. 0.1 C. 1 D. 0.5

3. 讨论函数 $f(x) = \begin{cases} \dfrac{x}{1 + e^{\frac{1}{x}}}, & x \neq 0, \\ 0, & x = 0 \end{cases}$ 在点 $x = 0$ 处的连续性和可导性.

4. 求下列函数的导数:

  (1) $y = \sec^3(\ln x)$;   (2) $y = \ln(e^x + \sqrt{1 + e^{2x}})$;

  (3) $y = \dfrac{x}{2}\sqrt{a^2 - x^2} + \dfrac{a^2}{2}\arcsin\dfrac{x}{a}$;   (4) $y = x^{\frac{1}{x}}, x > 0$;

  (5) $y = \sqrt{x \sin\sqrt{1 - e^{-x}}}$;   (6) $y = f(e^{-x} + \cos x)$,其中 $f(x)$ 可导.

5. 求下列函数的二阶导数:

  (1) $y = \cos^2 x \cdot \ln x$;   (2) $y = \dfrac{x}{\sqrt{1 - x^2}}$;

  (3) $y = x^x e^x$;   (4) $y = f(x^2 - x)$,其中 $f(x)$ 具有二阶导数.

6. 求由下列参数方程所确定的函数的一阶导数 $\dfrac{\mathrm{d}y}{\mathrm{d}x}$ 及二阶导数 $\dfrac{\mathrm{d}^2 y}{\mathrm{d}x^2}$:

  (1) $\begin{cases} x = 1 - t^2, \\ y = t - t^3; \end{cases}$ (2) $\begin{cases} x = \ln(1 + t^2), \\ y = t - \operatorname{arccot} t; \end{cases}$ (3) $\begin{cases} x = \ln\cos t, \\ y = \sin t - t\cos t. \end{cases}$

7. 求由下列方程所确定的隐函数的一阶导数 $\dfrac{\mathrm{d}y}{\mathrm{d}x}$ 或二阶导数 $\dfrac{\mathrm{d}^2 y}{\mathrm{d}x^2}\bigg|_{x=0}$:

  (1) $e^{x+y} = xy$,求 $\dfrac{\mathrm{d}y}{\mathrm{d}x}$;   (2) $(\cos x)^y = (\sin y)^x$,求 $\dfrac{\mathrm{d}y}{\mathrm{d}x}$;

  *(3) $y = 1 + xe^{xy}$,求 $\dfrac{\mathrm{d}^2 y}{\mathrm{d}x^2}\bigg|_{x=0}$;   *(4) $xy + e^y = x + 1$,求 $\dfrac{\mathrm{d}^2 y}{\mathrm{d}x^2}\bigg|_{x=0}$.

*8. 求曲线 $\begin{cases} x = \cos t + \cos^2 t, \\ y = 1 + \sin t \end{cases}$ 上对应于 $t = \dfrac{\pi}{4}$ 的点处的法线斜率.

*9. 设函数 $y = f(x)$ 由方程 $e^{2x+y} - \cos xy = e - 1$ 所确定,求曲线 $y = f(x)$ 在点 $(0,1)$ 处的法线方程.

10. 求下列函数的微分:

(1) $y = x^2 e^{2x}$;   (2) $y = \arctan \sqrt{x}$;   (3) $y = \cos^2(1 - 2x^2)$.

11. 已知单摆的振动周期为 $T = 2\pi \sqrt{\dfrac{l}{g}}$ (单位:s),其中重力加速度 $g = 9.8 \, \text{m/s}^2$,l(单位:m) 为摆长. 设原摆长为 $0.2 \, \text{m}$,为使振动周期 T 增大 $0.05 \, \text{s}$,摆长 l 约需加长多少?

第3章
微分中值定理与导数的应用

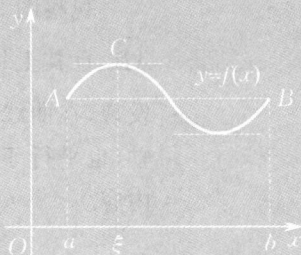

在第 2 章中,我们以几个实际问题的变化率为背景,引进了导数及与之密切相关的微分的概念.从前面的讨论可知,在可微点附近,函数可以用线性函数来近似估计.这对研究函数的局部性质和近似计算很有用.本章将进一步讨论导数在研究函数性态方面的应用.首先,介绍微分学基本定理——微分中值定理;然后,介绍求未定式极限的重要方法——洛必达(L'Hospital)法则;最后,应用导数研究函数的性态,如函数的单调性,函数的极值、最值以及函数图形的凹凸性等,并给出导数在几何学、物理学、工程技术、经济学等领域的应用.

§3.1 微分中值定理

罗尔(Rolle)中值定理、拉格朗日(Lagrange)中值定理和柯西(Cauchy)中值定理不同程度地揭示了函数在某区间上的整体性质与该区间内部某一点处的导数之间的关系,因而统称为**微分中值定理**.

一、罗尔中值定理

观察图 3.1,设函数 $y = f(x)$ 在区间 $[a,b]$ 上的图形是一条连续曲线弧 $\overset{\frown}{AB}$,且其上每一点都存在不垂直于 x 轴的切线,两端点的纵坐标相等,则可以发现,在曲线弧 $\overset{\frown}{AB}$ 上至少有一点 C,使得曲线弧 $\overset{\frown}{AB}$ 在点 C 处的切线平行于 x 轴(也平行于弦 $\overline{AB}$).用数学语言描述这一几何现象,就是罗尔中值定理的内容.

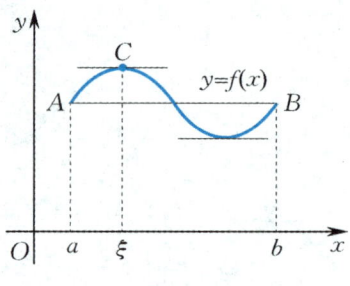

图 3.1

为了应用方便,先介绍费马(Fermat)引理.

数学家介绍

费马引理 设函数 $f(x)$ 在点 x_0 的某个邻域 $U(x_0)$ 内有定义,且在点 x_0 处可导.若对于任一 $x \in U(x_0)$,有 $f(x) \leqslant f(x_0)$ [或 $f(x) \geqslant f(x_0)$],则
$$f'(x_0) = 0.$$

证明 不妨设当 $x \in U(x_0)$ 时,有 $f(x) \leqslant f(x_0)$ [$f(x) \geqslant f(x_0)$ 的情形可以类似地证明].于是,当 $x_0 + \Delta x \in U(x_0)$ 时,有 $f(x_0 + \Delta x) \leqslant f(x_0)$,从而当 $\Delta x > 0$ 时,有
$$\frac{f(x_0 + \Delta x) - f(x_0)}{\Delta x} \leqslant 0;$$
当 $\Delta x < 0$ 时,有
$$\frac{f(x_0 + \Delta x) - f(x_0)}{\Delta x} \geqslant 0.$$
根据函数 $f(x)$ 在点 x_0 处可导及极限的保号性,可得

$$f'(x_0) = f'_+(x_0) = \lim_{\Delta x \to 0^+} \frac{f(x_0 + \Delta x) - f(x_0)}{\Delta x} \leqslant 0,$$

$$f'(x_0) = f'_-(x_0) = \lim_{\Delta x \to 0^-} \frac{f(x_0 + \Delta x) - f(x_0)}{\Delta x} \geqslant 0.$$

因此 $f'(x_0) = 0$.

通常称导数等于零的点为函数的**驻点**或**稳定点**. 由费马引理可知,可导函数的局部最值点必为驻点.

数学家介绍

定理 3.1.1（罗尔中值定理） 设函数 $f(x)$ 满足条件：

(1) 在闭区间 $[a,b]$ 上连续；

(2) 在开区间 (a,b) 内可导；

(3) $f(a) = f(b)$,

则在 (a,b) 内至少存在一点 ξ, 使得 $f'(\xi) = 0$.

证明 由于 $f(x)$ 在 $[a,b]$ 上连续,因此根据闭区间上连续函数的性质可知, $f(x)$ 在 $[a,b]$ 上取得最大值 M 和最小值 m. 下面分两种情况讨论.

若 $M = m$, 则 $f(x)$ 在 $[a,b]$ 上为常数函数, 即 $f(x) \equiv M$. 由此得 $f'(x) = 0$. 因此, 任取 $\xi \in (a,b)$, 都有 $f'(\xi) = 0$.

若 $M > m$, 则由 $f(a) = f(b)$ 可知, M 和 m 中至少有一个不等于 $f(x)$ 在区间 $[a,b]$ 端点处的函数值. 不妨设 $M \neq f(a)$ [$m \neq f(a)$ 的情形可类似地证明], 则在 (a,b) 内至少有一点 ξ, 使得 $f(\xi) = M$. 因此, 对于任一 $x \in [a,b]$, 有 $f(x) \leqslant f(\xi)$, 从而由费马引理可得 $f'(\xi) = 0$.

注 如果罗尔中值定理的三个条件中有一个不满足, 那么其结论可能不成立.

例如,对于图 3.2 中四个图形对应的函数 $y = f(x)$, 均不存在 $\xi \in (a,b)$, 使得 $f'(\xi) = 0$.

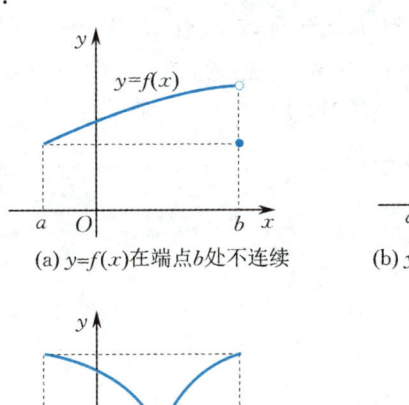

(a) $y=f(x)$在端点b处不连续

(b) $y=f(x)$在$[a,b]$上不连续

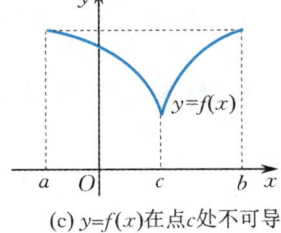

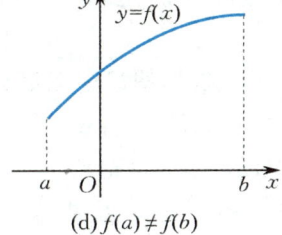

(c) $y=f(x)$在点c处不可导

(d) $f(a) \neq f(b)$

图 3.2

例 3.1.1 试判断函数 $f(x)=x^2-2x+2$ 在区间 $[-1,3]$ 上是否满足罗尔中值定理的条件;若满足,求出定理结论中的 ξ 值.

解 $f(x)$ 为初等函数,故其在闭区间 $[-1,3]$ 上连续,在开区间 $(-1,3)$ 内可导,并且有 $f(-1)=f(3)=5$,即 $f(x)$ 在 $[-1,3]$ 上满足罗尔中值定理的条件.而 $f'(x)=2x-2$,则 $f'(\xi)=2\xi-2=0$,解得 $\xi=1$.

例 3.1.2 设函数 $f(x)=(x-1)(x-2)(x-3)(x-4)$,不计算 $f'(x)$,指出方程 $f'(x)=0$ 有几个实根.

解 $f(x)=(x-1)(x-2)(x-3)(x-4)$ 是四次多项式,故 $f'(x)=0$ 是三次方程,最多有三个实根.因 $f(x)$ 在闭区间 $[1,2]$ 上连续,在开区间 $(1,2)$ 内可导,且 $f(1)=f(2)=0$,故根据罗尔中值定理,存在 $\xi_1\in(1,2)$,使得 $f'(\xi_1)=0$,即 ξ_1 是方程 $f'(x)=0$ 的一个实根.同理可知,该方程还有两个实根 ξ_2,ξ_3 分别属于区间 $(2,3)$ 及 $(3,4)$.因此,该方程有且仅有三个实根.

例 3.1.3 设函数 $f(x)$ 在闭区间 $[a,b]$ 上连续,在开区间 (a,b) 内可导,且满足 $f'(x)>0$,$f(a)f(b)<0$,证明:方程 $f(x)=0$ 在 (a,b) 内有唯一实根.

证明 (1) 因 $f(x)$ 在 $[a,b]$ 上连续,$f(a)f(b)<0$,故根据闭区间上连续函数的零点定理,存在 $\xi\in(a,b)$,使得 $f(\xi)=0$,即 $x=\xi$ 是方程 $f(x)=0$ 的一个实根.

(2) 假设 $\xi_1,\xi_2\in(a,b)$(不妨设 $\xi_1<\xi_2$)是 $f(x)=0$ 在 (a,b) 内的两个不相等的实根,则 $f(x)$ 在区间 $[\xi_1,\xi_2]$ 上满足罗尔中值定理的条件,故存在 $\xi\in(\xi_1,\xi_2)\subset(a,b)$,使得 $f'(\xi)=0$.这与 $f'(x)>0$ 矛盾,因此方程 $f(x)=0$ 在 (a,b) 内最多只有一个实根.

由(1)和(2)可知,方程 $f(x)=0$ 在 (a,b) 内有唯一实根.

例 3.1.4 设函数 $f(x)$ 在闭区间 $[a,b]$ 上连续,在开区间 (a,b) 内可导,且 $f(a)=f(b)=0$,证明:存在 $\xi\in(a,b)$,使得对于任意实数 k,有 $f'(\xi)+kf(\xi)=0$.

证明 令函数 $F(x)=f(x)e^{kx}$,则 $F(x)$ 在 $[a,b]$ 上连续,在 (a,b) 内可导,且 $F(a)=F(b)=0$.由罗尔中值定理可知,存在 $\xi\in(a,b)$,使得 $F'(\xi)=0$,即

$$f'(\xi)e^{k\xi}+kf(\xi)e^{k\xi}=0.$$

因 $e^{k\xi}\neq 0$,故有 $f'(\xi)+kf(\xi)=0$.

二、拉格朗日中值定理

定理 3.1.2(拉格朗日中值定理) 设函数 $f(x)$ 满足条件:

(1) 在闭区间 $[a,b]$ 上连续;

(2) 在开区间 (a,b) 内可导,

则在 (a,b) 内至少存在一点 ξ,使得

$$f'(\xi) = \frac{f(b)-f(a)}{b-a} \qquad (3.1.1)$$

或

$$f(b)-f(a) = f'(\xi)(b-a).$$

分析 弦 $\overline{AB}$ 所在直线的方程为

$$y = g(x) = f(a) + \frac{f(b)-f(a)}{b-a}(x-a),$$

曲线弧 $\overset{\frown}{AB}$ 与弦 $\overline{AB}$ 在 A,B 两点重合,即有

$$g(a)-f(a) = g(b)-f(b) = 0.$$

因此,可以通过构造辅助函数 $F(x) = f(x) - g(x)$,应用罗尔中值定理来证明拉格朗日中值定理.

证明 作辅助函数

$$F(x) = f(x) - \left[f(a) + \frac{f(b)-f(a)}{b-a}(x-a)\right].$$

易验证 $F(x)$ 在 $[a,b]$ 上满足罗尔中值定理的条件,且

$$F'(x) = f'(x) - \frac{f(b)-f(a)}{b-a},$$

从而在 (a,b) 内至少存在一点 ξ,使得 $F'(\xi)=0$,即

$$f'(\xi) = \frac{f(b)-f(a)}{b-a}.$$

此定理的几何意义是:若连续曲线弧 $\overset{\frown}{AB}$[函数 $y=f(x)$ 的图形]上除端点外处处有不垂直于 x 轴的切线,则曲线弧 $\overset{\frown}{AB}$ 上至少存在一点 C,使得过点 C 的切线平行于弦 $\overline{AB}$,如图 3.3 所示.

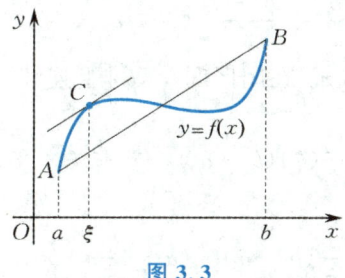

图 3.3

特别地,当 $f(a)=f(b)$ 时,$f'(\xi)=0$. 这表明,罗尔中值定理是拉格朗日中值定理的特殊情形,即拉格朗日中值定理是罗尔中值定理的推广.

注 $f(b)-f(a) = f'(\xi)(b-a)$ 称为**拉格朗日中值公式**.

若取 $a=x, b=x+\Delta x$,则在区间 $[x, x+\Delta x]$ 上,拉格朗日中值公式可写成

$$\Delta y = f(x+\Delta x) - f(x) = f'(\xi)\Delta x, \qquad (3.1.2)$$

其中 ξ 介于 x 与 $x+\Delta x$ 之间. 因为 ξ 总可以写成 $\xi = x+\theta\Delta x (0<\theta<1)$,所以式(3.1.2)又可写成

$$\Delta y = f'(x+\theta\Delta x)\Delta x \quad (0<\theta<1). \qquad (3.1.3)$$

式(3.1.2)和式(3.1.3)称为**有限增量公式**.

由第 2 章微分在近似计算中的应用可知,对于可微函数 $y=f(x)$,在 x_0 附近的函数增量 Δy 有近似表达式

$$\Delta y \approx \mathrm{d}y = f'(x_0)\Delta x.$$

而本节中的有限增量公式则对任何有限区间都给出了函数增量 Δy 的一个精确表达式,但它只给出了点 ξ 的取值范围.

下面我们利用拉格朗日中值定理来证明微分学中两个重要的结论.

推论 3.1.1 若函数 $f(x)$ 在区间 I 上的导数 $f'(x) \equiv 0$,则 $f(x)$ 在区间 I 上是一个常数函数.

证明 设 $x_0 \in I$,则对于任意的 $x \in I\setminus\{x_0\}$,由拉格朗日中值定理可知,在 x 与 x_0 之间至少存在一点 ξ,使得

$$f(x) - f(x_0) = f'(\xi)(x - x_0).$$

于是,由 $f'(x) \equiv 0$ 可得 $f(x) - f(x_0) = 0$,从而

$$f(x) = f(x_0), \quad x \in I\setminus\{x_0\}.$$

因此,$f(x)$ 在 I 上是一个常数函数.

注 如果函数 $f(x)$ 在某一区间上是一个常数,那么 $f(x)$ 在该区间上的导数恒为零. 因此,函数 $f(x)$ 在区间 I 上是一个常数的充要条件是 $f'(x) \equiv 0$.

由推论 3.1.1 可得如下结论.

推论 3.1.2 若函数 $f(x)$ 与 $g(x)$ 在区间 I 上满足 $f'(x) \equiv g'(x)$,则存在常数 C,使得

$$f(x) = g(x) + C \quad (x \in I).$$

例 3.1.5 证明:$\dfrac{b-a}{b} < \ln \dfrac{b}{a} < \dfrac{b-a}{a}$ $(0 < a < b)$.

证明 设函数 $f(x) = \ln x$,则 $f(x)$ 在闭区间 $[a,b]$ 上连续,在开区间 (a,b) 内可导. 故由拉格朗日中值定理,有

$$f(b) - f(a) = f'(\xi)(b - a) \quad (a < \xi < b),$$

即

$$\ln b - \ln a = \dfrac{1}{\xi}(b - a) \quad (a < \xi < b).$$

由于 $0 < a < \xi < b$,从而 $\dfrac{1}{b} < \dfrac{1}{\xi} < \dfrac{1}{a}$,因此有

$$\dfrac{b-a}{b} < \ln b - \ln a < \dfrac{b-a}{a},$$

即

$$\dfrac{b-a}{b} < \ln \dfrac{b}{a} < \dfrac{b-a}{a}.$$

例 3.1.6 证明:$\arcsin x + \arccos x = \dfrac{\pi}{2}$,$-1 \leqslant x \leqslant 1$.

证明 设函数 $f(x) = \arcsin x + \arccos x$，$-1 \leqslant x \leqslant 1$. 因为

$$f'(x) = \frac{1}{\sqrt{1-x^2}} + \left(-\frac{1}{\sqrt{1-x^2}}\right) \equiv 0, \quad -1 < x < 1,$$

所以在 $(-1,1)$ 内，$f(x) = C$（C 为常数）. 又因为 $f(0) = \dfrac{\pi}{2}$，所以 $C = \dfrac{\pi}{2}$，即

$$f(x) = \frac{\pi}{2}, \quad -1 < x < 1.$$

显然 $f(\pm 1) = \dfrac{\pi}{2}$，从而

$$\arcsin x + \arccos x = \frac{\pi}{2}, \quad -1 \leqslant x \leqslant 1.$$

例 3.1.7 设函数 $f(x)$ 在闭区间 $[0,1]$ 上连续，在开区间 $(0,1)$ 内可导，且 $f(0) = 0$，$f(1) = 1$，证明：

(1) 存在 $\xi \in (0,1)$，使得 $f(\xi) = 1 - \xi$；

(2) 存在两个不同的点 $\eta_1, \eta_2 \in (0,1)$，使得 $f'(\eta_1)f'(\eta_2) = 1$.

证明 (1) 设函数 $F(x) = f(x) + x - 1$，则 $F(x)$ 在闭区间 $[0,1]$ 上连续，且 $F(0) = -1$，$F(1) = 1$. 由零点定理知，至少存在一点 $\xi \in (0,1)$，使得 $F(\xi) = 0$，即 $f(\xi) = 1 - \xi$.

(2) 由题意知，$f(x)$ 分别在闭区间 $[0,\xi]$ 及 $[\xi,1]$ 上满足拉格朗日中值定理的条件. 于是，存在 $\eta_1 \in (0,\xi)$ 及 $\eta_2 \in (\xi,1)$，使得

$$f'(\eta_1) = \frac{f(\xi) - f(0)}{\xi - 0}, \quad f'(\eta_2) = \frac{f(1) - f(\xi)}{1 - \xi}.$$

由题设条件和(1)的结论，即得 $f'(\eta_1)f'(\eta_2) = 1$.

三、柯西中值定理

如果设图 3.3 中曲线弧 $\overset{\frown}{AB}$ 的参数方程为 $\begin{cases} x = g(t), \\ y = f(t) \end{cases}$ $(a \leqslant t \leqslant b)$，则点 A,B 相应的坐标分别为 $(g(a), f(a))$，$(g(b), f(b))$，弦 $\overline{AB}$ 的斜率为 $\dfrac{f(b)-f(a)}{g(b)-g(a)}$. 而由拉格朗日中值定理可知，存在一点 $C(g(\xi), f(\xi))$，使得过点 C 的切线的斜率 $\dfrac{f'(\xi)}{g'(\xi)}$ 与弦 $\overline{AB}$ 的斜率相等，即 $\dfrac{f'(\xi)}{g'(\xi)} = \dfrac{f(b)-f(a)}{g(b)-g(a)}$. 与这一事实相应的结论即为下述的柯西中值定理.

定理 3.1.3（柯西中值定理） 设函数 $f(x)$ 和 $g(x)$ 满足条件：

(1) 在闭区间 $[a,b]$ 上连续；

(2) 在开区间 (a,b) 内可导，且 $g'(x)$ 在 (a,b) 内恒不为零，

则在 (a,b) 内至少存在一点 ξ，使得

$$\frac{f(b)-f(a)}{g(b)-g(a)} = \frac{f'(\xi)}{g'(\xi)}. \tag{3.1.4}$$

证明 作辅助函数

$$\varphi(x) = f(x) - f(a) - \frac{f(b)-f(a)}{g(b)-g(a)}[g(x) - g(a)].$$

容易验证 $\varphi(x)$ 在 $[a,b]$ 上满足罗尔中值定理的条件,于是在 (a,b) 内至少存在一点 ξ,使得 $\varphi'(\xi) = 0$,即

$$f'(\xi) - \frac{f(b)-f(a)}{g(b)-g(a)} g'(\xi) = 0,$$

从而

$$\frac{f(b)-f(a)}{g(b)-g(a)} = \frac{f'(\xi)}{g'(\xi)}.$$

特别地,当 $g(x) = x$ 时,式(3.1.4)变为

$$f(b) - f(a) = f'(\xi)(b-a) \quad (\xi \in (a,b)).$$

故拉格朗日中值定理是柯西中值定理的特殊情形.

注 令 $\varphi(x) = g(x)[f(b)-f(a)] - f(x)[g(b)-g(a)]$ 也可以证明定理 3.1.3.

例 3.1.8 设函数 $f(x)$ 在闭区间 $[0,1]$ 上连续,在开区间 $(0,1)$ 内可导,证明:至少存在一点 $\xi \in (0,1)$,使得 $f'(\xi) = 2\xi[f(1)-f(0)]$.

证明 设 $g(x) = x^2$,则 $f(x)$ 与 $g(x)$ 在 $[0,1]$ 上满足柯西中值定理的条件,从而至少存在一点 $\xi \in (0,1)$,使得

$$\frac{f(1)-f(0)}{g(1)-g(0)} = \frac{f'(\xi)}{g'(\xi)}, \quad \text{即} \quad \frac{f(1)-f(0)}{1-0} = \frac{f'(\xi)}{2\xi},$$

整理得

$$f'(\xi) = 2\xi[f(1)-f(0)].$$

习题3.1

1. 判断下列函数在所给区间上是否满足罗尔中值定理的条件;若满足,求出定理结论中的 ξ 值:

   (1) $f(x) = \ln \sin x$, $\left[\frac{\pi}{6}, \frac{5\pi}{6}\right]$;   (2) $f(x) = \sqrt[3]{x^2}$, $[-1,1]$.

2. 证明:对函数 $f(x) = px^2 + qx + r$ 在任一区间上应用拉格朗日中值定理,所得的点 ξ 总是该区间的中点.

3. 证明下列不等式:

   (1) $e^x > ex$, $x > 1$;   (2) $|\sin b - \sin a| \leqslant |b-a|$.

4. 设 $a > b > 0$, $n > 1$,证明:$nb^{n-1}(a-b) < a^n - b^n < na^{n-1}(a-b)$.

5. 证明：$\arctan x = \arcsin \dfrac{x}{\sqrt{1+x^2}}, -\infty < x < +\infty$.

6. 证明：方程 $x^5 + x - 1 = 0$ 有且仅有一个正根.

7. 若函数 $f(x)$ 在区间 $(-\infty, +\infty)$ 上满足 $f'(x) = f(x)$，且 $f(0) = 1$，证明：$f(x) = e^x$.

8. 设函数 $f(x)$ 在闭区间 $[0,a]$ 上连续，在开区间 $(0,a)$ 内可导，且 $f(a) = 0$，证明：至少存在一点 $\xi \in (0,a)$，使得
$$\xi f'(\xi) + f(\xi) = 0.$$

*9. 设函数 $f(x)$ 在点 $x = 0$ 处连续，在区间 $(0,\delta)(\delta > 0)$ 内可导，且 $\lim\limits_{x \to 0^+} f'(x) = A$，证明：$f'_+(0)$ 存在，且 $f'_+(0) = A$.

§3.2 洛必达法则

在 x 的某个变化过程中，如果函数 $f(x)$ 与 $g(x)$ 都趋向于零或无穷大，那么 $\dfrac{f(x)}{g(x)}$ 的极限可能存在，也可能不存在. 通常把这两种类型的极限分别称为 $\dfrac{0}{0}$ 型和 $\dfrac{\infty}{\infty}$ 型**未定式**. 重要极限 $\lim\limits_{x \to 0} \dfrac{\sin x}{x}$ 就是 $\dfrac{0}{0}$ 型未定式. 下面应用柯西中值定理给出求这两类极限的一种简单且重要的方法，即**洛必达法则**.

一、$\dfrac{0}{0}$ 型和 $\dfrac{\infty}{\infty}$ 型未定式

定理 3.2.1（洛必达法则） 设函数 $f(x)$ 和 $g(x)$ 满足条件：

(1) $\lim\limits_{x \to a} f(x) = \lim\limits_{x \to a} g(x) = 0$；

(2) 在点 a 的某个去心邻域内，$f'(x)$ 和 $g'(x)$ 都存在，且 $g'(x) \neq 0$；

(3) $\lim\limits_{x \to a} \dfrac{f'(x)}{g'(x)}$ 存在（或为无穷大），

则有
$$\lim_{x \to a} \dfrac{f(x)}{g(x)} = \lim_{x \to a} \dfrac{f'(x)}{g'(x)}.$$

证明 因为求 $\dfrac{f(x)}{g(x)}$ 当 $x \to a$ 时的极限与 $f(a)$ 及 $g(a)$ 无关，所以可以假定 $f(a) = g(a) = 0$. 于是，由条件(1)，(2) 知道，$f(x)$ 及 $g(x)$ 在点 a 的某个邻域内连续. 设 x 是这个邻域内的一点，则在以 a 和 x 为端点的区间上，$f(x)$ 及 $g(x)$ 满足柯西中值定理的条件. 因此有
$$\dfrac{f(x)}{g(x)} = \dfrac{f(x) - f(a)}{g(x) - g(a)} = \dfrac{f'(\xi)}{g'(\xi)} \quad (\xi \text{ 介于 } a \text{ 与 } x \text{ 之间}).$$

令 $x \to a$，对上式两边求极限，注意到 $x \to a$ 时 $\xi \to a$，即得

$$\lim_{x \to a} \frac{f(x)}{g(x)} = \lim_{\xi \to a} \frac{f'(\xi)}{g'(\xi)} = \lim_{x \to a} \frac{f'(x)}{g'(x)}.$$

注 设 $x^* \in \{x_0, x_0^-, x_0^+, \infty, -\infty, +\infty\}$.

(1) 对于 $x \to x^*$ 时的 $\dfrac{0}{0}$ 型和 $\dfrac{\infty}{\infty}$ 型未定式，都有相应的洛必达法则.

(2) 若 $\lim\limits_{x \to x^*} \dfrac{f'(x)}{g'(x)}$ 仍为 $\dfrac{0}{0}$ 型或 $\dfrac{\infty}{\infty}$ 型未定式，且 $f'(x)$ 和 $g'(x)$ 满足洛必达法则的条件，则可继续使用洛必达法则，即

$$\lim_{x \to x^*} \frac{f(x)}{g(x)} = \lim_{x \to x^*} \frac{f'(x)}{g'(x)} = \lim_{x \to x^*} \frac{f''(x)}{g''(x)}.$$

(3) $\lim\limits_{x \to x^*} \dfrac{f'(x)}{g'(x)}$ 不存在并不能说明 $\lim\limits_{x \to x^*} \dfrac{f(x)}{g(x)}$ 不存在.

例 3.2.1 求 $\lim\limits_{x \to 0} \dfrac{2^x - 1}{x}$.

解 这是 $\dfrac{0}{0}$ 型未定式. 直接应用洛必达法则，得

$$\lim_{x \to 0} \frac{2^x - 1}{x} = \lim_{x \to 0} \frac{(2^x - 1)'}{x'} = \lim_{x \to 0} \frac{2^x \ln 2}{1} = \ln 2.$$

例 3.2.2 求 $\lim\limits_{x \to 1} \dfrac{x^3 - 3x + 2}{x^3 - x^2 - x + 1}$.

解 这是 $\dfrac{0}{0}$ 型未定式. 直接应用洛必达法则，得

$$\lim_{x \to 1} \frac{x^3 - 3x + 2}{x^3 - x^2 - x + 1} = \lim_{x \to 1} \frac{3x^2 - 3}{3x^2 - 2x - 1} = \lim_{x \to 1} \frac{6x}{6x - 2} = \frac{6}{6 - 2} = \frac{3}{2}.$$

注 每次运用洛必达法则之前应注意判断所求极限是否为 $\dfrac{0}{0}$ 型或 $\dfrac{\infty}{\infty}$ 型未定式，若不是，则不能使用洛必达法则. 例如，在例 3.2.2 的解答过程中，$\lim\limits_{x \to 1} \dfrac{6x}{6x - 2}$ 既不是 $\dfrac{0}{0}$ 型未定式，也不是 $\dfrac{\infty}{\infty}$ 型未定式，故不能再用洛必达法则，否则会导致错误结果.

例 3.2.3 求 $\lim\limits_{x \to +\infty} \dfrac{e^{2x}}{x^n}$ $(n > 0)$.

解 这是 $\dfrac{\infty}{\infty}$ 型未定式. 连续应用 n 次洛必达法则，有

$$\lim_{x \to +\infty} \frac{e^{2x}}{x^n} = \lim_{x \to +\infty} \frac{2e^{2x}}{nx^{n-1}} = \lim_{x \to +\infty} \frac{2^2 e^{2x}}{n(n-1)x^{n-2}} = \cdots = \lim_{x \to +\infty} \frac{2^n e^{2x}}{n!} = +\infty.$$

例 3.2.4 求 $\lim\limits_{x\to 0}\dfrac{3x-\sin 3x}{(1-\cos x)\ln(1+2x)}$.

解 因为当 $x\to 0$ 时,$1-\cos x\sim\dfrac{1}{2}x^2$,$\ln(1+2x)\sim 2x$,所以

$$\lim_{x\to 0}\frac{3x-\sin 3x}{(1-\cos x)\ln(1+2x)}=\lim_{x\to 0}\frac{3x-\sin 3x}{x^3}=\lim_{x\to 0}\frac{3-3\cos 3x}{3x^2}$$
$$=\lim_{x\to 0}\frac{3\sin 3x}{2x}=\frac{9}{2}.$$

注 应用洛必达法则求未定式时,每次运算后要及时化简,并注意将洛必达法则与重要极限、等价无穷小替换等结合使用,以简化计算过程.

二、其他类型的未定式

未定式除了 $\dfrac{0}{0}$ 型和 $\dfrac{\infty}{\infty}$ 型外,还有 $0\cdot\infty$,$\infty-\infty$,0^0,1^∞ 和 ∞^0 等类型. 求这几种类型的未定式,一般都可通过适当变形转化为求 $\dfrac{0}{0}$ 型或 $\dfrac{\infty}{\infty}$ 型未定式,然后应用洛必达法则求出结果.

例 3.2.5 求 $\lim\limits_{x\to 0^+} x\ln x$.

解 这是 $0\cdot\infty$ 型未定式. 化为 $\dfrac{\infty}{\infty}$ 型未定式后再应用洛必达法则,即得

$$\lim_{x\to 0^+} x\ln x=\lim_{x\to 0^+}\frac{\ln x}{\dfrac{1}{x}}=\lim_{x\to 0^+}\frac{\dfrac{1}{x}}{-\dfrac{1}{x^2}}=-\lim_{x\to 0^+} x=0.$$

注 $0\cdot\infty$ 型未定式可以通过取倒数运算化为 $\dfrac{0}{0}$ 型或 $\dfrac{\infty}{\infty}$ 型未定式,具体选择哪一种类型未定式,主要以变形后分子、分母易于求导数且极限存在为原则. 例如,若上例化成 $\dfrac{0}{0}$ 型未定式,则不易求出结果.

例 3.2.6 求 $\lim\limits_{x\to 0^+}\left(\dfrac{1}{x^2}-\dfrac{1}{x\tan x}\right)$.

解 这是 $\infty-\infty$ 型未定式,可通分化为 $\dfrac{0}{0}$ 型未定式来计算. 注意到当 $x\to 0$ 时,$\tan x\sim x$,

所以
$$\lim_{x\to 0^+}\left(\frac{1}{x^2}-\frac{1}{x\tan x}\right)=\lim_{x\to 0^+}\frac{\tan x-x}{x^2\tan x}=\lim_{x\to 0^+}\frac{\tan x-x}{x^3}=\lim_{x\to 0^+}\frac{\sec^2 x-1}{3x^2}$$
$$=\lim_{x\to 0^+}\frac{\tan^2 x}{3x^2}=\frac{1}{3}.$$

注 对于 0^0 型、1^∞ 型和 ∞^0 型未定式,因它们都是幂指函数 $f(x)^{g(x)}$ 形式的极限,故可采用如下步骤解决:

(1) 把幂指函数化为以 e 为底的指数函数,即
$$f(x)^{g(x)}=e^{g(x)\ln f(x)};$$

(2) 利用指数函数的连续性,转化为求 $g(x)\ln f(x)$ 的极限($0\cdot\infty$ 型未定式);

(3) 通过取倒数运算,把 $g(x)\ln f(x)$ 的极限化为 $\frac{0}{0}$ 型或 $\frac{\infty}{\infty}$ 型未定式,并应用洛必达法则求出结果.

例 3.2.7 求 $\lim\limits_{x\to 0^+}(\cos\sqrt{x})^{\frac{\pi}{x}}$.

解 这是 1^∞ 型未定式,可先化为以 e 为底的指数函数,再求极限.因为
$$\lim_{x\to 0^+}(\cos\sqrt{x})^{\frac{\pi}{x}}=\lim_{x\to 0^+}e^{\frac{\pi\ln\cos\sqrt{x}}{x}},$$
且
$$\lim_{x\to 0^+}\frac{\pi\ln\cos\sqrt{x}}{x}=\pi\lim_{x\to 0^+}\left(\frac{-\sin\sqrt{x}}{\cos\sqrt{x}}\cdot\frac{1}{2\sqrt{x}}\right)=-\frac{\pi}{2},$$
所以
$$\lim_{x\to 0^+}(\cos\sqrt{x})^{\frac{\pi}{x}}=e^{-\frac{\pi}{2}}.$$

例 3.2.8 求 $\lim\limits_{n\to\infty}\sqrt[n]{n}$ (n 为正整数).

解 n 不是连续变量,不能直接用洛必达法则,但可以先求 ∞^0 型未定式 $\lim\limits_{x\to+\infty}x^{\frac{1}{x}}$.因为
$$x^{\frac{1}{x}}=e^{\frac{\ln x}{x}}\,(x>0),\quad\text{且}\quad\lim_{x\to+\infty}\frac{\ln x}{x}=\lim_{x\to+\infty}\frac{\frac{1}{x}}{1}=0,$$
所以
$$\lim_{x\to+\infty}x^{\frac{1}{x}}=e^0=1,$$
从而

$$\lim_{n\to\infty}\sqrt[n]{n}=\lim_{x\to+\infty}x^{\frac{1}{x}}=1.$$

注 对于形式为未定式的数列 $\dfrac{f(n)}{g(n)}$ 的极限，由于 $f(n)$ 和 $g(n)$ 不存在关于 n 的导数，因此不能直接应用洛必达法则来求. 但可以用洛必达法则求相应函数 $\dfrac{f(x)}{g(x)}$ 的极限，由此得到所求数列极限.

例 3.2.9 求 $\lim\limits_{x\to\infty}\dfrac{x+\cos x}{x}$.

解 这是 $\dfrac{\infty}{\infty}$ 型未定式. 因为 $\lim\limits_{x\to\infty}\dfrac{(x+\cos x)'}{x'}=\lim\limits_{x\to\infty}\dfrac{1-\sin x}{1}$ 不存在，所以不能使用洛必达法则. 但

$$\lim_{x\to\infty}\frac{x+\cos x}{x}=\lim_{x\to\infty}\left(1+\frac{1}{x}\cos x\right)=1.$$

例 3.2.10 求 $\lim\limits_{x\to 0}\dfrac{\sqrt[3]{x}}{1-\mathrm{e}^{\sqrt[3]{x}}}$.

解 这是 $\dfrac{0}{0}$ 型未定式，可直接应用洛必达法则来求. 但若做适当变换或利用等价无穷小替换，则计算会简单一些：

$$\lim_{x\to 0}\frac{\sqrt[3]{x}}{1-\mathrm{e}^{\sqrt[3]{x}}}\xrightarrow{\diamondsuit u=\sqrt[3]{x}}\lim_{u\to 0}\frac{u}{1-\mathrm{e}^{u}}=\lim_{u\to 0}\frac{1}{-\mathrm{e}^{u}}=-1$$

或

$$\lim_{x\to 0}\frac{\sqrt[3]{x}}{1-\mathrm{e}^{\sqrt[3]{x}}}=\lim_{x\to 0}\frac{\sqrt[3]{x}}{-\sqrt[3]{x}}=-1.$$

在一般情况下，应该优先考虑利用等价无穷小替换.

习题 3.2

1. 用洛必达法则求下列极限：

   (1) $\lim\limits_{x\to 1}\dfrac{2x^3-3x^2+1}{x^3-3x+2}$;

   (2) $\lim\limits_{x\to 0}\dfrac{\mathrm{e}^x-\mathrm{e}^{-x}-2x}{x-\sin x}$;

(3) $\lim\limits_{x \to 1} \dfrac{\ln x}{(1-x)^2}$;

(4) $\lim\limits_{x \to 0^+} \dfrac{\ln \cot x}{\ln x}$;

(5) $\lim\limits_{x \to +\infty} \dfrac{x^a}{e^x} \quad (a > 0)$;

(6) $\lim\limits_{x \to +\infty} \dfrac{\pi - 2\arctan x}{\ln\left(1 + \dfrac{1}{x}\right)}$;

(7) $\lim\limits_{x \to \frac{\pi}{2}} \dfrac{\tan x}{\tan 3x}$;

(8) $\lim\limits_{x \to \infty} x \left(e^{\frac{1}{x}} - 1 \right)$;

(9) $\lim\limits_{x \to 0} \left[\dfrac{1}{\ln(1+x)} - \dfrac{1}{x} \right]$;

(10) $\lim\limits_{x \to 0^+} \left(\dfrac{1}{x} \right)^{\tan x}$;

(11) $\lim\limits_{x \to +\infty} \left(\dfrac{\pi}{2} - \arctan x \right)^{\frac{1}{x}}$;

(12) $\lim\limits_{x \to 0} \left(\dfrac{\sin x}{x} \right)^{\frac{1}{1-\cos x}}$;

(13) $\lim\limits_{x \to 0} \dfrac{x - \sin x}{x(1 - \cos x)}$;

(14) $\lim\limits_{x \to 0} \left[\dfrac{1+x}{1-e^{-x}} - \dfrac{1}{\ln(1+x)} \right]$.

2. 验证极限 $\lim\limits_{x \to +\infty} \dfrac{e^x - e^{-x}}{e^x + e^{-x}}$ 存在, 但不能直接应用洛必达法则求出.

3. 若函数 $f(x)$ 具有二阶导数, 证明: $f''(x) = \lim\limits_{h \to 0} \dfrac{f(x+h) - 2f(x) + f(x-h)}{h^2}$.

4. 求下列极限:

*(1) $\lim\limits_{x \to 0} \left(\dfrac{1}{\sin^2 x} - \dfrac{\cos^2 x}{x^2} \right)$;

(2) $\lim\limits_{x \to +\infty} \left(x + \sqrt{1 + x^2} \right)^{\frac{1}{x}}$;

*(3) $\lim\limits_{x \to 0} \left[\dfrac{\ln(1+x)}{x} \right]^{\frac{1}{e^x - 1}}$;

*(4) $\lim\limits_{x \to 0} \dfrac{e - e^{\cos x}}{\sqrt[3]{1 + x^2} - 1}$.

5. 设函数 $f(x) = \begin{cases} \left[\dfrac{(1+x)^{\frac{1}{x}}}{e} \right]^{\frac{1}{x}}, & x > 0, \\ e^k, & x \leqslant 0, \end{cases}$ 选择常数 k, 使得 $f(x)$ 在点 $x = 0$ 处连续.

§3.3 函数的单调性与曲线的凹凸性

用图形表示函数, 可以让我们直观地了解函数的变化规律; 反之, 研究函数的各种性态则有助于准确地描绘函数的图形. 本节将利用导数来研究函数的单调性和曲线的凹凸性, 并借助拉格朗日中值定理给出判定函数单调性和曲线凹凸性的简便方法.

一、函数的单调性

如图 3.4 所示, 设可导函数 $y = f(x)$ 在区间 $[a, b]$ 上单调增加(或单调减少), 那么它的图形是一条沿 x 轴正向上升(或下降)的曲线弧, 这时曲线弧上各点处的切线斜率是非负的(或非正的), 即 $y' = f'(x) \geqslant 0$ [或 $y' = f'(x) \leqslant 0$]. 由此可见, 函数的单调性与导数的符号有着密切的关系. 下面的定理给出了用导数的符号来判定函数单调性的方法.

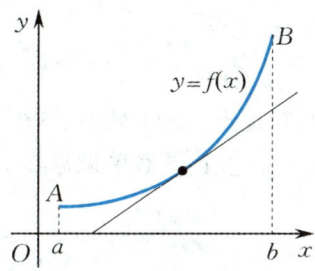
(a) 曲线弧上升时切线斜率非负

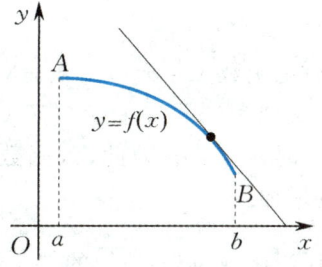
(b) 曲线弧下降时切线斜率非正

图 3.4

定理 3.3.1（函数单调性的判定法） 设函数 $y=f(x)$ 在闭区间 $[a,b]$ 上连续，在开区间 (a,b) 内可导.

(1) 若在 (a,b) 内 $f'(x)>0$，则函数 $y=f(x)$ 在 $[a,b]$ 上严格单调增加；

(2) 若在 (a,b) 内 $f'(x)<0$，则函数 $y=f(x)$ 在 $[a,b]$ 上严格单调减少.

证明 只证明(1)，对(2) 可类似地证明. 在 $[a,b]$ 上任取两点 x_1,x_2，且 $x_1<x_2$，应用拉格朗日中值定理，得
$$f(x_2)-f(x_1)=f'(\xi)(x_2-x_1) \quad (x_1<\xi<x_2).$$
由于 $x_2-x_1>0$，且在 (a,b) 内 $f'(x)>0$，从而 $f'(\xi)>0$，因此
$$f(x_2)-f(x_1)=f'(\xi)(x_2-x_1)>0,$$
即 $f(x_1)<f(x_2)$. 故函数 $y=f(x)$ 在 $[a,b]$ 上严格单调增加.

注 (1) 上述判定法中的闭区间换成其他各种区间，结论也成立.

(2) 若在某个区间上 $f'(x)\geqslant 0$[或 $f'(x)\leqslant 0$]，且等号只在有限个点处成立，则函数 $y=f(x)$ 在该区间上也是严格单调增加（或严格单调减少）的. 例如，函数 $y=x^3$ 在区间 $(-\infty,+\infty)$ 上有 $y'\geqslant 0$，且只在点 $x=0$ 处有 $y'=0$，故其在 $(-\infty,+\infty)$ 上是严格单调增加的（见图 3.5）.

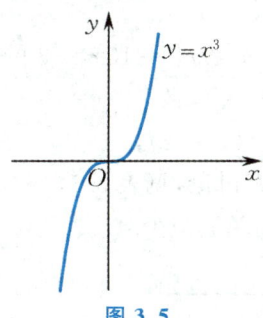

图 3.5

例 3.3.1 判定函数 $y=x+\cos x$ 在区间 $[0,2\pi]$ 上的单调性.

解 函数 $y=x+\cos x$ 在 $[0,2\pi]$ 上连续，在 $(0,2\pi)$ 内，$y'=1-\sin x\geqslant 0$（等号只在 $x=\dfrac{\pi}{2}$ 处成立），所以由函数单调性的判定法可知，$y=x+\cos x$ 在 $[0,2\pi]$ 上严格单调增加.

例 3.3.2 讨论函数 $y = x^2 - 2x + 3$ 的单调性.

解 该函数的定义域为 $(-\infty, +\infty)$，又 $y' = 2x - 2$，则在点 $x = 1$ 处，$y' = 0$；当 $x < 1$ 时，$y' < 0$；当 $x > 1$ 时，$y' > 0$. 因此，该函数在区间 $(-\infty, 1]$ 上严格单调减少；在区间 $[1, +\infty)$ 上严格单调增加.

例 3.3.3 讨论函数 $y = \sqrt[3]{x^2}$ 的单调性.

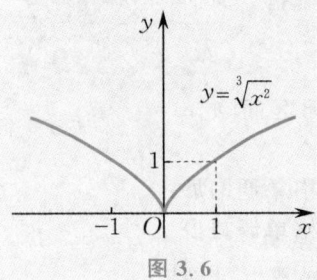

图 3.6

解 函数 $y = \sqrt[3]{x^2}$ 的定义域为 $(-\infty, +\infty)$，且

$$y' = \frac{2}{3\sqrt[3]{x}}, \quad x \neq 0.$$

该函数在点 $x = 0$ 处不可导.

当 $x < 0$ 时，$y' < 0$，所以该函数在区间 $(-\infty, 0]$ 上严格单调减少；当 $x > 0$ 时，$y' > 0$，所以该函数在区间 $[0, +\infty)$ 上严格单调增加（见图 3.6）.

由上面的例题知，函数的单调区间的分界点可能是驻点或一阶导数不存在的点. 由此得到求函数 $f(x)$ 的单调区间的一般步骤：

(1) 确定 $f(x)$ 的定义域；

(2) 求 $f'(x)$，并找出所有使得 $f'(x) = 0$ 的点及 $f'(x)$ 不存在的点，用这些点将 $f(x)$ 的定义域分成若干个子区间；

(3) 讨论 $f'(x)$ 在(2)中各子区间上的符号，由此确定 $f(x)$ 在各子区间上的单调性.

例 3.3.4 确定函数 $f(x) = 2x^3 - 9x^2 + 12x - 3$ 的单调区间.

解 函数 $f(x)$ 的定义域为 $(-\infty, +\infty)$，且

$$f'(x) = 6x^2 - 18x + 12 = 6(x-1)(x-2),$$

则由 $f'(x) = 0$ 解得驻点 $x_1 = 1, x_2 = 2$. 列表讨论，见表 3.1，其中"↗"表示严格单调增加，"↘"表示严格单调减少.

表 3.1

x	$(-\infty, 1)$	$(1, 2)$	$(2, +\infty)$
$f'(x)$	$+$	$-$	$+$
$f(x)$	↗	↘	↗

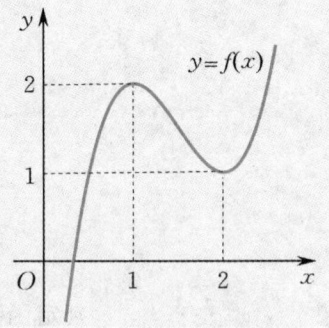

图 3.7

因此，函数 $f(x)$ 的单调增加区间为 $(-\infty, 1]$ 和 $[2, +\infty)$，单调减少区间为 $[1, 2]$（见图 3.7）.

函数的单调性也常用来证明方程根的唯一性或不等式.

例 3.3.5 证明:方程 $x^3+x+1=0$ 在区间 $(-1,0)$ 内有且只有一个根.

证明 设函数 $f(x)=x^3+x+1$. 因为 $f(x)$ 在闭区间 $[-1,0]$ 上连续,且
$$f(-1)=-1<0, \quad f(0)=1>0,$$
所以根据零点定理,$f(x)$ 在 $(-1,0)$ 内至少有一个零点.

又因为对于任意实数 x,有 $f'(x)=3x^2+1>0$,所以 $f(x)$ 在区间 $(-\infty,+\infty)$ 上严格单调增加.因此,曲线 $y=f(x)$ 与 x 轴至多只有一个交点,即 $f(x)$ 至多有一个零点.

综上所述,方程 $x^3+x+1=0$ 在区间 $(-1,0)$ 内有且只有一个根.

例 3.3.6 证明:当 $x>0$ 时,$x>\ln(1+x)$.

证明 设函数 $f(x)=x-\ln(1+x)$,$x\in[0,+\infty)$,则 $f(x)$ 连续,$f'(x)=\dfrac{x}{1+x}$. 在区间 $(0,+\infty)$ 上,$f'(x)>0$,故 $f(x)$ 在区间 $[0,+\infty)$ 上严格单调增加.因此,当 $x>0$ 时,$f(x)>f(0)=0$. 由此可知,当 $x>0$ 时,$x>\ln(1+x)$.

二、曲线的凹凸性与拐点

1. 曲线凹凸性的概念

函数的单调性反映在图形上表现为曲线的上升或下降,但它不能反映曲线的弯曲方向.如图 3.8 所示,曲线 $y=f(x)$ 在区间 (a,b) 内虽然一直上升,但却有不同的弯曲情况(先是向上凸的,后是向上凹的).因此,为了更精确地描述函数的图形,考察它的弯曲方向以及弯曲方向发生改变的分界点是很有必要的.从几何上看,在凹的曲线上任取两点,则连接这两点的弦总位于这两点间弧段的上方[见图 3.9(a)];而在凸的曲线上任取两点,则连接这两点的弦总位于这两点间弧段的下方[见图 3.9(b)].

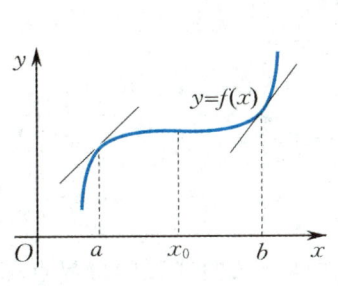

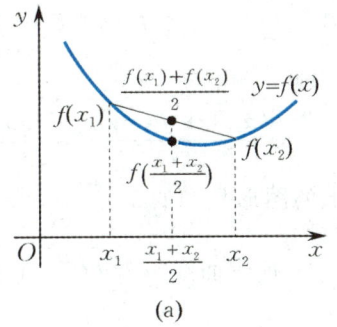

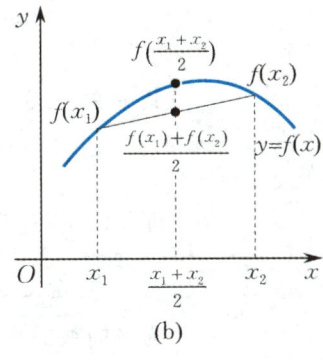

图 3.8

图 3.9

定义 3.3.1 设函数 $f(x)$ 在区间 I 上连续.若对于 I 上任意两点 x_1,x_2,恒有

$$f\left(\frac{x_1+x_2}{2}\right) < \frac{f(x_1)+f(x_2)}{2},$$

则称 $f(x)$ 在 I 上的图形是(向上)凹的,并称 I 为 $f(x)$ 的凹区间;若恒有

$$f\left(\frac{x_1+x_2}{2}\right) > \frac{f(x_1)+f(x_2)}{2},$$

则称 $f(x)$ 在 I 上的图形是(向上)凸的,并称 I 为 $f(x)$ 的凸区间.

2. 曲线凹凸性的判定

不难看出,对于凹曲线 $y=f(x)$,当自变量 x 从小变大时,其切线斜率是增加的,即 $f'(x)$ 是单调增加的. 于是,若函数 $f(x)$ 的二阶导数存在,则必有 $f''(x) \geqslant 0$. 对于凸曲线 $y=f(x)$,则有相反的结论. 于是,有下述判定曲线凹凸性的定理.

定理 3.3.2 设函数 $f(x)$ 在闭区间 $[a,b]$ 上连续,在开区间 (a,b) 内具有二阶导数.

(1) 若在 (a,b) 内 $f''(x) > 0$,则 $f(x)$ 在 $[a,b]$ 上的图形是凹的.

(2) 若在 (a,b) 内 $f''(x) < 0$,则 $f(x)$ 在 $[a,b]$ 上的图形是凸的.

证明 只证(1),对(2)可类似证明. 设 $x_1, x_2 \in [a,b]$(不妨设 $x_1 < x_2$),记 $x_0 = \frac{x_1+x_2}{2}$. 由拉格朗日中值公式得

$$f(x_1) - f(x_0) = f'(\xi_1)(x_1 - x_0) = f'(\xi_1)\frac{x_1-x_2}{2},$$

其中 $x_1 < \xi_1 < x_0$;

$$f(x_2) - f(x_0) = f'(\xi_2)(x_2 - x_0) = f'(\xi_2)\frac{x_2-x_1}{2},$$

其中 $x_0 < \xi_2 < x_2$. 两式相加并再次应用拉格朗日中值公式,得

$$f(x_1) + f(x_2) - 2f(x_0) = [f'(\xi_2) - f'(\xi_1)]\frac{x_2-x_1}{2}$$

$$= f''(\xi)(\xi_2 - \xi_1)\frac{x_2-x_1}{2} > 0,$$

其中 $\xi_1 < \xi < \xi_2$. 因此

$$\frac{f(x_1)+f(x_2)}{2} > f\left(\frac{x_1+x_2}{2}\right),$$

即 $f(x)$ 在 $[a,b]$ 上的图形是凹的.

定义 3.3.2 连续曲线 $y=f(x)$ 上凹曲线弧与凸曲线弧的分界点称为该曲线的拐点.

由拐点的定义及定理 3.3.2 知,如果 $f''(x)$ 在点 x_0 左、右两侧异号,那么点 $(x_0, f(x_0))$ 是连续曲线 $y=f(x)$ 的拐点. 此外,如果函数 $f(x)$ 在点 x_0 处二阶可导,且 $(x_0, f(x_0))$ 为曲线 $y=f(x)$ 的拐点,则 $f''(x_0) = 0$;反之,不一定成立.

由上述讨论可知,判定曲线 $y=f(x)$ 的凹凸性及求它的拐点的步骤如下:

(1) 确定 $f(x)$ 的定义域;

(2) 求 $f''(x)$,并找出所有使得 $f''(x_0)=0$ 的点及 $f''(x)$ 不存在的点,用这些点将 $f(x)$ 的定义域分成若干个子区间;

(3) 讨论 $f''(x)$ 在(2)中各子区间上的符号,由此确定曲线 $y=f(x)$ 在各子区间上的凹凸性和该曲线的拐点.

例 3.3.7 判定曲线 $y=x-\ln(1+x)$ 的凹凸性.

解 $y=x-\ln(1+x)$ 的定义域为 $(-1,+\infty)$, $y'=1-\dfrac{1}{1+x}$, $y''=\dfrac{1}{(1+x)^2}$. 因为在 $(-1,+\infty)$ 上 $y''>0$,所以曲线 $y=x-\ln(1+x)$ 是凹的.

例 3.3.8 求曲线 $y=(x-1)x^{\frac{2}{3}}$ 的凹凸区间及拐点.

解 $y=(x-1)x^{\frac{2}{3}}$ 的定义域为 $(-\infty,+\infty)$,且在 $(-\infty,0) \cup (0,+\infty)$ 上,有

$$y'=\frac{5}{3}x^{\frac{2}{3}}-\frac{2}{3}x^{-\frac{1}{3}}, \quad y''=\frac{10}{9}x^{-\frac{1}{3}}+\frac{2}{9}x^{-\frac{4}{3}}=\frac{2(5x+1)}{9\sqrt[3]{x^4}}.$$

解方程 $y''=0$,得 $x=-\dfrac{1}{5}$. 当 $x=0$ 时,y'' 不存在. 列表讨论,见表 3.2,其中"∩"表示凸,"∪"表示凹.

表 3.2

x	$\left(-\infty,-\dfrac{1}{5}\right)$	$-\dfrac{1}{5}$	$\left(-\dfrac{1}{5},0\right)$	0	$(0,+\infty)$
y''	−	0	+	不存在	+
曲线 $y=(x-1)x^{\frac{2}{3}}$	∩	$\left(-\dfrac{1}{5},y\left(-\dfrac{1}{5}\right)\right)$ 拐点	∪	$(0,y(0))$ 非拐点	∪

因此,所给曲线的凸区间为 $\left(-\infty,-\dfrac{1}{5}\right]$,凹区间为 $\left[-\dfrac{1}{5},0\right]$ 和 $[0,+\infty)$,拐点为 $\left(-\dfrac{1}{5},y\left(-\dfrac{1}{5}\right)\right)$,即 $\left(-\dfrac{1}{5},-\dfrac{6}{5}\left(-\dfrac{1}{5}\right)^{\frac{2}{3}}\right)$.

例 3.3.9 讨论曲线 $y=x^n(n\geqslant 2)$ 的凹凸区间及拐点.

解 $y=x^n(n\geqslant 2)$ 的定义域为 $(-\infty,+\infty)$,且 $y'=nx^{n-1}$,$y''=n(n-1)x^{n-2}$.

若 n 为奇数,则当 $x>0$ 时,有 $y''>0$;当 $x<0$ 时,有 $y''<0$. 故此时曲线 $y=x^n$ 的凸区间为 $(-\infty,0]$,凹区间为 $[0,+\infty)$,拐点为 $(0,0)$.

若 n 为偶数,则当 $x\neq 0$ 时,均有 $y''>0$. 故此时曲线 $y=x^n$ 在 $(-\infty,+\infty)$ 上是凹的,没有拐点.

习题3.3

1. 判定下列函数的单调性：

   (1) $y = x - \ln(1+x^2)$；   (2) $y = \arctan x - x$.

2. 求下列函数的单调区间：

   (1) $y = x^3 - x^2 - x + 1$；   (2) $y = 2x + \dfrac{8}{x}, x > 0$；

   (3) $y = 2x^2 - \ln x$；   (4) $y = \dfrac{2}{3}x - \sqrt[3]{x^2}$.

3. 证明：方程 $\sin x = x$ 有唯一实根.

4. 证明下列不等式：

   (1) $\ln(1+x) > \dfrac{x}{1+x}, x > 0$；   (2) $e^x \geqslant 1 + x$.

5. 求下列曲线的凹凸区间及拐点：

   (1) $y = 2x^3 + 3x^2 - 12x + 14$；   (2) $y = \ln(1+x^2)$；

   (3) $y = x\arctan x$；   (4) $y = xe^{-x}$；

   (5) $y = (x-2)^{\frac{5}{3}} - \dfrac{5}{9}x^2$.

6. 设 $(-1, 0)$ 为曲线 $y = x^3 + ax^2 + bx + 1$ 的一个拐点，则常数 a, b 为何值？

7. 试确定函数 $y(x) = x^3 + ax^2 + bx + 4$ 中常数 a, b 的值，使得 $x = -1$ 为该函数的驻点，$(1, y(1))$ 为该函数图形的拐点，并求出拐点.

8. 设可微函数 $y = f(x)$ 由方程 $3x^3 + y^3 - 4x + y = 0$ 所确定，试确定此函数的单调区间.

9. 设函数 $y = f(x)$ 由参数方程 $\begin{cases} x = t^3 + 3t + 1 \\ y = t^3 - 3t + 1 \end{cases}$ 所确定，求曲线 $y = f(x)$ 的凹凸区间及拐点.

10. 设函数 $f(x)$ 在区间 $(-\infty, +\infty)$ 上具有二阶导数，且 $f''(x) > 0, f(0) = 0$，证明：函数

$$g(x) = \begin{cases} \dfrac{f(x)}{x}, & x \neq 0 \\ f'(0), & x = 0 \end{cases}$$

在区间 $(-\infty, +\infty)$ 上严格单调增加.

§3.4 函数的极值与最值

在生产、工程设计、科学研究与经济管理等领域中，常常遇到这样一类问题：在一定条件下，怎样使得"产量最高""利润最大""容积最大"，怎样使得"用料最省""成本最低""路程最短"，等等. 这类问题通常可归结为求某个函数 $f(x)$（通

常称为目标函数)的最值问题.为此,首先介绍函数的极值及其求法.

一、函数的极值

定义 3.4.1　设函数 $f(x)$ 在点 x_0 的某个邻域 $U(x_0)$ 内有定义.如果对于去心邻域 $\mathring{U}(x_0)$ 内的任一 x,均有 $f(x)<f(x_0)[$ 或 $f(x)>f(x_0)]$,则称 $f(x_0)$ 为函数 $f(x)$ 的一个**极大值**(或**极小值**),并称 x_0 为函数 $f(x)$ 的一个**极大值点**(或**极小值点**).函数的极大值与极小值统称为函数的**极值**,函数的极大值点与极小值点统称为函数的**极值点**.

注　函数的极大值和极小值都是局部性的.如果 $f(x_0)$ 是函数 $f(x)$ 的一个极大值,那么 $f(x_0)$ 只是 $f(x)$ 在 x_0 的一个邻域内的最大值;但就 $f(x)$ 的整个定义域来说,$f(x_0)$ 不一定是最大值.对于极小值,也有类似的情况.例如,图 3.10 给出的函数 $f(x)$ 有两个极大值 $f(x_1),f(x_4)$,有两个极小值 $f(x_2)$,$f(x_5)$,其中极小值 $f(x_5)$ 比极大值 $f(x_1)$ 大,极小值 $f(x_2)$ 是最小值,而两个极大值都不是最大值.从图 3.10 中还可以看到,在 $f(x)$ 取得极值的点处,曲线 $y=f(x)$ 的切线平行于 x 轴或不存在,但该曲线在点 $(x_3,f(x_3))$ 处有水平切线,而点 x_3 却不是 $f(x)$ 的极值点.

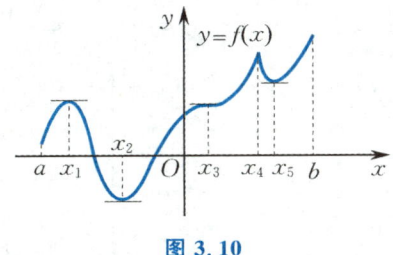

图 3.10

下面给出极值存在的必要条件和充分条件.首先,由费马引理可得如下定理.

定理 3.4.1(必要条件)　设函数 $f(x)$ 在点 x_0 处可导,且在点 x_0 处取得极值,则 $f'(x_0)=0$.

定理 3.4.1 表明,可导函数的极值点必定是使得函数导数为零的点(驻点).但这个结论反之不成立.例如,函数 $f(x)=x^3$ 的驻点为 $x=0$,但 $x=0$ 不是该函数的极值点.另外,函数的极值点也可能是导数不存在的点(如图 3.10 中的点 x_4).但是,导数不存在的点不一定是极值点.例如,函数 $f(x)=\sqrt[3]{x}$ 在点 $x=0$ 处不可导,但 $x=0$ 不是该函数的极值点.

综上所述,函数的驻点和导数不存在的点(也称为**不可导点**)可能是函数的极值点.下面给出判定极值的两个充分条件.

定理 3.4.2（第一充分条件） 设函数 $f(x)$ 在点 x_0 处连续,在 x_0 的某个去心邻域 $\overset{\circ}{U}(x_0,\delta)$ 内可导.

(1) 若 $x\in(x_0-\delta,x_0)$ 时 $f'(x)>0$,而 $x\in(x_0,x_0+\delta)$ 时 $f'(x)<0$,则函数 $f(x)$ 在点 x_0 处取得极大值;

(2) 若 $x\in(x_0-\delta,x_0)$ 时 $f'(x)<0$,而 $x\in(x_0,x_0+\delta)$ 时 $f'(x)>0$,则函数 $f(x)$ 在点 x_0 处取得极小值;

(3) 如果 $x\in\overset{\circ}{U}(x_0,\delta)$ 时 $f'(x)$ 不改变符号,则函数 $f(x)$ 在点 x_0 处无极值.

根据函数单调性及极值的定义,易证明定理 3.4.2 成立.图 3.11 给出了定理 3.4.2 的几何图示.

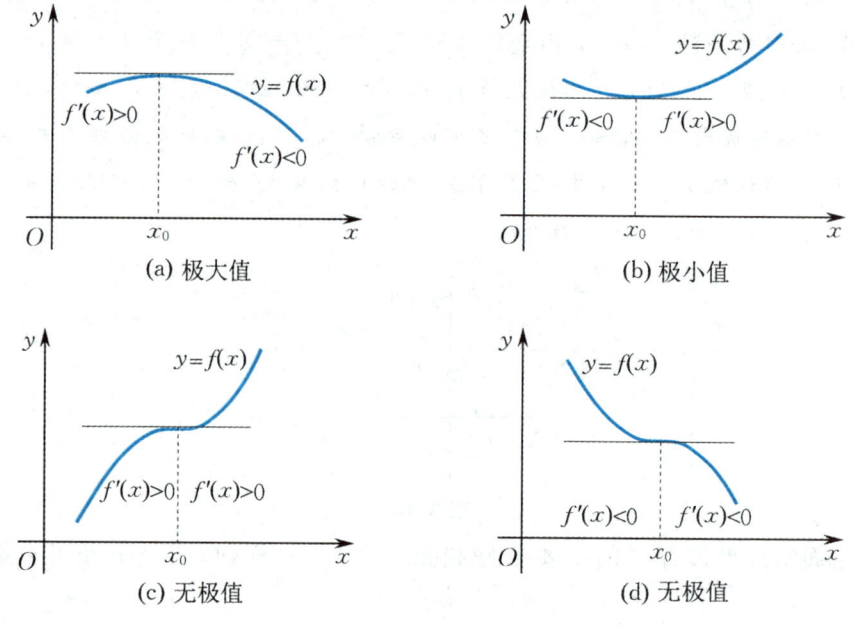

图 3.11

根据定理 3.4.1 和定理 3.4.2,可按下列步骤确定函数 $f(x)$ 的极值点及极值:

(1) 确定 $f(x)$ 的定义域,并求出 $f'(x)$;

(2) 解方程 $f'(x)=0$,求出 $f(x)$ 的全部驻点,并找出 $f'(x)$ 不存在的点;

(3) 用(2)中求得的点把 $f(x)$ 的定义域分成若干个子区间,根据 $f'(x)$ 在各子区间上的符号确定 $f(x)$ 的极值点;

(4) 求出每个极值点的函数值,即得 $f(x)$ 的极值.

类似于讨论函数的单调性,以上步骤可结合表格进行讨论和表示.

例 3.4.1 求函数 $f(x)=x-\dfrac{3}{2}x^{\frac{2}{3}}$ 的极值.

解 函数 $f(x)$ 的定义域为 $(-\infty,+\infty)$，且 $f'(x)=\dfrac{\sqrt[3]{x}-1}{\sqrt[3]{x}}$.

令 $f'(x)=0$，解得驻点 $x_1=1$. $x_2=0$ 为 $f(x)$ 的不可导点. 列表讨论，见表 3.3.

表 3.3

x	$(-\infty,0)$	0	$(0,1)$	1	$(1,+\infty)$
$f'(x)$	$+$	不存在	$-$	0	$+$
$f(x)$	↗	$f(0)$ 极大值	↘	$f(1)$ 极小值	↗

因此，极大值为 $f(0)=0$，极小值为 $f(1)=-\dfrac{1}{2}$.

例 3.4.2 求函数 $f(x)=x^3-12x+5$ 的单调区间、极值，曲线 $y=f(x)$ 的凹凸区间及拐点.

解 函数 $f(x)$ 的定义域为 $(-\infty,+\infty)$，且 $f'(x)=3x^2-12$，$f''(x)=6x$.

令 $f'(x)=0$，解得驻点 $x_1=-2$，$x_2=2$. 令 $f''(x)=0$，得 $x_3=0$. 列表讨论，见表 3.4.

表 3.4

x	$(-\infty,-2)$	-2	$(-2,0)$	0	$(0,2)$	2	$(2,+\infty)$
$f'(x)$	$+$	0	$-$		$-$	0	$+$
$f''(x)$	$-$	$-$	$-$	0	$+$	$+$	$+$
$f(x)$	↗∩	$f(-2)$ 极大值	↘∩	$(0,f(0))$ 拐点	↘∪	$f(2)$ 极小值	↗∪

因此，$f(x)$ 的单调增加区间为 $(-\infty,2]$，$[2,+\infty)$，单调减少区间为 $[-2,2]$；极大值为 $f(-2)=21$，极小值为 $f(2)=-11$；凹区间为 $[0,+\infty)$，凸区间为 $(-\infty,0]$，拐点为 $(0,5)$.

若函数 $f(x)$ 在驻点 x_0 处存在不为零的二阶导数，则有以下的极值判别方法.

定理 3.4.3（第二充分条件） 设函数 $f(x)$ 在点 x_0 处具有二阶导数，且 $f'(x_0)=0$，$f''(x_0)\neq 0$，则

(1) 当 $f''(x_0)<0$ 时，函数 $f(x)$ 在点 x_0 处取得极大值；

(2) 当 $f''(x_0)>0$ 时，函数 $f(x)$ 在点 x_0 处取得极小值.

证明 对情形(1)，由二阶导数的定义，并注意到 $f'(x_0)=0$，有

$$f''(x_0)=\lim_{x\to x_0}\frac{f'(x)-f'(x_0)}{x-x_0}=\lim_{x\to x_0}\frac{f'(x)}{x-x_0}<0,$$

从而由极限的保号性可知,在 x_0 的足够小的去心邻域 $\mathring{U}(x_0,\delta)$ 内,有
$$\frac{f'(x)}{x-x_0}<0.$$
于是,当 $x_0-\delta<x<x_0$ 时,$f'(x)>0$;当 $x_0<x<x_0+\delta$ 时,$f'(x)<0$. 故根据定理 3.4.2,$f(x)$ 在点 x_0 处取得极大值.

同理可证(2).

注 当 $f''(x_0)=0$ 或 $f''(x_0)$ 不存在时,x_0 可能是 $f(x)$ 的极值点,也可能不是 $f(x)$ 的极值点. 例如,$x=0$ 是函数 $y=x^4$ 的极值点,但不是函数 $y=x^3$ 的极值点,而这两个函数在点 $x=0$ 处的二阶导数均为零. 一般地,当 $f''(x_0)=0$ 或 $f''(x_0)$ 不存在时,不能用定理 3.4.3 来判定,可用第一充分条件或者更高阶的导数来判定.

求函数 $f(x)=(x^2-1)^3+1$ 的极值.

解 函数 $f(x)$ 的定义域为 $(-\infty,+\infty)$,且
$$f'(x)=6x(x^2-1)^2, \quad f''(x)=6(x^2-1)(5x^2-1).$$
令 $f'(x)=0$,解得驻点 $x_1=-1,x_2=0,x_3=1$.

因为 $f''(0)=6>0$,所以 $f(x)$ 在点 $x=0$ 处取得极小值,极小值为 $f(0)=0$.

又因为 $f''(-1)=f''(1)=0$,所以用定理 3.4.3 无法判定. 而在点 $x=-1$ 的某左、右邻域内,均有 $f'(x)<0$,故 $f(-1)$ 不是极值. 同理,$f(1)$ 也不是极值(见图 3.12).

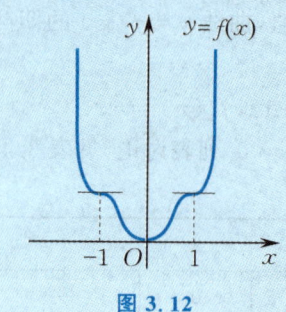

图 3.12

二、最值问题

函数的最值通常是指函数在所讨论的整个区间上取值的最大或最小值. 最值与极值不同,极值是局部性的,而最值是整体性的. 由第 1 章中连续函数的性质可知,如果函数 $f(x)$ 在闭区间 $[a,b]$ 上连续,那么函数 $f(x)$ 在 $[a,b]$ 上必有最大值和最小值. 显然,若函数在开区间内取得最值,则这个最值一定是函数的极值. 另外,函数的最值也有可能在区间的端点处取得. 因此,求连续函数 $f(x)$ 在闭区间 $[a,b]$ 上的最值的一般步骤如下:

(1) 求出 $f(x)$ 在 (a,b) 内的所有驻点和不可导点,记为 $x_1,x_2,\cdots,x_n$;

(2) 计算并比较 $f(a),f(x_1),f(x_2),\cdots,f(x_n),f(b)$ 的大小,其中最大(或最小)者就是 $f(x)$ 在 $[a,b]$ 上的最大(或最小)值.

注 若 $f(x)$ 在一个(有限或无限,开或闭)区间上可导且只有一个极值点 x_0,则当 $f(x_0)$ 是极大(或极小)值时,$f(x_0)$ 就是 $f(x)$ 在该区间上的最大(或最小)值(见图 3.13).

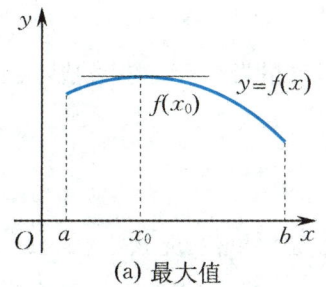
(a) 最大值

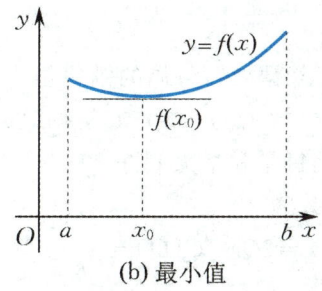
(b) 最小值

图 3.13

在求实际问题的最值时,可以根据问题的性质断定相应函数是否有最值,并且能否在定义区间内部取得. 若确定函数 $f(x)$ 在定义区间内部取得最大(或最小)值,且 $f(x)$ 在定义区间内部只有一个驻点 x_0,则可断定 $f(x_0)$ 是最大(或最小)值.

例 3.4.4 求函数 $f(x)=2x^3+3x^2-12x+14$ 在区间 $[-3,4]$ 上的最值.

解 $f'(x)=6x^2+6x-12$. 令 $f'(x)=0$,解得驻点 $x_1=-2, x_2=1$. 求各驻点及端点处的函数值,得

$$f(-3)=23,\quad f(-2)=34,\quad f(1)=7,\quad f(4)=142.$$

因此,函数 $f(x)$ 在区间 $[-3,4]$ 上的最大值为 $f(4)=142$,最小值为 $f(1)=7$.

例 3.4.5 设铁路上 A 处与 B 处的距离为 100 km,工厂所在 C 处距 A 处 20 km, AC 垂直于 AB(见图 3.14). 为了运输需要,要在 AB 路段上选定一点 D 向 C 处修筑一条公路. 已知铁路与公路每公里货运的费用之比为 3∶5. 为了使货物从 B 处运到 C 处的运费最省,试问: 点 D 应选在何处?

解 设 $|AD|=x$(单位:km),则
$$|DB|=100-x\,(单位\!:\!km),\quad |CD|=\sqrt{20^2+x^2}=\sqrt{400+x^2}\,(单位\!:\!km).$$
由题意,从 B 处到 C 处需要的总运费为
$$y=5k\sqrt{400+x^2}+3k(100-x)\quad (单位\!:\!货币单位, 0\leqslant x\leqslant 100),$$
其中 k 为某个正常数,从而
$$y'=k\left(\frac{5x}{\sqrt{400+x^2}}-3\right).$$

令 $y'=0$,解得驻点 $x=15$ km. 因为 $x=15$ km 是函数 y 在其定义域内唯一的驻点,所以 $x=15$ km 是函数 y 在其定义域内的最小值点.

因此,当 $|AD|=15$ km 时,总运费最省.

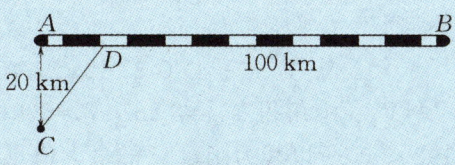

图 3.14

例 3.4.6 某糖果厂每周的销售量为 Q(单位:袋),价格为 2 元/袋,总成本函数为
$$C(Q) = 10^{-4}Q^2 + 1.3Q + 1\,000 (单位:元),$$
求取得最大利润的销售量和最大利润.

解 总利润函数为
$$L(Q) = 2Q - C(Q) = -10^{-4}Q^2 + 0.7Q - 1\,000 (单位:元),$$
则
$$L'(Q) = -2 \times 10^{-4}Q + 0.7.$$
令 $L'(Q) = 0$,解得唯一驻点 $Q = 3\,500$ 袋. 又 $L''(Q) = -2 \times 10^{-4} < 0$,故 $Q = 3\,500$ 袋时 $L(Q)$ 取得最大值. 因此,当销售量为 $Q = 3\,500$ 袋时,最大利润为 $L(3\,500) = 225$ 元.

例 3.4.7 一根均匀杠杆如图 3.15 所示,在距离支点 0.1 m 处挂有一个质量为 49 kg 的物体.已知杠杆的线密度为 5 kg/m.现有一个力 F 作用于杠杆的另一端,欲使之保持平衡.求最省力的杠杆的长度.

解 设杠杆的长度为 x(单位:m),则根据物理学中的公式:力矩=力×力臂,由杠杆平衡原理可知,合力矩等于零,故有
$$Fx - 49g \times 0.1 - 5xg \times \frac{x}{2} = 0,$$
其中 g 为重力加速度.整理得
$$Fx = 49g \times 0.1 + 5xg \times \frac{x}{2},$$
即 $F = \dfrac{4.9g}{x} + \dfrac{5xg}{2}, x \geqslant 0.1$,于是
$$F' = -\frac{4.9g}{x^2} + \frac{5}{2}g, \quad F'' = \frac{9.8g}{x^3}.$$

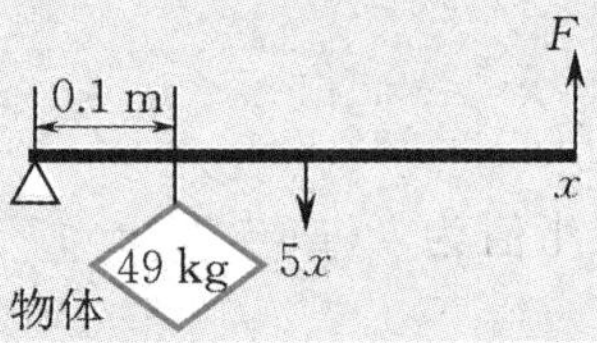

图 3.15

令 $F' = 0$,解得唯一驻点 $x = \sqrt{\dfrac{9.8}{5}}$ m $= 1.4$ m. 因 $F''(1.4) = \dfrac{9.8g}{1.4^3} > 0$,故 $x = 1.4$ m 是函数 F 的最小值点.所以,最省力的杠杆长度为 1.4 m.

例 3.4.8 将一块边长为 48 cm 的正方形铁板的四个角各截去一个大小相等的小正方形,然后把四边折起来做成一个无盖的盒子.问:当截去的小正方形边长为多少时,盒子的容量最大?

解 设截去的小正方形边长为 x(单位:cm),则盒子的体积 V(单位:cm³)为
$$V = (48 - 2x)^2 x, \quad x \in (0, 24),$$
从而
$$V' = -4x(48 - 2x) + (48 - 2x)^2 = 12(24 - x)(8 - x).$$
令 $V' = 0$,解得 $x_1 = 8$ cm,$x_2 = 24$ cm(舍去). 因为 $x_1 = 8$ cm 为唯一驻点且 $V''(8) = -192 < 0$,所以其为函数 V 的最大值点.故当截去的小正方形边长为 8 cm 时,盒子的容量最大.

习题3.4

1. 选择题:

    (1) 设函数 $f(x)$ 在点 x_0 的某个邻域内有定义,且 $\lim\limits_{x \to x_0} \dfrac{f(x) - f(x_0)}{(x - x_0)^2} = A > 0 (A$ 为常数$)$,则 $f(x)$ 在点 x_0 处( );

    A. 有极大值 B. 有极小值

    C. 无极值 D. 不能判定是否取得极值

    (2) 设函数 $f(x)$ 在点 $x = 0$ 的某个邻域内可导,且 $f'(0) = 0$,又 $\lim\limits_{x \to 0} \dfrac{f'(x)}{x} = \dfrac{1}{2}$,则 $f(0)$( ).

    A. 一定是 $f(x)$ 的极大值 B. 一定是 $f(x)$ 的极小值

    C. 一定不是 $f(x)$ 的极值 D. 不能判定是否为 $f(x)$ 的极值

2. 求下列函数的极值:

    (1) $y = x^3 - 3x^2 - 9x + 5$;
    (2) $y = e^x + e^{-x}$;
    (3) $y = \dfrac{1}{5}x^5 - \dfrac{1}{3}x^3$;
    (4) $y = \sqrt[3]{x(1-x)^2}$.

3. 求下列函数在所给区间上的最值:

    (1) $y = \ln(x + \sqrt{1+x^2})$, $0 \leqslant x \leqslant 1$;
    (2) $y = \sin x + \cos x$, $0 \leqslant x \leqslant 2\pi$;
    (3) $y = x + \dfrac{3}{2}x^{\frac{2}{3}}$, $-8 \leqslant x \leqslant \dfrac{1}{8}$.

4. 函数 $y = x^2 - \dfrac{54}{x}(x < 0)$ 在何处取得最小值?试求出最小值.

5. 当 a 为何值时,函数 $f(x) = a\sin x + \dfrac{1}{3}\sin 3x$ 在点 $x = \dfrac{\pi}{3}$ 处取得极值?试确定该极值是极大值还是极小值.

6. 求数列 $\{\sqrt[n]{n}\}$ 的最大项.

7. 证明:在给定周长的一切矩形中,正方形的面积最大.

8. 讨论方程 $\ln x = ax(a > 0)$ 有几个实根.

9. 确定多项式 $f(x) = x^2 + ax + b$ 的系数 a, b,使得该多项式当 $x = 1$ 时有最小值 $f(1) = 3$.

10. 在抛物线 $y^2 = 4x$ 上求一点,使得它与点 $(3,0)$ 的距离最短,并求出最短距离.

11. 某隧道的截面拟建成矩形加半圆(矩形的上边与半圆的直径重合)的形状,截面面积为 $5\ m^2$,问:当底边长度 x 为多少时,截面的周长最短,从而使得建造时所用的材料最省?

12. 欲做一个容积为 V 的无盖圆柱形蓄水池,已知池底单位造价为周围单位造价的两倍,问:蓄水池的尺寸应怎样设计才能使得总造价最低?

13. 设有一个质量为 $5\ kg$ 的物体置于水平面上,该物体受力 F 的作用而开始移动(见图3.16).设摩擦系数为 $\mu = 0.25$,问:当力 F 与水平线的交角 α 为多少时,可使得力 F 最小?

14. 在一个半径为 R 的圆形广场中心挂一盏灯,问:要挂多高,才能使得广场周围的路被照得最亮(已知灯光的亮度与光线投射角的余弦成正比,与到光源距离的平方成反比,而投射角是经过灯且垂直于地面的直线与光线所夹的角)?

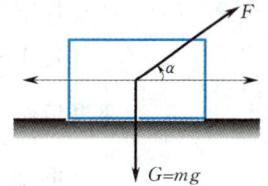

图 3.16

15. 设某银行总存款量与银行付给储户的年利率的平方成正比.若该银行以 10% 的年利率把总存款的 90% 贷出,问:它给储户支付的年利率为多少时才能获得最大利润?

16. 某商店以 10 元 / 件的进价购买一种商品,已知这种商品每天的需求量为 $Q=40-2P$(单位:件),其中 P(单位:元 / 件)为商品的销售价格,问:

    (1) 当销售价格 P 为多少时,获得的利润最大?最大利润是多少?

    (2) 获得最大利润时,每天销售多少件商品?

17. 设某种产品的总成本函数和价格函数分别为

$$C(x)=3\,800+5x-\frac{x^2}{1\,000}(\text{单位:元}),\quad P(x)=50-\frac{x}{100}(\text{单位:元 / 件}),$$

其中 x(单位:件)为产量,试确定产品的产量,使得利润达到最大.

18. 证明:(1) 若 $f'(x_0)=f''(x_0)=f'''(x_0)=0,f^{(4)}(x_0)\neq 0$,则 x_0 为函数 $f(x)$ 的极值点;

    (2) 若 $f'(x_0)=f''(x_0)=0,f'''(x_0)\neq 0$,则 x_0 不是函数 $f(x)$ 的极值点.

§3.5 函数的图形

根据函数的单调性、极值,函数图形的凹凸性、拐点等特征,就能较全面地掌握函数的性态,从而较准确地作出函数的图形.下面介绍依据函数的性态描绘函数图形的方法.

一、曲线的渐近线

有些函数的定义域或值域是无限区间,其图形向无穷远处延伸,如双曲线、抛物线等.为了把握曲线在无限范围中的变化趋势,需要了解曲线的渐近线及其求法.

定义 3.5.1 若当曲线 $y=f(x)$ 上的动点 P 沿该曲线移向无穷远处时,动点 P 到某定直线 L 的距离趋向于零,则称直线 L 为曲线 $y=f(x)$ 的一条**渐近线**.

渐近线分为水平渐近线、垂直渐近线和斜渐近线三种.

1. 水平渐近线

若 $\lim\limits_{x\to -\infty}f(x)=A$ 或 $\lim\limits_{x\to +\infty}f(x)=A$,则称直线 $y=A$ 为曲线 $y=f(x)$ 的**水平渐近线**.

例如,对于曲线 $y=\arctan x$,因为 $\lim\limits_{x\to -\infty}\arctan x=-\frac{\pi}{2}$,$\lim\limits_{x\to +\infty}\arctan x=\frac{\pi}{2}$,所以该曲线有两条水平渐近线 $y=-\frac{\pi}{2}$ 和 $y=\frac{\pi}{2}$.

2. 垂直渐近线

若 $\lim\limits_{x \to x_0^-} f(x) = \infty$ 或 $\lim\limits_{x \to x_0^+} f(x) = \infty$，则称直线 $x = x_0$ 为曲线 $y = f(x)$ 的**垂直渐近线**.

例如，对于曲线 $y = \dfrac{1}{x-1}$，因为 $\lim\limits_{x \to 1} \dfrac{1}{x-1} = \infty$，所以直线 $x = 1$ 是该曲线的垂直渐近线(见图 3.17).

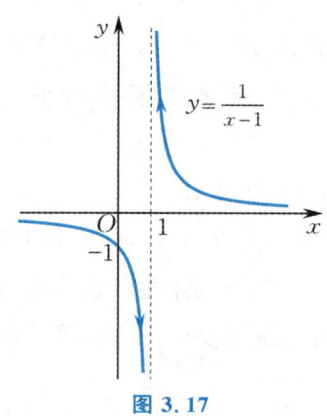

图 3.17

3. 斜渐近线

若存在常数 $a(a \neq 0), b$，使得
$$\lim_{x \to -\infty} [f(x) - (ax+b)] = 0$$
或
$$\lim_{x \to +\infty} [f(x) - (ax+b)] = 0,$$
则称直线 $y = ax + b$ 为曲线 $y = f(x)$ 的**斜渐近线**. 此时，有
$$a = \lim_{x \to -\infty} \frac{f(x)}{x}, \quad b = \lim_{x \to -\infty} [f(x) - ax]$$
或
$$a = \lim_{x \to +\infty} \frac{f(x)}{x}, \quad b = \lim_{x \to +\infty} [f(x) - ax].$$

 **3.5.1**　求曲线 $y = \dfrac{x^2 + x}{x^2 - 1}$ 的渐近线.

解　因为
$$\lim_{x \to \infty} \frac{x^2 + x}{x^2 - 1} = 1,$$
所以直线 $y = 1$ 是该曲线的一条水平渐近线，并且该曲线没有斜渐近线. 又因为 $\lim\limits_{x \to 1} \dfrac{x^2 + x}{x^2 - 1} = \infty$，所以直线 $x = 1$ 是该曲线的一条垂直渐近线；因为 $\lim\limits_{x \to -1} \dfrac{x^2 + x}{x^2 - 1} = \dfrac{1}{2}$，所以直线 $x = -1$ 不是该曲线的垂直渐近线. 综上所述，该曲线的水平渐近线为 $y = 1$，垂直渐近线为 $x = 1$，无斜渐近线.

二、函数图形的描绘

综合前面利用导数和极限研究函数性态的方法和结论,可以总结出如下描绘函数 $f(x)$ 的图形的主要步骤:

(1) 确定函数 $f(x)$ 的定义域及周期性、奇偶性等特性;

(2) 求出函数 $f(x)$ 的一阶导数 $f'(x)$ 和二阶导数 $f''(x)$,并求出 $f'(x)$ 和 $f''(x)$ 的零点及不存在的点,用这些点把定义域划分为若干个子区间;

(3) 确定函数 $f(x)$ 的间断点、单调区间、极值点及曲线 $y=f(x)$ 的凹凸区间及拐点;

(4) 求出曲线 $y=f(x)$ 的渐近线;

(5) 根据(2),(3)的结果确定曲线 $y=f(x)$ 上特殊点的坐标,必要时补充一些辅助作图点[如曲线 $y=f(x)$ 与坐标轴的交点等];

(6) 综合上面的信息画出曲线 $y=f(x)$,即函数 $f(x)$ 的图形.

例 3.5.2 描绘函数 $f(x)=\dfrac{1}{\sqrt{2\pi}}e^{-\frac{1}{2}x^2}$ 的图形.

解 函数 $f(x)$ 的定义域为 $(-\infty,+\infty)$,它为偶函数,其图形关于 y 轴对称,且

$$f'(x)=-\dfrac{x}{\sqrt{2\pi}}e^{-\frac{1}{2}x^2}, \quad f''(x)=\dfrac{(x+1)(x-1)}{\sqrt{2\pi}}e^{-\frac{1}{2}x^2}.$$

令 $f'(x)=0$,解得驻点 $x=0$;再令 $f''(x)=0$,解得 $x=-1$ 和 $x=1$.

列表讨论,见表 3.5.

表 3.5

x	$(-\infty,-1)$	-1	$(-1,0)$	0	$(0,1)$	1	$(1,+\infty)$
$f'(x)$	$+$	$+$	$+$	0	$-$	$-$	$-$
$f''(x)$	$+$	0	$-$	$-$	$-$	0	$+$
$f(x)$	↗∪	$\left(-1,\dfrac{1}{\sqrt{2\pi e}}\right)$ 拐点	↗∩	$\dfrac{1}{\sqrt{2\pi}}$ 极大值	↘∩	$\left(1,\dfrac{1}{\sqrt{2\pi e}}\right)$ 拐点	↘∪

因为 $\lim\limits_{x\to\infty}f(x)=\lim\limits_{x\to\infty}\dfrac{1}{\sqrt{2\pi}}e^{-\frac{1}{2}x^2}=0$,所以曲线 $y=f(x)$ 有水平渐近线 $y=0$.

先作出函数 $f(x)$ 在区间 $[0,+\infty)$ 上的图形,然后利用对称性作出在区间 $(-\infty,0]$ 上的图形,就得到函数 $f(x)$ 的整个图形,即曲线 $y=f(x)$(见图 3.18).这条曲线称为**正态分布曲线**,在概率统计中经常用到.

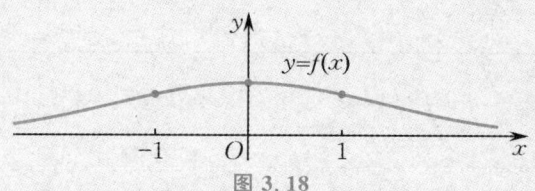

图 3.18

例 3.5.3 描绘函数 $f(x)=\dfrac{4(x+1)}{x^{2}}-2$ 的图形.

解 函数 $f(x)$ 的定义域为 $(-\infty,0)\cup(0,+\infty)$,且
$$f'(x)=-\dfrac{4(x+2)}{x^{3}},\quad f''(x)=\dfrac{8(x+3)}{x^{4}}.$$

令 $f'(x)=0$,解得驻点 $x=-2$;再令 $f''(x)=0$,解得 $x=-3$.

因为
$$\lim_{x\to\infty}f(x)=\lim_{x\to\infty}\left[\dfrac{4(x+1)}{x^{2}}-2\right]=-2,$$
$$\lim_{x\to 0}f(x)=\lim_{x\to 0}\left[\dfrac{4(x+1)}{x^{2}}-2\right]=+\infty,$$

所以曲线 $y=f(x)$ 有水平渐近线 $y=-2$ 和垂直渐近线 $x=0$.

列表讨论,见表 3.6.

表 3.6

x	$(-\infty,-3)$	-3	$(-3,-2)$	-2	$(-2,0)$	0	$(0,+\infty)$
$f'(x)$	$-$	$-$	$-$	0	$+$		$-$
$f''(x)$	$-$	0	$+$	$+$	$+$		$+$
$f(x)$	↘∩	$\left(-3,-\dfrac{26}{9}\right)$ 拐点	↘∪	-3 极小值	↗∪	间断点	↘∪

由表 3.6 中结果可得曲线 $y=f(x)$ 上两个特殊点 $A\left(-3,-\dfrac{26}{9}\right),B(-2,-3)$.补充点:$C(-1,-2),D(1-\sqrt{3},0),E(1,6),F(2,1),G(1+\sqrt{3},0)$.

描点连线画出曲线 $y=f(x)$,即函数 $f(x)$ 的图形(见图 3.19).

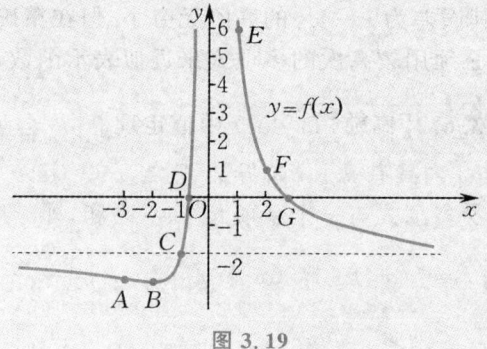

图 3.19

习题3.5

1. 求下列曲线的渐近线：

   (1) $y = x\sin\dfrac{1}{x}, x > 0$；　　(2) $y = e^{-\frac{1}{x}}$；

   (3) $y = \dfrac{x^2}{1+x}$；　　(4) $y = 1 + \dfrac{36x}{(x+3)^2}$.

*2. 求曲线 $y = \dfrac{1}{x} + \ln(1+e^x)$ 的渐近线.

3. 描绘下列函数的图形：

   (1) $y = x^3 - 3x$；　　(2) $y = \dfrac{x}{1+x^2}$；　　(3) $y = xe^x$.

§3.6 泰 勒 公 式

在对许多实际问题的建模分析中，用简单的函数近似表示较复杂的函数往往能给问题的研究带来方便.

多项式是一类形式简单且在实数轴上处处有定义、具有任意阶导数的函数. 本节主要讨论用多项式来近似表示较复杂函数的问题.

在微分的应用中我们已经知道，当 $|x|$ 很小时，有如下近似公式：
$$e^x \approx 1+x, \quad \ln(1+x) \approx x.$$
这两个公式都是用一次多项式来近似表示函数的例子.

一般地，如果函数 $f(x)$ 在点 x_0 处可导，那么有
$$f(x) = f(x_0) + f'(x_0)(x-x_0) + o(x-x_0),$$
即在点 x_0 的某个邻域内，用一次多项式 $f(x_0) + f'(x_0)(x-x_0)$ 近似表示函数 $f(x)$ 时，其误差为 $x-x_0$ 的高阶无穷小. 但在精确度要求较高且需要估计误差的时候，就必须用较高次的多项式来近似表示函数，并给出误差公式.

定理 3.6.1 [泰勒(Taylor)中值定理] 若函数 $f(x)$ 在含有 x_0 的某个开区间 (a,b) 内具有 $n+1$ 阶导数，则当 $x \in (a,b)$ 时，$f(x)$ 可以表示为 $x - x_0$ 的一个 n 次多项式与一个余项 $R_n(x)$ 之和，即

$$f(x) = f(x_0) + f'(x_0)(x-x_0) + \dfrac{f''(x_0)}{2!}(x-x_0)^2 + \cdots$$
$$+ \dfrac{f^{(n)}(x_0)}{n!}(x-x_0)^n + R_n(x), \qquad (3.6.1)$$

其中
$$R_n(x) = \frac{f^{(n+1)}(\xi)}{(n+1)!}(x-x_0)^{n+1} \quad (\xi \text{ 介于 } x_0 \text{ 与 } x \text{ 之间}). \quad (3.6.2)$$

证明 设多项式
$$p_n(x) = f(x_0) + f'(x_0)(x-x_0) + \frac{f''(x_0)}{2!}(x-x_0)^2 + \cdots$$
$$+ \frac{f^{(n)}(x_0)}{n!}(x-x_0)^n,$$

则 $R_n(x) = f(x) - p_n(x)$. 故只需证明式(3.6.2)成立.

由定理条件知, $R_n(x)$ 在 (a,b) 内具有 $n+1$ 阶导数, 且
$$R_n(x_0) = R'_n(x_0) = \cdots = R_n^{(n)}(x_0) = 0.$$

对函数 $R_n(x)$ 和 $(x-x_0)^{n+1}$ 在以 x_0 和 x 为端点的区间上应用柯西中值定理, 有
$$\frac{R_n(x)}{(x-x_0)^{n+1}} = \frac{R_n(x) - R_n(x_0)}{(x-x_0)^{n+1} - 0} = \frac{R'_n(\xi_1)}{(n+1)(\xi_1-x_0)^n}$$
$$(\xi_1 \text{ 介于 } x_0 \text{ 与 } x \text{ 之间});$$

再对函数 $R'_n(x)$ 和 $(n+1)(x-x_0)^n$ 在以 x_0 和 ξ_1 为端点的区间上应用柯西中值定理, 有
$$\frac{R'_n(\xi_1)}{(n+1)(\xi_1-x_0)^n} = \frac{R'_n(\xi_1) - R'_n(x_0)}{(n+1)(\xi_1-x_0)^n - 0} = \frac{R''_n(\xi_2)}{(n+1)n(\xi_2-x_0)^{n-1}}$$
$$(\xi_2 \text{ 介于 } x_0 \text{ 与 } \xi_1 \text{ 之间});$$

如此继续下去, 连续应用 $n+1$ 次柯西中值定理, 最后得
$$\frac{R_n(x)}{(x-x_0)^{n+1}} = \frac{R_n^{(n+1)}(\xi)}{(n+1)!} \quad (\xi \text{ 介于 } x_0 \text{ 与 } x \text{ 之间}).$$

因为 $R_n^{(n+1)}(x) = f^{(n+1)}(x)$, 所以上式可写为
$$R_n(x) = \frac{f^{(n+1)}(\xi)}{(n+1)!}(x-x_0)^{n+1} \quad (\xi \text{ 介于 } x_0 \text{ 与 } x \text{ 之间}),$$

即式(3.6.2)得证.

注 (1) 多项式
$$p_n(x) = f(x_0) + f'(x_0)(x-x_0) + \frac{f''(x_0)}{2!}(x-x_0)^2 + \cdots$$
$$+ \frac{f^{(n)}(x_0)}{n!}(x-x_0)^n$$

称为 $f(x)$ 在点 $x = x_0$ 处按 $x-x_0$ 的幂展开的 **n 次泰勒多项式**, $R_n(x)$ 称为**拉格朗日型余项**, 式(3.6.1)称为 $f(x)$ 在点 $x = x_0$ 处按 $x-x_0$ 的幂展开的带有拉格朗日型余项的**(n 阶) 泰勒公式**.

(2) 当 $n = 0$ 时, n 阶泰勒公式就是拉格朗日中值公式:
$$f(x) = f(x_0) + f'(\xi)(x-x_0) \quad (\xi \text{ 介于 } x_0 \text{ 与 } x \text{ 之间}),$$
因此泰勒中值定理是拉格朗日中值定理的一个推广.

(3) 如果对于某个固定的 n, 当 $x \in (a,b)$ 时, $|f^{(n+1)}(x)| \leqslant M$, 那么有

$$|R_n(x)| = \left|\frac{f^{(n+1)}(\xi)}{(n+1)!}(x-x_0)^{n+1}\right| \leqslant \frac{M}{(n+1)!}|x-x_0|^{n+1}, \quad (3.6.3)$$

从而 $\lim\limits_{x \to x_0} \dfrac{R_n(x)}{(x-x_0)^n} = 0$. 由此可知,当 $x \to x_0$ 时,$R_n(x)$ 是比 $(x-x_0)^n$ 高阶的无穷小,即

$$R_n(x) = o[(x-x_0)^n]. \quad (3.6.4)$$

用式(3.6.4)表示的余项 $R_n(x)$ 称为**佩亚诺(Peano)型余项**.

(4) 当不需要给出余项的精确表达式时,n 阶泰勒公式(3.6.1)也可写成

$$f(x) = f(x_0) + f'(x_0)(x-x_0) + \frac{f''(x_0)}{2!}(x-x_0)^2 + \cdots$$
$$+ \frac{f^{(n)}(x_0)}{n!}(x-x_0)^n + o[(x-x_0)^n]. \quad (3.6.5)$$

式(3.6.5)称为 $f(x)$ 在点 $x=x_0$ 处按 $x-x_0$ 的幂展开的带有佩亚诺型余项的 n 阶泰勒公式.

(5) $x_0=0$ 时的(n 阶)泰勒公式称为**(n 阶)麦克劳林(Maclaurin)公式**,即

$$f(x) = f(0) + f'(0)x + \frac{f''(0)}{2!}x^2 + \cdots + \frac{f^{(n)}(0)}{n!}x^n + R_n(x) \quad (3.6.6)$$

或

$$f(x) = f(0) + f'(0)x + \frac{f''(0)}{2!}x^2 + \cdots + \frac{f^{(n)}(0)}{n!}x^n + o(x^n), \quad (3.6.7)$$

其中

$$R_n(x) = \frac{f^{(n+1)}(\xi)}{(n+1)!}x^{n+1} \quad (\xi \text{ 介于 } 0 \text{ 与 } x \text{ 之间}). \quad (3.6.8)$$

由于 ξ 介于 0 与 x 之间,因此存在 $\theta \in (0,1)$,使得 $\xi = \theta x$,从而

$$R_n(x) = \frac{f^{(n+1)}(\theta x)}{(n+1)!}x^{n+1}.$$

由麦克劳林公式可得近似计算公式

$$f(x) \approx f(0) + f'(0)x + \frac{f''(0)}{2!}x^2 + \cdots + \frac{f^{(n)}(0)}{n!}x^n, \quad (3.6.9)$$

误差估计式为

$$|R_n(x)| \leqslant \frac{M}{(n+1)!}|x|^{n+1}. \quad (3.6.10)$$

泰勒公式(或麦克劳林公式)在近似计算中具有非常重要的应用.

例 3.6.1 求函数 $f(x) = e^x$ 的 n 阶麦克劳林公式.

解 因为 $f'(x) = f''(x) = \cdots = f^{(n+1)}(x) = e^x$，所以
$$f(0) = f'(0) = f''(0) = \cdots = f^{(n)}(0) = 1, \quad f^{(n+1)}(\theta x) = e^{\theta x}.$$
代入公式(3.6.6)，得 $f(x) = e^x$ 的 n 阶麦克劳林公式
$$e^x = 1 + x + \frac{x^2}{2!} + \cdots + \frac{x^n}{n!} + \frac{e^{\theta x}}{(n+1)!} x^{n+1} \quad (0 < \theta < 1).$$

由例 3.6.1 可知
$$e^x \approx 1 + x + \frac{x^2}{2!} + \cdots + \frac{x^n}{n!},$$
且有误差估计
$$|R_n(x)| = \left| \frac{e^{\theta x}}{(n+1)!} x^{n+1} \right| < \frac{e^{|x|}}{(n+1)!} |x|^{n+1} \quad (0 < \theta < 1).$$
取 $x = 1$，则可得无理数 e 的近似表达式
$$e \approx 1 + 1 + \frac{1}{2!} + \cdots + \frac{1}{n!},$$
其误差 $|R_n| < \dfrac{e}{(n+1)!} < \dfrac{3}{(n+1)!}.$

当 $n = 10$ 时，$e \approx 2.718\,282$，其误差不超过 10^{-6}.

例 3.6.2 求函数 $f(x) = \sin x$ 的 $2m$ 阶麦克劳林公式.

解 $f^{(k)}(x) = \sin\left(x + \dfrac{k\pi}{2}\right), k \in \mathbf{N}$. 由此得
$$f(0) = 0, \quad f'(0) = 1, \quad f''(0) = 0, \quad f'''(0) = -1, \quad f^{(4)}(0) = 0, \cdots,$$
即 $f^{(k)}(0)(k \in \mathbf{N})$ 依次循环地取四个数 $0, 1, 0, -1$，于是
$$\sin x = x - \frac{x^3}{3!} + \frac{x^5}{5!} - \cdots + (-1)^{m-1} \frac{x^{2m-1}}{(2m-1)!} + R_{2m}(x),$$
其中
$$R_{2m}(x) = \frac{\sin\left[\theta x + (2m+1)\dfrac{\pi}{2}\right]}{(2m+1)!} x^{2m+1} \quad (0 < \theta < 1).$$

当 $m = 1, 2, 3$ 时，正弦函数分别有近似公式
$$\sin x \approx x,$$
$$\sin x \approx x - \frac{x^3}{3!},$$
$$\sin x \approx x - \frac{x^3}{3!} + \frac{x^5}{5!},$$

其误差分别不超过 $\frac{|x^3|}{3!}$, $\frac{|x^5|}{5!}$, $\frac{|x^7|}{7!}$. 以上三个近似公式右端的泰勒多项式及正弦函数的图形如图 3.20 所示.

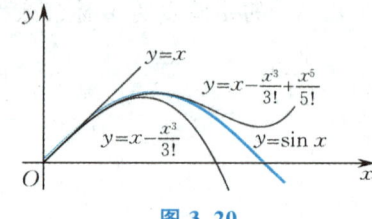

图 3.20

常用函数的麦克劳林公式:

$$\sin x = x - \frac{x^3}{3!} + \frac{x^5}{5!} - \cdots + (-1)^n \frac{x^{2n+1}}{(2n+1)!} + o(x^{2n+2});$$

$$\cos x = 1 - \frac{x^2}{2!} + \frac{x^4}{4!} - \cdots + (-1)^n \frac{x^{2n}}{(2n)!} + o(x^{2n+1});$$

$$\frac{1}{1-x} = 1 + x + x^2 + \cdots + x^n + o(x^n);$$

$$e^x = 1 + x + \frac{x^2}{2!} + \cdots + \frac{x^n}{n!} + o(x^n);$$

$$\ln(1+x) = x - \frac{x^2}{2} + \frac{x^3}{3} - \cdots + (-1)^{n-1} \frac{x^n}{n} + o(x^n).$$

利用上面这些常用的公式,可以间接地求出一些复杂函数的泰勒公式或麦克劳林公式(这种方法称为**间接法**),也可以求一些较复杂的 $\frac{0}{0}$ 型未定式极限和函数 $f(x)$ 在点 $x = 0$ 处的高阶导数.

例 3.6.3 求函数 $y = \frac{1}{4-x}$ 在点 $x = 1$ 处带有佩亚诺型余项的 n 阶泰勒公式.

解 先对函数做恒等变形: $y = \frac{1}{4-x} = \frac{1}{3} \cdot \frac{1}{1 - \frac{x-1}{3}}$, 再利用已知函数 $\frac{1}{1-x}$ 的麦克劳林公式,即得所求 n 阶泰勒公式为

$$y = \frac{1}{4-x} = \frac{1}{3}\left\{1 + \frac{x-1}{3} + \left(\frac{x-1}{3}\right)^2 + \cdots + \left(\frac{x-1}{3}\right)^n + o\left[\left(\frac{x-1}{3}\right)^n\right]\right\}$$

$$= \frac{1}{3} + \frac{x-1}{3^2} + \frac{(x-1)^2}{3^3} + \cdots + \frac{(x-1)^n}{3^{n+1}} + o[(x-1)^n].$$

例 3.6.4 利用麦克劳林公式,求极限 $\lim\limits_{x \to 0} \frac{e^{x^2} - 1 - \sin x^2}{x^4}$.

解 由于分母为 x^4, 因此只需将分子中的 e^{x^2} 和 $\sin x^2$ 分别用带有佩亚诺型余项的四阶麦克劳林公式表示,就可以求出极限. 因为

$$e^{x^2} = 1 + x^2 + \frac{1}{2!}x^4 + o(x^4), \quad \sin x^2 = x^2 + o(x^4),$$

所以

$$e^{x^2} - 1 - \sin x^2 = \frac{1}{2}x^4 + o(x^4).$$

因此

$$\lim_{x \to 0} \frac{e^{x^2} - 1 - \sin x^2}{x^4} = \lim_{x \to 0} \frac{\frac{1}{2}x^4 + o(x^4)}{x^4} = \frac{1}{2}.$$

例 3.6.5 设函数 $f(x) = e^{x^2}$,求 $f^{(99)}(0)$ 和 $f^{(100)}(0)$.

解 因为

$$f(x) = e^{x^2} = 1 + x^2 + \frac{1}{2!}(x^2)^2 + \cdots + \frac{1}{49!}(x^2)^{49} + \frac{1}{50!}(x^2)^{50} + o(x^{100}),$$

又

$$f(x) = f(0) + f'(0)x + \frac{1}{2!}f''(0)x^2 + \cdots + \frac{f^{(99)}(0)}{99!}x^{99} + \frac{f^{(100)}(0)}{100!}x^{100} + o(x^{100}),$$

因此 $\frac{f^{(99)}(0)}{99!} = 0, \frac{f^{(100)}(0)}{100!} = \frac{1}{50!}$. 由此可得 $f^{(99)}(0) = 0, f^{(100)}(0) = \frac{100!}{50!}$.

习题3.6

1. 按 $x + 1$ 的幂展开多项式函数 $f(x) = x^3 + 3x^2 - 2x + 4$.
2. 求函数 $f(x) = \tan x$ 的带有佩亚诺型余项的三阶麦克劳林公式.
3. 求函数 $f(x) = \ln x$ 按 $x - 2$ 的幂展开的带有佩亚诺型余项的 n 阶泰勒公式.
4. 求函数 $f(x) = \frac{1}{x}$ 按 $x + 1$ 的幂展开的带有拉格朗日型余项的 n 阶泰勒公式.
5. 用间接法求函数 $y = \frac{1}{3-x}$ 在点 $x = 1$ 处的 n 阶泰勒公式.
6. 求函数 $f(x) = xe^{-x}$ 的带有佩亚诺型余项的 n 阶麦克劳林公式.
7. 确定常数 a, b, c 的值,使得 $\ln x = a + b(x-1) + c(x-1)^2 + o[(x-1)^2]$.
8. 应用三阶泰勒公式计算下列数的近似值,并估计误差:
   (1) $\sqrt[3]{30}$;   (2) $\sin 18°$.
9. 利用泰勒公式求下列极限:
   (1) $\lim_{x \to \infty} \left[x - x^2 \ln\left(1 + \frac{1}{x}\right) \right]$;   (2) $\lim_{x \to 0} \frac{e^{x^2} + 2\cos x - 3}{x^4}$;   (3) $\lim_{x \to 0} \frac{\cos x - e^{-\frac{x^2}{2}}}{x^2[x + \ln(1-x)]}$.

§3.7 曲率的概念及计算

高速铁路是交通运输现代化的重要标志,也是一个国家工业化水平的重要体现.我国于 2005 年正式开工建设第一条高标准、设计时速为 350 km 的高速铁路——京津城际铁路.经过多年快速发展,现在我国高铁里程占世界高铁总里程的 2/3 以上,居世界第一.我国高速铁路的发展可谓举世无双,从引进、消化、吸收再创新到自主创新,如今已领跑世界,彰显了中国创造速度.高速铁路轨道的弯道设计必须能够实现高速行驶的列车在轨道上平稳转弯.而为了解决这个问题,需要引入一个刻画曲线弯曲程度的量,这就是本节将介绍的曲率.

为了方便讨论曲率,我们先介绍弧微分的概念.

一、弧微分

设函数 $f(x)$ 在区间 (a,b) 内具有连续导数,如图 3.21 所示.在曲线 $y=f(x)$ 上取一个固定点 $M_0(x_0,y_0)$,以 M_0 为基点,规定以自变量 x 增大的方向作为该曲线的正向.对该曲线上任一点 $M(x,y)$,有向弧段 $\overparen{M_0M}$ 的值 s(简称为弧 s)规定如下:s 的绝对值等于有向弧段 $\overparen{M_0M}$ 的长度,当有向弧段 $\overparen{M_0M}$ 的方向与该曲线的正向一致时,$s>0$;相反时,$s<0$.显然,有向弧段 $\overparen{M_0M}$ 的值 s 是 x 的单调增加函数:$s=s(x)$,$x\in(a,b)$.下面求函数 $s(x)$ 的导数及微分.

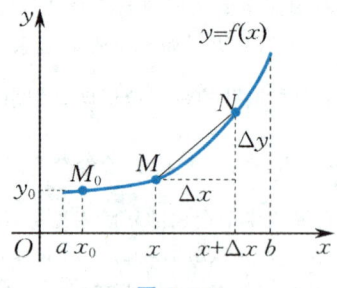

图 3.21

设 $x,x+\Delta x$ 为区间 (a,b) 内两个邻近的点,它们在曲线 $y=f(x)$ 上的对应点分别为 M 和 N,并设对应于 x 的增量 Δx,函数 $f(x)$ 的增量为 Δy,弧 s 的增量为 Δs,于是

$$\left(\frac{\Delta s}{\Delta x}\right)^2=\left(\frac{|\overparen{MN}|}{\Delta x}\right)^2=\left(\frac{|\overparen{MN}|}{|MN|}\right)^2\frac{|MN|^2}{(\Delta x)^2}$$

$$= \left(\frac{|\widehat{MN}|}{|MN|}\right)^2 \frac{(\Delta x)^2 + (\Delta y)^2}{(\Delta x)^2}$$

$$= \left(\frac{|\widehat{MN}|}{|MN|}\right)^2 \left[1 + \left(\frac{\Delta y}{\Delta x}\right)^2\right],$$

即

$$\frac{\Delta s}{\Delta x} = \pm \sqrt{\left(\frac{|\widehat{MN}|}{|MN|}\right)^2 \left[1 + \left(\frac{\Delta y}{\Delta x}\right)^2\right]}.$$

因为 $\lim\limits_{\Delta x \to 0} \frac{|\widehat{MN}|}{|MN|} = \lim\limits_{N \to M} \frac{|\widehat{MN}|}{|MN|} = 1$,且 $\lim\limits_{\Delta x \to 0} \frac{\Delta y}{\Delta x} = y'$,所以当 $\Delta x \to 0$ 时,有

$$\frac{\mathrm{d}s}{\mathrm{d}x} = \pm \sqrt{1 + y'^2}.$$

又因为 $s = s(x)$ 是单调增加函数,即 $\frac{\mathrm{d}s}{\mathrm{d}x} \geqslant 0$,所以函数 $s(x)$ 的导数为

$$\frac{\mathrm{d}s}{\mathrm{d}x} = \sqrt{1 + y'^2},$$

微分为

$$\mathrm{d}s = \sqrt{1 + y'^2}\, \mathrm{d}x. \tag{3.7.1}$$

这就是**弧微分公式**.

二、曲率及其计算公式

我们知道,半径小的圆比半径大的圆弯曲得更厉害;而一般曲线的不同部分有不同的弯曲程度,例如抛物线 $y = x^2$ 在顶点附近比远离顶点的部分弯曲得更厉害.图 3.22 在几何上给出了曲线弯曲程度的直观描述:从图 3.22(a) 中不难看出,当弧长 $|\Delta s|$ 一定时,弯曲程度与曲线的切线转角 $|\Delta \alpha|$ 成正比;从图 3.22(b) 中不难看出,当曲线的切线转角 $|\Delta \alpha|$ 一定时,弯曲程度与弧长 $|\Delta s|$ 成反比.

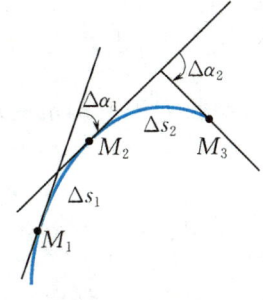

(a) 弧长相同,转角越大,
弧段弯曲程度越大

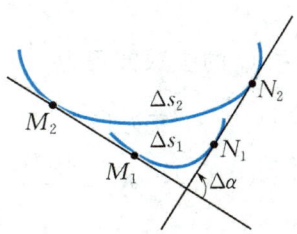

(b) 转角相同,弧段越短,
弧段弯曲程度越大

图 3.22

下面通过分析 $|\Delta s|$ 和 $|\Delta \alpha|$ 的数量关系来给出描述曲线弯曲程度的数量

指标——曲率.

假定连续曲线 C 上每一点处都存在切线,且切线随着点在曲线 C 上移动而连续转动,在曲线 C 上选定一点 M_0 作为度量弧 s 的基点. 设曲线 C 上点 M 对应于弧 s,在点 M 处切线的倾角为 α,曲线 C 上另外一点 N 对应于弧 $s+\Delta s$,在点 N 处切线的倾角为 $\alpha+\Delta\alpha$,则弧段 $\overset{\frown}{MN}$ 的长度为 $|\Delta s|$,当动点从点 M 移动到点 N 时,切线转过的角度为 $|\Delta\alpha|$ (见图 3.23).

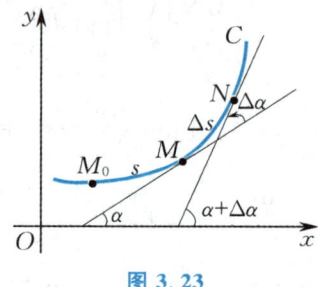

图 3.23

用比值 $\dfrac{|\Delta\alpha|}{|\Delta s|}$,即单位弧段上切线转过的角度的大小来表达弧段 $\overset{\frown}{MN}$ 的平均弯曲程度,记作 $\overline{K}=\left|\dfrac{\Delta\alpha}{\Delta s}\right|$,称 $\overline{K}$ 为弧段 $\overset{\frown}{MN}$ 的**平均曲率**.

记 $K=\lim\limits_{\Delta s\to 0}\left|\dfrac{\Delta\alpha}{\Delta s}\right|$,称 K 为曲线 C 在点 M 处的**曲率**. 在 $\lim\limits_{\Delta s\to 0}\dfrac{\Delta\alpha}{\Delta s}=\dfrac{\mathrm{d}\alpha}{\mathrm{d}s}$ 存在的条件下,曲率 K 可以表示为

$$K=\left|\dfrac{\mathrm{d}\alpha}{\mathrm{d}s}\right|. \tag{3.7.2}$$

设曲线 C 的直角坐标方程是 $y=f(x)$. 因为 $\tan\alpha=y'$,所以 $\sec^2\alpha\,\mathrm{d}\alpha=y''\mathrm{d}x$,即得

$$\mathrm{d}\alpha=\dfrac{y''}{\sec^2\alpha}\mathrm{d}x=\dfrac{y''}{1+\tan^2\alpha}\mathrm{d}x=\dfrac{y''}{1+y'^2}\mathrm{d}x.$$

又 $\mathrm{d}s=\sqrt{1+y'^2}\,\mathrm{d}x$,从而曲率的计算公式为

$$K=\left|\dfrac{\mathrm{d}\alpha}{\mathrm{d}s}\right|=\dfrac{|y''|}{(1+y'^2)^{\frac{3}{2}}}. \tag{3.7.3}$$

若曲线 C 的参数方程为 $\begin{cases}x=x(t),\\ y=y(t),\end{cases}$ 则根据由参数方程所确定的函数的导数公式,式(3.7.3)变为

$$K=\dfrac{|x'(t)y''(t)-x''(t)y'(t)|}{[x'^2(t)+y'^2(t)]^{\frac{3}{2}}}. \tag{3.7.4}$$

注 (1) 设 x_0 为函数 $f(x)$ 的一个驻点,则曲线 $y=f(x)$ 在点 $(x_0,f(x_0))$ 处的曲率为 $K=|y''(x_0)|$.

(2) 当 $|y'|\ll 1$($|y'|$ 远远小于 1)时,$K\approx|y''|$. 经过这样简化后,对一些复杂问题的计算和讨论就方便多了.

(3) 直线在任意点处的曲率都等于零.

例 3.7.1 计算半径为 R 的圆上任一点处的曲率.

解 半径为 R 的圆的参数方程为 $\begin{cases} x = R\cos t, \\ y = R\sin t. \end{cases}$ 由式(3.7.4)得

$$K = \frac{|x'(t)y''(t) - x''(t)y'(t)|}{[x'^2(t) + y'^2(t)]^{\frac{3}{2}}} = \frac{1}{R}.$$

例 3.7.2 铁轨由直道转入圆弧弯道时,若接头处的曲率突然改变,则很容易发生事故.为了行驶平稳,往往在直道和圆弧弯道之间接入一段立方抛物线 $y = \frac{1}{6Rl}x^3 (0 \leqslant x \leqslant l)$ 作为缓冲段 $\overset{\frown}{OB}$ (见图 3.24),使轨道曲线的曲率由零连续地过渡到圆弧的曲率 $\frac{1}{R}$,其中 R 是圆弧弯道的半径,l 是端点 B 的横坐标,且 $\frac{l}{R} \ll 1$.求此缓冲段在其两个端点 $O(0,0), B\left(l, \frac{l^2}{6R}\right)$ 处的曲率.

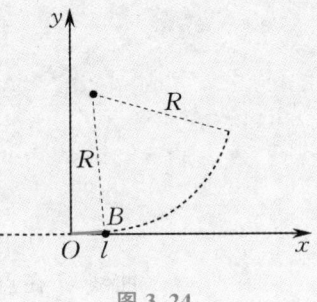

图 3.24

解 因 $y' = \frac{1}{2Rl}x^2, y'' = \frac{1}{Rl}x$,故在点 $O(0,0)$ 处的曲率为

$$K_O = \frac{|y''(0)|}{[1 + y'^2(0)]^{\frac{3}{2}}} = 0.$$

而在点 $B\left(l, \frac{l^2}{6R}\right)$ 处,有 $y'(l) = \frac{l}{2R}, y''(l) = \frac{1}{R}$,故在点 B 处的曲率为

$$K_B = \frac{|y''(l)|}{[1 + y'^2(l)]^{\frac{3}{2}}} = \frac{1}{R\left(1 + \frac{l^2}{4R^2}\right)^{\frac{3}{2}}}.$$

由 $\frac{l}{R} \ll 1$ 可知 $|y'(l)| \ll 1$,故 $K_B \approx |y''| = \frac{1}{R}$.

例 3.7.3 抛物线 $y = ax^2 + bx + c$ 上哪一点处的曲率最大?

解 因为 $y' = 2ax + b, y'' = 2a$,所以

$$K = \frac{|2a|}{[1 + (2ax + b)^2]^{\frac{3}{2}}}.$$

显然,当 $2ax + b = 0$,即 $x = -\frac{b}{2a}$ 时,曲率最大,它对应抛物线的顶点 $\left(-\frac{b}{2a}, -\frac{b^2 - 4ac}{4a}\right)$. 因此,抛物线在顶点处的曲率最大,最大曲率为 $K = |2a|$.

三、曲率圆与曲率半径

如图 3.25 所示，设曲线 C 在点 $M(x,y)$ 处的曲率为 $K(K \neq 0)$. 在曲线 C 的点 M 处的法线上往曲线 C 内凹的一侧取一点 D，使得 $|DM| = \dfrac{1}{K}$，并以 D 为圆心、$\rho = |DM| = \dfrac{1}{K}$ 为半径作圆，这个圆叫作曲线 C 在点 M 处的**曲率圆**，曲率圆的圆心 D 叫作曲线 C 在点 M 处的**曲率中心**，曲率圆的半径 ρ 叫作曲线 C 在点 M 处的**曲率半径**.

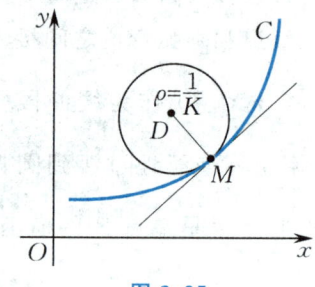

图 3.25

曲线 C 在点 M 处的曲率 $K(K \neq 0)$ 与曲率半径 ρ 有如下关系：

$$\rho = \frac{1}{K}, \quad K = \frac{1}{\rho}.$$

注 按上述规定可知，曲线 C 在点 M 处的曲率圆与曲线 C 在点 M 处有相同的切线和曲率，且在点 M 邻近有相同的凹向. 因此，在实际问题中，常常用曲率圆在点 M 邻近的一段圆弧来近似代替点 M 邻近的曲线弧（称为曲线在该点附近的二次近似），以使问题简化.

例 3.7.4 设某工件表面的截线为抛物线，满足 $y = 0.4x^2$. 现在要用砂轮磨削其内表面，问：用直径多大的砂轮才比较合适？

解 砂轮的半径不应大于抛物线顶点处的曲率半径. 因为

$$y' = 0.8x, \quad y'' = 0.8,$$

$$y'\big|_{x=0} = 0, \quad y''\big|_{x=0} = 0.8,$$

所以

$$K = \frac{|y''|}{(1+y'^2)^{\frac{3}{2}}} = 0.8.$$

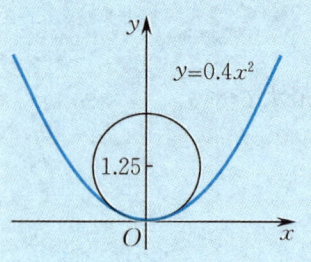

图 3.26

抛物线顶点处的曲率半径为 $\rho = \dfrac{1}{K} = 1.25$，故选用砂轮的半径不得超过 1.25 单位长度，即直径不得超过 2.5 单位长度（见图 3.26）.

例 3.7.5 设一架飞机沿抛物线 $y = \dfrac{x^2}{4\,000}$ 俯冲飞行,在原点处速度为 $v = 400$ m/s,飞行员体重为 70 kg,求俯冲到原点时,飞行员对座椅的压力(取重力加速度 $g = 9.8$ m/s^2).

解 根据物理学知识,沿着曲线运动的物体所受的向心力为 $F = \dfrac{mv^2}{r}$,其中 m 为物体的质量,v 为运动速度,r 为运动轨迹的曲率半径. 飞行员对座椅的压力为 $Q = F + G$,其中飞行员所受重力为

$$G = 70 \times 9.8 \text{ N} = 686 \text{ N}.$$

由 $y = \dfrac{x^2}{4\,000}$ 可知 $y'\big|_{x=0} = \dfrac{x}{2\,000}\big|_{x=0} = 0$,$y''\big|_{x=0} = \dfrac{1}{2\,000}$,故该抛物线在原点处的曲率为 $K = \dfrac{1}{2\,000}$,曲率半径为 $\rho = 2\,000$ m. 于是,飞行员的运动轨迹在原点处的曲率半径 $r = 2\,000$ m,从而他所受向心力为 $F = \dfrac{70 \times 400^2}{2\,000}$ N $= 5\,600$ N. 因此

$$Q = 5\,600 \text{ N} + 686 \text{ N} = 6\,286 \text{ N}.$$

习题 3.7

1. 求曲线 $y = \ln(x + \sqrt{1 + x^2})$ 在点 $(0,0)$ 处的曲率.
2. 求双曲线 $xy = 1$ 在点 $(1,1)$ 处的曲率.
3. 求星形线 $\begin{cases} x = a\cos^3 t, \\ y = a\sin^3 t \end{cases}$ 在 $t = t_0$ 相应点处的曲率.
4. 椭圆 $x = 2\cos t, y = 3\sin t$ 上哪些点处的曲率最大?
5. 求抛物线 $y = x^2 - 4x + 3$ 在顶点处的曲率和曲率半径.
6. 设函数 $y = y(x)$ 由方程 $2\mathrm{e}^x - 2\cos y = 1$ 所确定,求曲线 $y = y(x)$ 在 $x = 0$ 相应点处的曲率半径.
7. 曲线弧 $y = \sin x (0 < x < \pi)$ 上哪一点处的曲率半径最小?试求出该点处的曲率半径.
8. 曲线上曲率最大的点称为曲线的**顶点**.试求曲线 $y = \mathrm{e}^x$ 的顶点,并求在该点处的曲率半径.
9. 选择常数 a,b,c,使得曲线 $y = ax^2 + bx + c$ 与曲线 $y = \mathrm{e}^x$ 在 $x = 0$ 相应点处相切且有相同的曲率.
10. 一辆汽车连同载重共 5 t,在抛物线形拱桥上行驶,速度为 21.6 km/h,桥的跨度为 10 m,拱的矢高为 0.25 m(见图 3.27),求该汽车越过桥顶时对拱桥的压力(取重力加速度 $g = 9.8$ m/s^2).

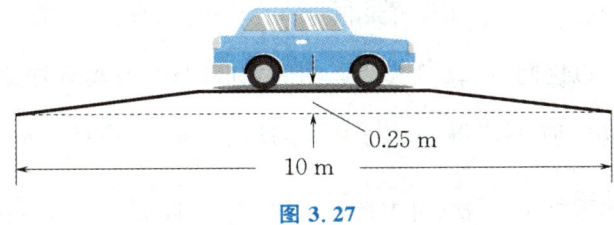

图 3.27

§3.8 方程的近似根

在科学技术问题中,经常会遇到求解高次代数方程的问题.要求得这类方程的实根的精确值,往往比较困难,因此需要寻求方程的实根的近似值,即近似根.

求方程的近似根,可分以下两步进行:

(1) 确定实根的大致范围.具体地说,就是确定一个区间 $[a,b]$,使得这个区间内有方程的唯一根.这一步工作称为**根的隔离**,区间 $[a,b]$ 称为所求实根的**隔离区间**.由于方程 $f(x)=0$ 的实根在几何上表示曲线 $y=f(x)$ 与 x 轴交点的横坐标,因此为了确定实根的隔离区间,可以先较精确地画出曲线 $y=f(x)$,然后从图上定出它与 x 轴交点的大概位置.虽然由于作图和读数的误差,这种做法一般得不到实根的高精确度的近似值,但已经可以确定出实根的隔离区间.

(2) 以隔离区间的端点作为实根的初始近似值,逐步改善实根的近似值的精确度,直至求得满足精确度要求的近似根.完成这一步工作有多种方法,这里介绍两种常用的方法:**二分法**和**切线法**.按照这些方法,编出简单的程序,就可以在计算机上求出方程足够精确的近似根.

一、二分法

设函数 $f(x)$ 在区间 $[a,b]$ 上连续,$f(a)f(b)<0$,且方程 $f(x)=0$ 在 (a,b) 内仅有一个根 ξ,于是 $[a,b]$ 即是这个根的一个隔离区间.

(1) 取 $[a,b]$ 的中点 $\xi_1=\dfrac{a+b}{2}$,计算 $f(\xi_1)$.

① 如果 $f(\xi_1)=0$,那么 $\xi=\xi_1$;

② 如果 $f(\xi_1)$ 与 $f(a)$ 同号,那么取 $a_1=\xi_1$,$b_1=b$,则由 $f(a_1)f(b_1)<0$ 即知 $a_1<\xi<b_1$,且 $b_1-a_1=\dfrac{1}{2}(b-a)$;

③ 如果 $f(\xi_1)$ 与 $f(b)$ 同号,那么取 $a_1=a$,$b_1=\xi_1$,也有 $a_1<\xi<b_1$ 及 $b_1-a_1=\dfrac{1}{2}(b-a)$.

总之,当 $\xi\neq\xi_1$ 时,可求得 $a_1<\xi<b_1$,且 $b_1-a_1=\dfrac{1}{2}(b-a)$.

(2) 以区间 $[a_1,b_1]$ 作为新的隔离区间,并对其重复做法(1),则当 $\xi\neq\xi_2=\dfrac{1}{2}(a_1+b_1)$ 时,可求得 $a_2<\xi<b_2$,且 $b_2-a_2=\dfrac{1}{2^2}(b-a)$.

如此重复 $n-1$ 次,可求得 $a_n<\xi<b_n$,且 $b_n-a_n=\dfrac{1}{2^n}(b-a)$.故由此可知,

如果以 a_n（或 b_n）作为根 ξ 的近似值，那么得到的误差将会小于 $\frac{1}{2^n}(b-a)$.

上述求得方程 $f(x)=0$ 的根 ξ 的近似值的方法称为**二分法**.

例 3.8.1 用二分法求方程 $x^3+1.1x^2+0.9x-1.4=0$ 的实根的近似值，使得误差不超过 10^{-3}.

解 令函数 $f(x)=x^3+1.1x^2+0.9x-1.4$，显然 $f(x)$ 在区间 $(-\infty,+\infty)$ 上连续. 因

$$f'(x)=3x^2+2.2x+0.9=3\left(x+\frac{11}{30}\right)^2+\frac{149}{300}>0,$$

故 $f(x)$ 在 $(-\infty,+\infty)$ 上严格单调增加，从而 $f(x)=0$ 至多有一个实根. 又 $f(0)=-1.4<0, f(1)=1.6>0$，由零点定理可知 $f(x)=0$ 在区间 $[0,1]$ 上至少有一个根. 因此，$f(x)=0$ 在 $[0,1]$ 上有唯一的根 ξ.

取 $a=0,b=1$，则 $[0,1]$ 是一个隔离区间. 下面用二分法来求根 ξ 的近似值：

$\xi_1=0.5, f(\xi_1)=-0.55<0$，故 $a_1=0.5, b_1=1$；
$\xi_2=0.75, f(\xi_2)=0.32>0$，故 $a_2=0.5, b_2=0.75$；
$\xi_3=0.625, f(\xi_3)=-0.16<0$，故 $a_3=0.625, b_3=0.75$；
$\xi_4=0.687, f(\xi_4)=0.062>0$，故 $a_4=0.625, b_4=0.687$；
$\xi_5=0.656, f(\xi_5)=-0.054<0$，故 $a_5=0.656, b_5=0.687$；
$\xi_6=0.672, f(\xi_6)=0.005>0$，故 $a_6=0.656, b_6=0.672$；
$\xi_7=0.664, f(\xi_7)=-0.025<0$，故 $a_7=0.664, b_7=0.672$；
$\xi_8=0.668, f(\xi_8)=-0.010<0$，故 $a_8=0.668, b_8=0.672$；
$\xi_9=0.670, f(\xi_9)=-0.002<0$，故 $a_9=0.670, b_9=0.672$；
$\xi_{10}=0.671, f(\xi_{10})=0.001>0$，故 $a_{10}=0.670, b_{10}=0.671$.

于是 $0.670<\xi<0.671$.

若取 0.670 作为根 ξ 的不足近似值，取 0.671 作为根 ξ 的过剩近似值，则其误差都小于 10^{-3}.

二、切线法

设函数 $f(x)$ 在区间 $[a,b]$ 上具有二阶导数，$f(a)f(b)<0$，且 $f'(x)$ 及 $f''(x)$ 在 $[a,b]$ 上的符号保持不变. 在上述条件下，方程 $f(x)=0$ 在 (a,b) 内有唯一的根 ξ，$[a,b]$ 为根的一个隔离区间. 此时，$y=f(x)$ 在 $[a,b]$ 上的图形 $\overset{\frown}{AB}$ 只有如图 3.28 所示的四种不同情形.

考虑用曲线弧 $\overset{\frown}{AB}$ 一端的切线来近似代替曲线弧，从而求出方程的根 ξ 的近似值，这种方法叫作**切线法**. 从图 3.28 中看出，若在纵坐标与 $f''(x)$ 同号的那个端点[此端点记作 $(x_0,f(x_0))$]处作切线，则这条切线与 x 轴的交点的横坐

标 x_1 就比 x_0 更接近根 ξ. 用迭代的方法就可找出根 ξ 的近似值.

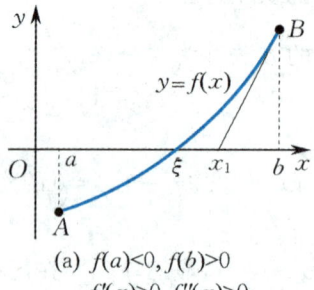
(a) $f(a)<0, f(b)>0$
$f'(x)>0, f''(x)>0$

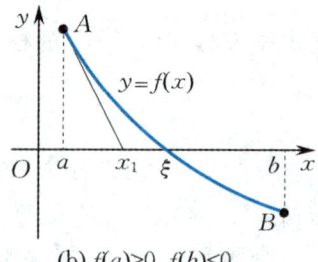
(b) $f(a)>0, f(b)<0$
$f'(x)<0, f''(x)>0$

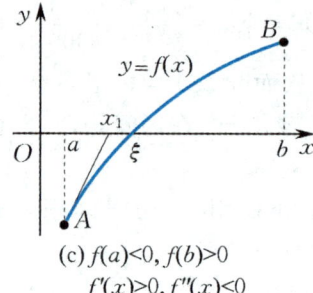
(c) $f(a)<0, f(b)>0$
$f'(x)>0, f''(x)<0$

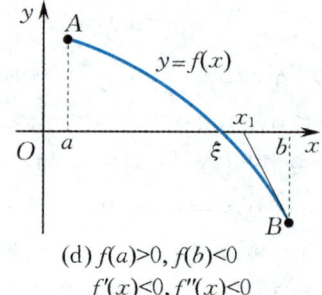
(d) $f(a)>0, f(b)<0$
$f'(x)<0, f''(x)<0$

图 3.28

以情形(c): $f(a)<0, f(b)>0, f'(x)>0, f''(x)<0$ 为例进行讨论.

令 $x_0=a$, 在端点 $(x_0, f(x_0))$ 处作切线, 则切线方程为
$$y - f(x_0) = f'(x_0)(x - x_0).$$

令 $y=0$, 得 $x_1 = x_0 - \dfrac{f(x_0)}{f'(x_0)}$.

再在点 $(x_1, f(x_1))$ 处作切线, 同理求得根 ξ 的近似值
$$x_2 = x_1 - \dfrac{f(x_1)}{f'(x_1)}.$$

如此继续下去, 求得根 ξ 的近似值
$$x_n = x_{n-1} - \dfrac{f(x_{n-1})}{f'(x_{n-1})}, \quad n=1,2,\cdots.$$

随着 n 的增加, x_n 与根 ξ 越来越接近(见图 3.29).

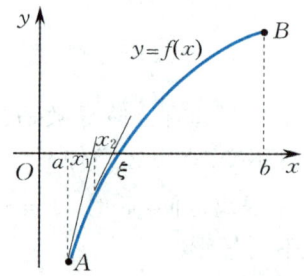

图 3.29

注 若 $f(b)$ 与 $f''(x)$ 同号, 则令 $x_0 = b$.

习题3.8

1. 证明:方程 $x^3-3x^2+6x-1=0$ 在区间 $(0,1)$ 内有唯一的根,并用二分法求这个根的近似值,使得误差不超过 0.01.
2. 用切线法求方程 $x^3+3x-1=0$ 的实根的近似值,使得误差不超过 0.01.
3. 求方程 $x\ln x=1$ 的实根的近似值,使得误差不超过 0.01.

§3.9 导数与微分应用案例(二)

一、光线传播的路径问题

例 3.9.1 在 x 轴的上、下两侧有两种不同的介质 I 和 II,一束光线由介质 I 中的点 A 经过两种介质的界面折射后到达介质 II 中的点 B(见图3.30).已知光在介质 I 和 II 中的传播速度分别是 v_1 和 v_2,光线在介质中总是沿着耗时最少的路径传播,求光线传播的路径.

解 设点 A 到 x 轴的垂直距离为 h_1,点 B 到 x 轴的垂直距离为 h_2,OQ 的长度为 l.

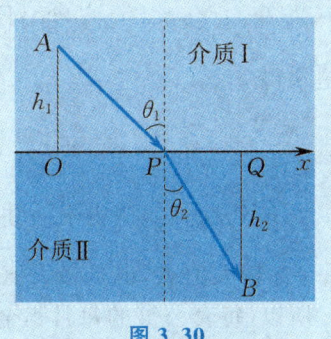

图 3.30

因光线在介质中总是沿着耗时最少的路径传播,故在同一介质内必沿直线传播.设光线传播的路径与 x 轴的交点为 P,则光线从点 A 到点 B 的传播路径必为折线 APB.设 OP 的长度为 x,则光线沿折线 APB 传播所需的时间为

$$T(x)=\frac{\sqrt{h_1^2+x^2}}{v_1}+\frac{\sqrt{h_2^2+(l-x)^2}}{v_2}, \quad x\in[0,l].$$

于是求得

$$T'(x)=\frac{x}{v_1\sqrt{h_1^2+x^2}}-\frac{l-x}{v_2\sqrt{h_2^2+(l-x)^2}}=\frac{\sin\theta_1}{v_1}-\frac{\sin\theta_2}{v_2},$$

$$T''(x) = \frac{h_1^2}{v_1\sqrt{(h_1^2+x^2)^3}} + \frac{h_2^2}{v_2\sqrt{[h_2^2+(l-x)^2]^3}} > 0.$$

$T'(x)$ 在区间 $[0,l]$ 上连续、严格单调增加，且 $T'(0)T'(l)<0$，故 $T'(x)$ 在区间 $(0,l)$ 内有唯一零点 x_0，并且 x_0 为 $T(x)$ 在 $[0,l]$ 上的最小值点．在点 $x=x_0$ 处，有

$$\frac{\sin\theta_1}{v_1} = \frac{\sin\theta_2}{v_2}.$$

这就是光的折射定律．

二、公寓出租问题

例 3.9.2 某房地产公司有 50 套公寓要出租，当每套公寓的每月租金定为 180 元时，公寓会全部租出去；当每月租金每增加 10 元时，就多一套公寓租不出去．若租出去的每套公寓每月需花费 20 元的整修维护费，试问：每套公寓的每月租金定为多少时可获得最高收入？

解 设每套公寓的每月租金为 x（单位：元），则租出去的公寓数量为 $50-\dfrac{x-180}{10}$（单位：套），每月总收入为

$$R(x) = (x-20)\left(50-\frac{x-180}{10}\right) = (x-20)\left(68-\frac{x}{10}\right) \text{（单位：元）}.$$

于是求得

$$R'(x) = \left(68-\frac{x}{10}\right) + (x-20)\left(-\frac{1}{10}\right) = 70-\frac{x}{5}.$$

令 $R'(x)=0$，解得唯一驻点 $x=350$ 元．而 $R''(350)=-\dfrac{1}{5}<0$，故 $x=350$ 元是函数 $R(x)$ 的极大值点，也是最大值点．

所以，每套公寓的每月租金为 350 元时收入最高，最高收入为

$$R(350) = (350-20)\left(68-\frac{350}{10}\right) \text{元} = 10\,890 \text{ 元}.$$

三、最大税收问题

例 3.9.3 某商家销售某种商品，已知价格函数为 $P(x)=7-0.2x$（单位：万元/t），总成本函数为 $C(x)=3x+1$（单位：万元），其中 x（单位：t）表示商品的销售量．

(1) 若每销售 1 t 商品,政府要征收的税款为 t(单位:万元),求该商家获得最大利润时的销售量.

(2) 在该商家获得最大利润条件下,t 为何值时,政府税收总额最大?

解 (1) 设政府税收总额为 $T(x)$(单位:万元),销售总收入为 $R(x)$(单位:万元),则总利润函数为

$$L(x) = R(x) - C(x) - T(x) = 7x - 0.2x^2 - (3x+1) - tx$$
$$= (4-t)x - 0.2x^2 - 1 (\text{单位:万元}).$$

令 $L'(x) = 4 - t - 0.4x = 0$,解得唯一驻点 $x = 10 - 2.5t$(单位:t).而
$$L''(10 - 2.5t) = -0.4 < 0,$$

故当 $x = 10 - 2.5t$(单位:t)时,$L(x)$ 取得极大值,也是最大值. 所以,当销售量为 $(10 - 2.5t)$(单位:t)时,该商家获利最大.

(2) 政府税收总额为 $T(x) = tx$,则在该商家获得最大利润的条件下,政府税收总额为

$$T(10 - 2.5t) = t(10 - 2.5t) = 10t - 2.5t^2 \triangleq \widehat{T}(t).$$

令 $\widehat{T}'(t) = 10 - 5t = 0$,解得唯一驻点 $t = 2$ 万元. 而 $\widehat{T}''(2) = -5 < 0$,故当 $t = 2$ 万元时,$\widehat{T}(t)$ 取得极大值,也是最大值.

所以,当 $t = 2$ 万元时,政府税收总额最大,且最大值为 $\widehat{T}(2) = 10$ 万元.

习题3.9

1. 某生猪养殖场每天投入 10 元用于食料、人工等,估计可使得一头质量为 80 kg 的生猪每天增加 2 kg. 目前生猪出售的市场价格为 25 元/kg,但是预计每天会降低 0.4 元/kg. 问:该养殖场应该在什么时候出售这样的生猪获利最大?

2. 某酒店拥有150间客房,经过一段时间的经营实践获得如下信息:若每间客房每天定价为160元,则入住率为 55%;若定价为 140 元,则入住率为 65%;若定价为 120 元,则入住率为 75%;若定价为 100 元,则入住率为 85%. 欲使每天收入最高,问:每间客房每天定价应是多少?

*3. 设某酒厂有一批新酿的好酒,若现在(假定 $t = 0$)就售出,则总收入为 R_0(单位:元);若窖藏起来待来日按陈酒价格出售,则经过时间 t(单位:年)后总收入为 $R = R_0 e^{\frac{2}{5}\sqrt{t}}$(单位:元). 假定银行的年利率为 r,并以连续复利计息,问:窖藏多少年售出可使得总收入的现值最大?试求 $r = 0.06$ 时 t 的值.

总复习题三

1. 若函数 $f(x)$ 在区间 (a,b) 内具有二阶导数,且 $f(x_1)=f(x_2)=f(x_3)$,其中 $a<x_1<x_2<x_3<b$,证明:至少存在一点 $\xi\in(a,b)$,使得 $f''(\xi)=0$.

2. 若方程 $a_0x^n+a_1x^{n-1}+\cdots+a_{n-1}x=0$ 有一个正根 $x=x_0$,证明:方程
$$a_0nx^{n-1}+a_1(n-1)x^{n-2}+\cdots+a_{n-1}=0$$
必有一个小于 x_0 的正根.

3. 证明:$\dfrac{x}{1+x}<\ln(1+x)<x, x>0$.

4. 求下列极限:

   (1) $\lim\limits_{x\to 0}\left(\dfrac{1+x}{\sin x}-\dfrac{1}{x}\right)$;
   (2) $\lim\limits_{x\to 1^-}\dfrac{\ln\left(\tan\dfrac{\pi}{2}x\right)}{\ln(1-x)}$;
   (3) $\lim\limits_{x\to\frac{\pi}{2}}\dfrac{\ln(\sin x)}{(\pi-2x)^2}$;

   (4) $\lim\limits_{x\to 0}(\cos x)^{\frac{1}{x^2}}$;
   (5) $\lim\limits_{x\to\infty}x^2\left(1-x\sin\dfrac{1}{x}\right)$;
   (6) $\lim\limits_{x\to\infty}x\left[e\left(1+\dfrac{1}{x}\right)^{-x}-1\right]$.

5. 函数 $f(x)$ 在点 $x=0$ 处具有二阶连续导数,且 $f(0)=0, f'(0)=1, f''(0)=-2$,求 $\lim\limits_{x\to 0}\dfrac{f(x)-x}{x^2}$.

*6. 已知函数 $f(x)$ 在区间 $(-\infty,+\infty)$ 上可导,且
$$\lim\limits_{x\to\infty}f'(x)=e, \quad \lim\limits_{x\to\infty}\left(\dfrac{x+c}{x-c}\right)^x=\lim\limits_{x\to\infty}[f(x)-f(x-1)],$$
求常数 c 的值.

7. 证明:当 $0<x<\dfrac{\pi}{2}$ 时,$\tan x>x+\dfrac{1}{3}x^3$.

8. 证明不等式:$\ln(1+x)>\dfrac{\arctan x}{1+x}, x>0$.

*9. 证明:方程 $x^n+x^{n-1}+\cdots+x=1$(n 为整数且 $n>1$)在区间 $\left(\dfrac{1}{2},1\right)$ 内有且仅有一个根.

10. 已知曲线 $y=k(x^2-3)^2$ 在其拐点处的法线通过原点,求常数 k 的值.

11. 已知函数 $y=\dfrac{2x^2}{(1-x)^2}$,求其单调区间、极值,其图形的凹凸区间、拐点和渐近线.

12. 求函数 $f(x)=|x^2-3x+2|$ 在区间 $[-3,4]$ 上的最值.

13. 对一个物体的长度测量了 n 次,得到 n 个数值 $x_1,x_2,\cdots,x_n$,试确定一个数 x,使得它与测得的数值之差的平方和最小.

14. 从半径为 R 的圆上割去一个扇形,把剩下的部分卷成一个漏斗.问:剩下的扇形的中心角 θ 为多大时,做成的漏斗的容积最大?

*15. 设 $a>1, f(t)=a^t-at$ 在区间 $(-\infty,+\infty)$ 上的驻点为 $t(a)$,问:a 为何值时,$t(a)$ 最小?试求出最小值.

16. 求摆线 $\begin{cases}x=a(\theta-\sin\theta),\\ y=a(1-\cos\theta)\end{cases}$ $(a>0,0\leqslant\theta\leqslant 2\pi)$ 的曲率,讨论在摆线上哪一点处的曲率最小,并求出最小的曲率.

第4章

不定积分

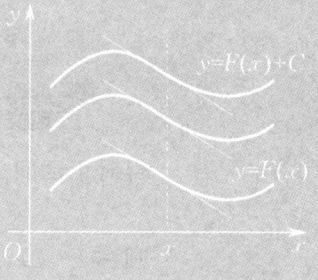

前面我们学习了导数、微分及其应用,以及如何求一个函数的导数.然而,在科学技术和经济管理等领域的实际问题中,常常需要通过一个函数的导数来求出该函数.这就涉及不定积分问题.本章介绍不定积分的概念、性质和基本积分方法.

§4.1 原函数和不定积分的概念

物理学中讨论质点沿直线运动时,往往遇到两个方面的问题:一是已知位移函数 $s=s(t)$,求质点运动的速度 $v=v(t)$[这个问题已在微分学中解决了,即有 $v=s'(t)$];二是已知质点做直线运动的速度 $v=v(t)$,求位移函数 $s=s(t)$. 从数学的角度来看,后者实际上是已知函数 $f(x)$,求满足关系式 $F'(x)=f(x)$ 的函数 $F(x)$. 这也就是求函数 $f(x)$ 的原函数的问题.

一、原函数的概念

定义 4.1.1 设函数 $f(x)$ 在区间 I 上有定义. 若存在函数 $F(x)$,使得对于区间 I 上的任一点 x,都有

$$F'(x)=f(x) \quad \text{或} \quad \mathrm{d}F(x)=f(x)\mathrm{d}x,$$

则称 $F(x)$ 是函数 $f(x)$ 在区间 I 上的一个**原函数**.

例如,在区间 $(-\infty,+\infty)$ 内,因为 $(\sin x)'=\cos x$,所以 $\sin x$ 是 $\cos x$ 在 $(-\infty,+\infty)$ 上的一个原函数. 又如,在区间 $(-1,1)$ 内,因 $(\arcsin x)'=\dfrac{1}{\sqrt{1-x^2}}$,故 $\arcsin x$ 是 $\dfrac{1}{\sqrt{1-x^2}}$ 在 $(-1,1)$ 上的一个原函数. 再如,在区间 $(0,+\infty)$ 内,$(\ln x)'=\dfrac{1}{x}$,于是 $\ln x$ 是 $\dfrac{1}{x}$ 在 $(0,+\infty)$ 上的一个原函数.

关于原函数,需要考虑如下两个问题:

(1) 一个函数具备什么条件时,它的原函数一定存在?

(2) 如果 $F(x)$ 是 $f(x)$ 在区间 I 上的一个原函数,那么 $f(x)$ 还有没有别的原函数? 若有,则它们和 $F(x)$ 有什么联系?

对于问题(1),我们先给出原函数存在定理,它的证明将在 §5.3 中给出.

定理 4.1.1(原函数存在定理) 如果函数 $f(x)$ 在区间 I 上连续,那么 $f(x)$ 在区间 I 上的原函数必存在,即在区间 I 上存在可导函数 $F(x)$,使得对于任意 $x\in I$,都有

$$F'(x)=f(x).$$

简而言之,连续函数一定有原函数. 于是,初等函数在其定义区间上都有原函数.

对于问题(2),有如下两个定理.

定理 4.1.2　如果 $F(x)$ 是函数 $f(x)$ 在区间 I 上的一个原函数,那么对于任意常数 C, $F(x)+C$ 也是 $f(x)$ 在区间 I 上的原函数.

证明　因为
$$[F(x)+C]'=F'(x)=f(x),$$
所以 $F(x)+C$ 也是 $f(x)$ 在区间 I 上的原函数.

此定理表明,如果 $F(x)$ 是函数 $f(x)$ 的一个原函数,那么 $f(x)$ 就有无穷多个原函数.

定理 4.1.3　如果 $G(x)$ 和 $F(x)$ 是函数 $f(x)$ 在区间 I 上的任意两个原函数,那么 $G(x)$ 和 $F(x)$ 只相差一个常数.

证明　因为 $G'(x)=f(x), F'(x)=f(x)$,所以
$$[G(x)-F(x)]'=G'(x)-F'(x)=f(x)-f(x)\equiv 0.$$
而导数恒等于零的函数必为常数函数,故存在某个常数 C_0,使得
$$G(x)-F(x)=C_0,\quad 即 \quad G(x)=F(x)+C_0.$$

此定理表明,如果 $F(x)$ 是函数 $f(x)$ 的一个原函数,那么 $f(x)$ 的原函数都可表示成 $F(x)+C$(C 是常数)的形式.因此,$F(x)+C$(C 是任意常数)可以表示 $f(x)$ 的所有原函数.于是,引入下面不定积分的概念.

二、不定积分的定义

定义 4.1.2　函数 $f(x)$ 在区间 I 上的所有原函数称为 $f(x)$ 在区间 I 上的**不定积分**,记为
$$\int f(x)\mathrm{d}x,$$
其中记号 $\int$ 称为**积分号**,$f(x)$ 称为**被积函数**,$f(x)\mathrm{d}x$ 称为**被积表达式**,x 称为**积分变量**.

由定义 4.1.2 及前面的讨论可知,如果 $F(x)$ 是函数 $f(x)$ 在区间 I 上的一个原函数,那么表达式 $\{F(x)+C\mid C\in \mathbf{R}\}$ 就是 $f(x)$ 的不定积分.为了方便起见,记
$$\int f(x)\mathrm{d}x=F(x)+C.$$
因此,求 $f(x)$ 的不定积分,只要求出 $f(x)$ 的一个原函数,再加上任意常数 C 即可.有时用 $\int \mathrm{d}x$ 表示 $\int 1\mathrm{d}x$,故 $\int \mathrm{d}x=\int 1\mathrm{d}x=x+C$.

例 4.1.1　求 $\int x^3 \mathrm{d}x$.

解 因为 $\left(\dfrac{x^4}{4}\right)' = x^3$，所以 $\dfrac{x^4}{4}$ 是 x^3 的一个原函数. 因此

$$\int x^3 \mathrm{d}x = \dfrac{x^4}{4} + C.$$

例 4.1.2 求 $\int \left(-\dfrac{1}{\sqrt{1-x^2}}\right) \mathrm{d}x$.

解 因为 $(\arccos x)' = -\dfrac{1}{\sqrt{1-x^2}}$，所以 $\arccos x$ 是 $-\dfrac{1}{\sqrt{1-x^2}}$ 的一个原函数. 因此

$$\int \left(-\dfrac{1}{\sqrt{1-x^2}}\right) \mathrm{d}x = \arccos x + C.$$

例 4.1.3 求 $\int \dfrac{1}{x} \mathrm{d}x$.

解 当 $x > 0$ 时，因为 $(\ln x)' = \dfrac{1}{x}$，所以 $\int \dfrac{1}{x} \mathrm{d}x = \ln x + C, x > 0$；当 $x < 0$ 时，因为 $[\ln(-x)]' = \dfrac{1}{x}$，所以 $\int \dfrac{1}{x} \mathrm{d}x = \ln(-x) + C, x < 0$. 因此，不论 $x > 0$ 或 $x < 0$，都有

$$\int \dfrac{1}{x} \mathrm{d}x = \ln |x| + C.$$

由于不定积分是被积函数的全体原函数，因此在求不定积分时，要注意在求出被积函数的一个原函数之后，加上任意常数 C.

三、不定积分的几何意义

设 $F(x)$ 是函数 $f(x)$ 的一个原函数. $y = F(x)$ 在平面上表示一条曲线，该曲线上每一点 (x, y) 处的切线斜率为 $f(x)$，称 $y = F(x)$ 是 $f(x)$ 的一条**积分曲线**. 函数 $f(x)$ 的不定积分 $\int f(x) \mathrm{d}x = F(x) + C$ 的几何意义是：它表示一族积分曲线，即把 $y = F(x)$ 的图形沿着 y 轴方向平移产生的积分曲线族（见图 4.1）.

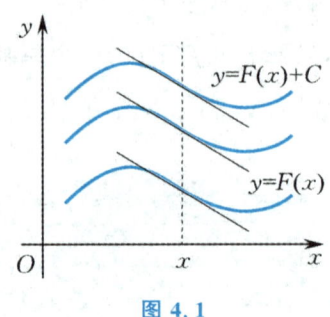

图 4.1

例 4.1.4
已知一条曲线 $y=f(x)$ 通过点 $(2,0)$,且其上任一点处的切线斜率等于该点的横坐标,求此曲线的方程.

解 由题意有 $f'(x)=x$,即 $f(x)$ 是 x 的一个原函数,而

$$\int x\,\mathrm{d}x=\frac{x^2}{2}+C,$$

从而 $f(x)=\dfrac{x^2}{2}+C_0$,其中 C_0 是某个待定常数.因为 $f(2)=0$,所以 $0=\dfrac{1}{2}\times 2^2+C_0$,解得 $C_0=-2$.因此,所求曲线的方程为

$$y=\frac{x^2}{2}-2 \quad (\text{见图 }4.2).$$

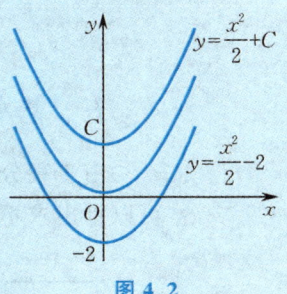

图 4.2

四、不定积分的性质

性质 4.1.1 不定积分的导数(或微分)等于被积函数(或被积表达式),即

$$\left[\int f(x)\,\mathrm{d}x\right]'=f(x) \quad \text{或} \quad \mathrm{d}\left[\int f(x)\,\mathrm{d}x\right]=f(x)\,\mathrm{d}x.$$

证明 设 $F(x)$ 是函数 $f(x)$ 的一个原函数,即 $F'(x)=f(x)$,则

$$\left[\int f(x)\,\mathrm{d}x\right]'=[F(x)+C]'=F'(x)=f(x)$$

或

$$\mathrm{d}\left[\int f(x)\,\mathrm{d}x\right]=\mathrm{d}[F(x)+C]=\mathrm{d}[F(x)]=F'(x)\,\mathrm{d}x=f(x)\,\mathrm{d}x.$$

性质 4.1.2 函数的导数的不定积分等于该函数本身加上一个任意常数,即

$$\int F'(x)\,\mathrm{d}x=F(x)+C,$$

且有

$$\int \mathrm{d}[F(x)]=F(x)+C.$$

证明 因 $F(x)$ 是函数 $F'(x)$ 的一个原函数,故

$$\int F'(x)\,\mathrm{d}x=F(x)+C.$$

显然有

$$\int \mathrm{d}[F(x)]=F(x)+C.$$

由性质 4.1.1 和性质 4.1.2 可以看出,求不定积分的运算(称为积分运算,

简称积分)和微分运算在不计常数时互为逆运算. 由不定积分的定义可推出积分运算是一种线性运算,即有如下性质.

性质 4.1.3 设函数 $f(x)$ 和 $g(x)$ 的原函数都存在,α 和 β 是两个不全为零的常数,则 $\alpha f(x) + \beta g(x)$ 的原函数也存在,且

$$\int [\alpha f(x) + \beta g(x)] dx = \alpha \int f(x) dx + \beta \int g(x) dx.$$

五、基本积分公式

由于积分运算在不计常数时是微分运算的逆运算,因此由基本导数公式就可以推出求不定积分的基本公式——基本积分公式. 为了方便起见,列表 4.1.

表 4.1

基本导数公式	基本积分公式
$(kx)' = k$ （k 为常数）	$\int k\, dx = kx + C$ （k 为常数）
$\left(\dfrac{x^{\mu+1}}{\mu+1}\right)' = x^\mu$ （$\mu \neq -1$）	$\int x^\mu\, dx = \dfrac{x^{\mu+1}}{\mu+1} + C$ （$\mu \neq -1$）
$(\ln|x|)' = \dfrac{1}{x}$ （$x \neq 0$）	$\int \dfrac{1}{x}\, dx = \ln|x| + C$ （$x \neq 0$）
$(e^x)' = e^x$	$\int e^x\, dx = e^x + C$
$\left(\dfrac{a^x}{\ln a}\right)' = a^x$ （$a > 0, a \neq 1$）	$\int a^x\, dx = \dfrac{a^x}{\ln a} + C$ （$a > 0, a \neq 1$）
$(\sin x)' = \cos x$	$\int \cos x\, dx = \sin x + C$
$(\cos x)' = -\sin x$	$\int \sin x\, dx = -\cos x + C$
$(\tan x)' = \sec^2 x = \dfrac{1}{\cos^2 x}$	$\int \sec^2 x\, dx = \int \dfrac{1}{\cos^2 x}\, dx = \tan x + C$
$(\cot x)' = -\csc^2 x = -\dfrac{1}{\sin^2 x}$	$\int \csc^2 x\, dx = \int \dfrac{1}{\sin^2 x}\, dx = -\cot x + C$
$(\sec x)' = \sec x \tan x$	$\int \sec x \tan x\, dx = \sec x + C$
$(\csc x)' = -\csc x \cot x$	$\int \csc x \cot x\, dx = -\csc x + C$
$(\arcsin x)' = \dfrac{1}{\sqrt{1-x^2}}$	$\int \dfrac{1}{\sqrt{1-x^2}}\, dx = \arcsin x + C$
$(\arctan x)' = \dfrac{1}{1+x^2}$	$\int \dfrac{1}{1+x^2}\, dx = \arctan x + C$

以后还将陆续补充一些公式. 这些公式是求不定积分的基础,必须熟记并熟练地运用.

例 4.1.5 求 $\int \dfrac{x^2}{\sqrt[3]{x}} dx$.

解 先把被积函数化为幂函数的形式,再利用基本积分公式,得

$$\int \dfrac{x^2}{\sqrt[3]{x}} dx = \int x^{2-\frac{1}{3}} dx = \int x^{\frac{5}{3}} dx = \dfrac{1}{\frac{5}{3}+1} x^{\frac{5}{3}+1} + C$$

$$= \dfrac{3}{8} x^{\frac{8}{3}} + C.$$

例 4.1.6 求 $\int 2^x e^x dx$.

解 把被积函数化为以 2e 为底的指数函数,就可利用基本积分公式求出其不定积分:

$$\int 2^x e^x dx = \int (2e)^x dx = \dfrac{(2e)^x}{\ln(2e)} + C = \dfrac{2^x e^x}{1+\ln 2} + C.$$

本章的主要内容就是讨论求不定积分的方法.求不定积分的方法简称为**积分法**.

六、直接积分法

在求不定积分时,若可以直接利用基本积分公式和性质得到结果,则称这样的积分法为**直接积分法**.用直接积分法可以求出某些简单函数的不定积分.

例 4.1.7 求 $\int (3x^2 - 2x + 4) dx$.

解 用直接积分法,得

$$\int (3x^2 - 2x + 4) dx = 3\int x^2 dx - 2\int x dx + 4\int dx = 3 \cdot \dfrac{x^3}{3} - 2 \cdot \dfrac{x^2}{2} + 4x + C$$

$$= x^3 - x^2 + 4x + C.$$

注 (1) 分项积分后,每一个不定积分都含有一个任意常数,但由于任意常数的和仍为任意常数,因此只需写出总的一个任意常数 C 即可;

(2) 检验不定积分计算结果是否正确,只需对结果求导数,看它的导数是否等于被积函数即可:相等时结果是正确的,否则结果是错误的.

例 4.1.8 求 $\int \dfrac{(x-1)^3}{x^2} dx$.

解 把被积函数变形,化为代数和形式,再分项积分:

$$\int \frac{(x-1)^3}{x^2}\mathrm{d}x = \int \frac{x^3-3x^2+3x-1}{x^2}\mathrm{d}x = \int\left(x-3+\frac{3}{x}-\frac{1}{x^2}\right)\mathrm{d}x$$

$$= \int x\,\mathrm{d}x - 3\int \mathrm{d}x + 3\int \frac{1}{x}\mathrm{d}x - \int \frac{1}{x^2}\mathrm{d}x$$

$$= \frac{x^2}{2} - 3x + 3\ln|x| + \frac{1}{x} + C.$$

例 4.1.9 求 $\int \dfrac{1+2x^2}{x^2(1+x^2)}\mathrm{d}x$.

解 被积函数是分式,把被积函数分项,化为分式之和,再分项积分:

$$\int \frac{1+2x^2}{x^2(1+x^2)}\mathrm{d}x = \int \frac{(1+x^2)+x^2}{x^2(1+x^2)}\mathrm{d}x = \int \frac{1}{x^2}\mathrm{d}x + \int \frac{1}{1+x^2}\mathrm{d}x$$

$$= -\frac{1}{x} + \arctan x + C.$$

例 4.1.10 求 $\int \dfrac{2x^4+x^2+3}{x^2+1}\mathrm{d}x$.

解 被积函数的分子和分母都是多项式,通过多项式的除法,可以把它化成基本积分公式中所列类型的不定积分,然后分项积分:

$$\int \frac{2x^4+x^2+3}{x^2+1}\mathrm{d}x = \int \left(2x^2-1+\frac{4}{x^2+1}\right)\mathrm{d}x = 2\int x^2\mathrm{d}x - \int \mathrm{d}x + 4\int \frac{1}{x^2+1}\mathrm{d}x$$

$$= \frac{2}{3}x^3 - x + 4\arctan x + C.$$

例 4.1.11 求 $\int \sin^2\dfrac{x}{2}\mathrm{d}x$.

解 被积函数含有正弦函数的平方,为了利用直接积分法,可由三角函数半角公式把正弦函数的次数降低:

$$\int \sin^2\frac{x}{2}\mathrm{d}x = \int \frac{1-\cos x}{2}\mathrm{d}x = \frac{1}{2}\int(1-\cos x)\mathrm{d}x = \frac{1}{2}(x-\sin x) + C.$$

例 4.1.12 求 $\int \cot^2 x\,\mathrm{d}x$.

解 利用三角恒等式 $1+\cot^2 x = \csc^2 x$,把被积函数写成 $\cot^2 x = \csc^2 x - 1$ 的形式,再分项积分:

$$\int \cot^2 x\,\mathrm{d}x = \int (\csc^2 x - 1)\mathrm{d}x = \int \csc^2 x\,\mathrm{d}x - \int \mathrm{d}x = -\cot x - x + C.$$

例 4.1.13 求 $\int \dfrac{1}{\sin^2 x \cos^2 x}\mathrm{d}x$.

解 把被积函数变形为

$$\frac{1}{\sin^2 x \cos^2 x} = \frac{\sin^2 x + \cos^2 x}{\sin^2 x \cos^2 x} = \frac{1}{\cos^2 x} + \frac{1}{\sin^2 x} = \sec^2 x + \csc^2 x,$$

故

$$\int \frac{1}{\sin^2 x \cos^2 x}\mathrm{d}x = \int (\sec^2 x + \csc^2 x)\mathrm{d}x = \tan x - \cot x + C.$$

例 4.1.14 一个物体由静止开始做直线运动，在 t（单位：s）时刻的速度是 $3t^2$（单位：m/s），问：

(1) 在 $t=3$ s 时，物体与出发点的距离是多少？

(2) 该物体走完 1 000 m 需要多少时间？

解 设 $s=s(t)$ 为位移函数，因为 $v=s'(t)=3t^2$，而 $\int 3t^2 \mathrm{d}t = t^3+C$，所以该物体的位移函数为

$$s = t^3 + C_0 (\text{单位：m}),$$

其中 C_0 是某个待定常数. 又因 $t=0$ s 时，$s=0$ m，代入得 $C_0=0$，故 $s=t^3$.

(1) 当 $t=3$ s 时，$s=27$ m，即在 $t=3$ s 时，该物体与出发点的距离是 27 m.

(2) 当 $s=1 000$ m 时，$t=10$ s，即该物体走完 1 000 m 需要 10 s.

习题4.1

1. 利用求导运算验证下列等式：

(1) $\int \mathrm{e}^x \sin x \mathrm{d}x = \frac{1}{2}\mathrm{e}^x(\sin x - \cos x) + C$；

(2) $\int x\cos x \mathrm{d}x = x\sin x + \cos x + C$；

(3) $\int \frac{2x}{(x^2+1)(x+1)^2}\mathrm{d}x = \arctan x + \frac{1}{x+1} + C$；

(4) $\int \frac{1}{x^2\sqrt{x^2-1}}\mathrm{d}x = \frac{\sqrt{x^2-1}}{x} + C$.

2. 证明：$(\mathrm{e}^x+\mathrm{e}^{-x})^2$，$(\mathrm{e}^x-\mathrm{e}^{-x})^2$ 是同一函数的原函数；并写出这个函数.

3. 求下列不定积分：

(1) $\int \frac{1}{x\sqrt[3]{x}}\mathrm{d}x$；

(2) $\int (x^3+1)^2 \mathrm{d}x$；

(3) $\int 5^x \mathrm{e}^x \mathrm{d}x$；

(4) $\int \frac{(x+1)^2(x-1)^2}{x^2}\mathrm{d}x$；

(5) $\int \frac{1+x+x^2}{x(1+x^2)}\mathrm{d}x$；

(6) $\int \frac{(\sqrt{x})^3+1}{\sqrt{x}+1}\mathrm{d}x$；

(7) $\int \mathrm{e}^x \left(3-\frac{\mathrm{e}^{-x}}{\sqrt{x}}\right)\mathrm{d}x$；

(8) $\int \frac{2}{\sqrt{(1-x)(1+x)}}\mathrm{d}x$；

(9) $\int \frac{\cos x}{\sin^2 x}\mathrm{d}x$；

(10) $\int \left(x-\frac{1}{x^2}\right)\sqrt{x\sqrt{x}}\mathrm{d}x$；

(11) $\int \left(\sin\frac{\theta}{2} - \cos\frac{\theta}{2}\right)^2 \mathrm{d}\theta$；

(12) $\int \frac{1+\cos^2 x}{1+\cos 2x}\mathrm{d}x$；

(13) $\int \sec x(\sec x - \tan x)\mathrm{d}x$;

(14) $\int \dfrac{\cos 2x}{\cos x - \sin x}\mathrm{d}x$;

(15) $\int \dfrac{2^x - 3^x}{5^x}\mathrm{d}x$;

(16) $\int \dfrac{1}{1+\cos 2x}\mathrm{d}x$;

(17) $\int \cos^2 \dfrac{x}{2}\mathrm{d}x$;

(18) $\int \dfrac{x^2}{1+x^2}\mathrm{d}x$.

4. 一条曲线通过点$(\mathrm{e}^3, 5)$,且其上任一点处的切线斜率等于该点横坐标的倒数,求该曲线方程.

5. (1) 求函数$f(x) = (1+x)^2$的原函数$F(x)$,使其满足$F(0) = 0$.

   (2) 求函数$f(x) = \dfrac{1}{x} + \mathrm{e}^x$的原函数$F(x)$,使其满足$F(-1) = 0$.

6. 一个质点做直线运动,已知它在t(单位:s)时刻的加速度为$a = 12t^2 - 3\sin t$(单位:m/s^2).如果当$t = 0$ s时,其速度为$v = 5$ m/s,位移为$s = 3$ m,求:

   (1) 速度v和时间t的函数关系;

   (2) 位移s和时间t的函数关系.

§4.2 不定积分的换元积分法

用直接积分法,可以求出一些函数的不定积分,但是这些函数通常都是比较特殊或简单的.因此,有必要进一步研究求不定积分的其他方法.本节将复合函数的求导法则反过来用于求不定积分,给出求不定积分的一种方法——**换元积分法**:对一些较为复杂的函数的不定积分,先通过适当的变量代换,转化为可采用直接积分法的形式,然后求其不定积分,并代回原来的变量.换元积分法通常有两类,即**第一类换元积分法**和**第二类换元积分法**.

一、第一类换元积分法

对于不定积分$\int \cos 3x \mathrm{d}x$,不能利用基本积分公式直接来求.但若此不定积分可做如下改写:

$$\int \cos 3x \mathrm{d}x = \dfrac{1}{3}\int 3\cos 3x \mathrm{d}x = \dfrac{1}{3}\int \cos 3x \mathrm{d}(3x),$$

令$u = 3x$,则上式变为

$$\int \cos 3x \mathrm{d}x = \dfrac{1}{3}\int \cos u \mathrm{d}u.$$

将基本积分公式$\int \cos x \mathrm{d}x = \sin x + C$用于$\int \cos u \mathrm{d}u$,得

$$\int \cos 3x \mathrm{d}x = \dfrac{1}{3}\int \cos u \mathrm{d}u = \dfrac{1}{3}\sin u + C = \dfrac{1}{3}\sin 3x + C.$$

容易验证,$\dfrac{1}{3}\sin 3x$是$\cos 3x$的一个原函数.

第4章 不定积分

定理 4.2.1（第一类换元积分法） 设函数 $f(u)$ 具有原函数 $F(u)$，即

$$\int f(u)\,\mathrm{d}u = F(u) + C,$$

且 $u = \varphi(x)$ 有导数，则 $F[\varphi(x)]$ 是 $f[\varphi(x)]\varphi'(x)$ 的一个原函数，即有换元积分公式

$$\int f[\varphi(x)]\varphi'(x)\,\mathrm{d}x = F[\varphi(x)] + C. \tag{4.2.1}$$

证明 利用复合函数的求导法则，得

$$\frac{\mathrm{d}\{F[\varphi(x)]\}}{\mathrm{d}x} = \frac{\mathrm{d}[F(u)]}{\mathrm{d}u} \cdot \frac{\mathrm{d}u}{\mathrm{d}x} = f(u)\varphi'(x) = f[\varphi(x)]\varphi'(x).$$

这表明，$F[\varphi(x)]$ 是 $f[\varphi(x)]\varphi'(x)$ 的一个原函数. 于是有

$$\int f[\varphi(x)]\varphi'(x)\,\mathrm{d}x = F[\varphi(x)] + C.$$

定理 4.2.1 表明，把基本积分公式中的积分变量 x 换成 x 的可微函数 $u = \varphi(x)$，公式仍然成立. 这就使得基本积分公式的适用范围大大地扩大了，例如：

$$\int \cos\varphi(x) \cdot \varphi'(x)\,\mathrm{d}x = \int \cos\varphi(x)\,\mathrm{d}[\varphi(x)] = \sin\varphi(x) + C,$$

$$\int \mathrm{e}^{\varphi(x)}\varphi'(x)\,\mathrm{d}x = \int \mathrm{e}^{\varphi(x)}\,\mathrm{d}[\varphi(x)] = \mathrm{e}^{\varphi(x)} + C,$$

$$\int \frac{\varphi'(x)}{1+\varphi^2(x)}\,\mathrm{d}x = \int \frac{1}{1+\varphi^2(x)}\,\mathrm{d}[\varphi(x)] = \arctan\varphi(x) + C.$$

于是，在不能直接利用基本积分公式求不定积分 $\int g(x)\,\mathrm{d}x$ 时，如果能将被积表达式 $g(x)\mathrm{d}x$ 改写成如下形式：

$$g(x)\mathrm{d}x = f[\varphi(x)]\varphi'(x)\mathrm{d}x \xrightarrow{\text{凑微分}} f[\varphi(x)]\mathrm{d}[\varphi(x)] = f(u)\mathrm{d}u,$$

且 $\int f(u)\mathrm{d}u$ 是基本积分公式中的类型，那么该不定积分便可求出.

例 4.2.1 求 $\int \cos(5x+3)\,\mathrm{d}x$.

解
$$\int \cos(5x+3)\,\mathrm{d}x = \frac{1}{5}\int \cos(5x+3) \cdot (5x+3)'\,\mathrm{d}x$$
$$= \frac{1}{5}\int \cos(5x+3)\,\mathrm{d}(5x+3) \xrightarrow[\text{换元}]{u=5x+3} \frac{1}{5}\int \cos u\,\mathrm{d}u$$
$$= \frac{1}{5}\sin u + C \xrightarrow[\text{变量还原}]{u=5x+3} \frac{1}{5}\sin(5x+3) + C.$$

例 4.2.2 求 $\int x\mathrm{e}^{x^2}\,\mathrm{d}x$.

解 $\int x\mathrm{e}^{x^2}\,\mathrm{d}x = \frac{1}{2}\int \mathrm{e}^{x^2}(x^2)'\,\mathrm{d}x = \frac{1}{2}\int \mathrm{e}^{x^2}\,\mathrm{d}(x^2) \xrightarrow[\text{换元}]{u=x^2} \frac{1}{2}\int \mathrm{e}^u\,\mathrm{d}u$

$$= \frac{1}{2}e^u + C \xrightarrow[\text{变量还原}]{u = x^2} \frac{1}{2}e^{x^2} + C.$$

从上面的例子可以看出,用第一类换元积分法求不定积分,关键是要从被积表达式中分出一部分因子"$\varphi'(x)dx$"凑成微分"$d[\varphi(x)]$",而余下的部分又是 $\varphi(x)$ 的函数 $f[\varphi(x)]$,从而可引入变量代换 $u=\varphi(x)$,将所求的不定积分转化为 $\int f(u)du$. 如果 $\int f(u)du$ 正好是基本积分公式中的类型,那么积分后再代回原来的变量 x,即可求得原来的不定积分. 所以,这类换元积分法又称为**凑微分法**.

为了便于应用,第一类换元积分法的积分过程可写成

$$\int g(x)dx = \int f[\varphi(x)]\varphi'(x)dx \xrightarrow{\text{凑微分}} \int f[\varphi(x)]d[\varphi(x)]$$

$$\xrightarrow[\text{换元}]{u = \varphi(x)} \int f(u)du = F(u) + C$$

$$\xrightarrow[\text{变量还原}]{u = \varphi(x)} F[\varphi(x)] + C.$$

方法运用熟练之后,可省略"换元"与"变量还原"这两个步骤,直接写出其结果.

例 4.2.3 求 $\int \frac{\sin\sqrt{x}}{\sqrt{x}}dx$.

解 因为 $\frac{1}{\sqrt{x}}dx = 2d(\sqrt{x})$,所以

$$\int \frac{\sin\sqrt{x}}{\sqrt{x}}dx = \int \sin\sqrt{x} \cdot \frac{1}{\sqrt{x}}dx = 2\int \sin\sqrt{x}\, d(\sqrt{x})$$

$$= -2\cos\sqrt{x} + C \quad \left(\text{利用公式}\int \sin x\, dx = -\cos x + C\right).$$

例 4.2.4 求 $\int \frac{e^x}{1+e^{2x}}dx$.

解 因为 $e^x dx = d(e^x)$,所以

$$\int \frac{e^x}{1+e^{2x}}dx = \int \frac{1}{1+(e^x)^2}e^x dx = \int \frac{1}{1+(e^x)^2}d(e^x)$$

$$= \arctan e^x + C \quad \left(\text{利用公式}\int \frac{1}{1+x^2}dx = \arctan x + C\right).$$

例 4.2.5 求 $\int x\sqrt{1+x^2}\, dx$.

解 因为 $x\, dx = \frac{1}{2}d(x^2) = \frac{1}{2}d(1+x^2)$,所以

$$\int x\sqrt{1+x^2}\,dx = \frac{1}{2}\int (1+x^2)^{\frac{1}{2}}\,d(1+x^2) = \frac{1}{3}(1+x^2)^{\frac{3}{2}} + C.$$

从以上各例可以看出,用第一类换元积分法求不定积分的关键是"凑微分". 下面是一些常用的"凑微分"等式(a,b 均为常数,$a \neq 0$):

(1) $dx = \dfrac{1}{a}d(ax) = \dfrac{1}{a}d(ax+b)$;

(2) $x\,dx = \dfrac{1}{2}d(x^2) = \dfrac{1}{2a}d(ax^2+b)$;

(3) $\dfrac{1}{x}dx = d(\ln|x|) = \dfrac{1}{a}d(a\ln|x|+b)$;

(4) $\dfrac{1}{\sqrt{x}}dx = 2d(\sqrt{x}) = \dfrac{2}{a}d(a\sqrt{x}+b)$;

(5) $\dfrac{1}{x^2}dx = -d\left(\dfrac{1}{x}\right)$;

(6) $e^x\,dx = d(e^x) = d(e^x+b)$;

(7) $e^{ax}\,dx = \dfrac{1}{a}d(e^{ax}) = \dfrac{1}{a}d(e^{ax}+b)$;

(8) $\cos x\,dx = d(\sin x) = \dfrac{1}{a}d(a\sin x+b)$;

(9) $\sin x\,dx = -d(\cos x)$;

(10) $\sec^2 x\,dx = d(\tan x)$;

(11) $\csc^2 x\,dx = -d(\cot x)$;

(12) $\dfrac{1}{\sqrt{1-x^2}}dx = d(\arcsin x) = -d(\arccos x)$;

(13) $\dfrac{1}{1+x^2}dx = d(\arctan x) = -d(\operatorname{arccot} x)$.

一般地,有 $\varphi'(x)dx = d[\varphi(x)] = \dfrac{1}{a}d[a\varphi(x)+b]$ (a,b 均为常数,$a \neq 0$).

例 4.2.6 求 $\displaystyle\int \dfrac{\sqrt[6]{1+3\ln(2x+5)}}{2x+5}dx$.

解
$$\int \dfrac{\sqrt[6]{1+3\ln(2x+5)}}{2x+5}dx = \dfrac{1}{2}\int \dfrac{\sqrt[6]{1+3\ln(2x+5)}}{2x+5}d(2x+5)$$
$$= \dfrac{1}{2}\int \sqrt[6]{1+3\ln(2x+5)}\,d[\ln(2x+5)]$$
$$= \dfrac{1}{6}\int \sqrt[6]{1+3\ln(2x+5)}\,d[1+3\ln(2x+5)]$$

$$= \frac{1}{7}[1+3\ln(2x+5)]^{\frac{7}{6}} + C.$$

例 4.2.7 求下列不定积分：

(1) $\int \tan x \, dx$；   (2) $\int \cot x \, dx$；   (3) $\int \csc x \, dx$；   (4) $\int \sec x \, dx$.

解 (1) $\int \tan x \, dx = \int \dfrac{\sin x}{\cos x} dx = -\int \dfrac{1}{\cos x} d(\cos x) = -\ln|\cos x| + C.$

(2) $\int \cot x \, dx = \int \dfrac{\cos x}{\sin x} dx = \int \dfrac{1}{\sin x} d(\sin x) = \ln|\sin x| + C.$

(3) $\int \csc x \, dx = \int \dfrac{1}{\sin x} dx = \int \dfrac{1}{2\sin\frac{x}{2}\cos\frac{x}{2}} dx = \int \dfrac{1}{\tan\frac{x}{2}\cos^2\frac{x}{2}} d\left(\dfrac{x}{2}\right)$

$\qquad = \int \dfrac{1}{\tan\frac{x}{2}} \sec^2\dfrac{x}{2} d\left(\dfrac{x}{2}\right) = \int \dfrac{1}{\tan\frac{x}{2}} d\left(\tan\dfrac{x}{2}\right)$

$\qquad = \ln\left|\tan\dfrac{x}{2}\right| + C.$

因为 $\tan\dfrac{x}{2} = \dfrac{\sin\frac{x}{2}}{\cos\frac{x}{2}} = \dfrac{2\sin^2\frac{x}{2}}{2\sin\frac{x}{2}\cos\frac{x}{2}} = \dfrac{1-\cos x}{\sin x} = \csc x - \cot x$，所以上述不定积分的结果也可表示为

$$\int \csc x \, dx = \ln|\csc x - \cot x| + C.$$

(4) $\int \sec x \, dx = \int \dfrac{1}{\cos x} dx = \int \dfrac{1}{\sin\left(x+\frac{\pi}{2}\right)} d\left(x+\dfrac{\pi}{2}\right) = \int \csc\left(x+\dfrac{\pi}{2}\right) d\left(x+\dfrac{\pi}{2}\right)$

$\qquad = \ln\left|\csc\left(x+\dfrac{\pi}{2}\right) - \cot\left(x+\dfrac{\pi}{2}\right)\right| + C$

$\qquad = \ln|\sec x + \tan x| + C.$

例 4.2.8 求下列不定积分：

(1) $\int \dfrac{1}{a^2+x^2} dx \quad (a \neq 0)$；   (2) $\int \dfrac{1}{\sqrt{a^2-x^2}} dx \quad (a > 0)$；

(3) $\int \dfrac{1}{x^2-a^2} dx \quad (a \neq 0)$.

解 (1) $\int \dfrac{1}{a^2+x^2} dx = \dfrac{1}{a^2} \int \dfrac{1}{1+\left(\frac{x}{a}\right)^2} dx = \dfrac{1}{a} \int \dfrac{1}{1+\left(\frac{x}{a}\right)^2} d\left(\dfrac{x}{a}\right) = \dfrac{1}{a}\arctan\dfrac{x}{a} + C.$

(2) $\int \dfrac{1}{\sqrt{a^2-x^2}}\mathrm{d}x = \dfrac{1}{a}\int \dfrac{1}{\sqrt{1-\left(\dfrac{x}{a}\right)^2}}\mathrm{d}x = \int \dfrac{1}{\sqrt{1-\left(\dfrac{x}{a}\right)^2}}\mathrm{d}\left(\dfrac{x}{a}\right) = \arcsin\dfrac{x}{a} + C.$

(3) $\int \dfrac{1}{x^2-a^2}\mathrm{d}x = \dfrac{1}{2a}\int\left(\dfrac{1}{x-a} - \dfrac{1}{x+a}\right)\mathrm{d}x$

$\qquad\qquad\qquad = \dfrac{1}{2a}\left[\int \dfrac{1}{x-a}\mathrm{d}(x-a) - \int \dfrac{1}{x+a}\mathrm{d}(x+a)\right]$

$\qquad\qquad\qquad = \dfrac{1}{2a}\ln\left|\dfrac{x-a}{x+a}\right| + C.$

注 例 4.2.7 和例 4.2.8 中的积分结果可作为积分公式使用.

例 4.2.9 求 $\int \sin^3 x \cos^2 x\,\mathrm{d}x$.

解 被积函数中含 $\sin x$ 的奇次幂,可写成 $\sin^3 x = \sin^2 x \cdot \sin x$,又有 $\sin x\,\mathrm{d}x = -\mathrm{d}(\cos x)$,于是

$\int \sin^3 x \cos^2 x\,\mathrm{d}x = \int \sin^2 x \cos^2 x \cdot \sin x\,\mathrm{d}x = -\int (1-\cos^2 x)\cos^2 x\,\mathrm{d}(\cos x)$

$\qquad\qquad\qquad\qquad = \int (\cos^4 x - \cos^2 x)\mathrm{d}(\cos x) = \dfrac{1}{5}\cos^5 x - \dfrac{1}{3}\cos^3 x + C.$

例 4.2.10 求 $\int \sin^2 x \cos^2 x\,\mathrm{d}x$.

解 利用三角恒等式 $\sin^2 x = \dfrac{1-\cos 2x}{2}$, $\cos^2 x = \dfrac{1+\cos 2x}{2}$,得

$\int \sin^2 x \cos^2 x\,\mathrm{d}x = \int \dfrac{1-\cos 2x}{2}\cdot\dfrac{1+\cos 2x}{2}\mathrm{d}x = \dfrac{1}{4}\int(1-\cos^2 2x)\mathrm{d}x$

$\qquad\qquad\qquad\quad = \dfrac{1}{4}\int\left(1 - \dfrac{1+\cos 4x}{2}\right)\mathrm{d}x = \dfrac{1}{8}\int(1-\cos 4x)\mathrm{d}x$

$\qquad\qquad\qquad\quad = \dfrac{1}{8}\int\mathrm{d}x - \dfrac{1}{32}\int\cos 4x\,\mathrm{d}(4x) = \dfrac{x}{8} - \dfrac{1}{32}\sin 4x + C.$

一般地,对于形如 $\int \sin^m x \cos^n x\,\mathrm{d}x\,(m,n\in\mathbf{N})$ 的不定积分,可按如下方式处理:

(1) 当 m,n 中至少有一个为奇数时,例如 $n = 2k+1\,(k\in\mathbf{N})$,则

$\int \sin^m x \cos^{2k+1} x\,\mathrm{d}x = \int \sin^m x(1-\sin^2 x)^k\mathrm{d}(\sin x)$

$\qquad\qquad\qquad\xrightarrow{u=\sin x} \int u^m(1-u^2)^k\,\mathrm{d}u,$

这便将原不定积分化成 u 的多项式的不定积分,求出此不定积分后再以 $u = \sin x$ 代回即可;

(2) 当 m,n 都为偶数时,可用三角恒等式

$$\sin^2 x = \frac{1-\cos 2x}{2}, \quad \cos^2 x = \frac{1+\cos 2x}{2}$$

降低被积函数的幂次.

例 4.2.11 求 $\int \tan^3 x \sec^5 x \, dx$.

解
$$\int \tan^3 x \sec^5 x \, dx = \int \tan^2 x \sec^4 x \cdot \tan x \sec x \, dx = \int (\sec^2 x - 1) \sec^4 x \, d(\sec x)$$
$$= \int (\sec^6 x - \sec^4 x) \, d(\sec x) = \frac{1}{7} \sec^7 x - \frac{1}{5} \sec^5 x + C.$$

例 4.2.12 求 $\int \cos 3x \sin x \, dx$.

解 可通过三角函数的积化和差公式将被积函数化作两项之和,再分项积分.因为
$$\cos 3x \sin x = \frac{1}{2}[\sin(3x+x) - \sin(3x-x)] = \frac{1}{2}(\sin 4x - \sin 2x),$$
所以
$$\int \cos 3x \sin x \, dx = \frac{1}{2} \int \sin 4x \, dx - \frac{1}{2} \int \sin 2x \, dx = -\frac{1}{8} \cos 4x + \frac{1}{4} \cos 2x + C.$$

通过上面的例子可以看到,利用第一类换元积分法求不定积分,需要一定的技巧,关键是要在被积表达式中凑出适用的微分因子进行变量代换.这方面无一般方法可循,只能根据被积表达式的特征进行具体分析,同时要求读者对一些常见函数的微分形式比较熟悉.

二、第二类换元积分法

第一类换元积分法可看作通过变量代换 $u = \varphi(x)$ 将不定积分 $\int g(x) \, dx = \int f[\varphi(x)] \varphi'(x) \, dx$ 化为 $\int f(u) \, du$,再用直接积分法求出.但对于某些不定积分,如 $\int \sqrt{a^2 - x^2} \, dx$,$\int \frac{1}{\sqrt{x^2 + a^2}} \, dx$ 等,若以 x 为积分变量,则用第一类换元积分法无法求出.为此,我们需寻求另一种换元的积分方法.

定理 4.2.2(第二类换元积分法) 设函数 $x = \varphi(t)$ 严格单调、可导,且 $\varphi'(t) \neq 0$,又设函数 $f[\varphi(t)] \varphi'(t)$ 具有原函数 $G(t)$,则有换元积分公式
$$\int f(x) \, dx = \int f[\varphi(t)] \varphi'(t) \, dt = G(t) + C$$
$$= G[\varphi^{-1}(x)] + C, \tag{4.2.2}$$

这里 $t = \varphi^{-1}(x)$ 是 $x = \varphi(t)$ 的反函数.

证明 由复合函数及反函数的求导法则得

$$\{G[\varphi^{-1}(x)]+C\}' = G'(t)[\varphi^{-1}(x)]' = G'(t)\frac{1}{\varphi'(t)}$$

$$= f[\varphi(t)]\varphi'(t) \cdot \frac{1}{\varphi'(t)} = f(x).$$

由上式可得

$$\int f(x)\,\mathrm{d}x = G[\varphi^{-1}(x)] + C.$$

运用式(4.2.2)时应注意,在求出 $\int f[\varphi(t)]\varphi'(t)\mathrm{d}t$ 之后,需用 $x = \varphi(t)$ 的反函数 $t = \varphi^{-1}(x)$ 代回原变量.

第二类换元积分法的关键在于选择合适的变量代换 $x = \varphi(t)$,但是这个变量代换往往不明显,需由它的反函数关系 $t = \varphi^{-1}(x)$ 求得.

下面按所设变量代换 $x = \varphi(t)$ 的类型,分别进行讨论.

1. 根式代换

一般地,当被积函数含有根式 $\sqrt[n]{ax+b}$ 或 $\sqrt[n]{\dfrac{ax+b}{cx+d}}$ 时,可以令这些根式为 t.

例 4.2.13 求 $\displaystyle\int \frac{1}{\sqrt{3x+2}+4}\mathrm{d}x$.

解 为了去掉被积函数中的根号,令 $\sqrt{3x+2} = t$,即 $x = \dfrac{t^2-2}{3}$,则 $\mathrm{d}x = \dfrac{2}{3}t\mathrm{d}t$. 于是

$$\int \frac{1}{\sqrt{3x+2}+4}\mathrm{d}x = \int \frac{1}{t+4} \cdot \frac{2}{3}t\mathrm{d}t = \frac{2}{3}\int \frac{t+4-4}{t+4}\mathrm{d}t$$

$$= \frac{2}{3}\int\left(1 - \frac{4}{t+4}\right)\mathrm{d}t = \frac{2}{3}t - \frac{8}{3}\ln|t+4| + C$$

$$= \frac{2}{3}\sqrt{3x+2} - \frac{8}{3}\ln(\sqrt{3x+2}+4) + C.$$

例 4.2.14 求 $\displaystyle\int \frac{1}{(1+\sqrt[3]{x})\sqrt{x}}\mathrm{d}x$.

解 被积函数含有根式 $\sqrt{x}$,$\sqrt[3]{x}$,为了同时去掉其中的两个根号,可令 $\sqrt[6]{x} = t$,即 $x = t^6$,则 $\mathrm{d}x = 6t^5\mathrm{d}t$. 于是

$$\int \frac{1}{(1+\sqrt[3]{x})\sqrt{x}}\mathrm{d}x = \int \frac{1}{(1+t^2)t^3} \cdot 6t^5\mathrm{d}t = 6\int \frac{t^2}{1+t^2}\mathrm{d}t$$

$$= 6\int\left(1 - \frac{1}{1+t^2}\right)\mathrm{d}t = 6t - 6\arctan t + C$$

$$= 6\sqrt[6]{x} - 6\arctan\sqrt[6]{x} + C.$$

例 4.2.15 求 $\int \dfrac{1}{x}\sqrt{\dfrac{1+x}{x}}\,dx$.

解 为了去掉被积函数中的根号，可令 $\sqrt{\dfrac{1+x}{x}}=t$，则

$$\dfrac{1+x}{x}=t^2,\quad x=\dfrac{1}{t^2-1},\quad dx=-\dfrac{2t}{(t^2-1)^2}dt.$$

于是

$$\begin{aligned}
\int \dfrac{1}{x}\sqrt{\dfrac{1+x}{x}}\,dx &= \int (t^2-1)t\cdot\dfrac{-2t}{(t^2-1)^2}dt = -2\int\dfrac{t^2}{t^2-1}dt\\
&= -2\int\left(1+\dfrac{1}{t^2-1}\right)dt = -2t-\ln\left|\dfrac{t-1}{t+1}\right|+C\\
&= -2t+2\ln(t+1)-\ln|t^2-1|+C\\
&= -2\sqrt{\dfrac{1+x}{x}}+2\ln\left(\sqrt{\dfrac{1+x}{x}}+1\right)+\ln|x|+C.
\end{aligned}$$

2. 三角代换

一般地，当被积函数含有根式 $\sqrt{a^2-x^2}$ 或 $\sqrt{x^2\pm a^2}$ 时，可以考虑做如下三角代换：

(1) 含有根式 $\sqrt{a^2-x^2}$ 时，可做变量代换 $x=a\sin t$（或 $x=a\cos t$）；

(2) 含有根式 $\sqrt{x^2+a^2}$ 时，可做变量代换 $x=a\tan t$（或 $x=a\cot t$）；

(3) 含有根式 $\sqrt{x^2-a^2}$ 时，可做变量代换 $x=a\sec t$（或 $x=a\csc t$）.

例 4.2.16 求 $\int\sqrt{a^2-x^2}\,dx\ (a>0)$.

解 令 $x=a\sin t\left(-\dfrac{\pi}{2}<t<\dfrac{\pi}{2}\right)$，则

$$\sqrt{a^2-x^2}=\sqrt{a^2-a^2\sin^2 t}=a\cos t,\quad dx=a\cos t\,dt.$$

于是

$$\begin{aligned}
\int\sqrt{a^2-x^2}\,dx &= \int a\cos t\cdot a\cos t\,dt = \dfrac{a^2}{2}\int(1+\cos 2t)dt\\
&= \dfrac{a^2}{2}t+\dfrac{a^2}{4}\sin 2t+C.
\end{aligned}$$

下面将 t 代回原变量 x。由 $x=a\sin t$，有

$$\cos t=\sqrt{1-\sin^2 t}=\dfrac{\sqrt{a^2-x^2}}{a},$$

$$t = \arcsin \frac{x}{a},$$
$$\sin 2t = 2\sin t \cos t = \frac{2x}{a^2}\sqrt{a^2 - x^2}.$$

因此
$$\int \sqrt{a^2 - x^2}\,dx = \frac{a^2}{2}\arcsin \frac{x}{a} + \frac{x}{2}\sqrt{a^2 - x^2} + C.$$

例 4.2.17 求 $\int \frac{1}{\sqrt{x^2 + a^2}}dx$ $(a > 0)$.

解 令 $x = a\tan t\left(-\frac{\pi}{2} < t < \frac{\pi}{2}\right)$，则
$$\sqrt{x^2 + a^2} = \sqrt{a^2\tan^2 t + a^2} = a\sec t, \quad dx = a\sec^2 t\,dt.$$

于是
$$\int \frac{1}{\sqrt{x^2 + a^2}}dx = \int \frac{a\sec^2 t}{a\sec t}dt = \int \sec t\,dt = \ln|\sec t + \tan t| + C_1,$$

其中 C_1 为任意常数. 根据 $\tan t = \frac{x}{a}$ 作辅助直角三角形（见图 4.3），易知 $\sec t = \frac{\sqrt{x^2 + a^2}}{a}$，因此
$$\int \frac{1}{\sqrt{x^2 + a^2}}dx = \ln\left|\frac{\sqrt{x^2 + a^2}}{a} + \frac{x}{a}\right| + C_1$$
$$= \ln|x + \sqrt{x^2 + a^2}| + C \quad (C = C_1 - \ln a).$$

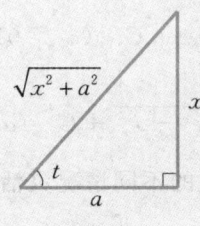

图 4.3

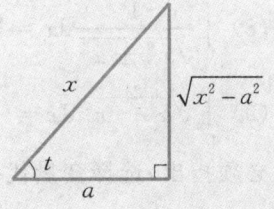

图 4.4

例 4.2.18 求 $\int \frac{1}{\sqrt{x^2 - a^2}}dx$ $(a > 0)$.

解 被积函数的定义域为 $(-\infty, -a) \cup (a, +\infty)$.

对于 $x > a$ 的情形，可令 $x = a\sec t\left(0 < t < \frac{\pi}{2}\right)$，则 $dx = a\sec t\tan t\,dt$. 于是
$$\int \frac{1}{\sqrt{x^2 - a^2}}dx = \int \frac{a\sec t\tan t}{a\tan t}dt = \int \sec t\,dt = \ln|\sec t + \tan t| + C_1,$$

其中 C_1 为任意常数. 根据 $\sec t = \frac{x}{a}$ 作辅助直角三角形（见图 4.4），易知 $\tan t = \frac{\sqrt{x^2 - a^2}}{a}$，因此

$$\int \frac{1}{\sqrt{x^2-a^2}} dx = \ln \left| \frac{x}{a} + \frac{\sqrt{x^2-a^2}}{a} \right| + C_1$$
$$= \ln | x + \sqrt{x^2-a^2} | + C \quad (C = C_1 - \ln a).$$

对于 $x < -a$ 的情形，令 $x = a\sec t \left(\frac{\pi}{2} < t < \pi \right)$，同理可得到上述积分结果.

本节某些例子的结果可作为求不定积分的常用公式，把它们列在下面，以便记忆：

(1) $\int \tan x \, dx = -\ln|\cos x| + C$；

(2) $\int \cot x \, dx = \ln|\sin x| + C$；

(3) $\int \sec x \, dx = \ln|\sec x + \tan x| + C$；

(4) $\int \csc x \, dx = \ln|\csc x - \cot x| + C$；

(5) $\int \frac{1}{\sqrt{a^2-x^2}} dx = \arcsin \frac{x}{a} + C \quad (a > 0)$；

(6) $\int \frac{1}{a^2+x^2} dx = \frac{1}{a} \arctan \frac{x}{a} + C \quad (a \neq 0)$；

(7) $\int \frac{1}{x^2-a^2} dx = \frac{1}{2a} \ln \left| \frac{x-a}{x+a} \right| + C \quad (a \neq 0)$；

(8) $\int \frac{1}{\sqrt{x^2 \pm a^2}} dx = \ln | x + \sqrt{x^2 \pm a^2} | + C \quad (a > 0)$；

(9) $\int \sqrt{a^2-x^2} \, dx = \frac{a^2}{2} \arcsin \frac{x}{a} + \frac{x}{2} \sqrt{a^2-x^2} + C \quad (a > 0)$.

必须指出，选择变量代换要根据被积函数的不同情况灵活处理，不可呆板地拘泥于某一种变量代换. 例如，求 $\int x\sqrt{1-x^2} \, dx$ 及 $\int \frac{x}{\sqrt{a^2+x^2}} dx$ 时，就不必用三角代换，只需凑微分即可，即

$$\int x\sqrt{1-x^2} \, dx = -\frac{1}{2} \int (1-x^2)^{\frac{1}{2}} d(1-x^2) = -\frac{1}{3}(1-x^2)^{\frac{3}{2}} + C,$$

$$\int \frac{x}{\sqrt{a^2+x^2}} dx = \frac{1}{2} \int (a^2+x^2)^{-\frac{1}{2}} d(a^2+x^2) = \sqrt{a^2+x^2} + C.$$

例 4.2.19 求 $\int \frac{1}{x\sqrt{x^2-1}} dx \quad (x > 0)$.

解 **方法一（三角代换法）** 令 $x = \sec t \left(0 < t < \dfrac{\pi}{2}\right)$，则 $\mathrm{d}x = \sec t \tan t \mathrm{d}t$. 于是

$$\int \frac{1}{x\sqrt{x^2-1}}\mathrm{d}x = \int \frac{\sec t \tan t}{\sec t \tan t}\mathrm{d}t = \int \mathrm{d}t = t + C = \arccos \frac{1}{x} + C.$$

方法二（凑微分法）

$$\int \frac{1}{x\sqrt{x^2-1}}\mathrm{d}x = \int \frac{1}{x^2\sqrt{1-\left(\frac{1}{x}\right)^2}}\mathrm{d}x = -\int \frac{1}{\sqrt{1-\left(\frac{1}{x}\right)^2}}\mathrm{d}\left(\frac{1}{x}\right) = -\arcsin \frac{1}{x} + C.$$

方法三（倒代换法） 令 $x = \dfrac{1}{t}(t>0)$，则 $\mathrm{d}x = -\dfrac{1}{t^2}\mathrm{d}t$. 于是

$$\int \frac{1}{x\sqrt{x^2-1}}\mathrm{d}x = \int \frac{-\dfrac{1}{t^2}}{\dfrac{1}{t}\sqrt{\dfrac{1}{t^2}-1}}\mathrm{d}t = -\int \frac{1}{\sqrt{1-t^2}}\mathrm{d}t$$

$$= -\arcsin t + C = -\arcsin \frac{1}{x} + C.$$

倒代换是第二类换元积分法中常用的一种变量代换，采用这种变量代换通常可以消去被积函数分母中形如 x^m 的变量因子，使不定积分的计算变得简单.

例 4.2.20 求 $\displaystyle\int \frac{1}{x(x^n+1)}\mathrm{d}x \ (n \neq 0)$.

解 令 $x = \dfrac{1}{t}$，则 $\mathrm{d}x = -\dfrac{\mathrm{d}t}{t^2}$. 于是

$$\int \frac{1}{x(x^n+1)}\mathrm{d}x = \int \frac{1}{\dfrac{1}{t}\left[\left(\dfrac{1}{t}\right)^n+1\right]}\left(-\frac{1}{t^2}\right)\mathrm{d}t = -\int \frac{t^{n-1}}{1+t^n}\mathrm{d}t$$

$$= -\frac{1}{n}\int \frac{1}{t^n+1}\mathrm{d}(t^n+1) = -\frac{1}{n}\ln|t^n+1| + C$$

$$= -\frac{1}{n}\ln\left|\frac{1}{x^n}+1\right| + C.$$

当被积函数含有二次三项式 ax^2+bx+c 或根式 $\sqrt{ax^2+bx+c}$ 时，可先对 ax^2+bx+c 配方，再用换元积分法.

例 4.2.21 求 $\displaystyle\int \frac{1}{x^2+2x+4}\mathrm{d}x$.

解 因为 $\dfrac{1}{x^2+2x+4} = \dfrac{1}{(x+1)^2+(\sqrt{3})^2}$，所以应用求不定积分的常用公式(6)，得

$$\int \dfrac{1}{x^2+2x+4}\mathrm{d}x = \int \dfrac{1}{(x+1)^2+(\sqrt{3})^2}\mathrm{d}(x+1) = \dfrac{1}{\sqrt{3}}\arctan\dfrac{x+1}{\sqrt{3}}+C.$$

例 4.2.22 求 $\displaystyle\int \dfrac{1}{\sqrt{x^2-2x-8}}\mathrm{d}x$.

解 因为 $\dfrac{1}{\sqrt{x^2-2x-8}} = \dfrac{1}{\sqrt{(x-1)^2-3^2}}$，所以应用求不定积分的常用公式(8)，得

$$\int \dfrac{1}{\sqrt{x^2-2x-8}}\mathrm{d}x = \int \dfrac{1}{\sqrt{(x-1)^2-3^2}}\mathrm{d}(x-1)$$
$$= \ln|x-1+\sqrt{x^2-2x-8}|+C.$$

例 4.2.23 求 $\displaystyle\int \sqrt{5-4x-x^2}\,\mathrm{d}x$.

解 因为 $\sqrt{5-4x-x^2} = \sqrt{3^2-(x+2)^2}$，所以应用求不定积分的常用公式(9)，得

$$\int \sqrt{5-4x-x^2}\,\mathrm{d}x = \int \sqrt{3^2-(x+2)^2}\,\mathrm{d}(x+2)$$
$$= \dfrac{9}{2}\arcsin\dfrac{x+2}{3} + \dfrac{x+2}{2}\sqrt{5-4x-x^2}+C.$$

习题4.2

1. 在下列等式右端的括号内填入适当的常数，使得等式成立：

   (1) $\mathrm{d}x = (\quad)\mathrm{d}(-6x+7)$；

   (2) $\dfrac{1}{\sqrt{x}}\mathrm{d}x = (\quad)\mathrm{d}(\sqrt{x}+6)$；

   (3) $\dfrac{1}{x^2}\mathrm{d}x = (\quad)\mathrm{d}\left(\dfrac{1}{x}\right)$；

   (4) $\sqrt{x}\,\mathrm{d}x = (\quad)\mathrm{d}\left(x^{\frac{3}{2}}-5\right)$；

   (5) $x\,\mathrm{d}x = (\quad)\mathrm{d}(3x^2+4)$；

   (6) $x^2\mathrm{d}x = (\quad)\mathrm{d}(x^3+7)$；

   (7) $x^3\mathrm{d}x = (\quad)\mathrm{d}(5x^4-6)$；

   (8) $\sin 2x\,\mathrm{d}x = (\quad)\mathrm{d}(\cos 2x)$；

   (9) $\cos\dfrac{7}{3}x\,\mathrm{d}x = (\quad)\mathrm{d}\left(5-\sin\dfrac{7}{3}x\right)$；

   (10) $\csc^2 x\,\mathrm{d}x = (\quad)\mathrm{d}(\cot x)$；

   (11) $\dfrac{1}{x}\mathrm{d}x = (\quad)\mathrm{d}(5-\ln|x|)$；

   (12) $\mathrm{e}^{6x}\mathrm{d}x = (\quad)\mathrm{d}(\mathrm{e}^{6x}-6)$；

   (13) $\mathrm{e}^{-\frac{x}{5}}\mathrm{d}x = (\quad)\mathrm{d}\left(\mathrm{e}^{-\frac{x}{5}}+2\right)$；

   (14) $\dfrac{1}{\sqrt{1-x^2}}\mathrm{d}x = (\quad)\mathrm{d}(2-\arcsin x)$；

   (15) $\dfrac{x}{\sqrt{1-x^2}}\mathrm{d}x = (\quad)\mathrm{d}(\sqrt{1-x^2})$；

   (16) $\dfrac{2x}{\sqrt{1+x^2}}\mathrm{d}x = (\quad)\mathrm{d}(\sqrt{1+x^2})$；

(17) $\dfrac{1}{1+4x^2}dx = (\quad)d(\arctan 2x)$;

(18) $\dfrac{1}{\sqrt{1-4x^2}}dx = (\quad)d(\arccos 2x + 3)$;

(19) $\csc^2 9x\,dx = (\quad)d(\cot 9x)$;

(20) $\sec^2 3x\,dx = (\quad)d(\tan 3x)$.

2. 求下列不定积分:

(1) $\displaystyle\int (2x-4)^4\,dx$;

(2) $\displaystyle\int \dfrac{1}{(1-2x)^2}\,dx$;

(3) $\displaystyle\int \dfrac{1}{\sqrt{2-5x}}\,dx$;

(4) $\displaystyle\int x^2\sqrt{4-3x^3}\,dx$;

(5) $\displaystyle\int \dfrac{1}{\sqrt{2x-1}(2x-1)}\,dx$;

(6) $\displaystyle\int \dfrac{x^2}{4+x^2}\,dx$;

(7) $\displaystyle\int \dfrac{x}{\sqrt{1-x^4}}\,dx$;

(8) $\displaystyle\int \dfrac{e^{\sqrt{x}}+\cos\sqrt{x}}{\sqrt{x}}\,dx$;

(9) $\displaystyle\int x^3\sin(5-x^4)\,dx$;

(10) $\displaystyle\int \dfrac{e^{\frac{1}{x}}}{x^2}\,dx$;

(11) $\displaystyle\int \dfrac{e^x}{3+e^x}\,dx$;

(12) $\displaystyle\int \dfrac{1}{x\sqrt{1+\ln x}}\,dx$;

(13) $\displaystyle\int \cos^2 3x\,dx$;

(14) $\displaystyle\int \sin 3x\sin 5x\,dx$;

(15) $\displaystyle\int \dfrac{10^{2\arccos x}}{\sqrt{1-x^2}}\,dx$;

(16) $\displaystyle\int \dfrac{1}{2x^2-1}\,dx$;

(17) $\displaystyle\int \dfrac{1}{e^{-x}+e^x}\,dx$;

(18) $\displaystyle\int \dfrac{\ln\ln x}{x\ln x}\,dx$;

(19) $\displaystyle\int \dfrac{\ln\tan x}{\sin x\cos x}\,dx$;

(20) $\displaystyle\int \dfrac{\sin x\cos x}{1+\sin^4 x}\,dx$;

(21) $\displaystyle\int \dfrac{\sin 2x}{(1+\cos 2x)^2}\,dx$;

(22) $\displaystyle\int \tan^3 x\,dx$;

(23) $\displaystyle\int \dfrac{\arctan\sqrt{x}}{\sqrt{x}(1+x)}\,dx$;

(24) $\displaystyle\int \dfrac{1}{x(x^6+4)}\,dx$;

(25) $\displaystyle\int \dfrac{1}{1+\sqrt{2x}}\,dx$;

(26) $\displaystyle\int \dfrac{\sqrt{x+1}-1}{\sqrt{x+1}+1}\,dx$;

(27) $\displaystyle\int \dfrac{1}{\sqrt{x-x^2}}\,dx$;

(28) $\displaystyle\int \dfrac{e^x}{\sqrt{1+e^{2x}}}\,dx$;

(29) $\displaystyle\int \dfrac{1}{x^2\sqrt{1-x^2}}\,dx$;

(30) $\displaystyle\int \dfrac{1}{\sqrt{(x^2+1)^3}}\,dx$;

(31) $\displaystyle\int \dfrac{1}{1+\sqrt{1-x^2}}\,dx$;

(32) $\displaystyle\int \dfrac{1}{\sqrt{x^2-2x+2}}\,dx$;

(33) $\displaystyle\int \dfrac{1}{x+\sqrt{1-x^2}}\,dx$;

(34) $\displaystyle\int \dfrac{\sqrt{x^2-9}}{x}\,dx$;

(35) $\displaystyle\int \dfrac{x-1}{x^2+2x+3}\,dx$;

(36) $\displaystyle\int \dfrac{x^3+1}{(x^2+1)^2}\,dx$.

3. 求下列不定积分:

(1) 已知 $\displaystyle\int f(x)\,dx = x^2+C$, 求 $\displaystyle\int xf(1-x^2)\,dx$;

(2) 已知函数 $f(x) = e^{-x}$，求 $\int \frac{1}{x} f'(\ln x) dx$.

4. 已知函数 $f(x)$ 的一个原函数为 $\frac{\sin x}{1 + x \sin x}$，求：

(1) $\int f(x) f'(x) dx$；
(2) $\int x^2 f(x^3) f'(x^3) dx$.

§4.3 不定积分的分部积分法

§4.2 利用复合函数的求导法则，得到了换元积分法. 本节利用两个函数乘积的求导法则，导出求不定积分的另一种基本方法 —— 分部积分法.

设函数 $u = u(x)$ 及 $v = v(x)$ 具有连续导数，则
$$[u(x)v(x)]' = u'(x)v(x) + u(x)v'(x),$$
从而有
$$u(x)v'(x) = [u(x)v(x)]' - u'(x)v(x).$$
对上式两边求不定积分，得
$$\int u(x)v'(x) dx = u(x)v(x) - \int v(x)u'(x) dx. \quad (4.3.1)$$
式(4.3.1) 称为**分部积分公式**，它常写成下面的形式：
$$\int u(x) d[v(x)] = u(x)v(x) - \int v(x) d[u(x)]$$
或
$$\int u dv = uv - \int v du.$$
利用分部积分公式求不定积分的方法称为**分部积分法**.

当求不定积分 $\int u dv$ 较难，而求不定积分 $\int v du$ 较易时，分部积分法就可以发挥作用了. 下面举例说明.

例 4.3.1 求 $\int x e^x dx$.

解 设 $u = x, dv = e^x dx = d(e^x)$，则 $du = dx, v = e^x$. 由分部积分公式得
$$\int x e^x dx = \int x d(e^x) = x e^x - \int e^x dx = x e^x - e^x + C.$$

在例 4.3.1 中，如果设 $u=\mathrm{e}^x, \mathrm{d}v = x\mathrm{d}x = \mathrm{d}\left(\dfrac{x^2}{2}\right)$，那么 $\mathrm{d}u = \mathrm{e}^x \mathrm{d}x, v=\dfrac{x^2}{2}$，从而
$$\int x\mathrm{e}^x \mathrm{d}x = \int \mathrm{e}^x \mathrm{d}\left(\dfrac{x^2}{2}\right) = \dfrac{x^2}{2}\mathrm{e}^x - \int \dfrac{x^2}{2}\mathrm{e}^x \mathrm{d}x = \dfrac{x^2}{2}\mathrm{e}^x - \dfrac{1}{2}\int x^2 \mathrm{e}^x \mathrm{d}x.$$
而上式右端的新不定积分 $\int x^2 \mathrm{e}^x \mathrm{d}x$ 比原不定积分 $\int x\mathrm{e}^x \mathrm{d}x$ 更复杂，所以不能这样选择 u 和 $\mathrm{d}v$.

由此可见，运用分部积分法的关键在于恰当地选择 u 和 $\mathrm{d}v$. 一般地，选择 u 和 $\mathrm{d}v$ 的原则是：

（1）v 容易求出；

（2）不定积分 $\int v \mathrm{d}u$ 容易求出.

一般地，如果被积函数是两类基本初等函数的乘积，则可以按对数函数、反三角函数、幂函数、指数函数、三角函数的顺序，将排在前面的函数选作 u，排在后面的函数与 $\mathrm{d}x$ 合并构成 $\mathrm{d}v$. 为了便于记忆，可将上述选择 u 和 $\mathrm{d}v$ 的顺序简记为"对、反、幂、指、三".

例 4.3.2 求 $\int x\sin x \mathrm{d}x$.

解 被积函数是幂函数与三角函数的乘积，取 $u = x, \mathrm{d}v = \sin x \mathrm{d}x = -\mathrm{d}(\cos x)$，则
$$\int x\sin x \mathrm{d}x = -\int x\mathrm{d}(\cos x) = -\left(x\cos x - \int \cos x \mathrm{d}x\right)$$
$$= -x\cos x + \sin x + C.$$

例 4.3.3 求 $\int x^2 \mathrm{e}^{-x} \mathrm{d}x$.

解 被积函数是幂函数与指数函数的乘积，取 $u = x^2, \mathrm{d}v = \mathrm{e}^{-x}\mathrm{d}x = -\mathrm{d}(\mathrm{e}^{-x})$，则
$$\int x^2 \mathrm{e}^{-x} \mathrm{d}x = -\int x^2 \mathrm{d}(\mathrm{e}^{-x}) = -x^2 \mathrm{e}^{-x} + \int \mathrm{e}^{-x} \mathrm{d}(x^2) = -x^2 \mathrm{e}^{-x} + 2\int x\mathrm{e}^{-x} \mathrm{d}x.$$

对上式右端的新不定积分 $\int x\mathrm{e}^{-x} \mathrm{d}x$ 继续用分部积分法，得
$$\int x\mathrm{e}^{-x} \mathrm{d}x = -\int x\mathrm{d}(\mathrm{e}^{-x}) = -x\mathrm{e}^{-x} + \int \mathrm{e}^{-x} \mathrm{d}x = -x\mathrm{e}^{-x} - \mathrm{e}^{-x} + C.$$

故
$$\int x^2 \mathrm{e}^{-x} \mathrm{d}x = -x^2 \mathrm{e}^{-x} + 2(-x\mathrm{e}^{-x} - \mathrm{e}^{-x}) + C = -x^2 \mathrm{e}^{-x} - 2x\mathrm{e}^{-x} - 2\mathrm{e}^{-x} + C.$$

例 4.3.4 求 $\int x^3 \ln x \mathrm{d}x$.

解 $\int x^3 \ln x \, dx = \frac{1}{4}\int \ln x \, d(x^4) = \frac{1}{4}\left[x^4 \ln x - \int x^4 d(\ln x)\right]$

$= \frac{1}{4}\left(x^4 \ln x - \int x^3 dx\right) = \frac{1}{4}x^4 \ln x - \frac{1}{16}x^4 + C.$

例 4.3.5 求 $\int \arccos x \, dx$.

解 $\int \arccos x \, dx = x \arccos x - \int x \, d(\arccos x) = x \arccos x + \int \frac{x}{\sqrt{1-x^2}} dx$

$= x \arccos x - \frac{1}{2}\int (1-x^2)^{-\frac{1}{2}} d(1-x^2)$

$= x \arccos x - \sqrt{1-x^2} + C.$

例 4.3.6 求 $\int x^3 \arctan x \, dx$.

解 $\int x^3 \arctan x \, dx = \int \arctan x \, d\left(\frac{1}{4}x^4\right) = \frac{1}{4}x^4 \arctan x - \frac{1}{4}\int x^4 d(\arctan x)$

$= \frac{1}{4}x^4 \arctan x - \frac{1}{4}\int \frac{(x^4-1)+1}{1+x^2} dx$

$= \frac{1}{4}x^4 \arctan x - \frac{1}{4}\int \left(x^2 - 1 + \frac{1}{1+x^2}\right) dx$

$= \frac{1}{4}x^4 \arctan x - \frac{1}{4}\left(\frac{1}{3}x^3 - x + \arctan x\right) + C.$

例 4.3.7 求 $\int e^x \sin x \, dx$.

解 $\int e^x \sin x \, dx = \int e^x d(-\cos x) = e^x \cdot (-\cos x) - \int (-\cos x) e^x dx$

$= -e^x \cos x + \int e^x \cos x \, dx = -e^x \cos x + \int e^x d(\sin x)$

$= -e^x \cos x + e^x \sin x - \int e^x \sin x \, dx.$

移项有

$$2\int e^x \sin x \, dx = -e^x \cos x + e^x \sin x + C_1,$$

其中 C_1 为任意常数,从而

$$\int e^x \sin x \, dx = \frac{1}{2} e^x (\sin x - \cos x) + C \quad \left(C = \frac{C_1}{2}\right).$$

值得注意的是 $2\int e^x \sin x \, dx \neq -e^x \cos x + e^x \sin x.$

由例 4.3.7 可知,对于某些不定积分,在连续使用分部积分公式的过程中,有时会出现与原不定积分相同的不定积分,这时只要把等式看作以原不定积分为未知量的方程,即可得求得原不定积分.

例 4.3.8 求 $\int \sec^3 x \, dx$.

解 $\int \sec^3 x \, dx = \int \sec x \cdot \sec^2 x \, dx = \int \sec x \, d(\tan x)$

$= \sec x \tan x - \int \tan x \cdot \sec x \tan x \, dx$

$= \sec x \tan x - \int \sec x (\sec^2 x - 1) \, dx$

$= \sec x \tan x - \int \sec^3 x \, dx + \int \sec x \, dx$

$= \sec x \tan x + \ln|\sec x + \tan x| - \int \sec^3 x \, dx.$

移项便得

$$2\int \sec^3 x \, dx = \sec x \tan x + \ln|\sec x + \tan x| + C_1,$$

其中 C_1 为任意常数,于是

$$\int \sec^3 x \, dx = \frac{1}{2} \sec x \tan x + \frac{1}{2} \ln|\sec x + \tan x| + C \quad \left(C = \frac{C_1}{2}\right).$$

有些不定积分需要综合运用换元积分法与分部积分法才能求出结果.

例 4.3.9 求 $\int e^{\sqrt{x}} \, dx$.

解 $\int e^{\sqrt{x}} \, dx \xrightarrow[\text{换元积分法}]{t=\sqrt{x}} 2\int t e^t \, dt = 2\int t \, d(e^t) \xrightarrow{\text{分部积分法}} 2\left(t e^t - \int e^t \, dt\right)$

$= 2t e^t - 2e^t + C \xrightarrow[\text{变量还原}]{t=\sqrt{x}} 2e^{\sqrt{x}}(\sqrt{x} - 1) + C.$

例 4.3.10 求 $\int \frac{x \arcsin x}{\sqrt{1-x^2}} \, dx$.

解 $\int \frac{x \arcsin x}{\sqrt{1-x^2}} \, dx = -\int \arcsin x \, d(\sqrt{1-x^2})$

$= -\left(\sqrt{1-x^2} \arcsin x - \int \sqrt{1-x^2} \cdot \frac{1}{\sqrt{1-x^2}} \, dx\right)$

$= -\sqrt{1-x^2} \arcsin x + \int dx$

$= -\sqrt{1-x^2} \arcsin x + x + C.$

例 4.3.11 求 $\int \frac{\arcsin e^x}{e^x} \, dx$.

解 令 $t = e^x$，则 $x = \ln t, dx = \dfrac{1}{t}dt$. 于是

$$\int \frac{\arcsin e^x}{e^x}dx = \int \frac{\arcsin t}{t^2}dt = -\int \arcsin t\, d\left(\frac{1}{t}\right)$$

$$= -\frac{1}{t}\arcsin t + \int \frac{1}{t\sqrt{1-t^2}}dt.$$

对不定积分 $\displaystyle\int \frac{1}{t\sqrt{1-t^2}}dt$ 做换元 $t = \sin u\left(-\dfrac{\pi}{2} < u < \dfrac{\pi}{2}\right)$，得

$$\int \frac{1}{t\sqrt{1-t^2}}dt = \int \frac{1}{\sin u}du = \ln|\csc u - \cot u| + C$$

$$= \ln\left|\frac{1}{t} - \frac{\sqrt{1-t^2}}{t}\right| + C.$$

再将 $t = e^x$ 代入，最后得到

$$\int \frac{\arcsin e^x}{e^x}dx = -\frac{1}{e^x}\arcsin e^x + \ln(1 - \sqrt{1-e^{2x}}) - x + C.$$

注 例 4.3.11 也可先运用分部积分法，再运用换元积分法.

例 4.3.12 求 $I_n = \displaystyle\int \frac{1}{(a^2+x^2)^n}dx$ (n 为正整数，$a \neq 0$) 的递推公式.

解 $I_n = \dfrac{1}{a^2}\displaystyle\int \frac{a^2+x^2-x^2}{(a^2+x^2)^n}dx = \dfrac{1}{a^2}\int \frac{1}{(a^2+x^2)^{n-1}}dx - \dfrac{1}{a^2}\int \frac{x^2}{(a^2+x^2)^n}dx$

$$= \frac{1}{a^2}I_{n-1} - \frac{1}{2a^2}\int \frac{x\,d(a^2+x^2)}{(a^2+x^2)^n} = \frac{1}{a^2}I_{n-1} + \frac{1}{2(n-1)a^2}\int x\,d\left[\frac{1}{(a^2+x^2)^{n-1}}\right]$$

$$= \frac{1}{a^2}I_{n-1} + \frac{1}{2(n-1)a^2}\left[\frac{x}{(a^2+x^2)^{n-1}} - \int \frac{1}{(a^2+x^2)^{n-1}}dx\right]$$

$$= \frac{1}{a^2}I_{n-1} + \frac{1}{2(n-1)a^2}\cdot\frac{x}{(a^2+x^2)^{n-1}} - \frac{1}{2(n-1)a^2}I_{n-1}.$$

将上式右端进行整理，得

$$I_n = \frac{x}{2(n-1)a^2(a^2+x^2)^{n-1}} + \frac{2n-3}{2(n-1)a^2}I_{n-1}, \quad n > 1, \tag{4.3.2}$$

其中 $I_{n-1} = \displaystyle\int \frac{1}{(a^2+x^2)^{n-1}}dx$.

式 (4.3.2) 是一个递推公式，由于

$$I_1 = \int \frac{1}{a^2+x^2}dx = \frac{1}{a}\arctan \frac{x}{a} + C,$$

因此逐次利用式 (4.3.2) 可得到

$$I_2 = \frac{x}{2a^2(a^2+x^2)} + \frac{1}{2a^3}\arctan\frac{x}{a} + C,$$

$$I_3 = \frac{x}{4a^2(a^2+x^2)^2} + \frac{3x}{8a^4(a^2+x^2)} + \frac{3}{8a^5}\arctan\frac{x}{a} + C,$$

……

例 4.3.13 求 $\int \frac{x\,\mathrm{e}^x}{\sqrt{\mathrm{e}^x-1}}\mathrm{d}x$.

解 对于根式内含有指数函数的情形，可直接令该根式为一个新变量.

令 $u = \sqrt{\mathrm{e}^x - 1}$，则 $x = \ln(1+u^2), \mathrm{d}x = \frac{2u}{1+u^2}\mathrm{d}u$. 于是

$$\int \frac{x\,\mathrm{e}^x}{\sqrt{\mathrm{e}^x-1}}\mathrm{d}x = \int \frac{(1+u^2)\ln(1+u^2)}{u} \cdot \frac{2u}{1+u^2}\mathrm{d}u$$

$$= 2\int \ln(1+u^2)\mathrm{d}u = 2u\ln(1+u^2) - \int \frac{4u^2}{1+u^2}\mathrm{d}u$$

$$= 2u\ln(1+u^2) - 4u + 4\arctan u + C$$

$$= 2x\sqrt{\mathrm{e}^x-1} - 4\sqrt{\mathrm{e}^x-1} + 4\arctan\sqrt{\mathrm{e}^x-1} + C.$$

习题4.3

1. 求下列不定积分：

(1) $\int x\cos x\,\mathrm{d}x$；

(2) $\int \ln x\,\mathrm{d}x$；

(3) $\int \left(\frac{1}{x} + \ln x\right)\mathrm{e}^x\mathrm{d}x$；

(4) $\int \ln(x + \sqrt{x^2+1})\mathrm{d}x$；

(5) $\int \frac{x}{\sin^2 x}\mathrm{d}x$；

(6) $\int x^2 \arctan x\,\mathrm{d}x$；

(7) $\int x^2 \mathrm{e}^{3x}\mathrm{d}x$；

(8) $\int \sin\ln x\,\mathrm{d}x$；

(9) $\int \arctan x\,\mathrm{d}x$；

(10) $\int \operatorname{arccot} x\,\mathrm{d}x$；

(11) $\int \arcsin x\,\mathrm{d}x$；

(12) $\int \mathrm{e}^{3x}\cos 2x\,\mathrm{d}x$；

(13) $\int (\arcsin x)^2\mathrm{d}x$；

(14) $\int \frac{\ln x}{\sqrt{x}}\mathrm{d}x$；

(15) $\int \frac{\ln\ln x}{x}\mathrm{d}x$；

(16) $\int \frac{\ln\sin x}{\cos^2 x}\mathrm{d}x$；

(17) $\int \frac{x\cos x}{\sin^3 x}\mathrm{d}x$；

(18) $\int \frac{\mathrm{e}^{\arcsin x}\arcsin x}{\sqrt{1-x^2}}\mathrm{d}x$；

(19) $\int x\tan^2 x\,dx$;

(20) $\int \dfrac{\arctan e^x}{e^x}dx$;

(21) $\int (\cos\sqrt{x})^2 dx$;

(22) $\int \dfrac{x\arctan x}{\sqrt{1+x^2}}dx$;

(23) $\int xf''(x)dx$;

(24) $\int e^{\sqrt[3]{x}}dx$;

(25) $\int \dfrac{\ln x}{(1-x)^2}dx$;

(26) $\int e^x \sin^2 x\,dx$;

(27) $\int x\ln^2 x\,dx$;

(28) $\int e^{\sqrt{3x+9}}dx$.

2. 已知函数 $f(x)$ 的一个原函数为 $\dfrac{\sin x}{x}$，求 $\int xf'(x)dx$.

3. 设函数 $f(\sin^2 x) = \dfrac{x}{\sin x}$，求 $\int \dfrac{\sqrt{x}}{\sqrt{1-x}}f(x)dx$.

4. 求 $I_n = \int (\ln x)^n dx$ (n 为正整数) 的递推公式.

§4.4 几类特殊函数的不定积分

前面介绍了求不定积分的直接积分法、换元积分法和分部积分法. 在此基础上, 本节讨论求几类特殊函数的不定积分的方法.

一、有理函数的不定积分

有理函数是指由两个多项式的商所表示的函数, 具体形式如下:

$$\dfrac{P(x)}{Q(x)} = \dfrac{a_0 x^n + a_1 x^{n-1} + \cdots + a_{n-1}x + a_n}{b_0 x^m + b_1 x^{m-1} + \cdots + b_{m-1}x + b_m}, \qquad (4.4.1)$$

其中 m 和 n 均为非负整数, $a_0, a_1, \cdots, a_n$ 及 $b_0, b_1, \cdots, b_m$ 均为常数, 且 $a_0 \neq 0$, $b_0 \neq 0$. 当 $m \leqslant n$ 时, 式(4.4.1) 称为**假分式**; 当 $m > n$ 时, 式(4.4.1) 称为**真分式**. 通常设分子 $P(x)$ 与分母 $Q(x)$ 之间没有公因式.

利用多项式除法, 可以把任一假分式化为一个多项式与一个真分式之和. 例如:

$$\dfrac{x^3+1}{x^2+x+1} = x-1+\dfrac{2}{x^2+x+1},$$

$$\dfrac{x^2-5x+4}{x^2+3x+1} = 1+\dfrac{-8x+3}{x^2+3x+1}.$$

对于多项式的不定积分, 直接逐项积分即可, 因此只要研究真分式的不定积分即可.

设给定真分式为

$$\frac{P(x)}{Q(x)}. \qquad (4.4.2)$$

由代数学基本定理知,式(4.4.2)中的分母 $Q(x) = b_0 x^m + b_1 x^{m-1} + \cdots + b_{m-1} x + b_m$ 总可分解为一些实系数的一次因式与二次质因式的幂之积,即可设

$$Q(x) = b_0 (x-a)^\alpha \cdots (x-b)^\beta (x^2 + px + q)^\lambda \cdots (x^2 + rx + s)^\mu, \qquad (4.4.3)$$

其中 $\alpha, \cdots, \beta, \lambda, \cdots, \mu$ 都是正整数,且 $p^2 - 4q < 0, \cdots, r^2 - 4s < 0$,则式(4.4.2)可唯一地分解成**部分分式**(或称**最简分式**)之和,即

$$\begin{aligned}
\frac{P(x)}{Q(x)} =\ & \frac{A_1}{x-a} + \frac{A_2}{(x-a)^2} + \cdots + \frac{A_\alpha}{(x-a)^\alpha} + \cdots \\
& + \frac{B_1}{x-b} + \frac{B_2}{(x-b)^2} + \cdots + \frac{B_\beta}{(x-b)^\beta} \\
& + \frac{C_1 x + D_1}{x^2 + px + q} + \frac{C_2 x + D_2}{(x^2 + px + q)^2} + \cdots \\
& + \frac{C_\lambda x + D_\lambda}{(x^2 + px + q)^\lambda} + \cdots + \frac{E_1 x + F_1}{x^2 + rx + s} \\
& + \frac{E_2 x + F_2}{(x^2 + rx + s)^2} + \cdots + \frac{E_\mu x + F_\mu}{(x^2 + rx + s)^\mu}, \qquad (4.4.4)
\end{aligned}$$

式中 $A_i (i = 1, 2, \cdots, \alpha), \cdots, B_j (j = 1, 2, \cdots, \beta), C_k, D_k (k = 1, 2, \cdots, \lambda), \cdots, E_l, F_l (l = 1, 2, \cdots, \mu)$ 均为常数.

注 式(4.4.4)称为**真分式分解式**.对该分解式要注意以下两点:

(1) 若分母 $Q(x)$ 的因式分解式(4.4.3)中含有重因式 $(x-a)^n$,则真分式分解式(4.4.4)中应含有如下 n 个最简分式之和:

$$\frac{A_1}{x-a} + \frac{A_2}{(x-a)^2} + \cdots + \frac{A_n}{(x-a)^n},$$

其中 $A_i (i = 1, 2, \cdots, n)$ 是待定常数.特别地,若 $n = 1$,则真分式分解式(4.4.4)中只含有 $\dfrac{A_1}{x-a}$ 这一项.

(2) 若分母 $Q(x)$ 的因式分解式(4.4.3)中含有质因式 $(x^2 + px + q)^n$(其中 $p^2 - 4q < 0$),则真分式分解式(4.4.4)中应含有如下 n 个最简分式之和:

$$\frac{C_1 x + D_1}{x^2 + px + q} + \frac{C_2 x + D_2}{(x^2 + px + q)^2} + \cdots + \frac{C_n x + D_n}{(x^2 + px + q)^n},$$

其中 $C_i, D_i (i = 1, 2, \cdots, n)$ 都是待定常数.特别地,若 $n = 1$,则真分式分解式(4.4.4)中只含有 $\dfrac{C_1 x + D_1}{x^2 + px + q}$ 这一项.

综上所述,有理函数的不定积分可以转化为多项式的不定积分和下列四种类型真分式的不定积分:

(1) $\displaystyle\int \frac{A}{x-a} \mathrm{d}x$; (2) $\displaystyle\int \frac{A}{(x-a)^n} \mathrm{d}x$;

(3) $\displaystyle\int \frac{Ax+B}{x^2+px+q} \mathrm{d}x$; (4) $\displaystyle\int \frac{Ax+B}{(x^2+px+q)^n} \mathrm{d}x$,

其中 $n > 1, p^2 - 4q < 0, A, B$ 均为常数.

例 4.4.1 求 $\int \dfrac{2x-1}{x^2-5x+6}dx$.

解 因为被积函数的分母可变形为 $x^2-5x+6=(x-3)(x-2)$，所以可设
$$\frac{2x-1}{x^2-5x+6}=\frac{A}{x-3}+\frac{B}{x-2},$$
其中 A,B 均为待定常数. 上式去分母，得
$$2x-1=A(x-2)+B(x-3), \qquad (4.4.5)$$
即
$$2x-1=(A+B)x-(2A+3B). \qquad (4.4.6)$$
用待定系数法确定常数 A,B 时，常用的方法有以下两种：

方法一（比较系数法） 比较式 (4.4.6) 中 x 的同次幂系数及常数项，得
$$\begin{cases} A+B=2, \\ 2A+3B=1. \end{cases}$$
解此方程组，得 $A=5, B=-3$.

方法二（赋值法） 在恒等式 (4.4.5) 中，令 $x=2$，得 $B=-3$；令 $x=3$，得 $A=5$.

因此
$$\frac{2x-1}{x^2-5x+6}=\frac{5}{x-3}-\frac{3}{x-2},$$
从而
$$\int\frac{2x-1}{x^2-5x+6}dx=5\int\frac{1}{x-3}dx-3\int\frac{1}{x-2}dx=5\ln|x-3|-3\ln|x-2|+C.$$

例 4.4.2 求 $\int \dfrac{x^2+1}{x(x-1)^2}dx$.

解 设 $\dfrac{x^2+1}{x(x-1)^2}=\dfrac{A}{x}+\dfrac{B}{x-1}+\dfrac{D}{(x-1)^2}$，其中 A,B,D 均为待定常数. 对此式去分母，得
$$x^2+1=A(x-1)^2+Bx(x-1)+Dx.$$
令 $x=0$，得 $A=1$；令 $x=1$，得 $D=2$；令 $x=2$，得 $B=0$.

因此
$$\frac{x^2+1}{x(x-1)^2}=\frac{1}{x}+\frac{2}{(x-1)^2},$$
从而
$$\int\frac{x^2+1}{x(x-1)^2}dx=\int\frac{1}{x}dx+2\int\frac{1}{(x-1)^2}dx=\ln|x|-\frac{2}{x-1}+C.$$

对于形如 $\int \dfrac{Ax+B}{x^2+px+q}dx\ (p^2-4q<0)$ 的不定积分，一般可先将被积函数的分子拆成两部分：一部分为被积函数分母的导数的倍数，另一部分为常数；然后逐项积分.

例 4.4.3 求 $\int \dfrac{x-2}{x^2+2x+3}\mathrm{d}x$.

解 因为 $x-2=\dfrac{1}{2}(x^2+2x+3)'-3$,所以

$$\int \frac{x-2}{x^2+2x+3}\mathrm{d}x = \frac{1}{2}\int \frac{(x^2+2x+3)'}{x^2+2x+3}\mathrm{d}x - 3\int \frac{1}{x^2+2x+3}\mathrm{d}x$$

$$= \frac{1}{2}\int \frac{1}{x^2+2x+3}\mathrm{d}(x^2+2x+3) - 3\int \frac{1}{(x+1)^2+(\sqrt{2})^2}\mathrm{d}(x+1)$$

$$= \frac{1}{2}\ln(x^2+2x+3) - \frac{3}{\sqrt{2}}\arctan\frac{x+1}{\sqrt{2}} + C.$$

例 4.4.4 求 $\int \dfrac{x}{x^3-x^2+x-1}\mathrm{d}x$.

解 因为 $x^3-x^2+x-1=(x-1)(x^2+1)$,所以可设

$$\frac{x}{x^3-x^2+x-1} = \frac{A}{x-1} + \frac{Bx+D}{x^2+1},$$

其中 A,B,D 均为待定常数. 上式去分母,得

$$x = A(x^2+1) + (Bx+D)(x-1).$$

令 $x=1$,得 $A=\dfrac{1}{2}$;令 $x=0$,得 $D=\dfrac{1}{2}$. 比较上式两边 x^2 的系数,得 $0=A+B$,故 $B=-\dfrac{1}{2}$.

因此

$$\int \frac{x}{x^3-x^2+x-1}\mathrm{d}x = \frac{1}{2}\int \frac{1}{x-1}\mathrm{d}x - \frac{1}{2}\int \frac{x-1}{x^2+1}\mathrm{d}x$$

$$= \frac{1}{2}\ln|x-1| - \frac{1}{2}\int \frac{x}{x^2+1}\mathrm{d}x + \frac{1}{2}\int \frac{1}{x^2+1}\mathrm{d}x$$

$$= \frac{1}{2}\ln|x-1| - \frac{1}{4}\ln(x^2+1) + \frac{1}{2}\arctan x + C$$

$$= \frac{1}{4}\ln\frac{(x-1)^2}{x^2+1} + \frac{1}{2}\arctan x + C.$$

对于形如 $\int \dfrac{Ax+B}{(x^2+px+q)^n}\mathrm{d}x\,(n>1,p^2-4q<0)$ 的不定积分,一般可先将被积函数分母中的二次质因式配方,得

$$x^2+px+q = \left(x+\frac{p}{2}\right)^2 + q - \frac{p^2}{4};$$

再令 $t=x+\dfrac{p}{2}$,记

$$x^2+px+q = t^2+k^2, \quad Ax+B = At+b,$$

其中 $k^2=q-\dfrac{p^2}{4}, b=B-\dfrac{p}{2}A$,则有

$$\int \frac{Ax+B}{(x^2+px+q)^n}dx = \int \frac{At}{(t^2+k^2)^n}dt + \int \frac{b}{(t^2+k^2)^n}dt.$$

上式右端第一个不定积分用第一类换元积分法即可求出，而第二个不定积分由 §4.3 的例 4.3.12 即可得到结果.

二、三角函数有理式的不定积分

由三角函数和常数经过有限次四则运算得到的函数称为**三角函数有理式**. 由于各种三角函数都可以用 $\sin x$ 及 $\cos x$ 的有理式表示，因此三角函数有理式也就是 $\sin x, \cos x$ 的有理式，记作 $R(\sin x, \cos x)$，其中 $R(u,v)$ 表示 u,v 两个变量的有理式.

因为 $\sin x, \cos x$ 都可用 $\tan \frac{x}{2}$ 的有理式来表示，即

$$\sin x = 2\sin \frac{x}{2}\cos \frac{x}{2} = \frac{2\tan \frac{x}{2}}{\sec^2 \frac{x}{2}} = \frac{2\tan \frac{x}{2}}{1+\tan^2 \frac{x}{2}},$$

$$\cos x = \cos^2 \frac{x}{2} - \sin^2 \frac{x}{2} = \frac{1-\tan^2 \frac{x}{2}}{\sec^2 \frac{x}{2}} = \frac{1-\tan^2 \frac{x}{2}}{1+\tan^2 \frac{x}{2}},$$

所以如果做变量代换 $t = \tan \frac{x}{2}$，则

$$\sin x = \frac{2t}{1+t^2}, \quad \cos x = \frac{1-t^2}{1+t^2},$$

$$x = 2\arctan t, \quad dx = \frac{2}{1+t^2}dt.$$

于是，三角函数有理式的不定积分就化为有理函数的不定积分，即

$$\int R(\sin x, \cos x)dx = \int R\left(\frac{2t}{1+t^2}, \frac{1-t^2}{1+t^2}\right)\frac{2}{1+t^2}dt.$$

所做的变量代换 $t = \tan \frac{x}{2}$ 称为**万能代换**.

例 4.4.5 求 $\int \frac{1}{1+\sin x + \cos x}dx$.

解 令 $t = \tan \frac{x}{2}$，则 $\sin x = \frac{2t}{1+t^2}, \cos x = \frac{1-t^2}{1+t^2}, dx = \frac{2}{1+t^2}dt$，从而

$$\int \frac{1}{1+\sin x + \cos x}dx = \int \frac{1}{1+\frac{2t}{1+t^2}+\frac{1-t^2}{1+t^2}} \cdot \frac{2}{1+t^2}dt = \int \frac{1}{1+t}dt$$

$$= \ln|1+t| + C = \ln\left|1+\tan\frac{x}{2}\right| + C.$$

例 4.4.6 求 $\int \dfrac{1+\sin x}{\sin x(1+\cos x)}\mathrm{d}x$.

解 令 $t = \tan\dfrac{x}{2}$，则 $\sin x = \dfrac{2t}{1+t^2}$，$\cos x = \dfrac{1-t^2}{1+t^2}$，$\mathrm{d}x = \dfrac{2}{1+t^2}\mathrm{d}t$，从而

$$\int \frac{1+\sin x}{\sin x(1+\cos x)}\mathrm{d}x = \int \frac{1+\dfrac{2t}{1+t^2}}{\dfrac{2t}{1+t^2}\left(1+\dfrac{1-t^2}{1+t^2}\right)} \cdot \frac{2}{1+t^2}\mathrm{d}t = \frac{1}{2}\int \frac{t^2+2t+1}{t}\mathrm{d}t$$

$$= \frac{1}{2}\int\left(t+2+\frac{1}{t}\right)\mathrm{d}t = \frac{1}{4}t^2 + t + \frac{1}{2}\ln|t| + C$$

$$= \frac{1}{4}\tan^2\frac{x}{2} + \tan\frac{x}{2} + \frac{1}{2}\ln\left|\tan\frac{x}{2}\right| + C.$$

虽然万能代换总能把三角函数有理式的不定积分转化为有理函数的不定积分，但是在多数情况下，实行这种变量代换后将导致不定积分运算变得复杂，故不应把这种变量代换作为首选方法. 下面举例说明.

例 4.4.7 求 $\int \dfrac{1}{\sin x + \cos x}\mathrm{d}x$.

解 令 $t = \tan\dfrac{x}{2}$，则 $\sin x = \dfrac{2t}{1+t^2}$，$\cos x = \dfrac{1-t^2}{1+t^2}$，$\mathrm{d}x = \dfrac{2}{1+t^2}\mathrm{d}t$，从而

$$\int \frac{1}{\sin x + \cos x}\mathrm{d}x = \int \frac{2}{1+2t-t^2}\mathrm{d}t = 2\int \frac{1}{2-(t-1)^2}\mathrm{d}t$$

$$= \frac{\sqrt{2}}{2}\int\left[\frac{1}{t-(1-\sqrt{2})} - \frac{1}{t-(1+\sqrt{2})}\right]\mathrm{d}t$$

$$= \frac{\sqrt{2}}{2}\ln\left|\frac{t-(1-\sqrt{2})}{t-(1+\sqrt{2})}\right| + C$$

$$= \frac{\sqrt{2}}{2}\ln\left|\frac{\tan\dfrac{x}{2}-1+\sqrt{2}}{\tan\dfrac{x}{2}-1-\sqrt{2}}\right| + C.$$

该不定积分也可采用下面较为简便的方法来求：

$$\int \frac{1}{\sin x+\cos x}\mathrm{d}x = \frac{\sqrt{2}}{2}\int \frac{1}{\dfrac{\sqrt{2}}{2}\sin x + \dfrac{\sqrt{2}}{2}\cos x}\mathrm{d}x = \frac{\sqrt{2}}{2}\int \frac{1}{\cos\left(x-\dfrac{\pi}{4}\right)}\mathrm{d}x$$

$$= \frac{\sqrt{2}}{2}\int \sec\left(x-\frac{\pi}{4}\right)\mathrm{d}\left(x-\frac{\pi}{4}\right)$$

$$= \frac{\sqrt{2}}{2}\ln\left|\sec\left(x-\frac{\pi}{4}\right)+\tan\left(x-\frac{\pi}{4}\right)\right|+C.$$

例 4.4.8 求 $\int \frac{1}{(a\sin x + b\cos x)^2}dx$ （a,b 均为常数，$a\neq 0$）.

解 $\int \frac{1}{(a\sin x + b\cos x)^2}dx = \int \frac{\sec^2 x}{(a\tan x + b)^2}dx = \frac{1}{a}\int \frac{1}{(a\tan x + b)^2}d(a\tan x + b)$

$$= \frac{-1}{a(a\tan x + b)}+C.$$

例 4.4.9 求 $\int \frac{1}{1+\sin x}dx$.

解 此题有多种解法，此处介绍一种类似于有理化的方法. 将被积函数的分子、分母同乘以 $1-\sin x$，即得

$$\int \frac{1}{1+\sin x}dx = \int \frac{1-\sin x}{\cos^2 x}dx = \int \sec^2 x\,dx - \int \tan x\sec x\,dx$$

$$= \tan x - \sec x + C.$$

三、一些不能用初等函数表示的不定积分

对初等函数来说，在其定义区间上，它的原函数一定存在. 前面所讲的"把不定积分求出来"，是指经过有限步骤把不定积分用初等函数表示出来. 但并不是所有初等函数的原函数都能用初等函数表示出来，如 $\int e^{-x^2}dx$，$\int e^{x^2}dx$，$\int \cos x^2\,dx$，$\int \sin x^2\,dx$，$\int \frac{\sin x}{x}dx$，$\int \frac{\cos x}{x}dx$，$\int \frac{1}{\ln x}dx$，$\int \frac{1}{\sqrt{1+x^4}}dx$ 等.

可以看到，求不定积分比求导数需要更多的技巧，有时积分过程相当复杂. 为了实用与方便，人们把常用的积分公式按照被积函数的类型汇集成表，这种表叫作**积分表**. 求不定积分时，可根据被积函数的类型直接或经过简单变形后在积分表中查得所需的结果.

1. 求下列不定积分：

   (1) $\int \frac{1}{3x^2-2x+2}dx$；

   (2) $\int \frac{x^5+x^4-8}{x^3-x}dx$；

   (3) $\int \frac{1}{(x^2+a^2)^2}dx$ （$a>0$）；

   (4) $\int \frac{1}{x^2(1-x)}dx$；

(5) $\int \dfrac{x+5}{x^2-2x-1}\mathrm{d}x$;

(6) $\int \dfrac{x}{x^3-1}\mathrm{d}x$;

(7) $\int \tan^4 x\, \mathrm{d}x$;

(8) $\int \dfrac{1}{1+\cos x}\mathrm{d}x$;

(9) $\int \dfrac{1}{2+5\cos x}\mathrm{d}x$;

(10) $\int \dfrac{1-\tan x}{1+\tan x}\mathrm{d}x$;

(11) $\int \dfrac{\sqrt{x-1}}{x}\mathrm{d}x$;

(12) $\int \dfrac{x}{\sqrt{3x+1}+\sqrt{2x+1}}\mathrm{d}x$;

(13) $\int \dfrac{1}{\sqrt{\mathrm{e}^x+1}}\mathrm{d}x$;

(14) $\int \dfrac{1}{\sqrt{2x+1}-\sqrt[4]{2x+1}}\mathrm{d}x$;

(15) $\int \dfrac{\sqrt{x+1}}{1+\sqrt{x+1}}\mathrm{d}x$;

(16) $\int \dfrac{x}{\sqrt{1+x-x^2}}\mathrm{d}x$;

(17) $\int \sqrt{\dfrac{1-x}{1+x}}\mathrm{d}x$;

(18) $\int \dfrac{1}{\sqrt{x(1+x)}}\mathrm{d}x$.

*§4.5 不定积分应用案例

一、油井收入的估计

例 4.5.1 设一口月产300桶原油的油井,在3年后将要枯竭.预计从现在算起 t 个月后,原油价格将是 $P(t)=18+0.3\sqrt{t}$（单位：美元/桶）.假定油一生产出来就被售出,则由这口井可得到多少收入?

解 令 $R(t)$（单位：美元）表示从现在算起 t 个月由这口井可得到的收入.由于所得收入等于原油的价格与卖出原油的桶数之积,而这里原油的价格为 $P(t)=18+0.3\sqrt{t}$,每月卖出原油300桶,因此有

$$\dfrac{\mathrm{d}[R(t)]}{\mathrm{d}t}=300\times(18+0.3\sqrt{t}),$$

即

$$\dfrac{\mathrm{d}[R(t)]}{\mathrm{d}t}=5\,400+90\sqrt{t}.$$

上式两边同时求不定积分,而

$$\int(5\,400+90\sqrt{t})\mathrm{d}t=5\,400t+60t^{\tfrac{3}{2}}+C,$$

得

$$R(t)=5\,400t+60t^{\tfrac{3}{2}}+C_0,$$

其中 C_0 为待定常数. 由 $R(0)=0$, 得 $C_0=0$, 于是
$$R(t)=5\,400t+60t^{\frac{3}{2}}.$$
因这口井将在 36 个月后枯竭, 故由这口井可得到的总收入是
$$R(36)=\left(5\,400\times36+60\times36^{\frac{3}{2}}\right)\text{美元}=207\,360\text{ 美元}.$$

二、石油消耗量的估计

例 4.5.2 近年来, 世界范围内每年的石油消耗率呈指数增长, 增长指数大约为 0.07. 1970 年年初, 消耗率大约为 161 亿桶/年. 设 $R(t)$ (单位:亿桶/年) 表示从 1970 年起第 t 年的石油消耗率, 则 $R(t)=161\mathrm{e}^{0.07t}$, 试用此式估算从 1970 年到 2010 年间的石油消耗总量.

解 设 $T(t)$ (单位:亿桶) 表示从 1970 年算起 ($t=0$) 到第 t 年的石油消耗总量. 要求从 1970 年到 2010 年间的石油消耗总量, 即求 $T(40)$. 因为 $T(t)$ 是石油消耗总量, 所以 $T'(t)$ 就是石油消耗率 $R(t)$, 即 $T'(t)=R(t)$. 此式两边求不定积分, 而
$$\int R(t)\mathrm{d}t=\int 161\mathrm{e}^{0.07t}\mathrm{d}t=\frac{161}{0.07}\mathrm{e}^{0.07t}+C=2\,300\mathrm{e}^{0.07t}+C,$$
得
$$T(t)=2\,300\mathrm{e}^{0.07t}+C_0,$$
其中 C_0 为待定常数. 由 $T(0)=0$, 得 $C_0=-2\,300$, 因此
$$T(t)=2\,300(\mathrm{e}^{0.07t}-1).$$
所以, 从 1970 年到 2010 年间的石油消耗总量为
$$T(40)=2\,300(\mathrm{e}^{0.07\times40}-1)\text{ 亿桶}\approx35\,523\text{ 亿桶}.$$

三、陨石质量的估计

例 4.5.3 当陨石穿过大气层向地面高速坠落时, 陨石表面与空气摩擦所产生的高热使陨石的质量不断减少. 实验表明, 陨石质量减少的速度与陨石的表面积成正比 (设比例系数为 k, $k>0$). 假设陨石是质量均匀的球体, 试求出陨石的质量 m 关于时间 t 的函数表达式 (假设陨石的密度为 ρ).

解 设 t 时刻陨石的半径为 $r(t)$, 质量为 $m(t)$, 表面积为 $S(t)$, 则由题设可知
$$S(t)=4\pi r^2(t),\quad m(t)=\rho\frac{4}{3}\pi r^3(t).$$

消去 $r(t)$ 后,$S(t)=4\pi\left[\dfrac{3m(t)}{4\pi\rho}\right]^{\frac{2}{3}}$. 根据题意,得

$$\frac{\mathrm{d}[m(t)]}{\mathrm{d}t}=-kS(t)=-4\pi k\left(\frac{3}{4\pi\rho}\right)^{\frac{2}{3}}[m(t)]^{\frac{2}{3}}=-a[m(t)]^{\frac{2}{3}},$$

即 $m(t)$ 满足

$$\frac{\mathrm{d}[m(t)]}{\mathrm{d}t}=-a[m(t)]^{\frac{2}{3}},$$

其中 $a=4\pi k\left(\dfrac{3}{4\pi\rho}\right)^{\frac{2}{3}}$. 于是

$$[m(t)]^{-\frac{2}{3}}\mathrm{d}[m(t)]=-a\mathrm{d}t,$$

对上式两边同时求不定积分,得

$$3[m(t)]^{\frac{1}{3}}=-at+C_0, \quad 即 \quad m(t)=\left(\frac{C_0-at}{3}\right)^3, \qquad (4.5.1)$$

其中 C_0 为待定常数.

若陨石到达地面的时刻为 t_0,此时陨石的质量为 m_0,则据此条件可求得

$$C_0=3m_0^{\frac{1}{3}}+at_0.$$

代入式(4.5.1),求出 $m(t)$ 的表达式为

$$m(t)=\left[m_0^{\frac{1}{3}}+\frac{a}{3}(t_0-t)\right]^3,$$

其中 $a=4\pi k\left(\dfrac{3}{4\pi\rho}\right)^{\frac{2}{3}}$.

四、十字路口中黄灯持续时间的估计

例 4.5.4 在十字路口的交通管理中,亮红灯之前,要亮一段时间的黄灯,这是为了让那些正行驶向十字路口的驾驶员注意,红灯即将亮起.如果驾驶员能在黄灯持续时间内停住车辆,则应当马上刹车,以免闯红灯违反交通规则.那么,黄灯应当持续多久才合适呢?

解 (1)问题分析.

驶近十字路口的驾驶员在看到黄色信号灯亮起时,需做出决定:是停车还是通过路口.若决定停车,则必须有足够的距离让驾驶员能停住车辆.也就是说,道路上存在一条无形的停车线(见图 4.5),从这条线到十字路口的距离与此道路的规定速度有关,规定速度越大,此距离也就越长.当黄色信号灯亮起时,若车辆已通过了此线就不能停,否则会冲出路口;若车辆没有通过此线,则必须停车.对于已经过线而无法停住的车辆,黄色信号灯必须留有足够的时间让这些车辆能顺利通过路口.

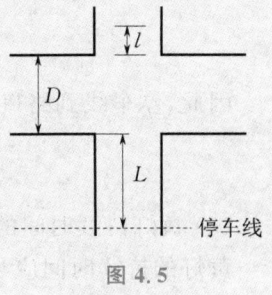

图 4.5

(2) 停车线的确定.

停车线的确定需考虑两点:① 驾驶员看到黄灯并决定停车需要一段反应时间 t_1,在此段时间内,驾驶员尚未刹车;② 驾驶员刹车后,车辆还需继续向前行驶一段路程,此段路程称为刹车距离,车辆行驶刹车距离所需的这段时间记为 t_2.

一般驾驶员的反应时间 t_1 可以根据经验或由统计数据确定,而刹车距离可采用如下方法确定:

当驾驶员踩动刹车踏板时,便产生一种摩擦力,它使车辆减速并最终停下. 设道路的规定速度为 v_0,汽车质量为 m,刹车摩擦系数为 k,需求出刹车后时间 t 内汽车向前行驶的路程 $x(t)$. 根据刹车规律,刹车的制动力为 kmg(g 为重力加速度),从而由牛顿第二定律得到刹车后车辆的运动方程为

$$m \frac{d^2 x}{dt^2} = -kmg, \tag{4.5.2}$$

且 $x(0)=0, \left.\dfrac{dx}{dt}\right|_{t=0}=v_0$.

方程(4.5.2)两边同时除以 m,并求不定积分,得

$$\frac{dx}{dt} = -kgt + C_1,$$

其中 C_1 为待定常数. 将 $\left.\dfrac{dx}{dt}\right|_{t=0}=v_0$ 代入上式,得 $C_1=v_0$,从而

$$\frac{dx}{dt} = -kgt + v_0. \tag{4.5.3}$$

令 $\dfrac{dx}{dt}=0$,则由式(4.5.3)可求得车辆从刹车至停止所需要的时间 $t_2=\dfrac{v_0}{kg}$.

再对式(4.5.3)两边同时求不定积分,得

$$x(t) = -\frac{1}{2}kgt^2 + v_0 t + C_2,$$

其中 C_2 为待定常数. 将 $x(0)=0$ 代入上式,得 $C_2=0$,因此刹车后车辆的运动规律为

$$x(t) = -\frac{1}{2}kgt^2 + v_0 t. \tag{4.5.4}$$

将 $t_2=\dfrac{v_0}{kg}$ 代入式(4.5.4),得刹车后车辆继续行驶的路程为

$$x(t_2) = \frac{1}{2} \cdot \frac{v_0^2}{kg}.$$

因此,停车线到路口的距离应为

$$L = v_0 t_1 + \frac{1}{2} \cdot \frac{v_0^2}{kg}.$$

(3) 黄灯持续时间的确定.

黄灯的持续时间应当保证已经过线的车辆顺利通过路口.

如果十字路口的宽度为 D,车辆的车身长为 l,那么过线的车辆需行驶的路程最长可达到 $L+D+l$.因此,为了保证已经过线的车辆全部顺利通过,黄灯持续时间至少为

$$T = \frac{L+D+l}{v_0}.$$

习题 4.5

1. (雪球融化问题) 假定一个雪球的半径为 r,其融化时体积的变化率正比于雪球的表面积,比例系数为 $k>0$ (k 与环境的相对湿度、空气温度等因素有关). 已知 2 h 内融化了其体积的 $\frac{1}{4}$,问:其余部分在多长时间内全部融化?

2. 一个质点以 50 m/s 的速度从地面垂直向上运动. 若质点在运动过程中只受重力的作用(取重力加速度为 $g = 10 \text{ m/s}^2$),问:
   (1) 该质点能达到的最高高度是多少?
   (2) 该质点何时重新落回地面? 落回地面时的速度是多少?

3. (人在月球上的跳高问题) 某人身高 2 m,在地面上可跳过与其身高相同的高度. 假设他以同样的初速度在月球上跳,问:他能跳多高? 为了能在月球上跳过 2 m,他需要多大的初速度?

 总复习题四

1. 填空题:
   (1) 设函数 $f(t)$ 的一个原函数为 $F(t)$,则 $f(3t+5)$ 的原函数为_____;
   (2) 设 $\int xf(x)\mathrm{d}x = \arcsin x + C$,则 $\int \frac{1}{f(x)}\mathrm{d}x =$ _____;
   (3) 设 $f'(x^2) = \frac{1}{x}$,$x > 0$,则 $f(x) =$ _____;
   (4) $\int \frac{1}{\sqrt{x(4-x)}}\mathrm{d}x =$ _____;
   (5) $\int \frac{\ln x - 1}{x^2}\mathrm{d}x =$ _____;
   (6) $\int \frac{1}{1+\mathrm{e}^x}\mathrm{d}x =$ _____;
   (7) 设 e^{x^2} 是函数 $f(x)$ 的一个原函数,则 $\int f(\sin x)\cos x\,\mathrm{d}x =$ _____;
   (8) 设函数 $f(x)$ 在区间 $(-\infty, +\infty)$ 上连续,则 $\mathrm{d}\left[\int f(x)\mathrm{d}x\right] =$ _____.

2. 选择题:

(1) 设 $\ln|x|$ 为函数 $f(x)$ 的一个原函数,则 $f(x)$ 的另一个原函数为( );

A. $\ln|x+a|$ B. $\dfrac{1}{a}\ln|ax|$ C. $\dfrac{1}{2}\ln^2 x$ D. $\ln|ax|$

(2) 函数 $\dfrac{x}{\sqrt{1-x^2}}$ 的一个原函数为( );

A. $2\sqrt{1-x^2}$ B. $-\sqrt{1-x^2}$ C. $-2\sqrt{1-x^2}$ D. $\sqrt{1-x^2}$

(3) 在下列等式中,正确的是( );

A. $\int f'(x)\mathrm{d}x = f(x)$
B. $\int \mathrm{d}[f(x)] = f(x)$
C. $\dfrac{\mathrm{d}}{\mathrm{d}x}\left[\int f(x)\mathrm{d}x\right] = f(x)$
D. $\mathrm{d}\left[\int f(x)\mathrm{d}x\right] = f(x)$

(4) 若 $\int \mathrm{d}[f(x)] = \int \mathrm{d}[g(x)]$,则下列结论中错误的是( );

A. $f'(x) = g'(x)$
B. $\mathrm{d}[f(x)] = \mathrm{d}[g(x)]$
C. $\mathrm{d}\left[\int f'(x)\mathrm{d}x\right] = \mathrm{d}\left[\int g'(x)\mathrm{d}x\right]$
D. $f(x) = g(x)$

(5) $\int x f''(x)\mathrm{d}x = ($);

A. $f''(x) - xf'(x) - f(x) + C$
B. $xf(x) - \int f(x)\mathrm{d}x$
C. $xf'(x) - f(x) + C$
D. $xf'(x) + f(x) + C$

(6) 若 $x > 1$,则 $\int \dfrac{1}{x\sqrt{x^2-1}}\mathrm{d}x = ($);

A. $\arccos\dfrac{1}{x} + C$
B. $\arcsin\dfrac{1}{x} + C$
C. $\arcsin x + C$
D. $\sqrt{x^2-1} + C$

(7) 设 $f(x)$ 和 $g(x)$ 均为区间 I 上的可导函数,则在区间 I 上,下列结论中正确的是( ).

A. 若 $f(x) = g(x)$,则 $f'(x) = g'(x)$
B. 若 $f'(x) = g'(x)$,则 $f(x) = g(x)$
C. 若 $f(x) > g(x)$,则 $f'(x) > g'(x)$
D. 若 $f'(x) > g'(x)$,则 $f(x) > g(x)$

3. 求下列不定积分:

(1) $\int \dfrac{3x^2+2}{x^2(x^2+1)}\mathrm{d}x$;

(2) $\int \dfrac{x^\lambda}{\sqrt{1+x^{2\lambda+2}}}\mathrm{d}x$;

(3) $\int \dfrac{\cos x}{\sqrt{2+\cos 2x}}\mathrm{d}x$;

(4) $\int \dfrac{1}{\sin^2 x + 2\cos^2 x}\mathrm{d}x$;

(5) $\int e^{x^2+\ln x}\mathrm{d}x$;

(6) $\int \dfrac{\ln x}{x\sqrt{1+\ln x}}\mathrm{d}x$;

(7) $\int \dfrac{1}{x^2\sqrt{a^2-x^2}}\mathrm{d}x \quad (a>0)$;

(8) $\int \dfrac{1}{\sqrt{x^2-2x+5}}\mathrm{d}x$;

(9) $\int \dfrac{2x+3}{\sqrt{-x^2+6x-8}}\mathrm{d}x$;

(10) $\int \dfrac{x}{\sin^2 x}\mathrm{d}x$;

(11) $\int \dfrac{x+\ln^3 x}{(x\ln x)^2}\mathrm{d}x$;

(12) $\int \dfrac{\ln(e^x+1)}{e^x}\mathrm{d}x$;

(13) $\int \tan x \sec^4 x \, dx$;

(14) $\int \dfrac{x \arctan x}{\sqrt{1+x^2}} dx$;

(15) $\int x^3 \sqrt{4-x^2} \, dx$;

(16) $\int \dfrac{x}{\sqrt[3]{1-3x}} dx$;

(17) $\int \sqrt{\dfrac{a+x}{a-x}} \, dx \ (a>0)$;

(18) $\int \dfrac{\ln x}{x^2} dx$;

(19) $\int \dfrac{4x+3}{(x-2)^2} dx$;

(20) $\int \dfrac{x^{11}}{x^8+3x^4+2} dx$;

(21) $\int \dfrac{\sqrt[3]{x}}{x(\sqrt{x}+\sqrt[3]{x})} dx$;

(22) $\int \dfrac{1}{(1+e^x)^2} dx$.

4. 已知 $\dfrac{\sin x}{x}$ 是函数 $f(x)$ 的一个原函数，求 $\int x^3 f'(x) dx$.

5. 设函数 $f(x^2-1) = \ln \dfrac{x^2}{x^2-2}$，且 $f[g(x)] = \ln x$，求 $\int g(x) dx$.

6. 设函数 $f(x)$ 在区间 $[0,+\infty)$ 上可导，$f(1)=0$，$f'(e^x+1)=3e^{2x}+2$，求 $f(x)$.

第5章

定 积 分

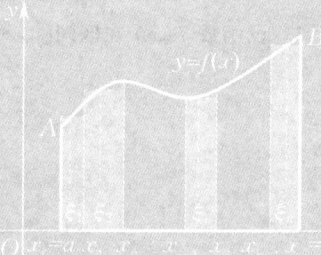

在学习不定积分的基础上,本章先从几何问题与力学问题引入定积分的概念,然后讨论定积分的性质和计算方法.关于定积分在几何学与物理学等方面的应用将在第 6 章讨论.

课程思政

知识框图

§5.1 定积分的概念

一、定积分问题举例

1. 曲边梯形的面积问题

设 $y=f(x)$ 是区间 $[a,b]$ 上非负的连续函数. 由直线 $x=a,x=b,x$ 轴及曲线 $y=f(x)$ 所围成的平面图形称为 <u>曲边梯形</u>(见图 5.1),其中曲线 $y=f(x)$ 称为 <u>曲边</u>.

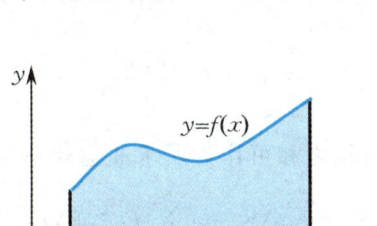

图 5.1

在初等数学中,已经解决了矩形、三角形、梯形和圆等一些规则平面图形的面积计算问题,但尚未解决曲边梯形这样的不规则平面图形的面积计算问题. 下面就来讨论这个问题. 我们来求图 5.1 中曲边梯形的面积 S.

矩形的面积可按公式

$$\text{面积} = \text{底} \times \text{高}$$

计算. 但我们不能直接用矩形的面积公式来求该曲边梯形的面积. 由于函数 $f(x)$ 在区间 $[a,b]$ 上连续变化,因此在很小的区间上 $f(x)$ 变化很小(近似于不变). 如果首先把 $[a,b]$ 划分成许多小区间,在每个小区间上用其中某一点 ξ 处的函数值 $f(\xi)$ 作为该小区间上的窄矩形的高,这样得到的窄矩形的面积就可以近似地看作同一个小区间上的窄曲边梯形的面积(见图 5.2),然后将所有窄矩形面积总和作为所求曲边梯形面积的近似值. 当把 $[a,b]$ 无限细分,即令每个小区间的长度都趋向于零时,所有窄矩形面积的总和的极限就是所求曲边梯形的面积. 下面给出计算该曲边梯形面积的具体步骤.

（1）分割.

在区间 (a,b) 内任意插入 $n-1$ 个分点：

$$a=x_0<x_1<\cdots<x_{i-1}<x_i<\cdots<x_{n-1}<x_n=b,$$

把 $[a,b]$ 分成 n 个小区间 $[x_{i-1},x_i](i=1,2,\cdots,n)$,其长度分别为

$$\Delta x_i = x_i - x_{i-1} \quad (i=1,2,\cdots,n).$$

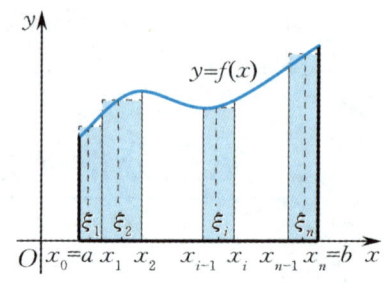

图 5.2

(2) 近似代替.

经过每个分点作平行于 y 轴的直线,把该曲边梯形分成 n 个窄曲边梯形(见图 5.2).在每个小区间 $[x_{i-1},x_i]$ 上任取一点 ξ_i.以 $[x_{i-1},x_i]$ 为底,以 $f(\xi_i)$ 为高的窄矩形的面积 $f(\xi_i)\Delta x_i$ 可以近似表示为第 i 个窄曲边梯形的面积 $\Delta S_i(i=1,2,\cdots,n)$,即

$$\Delta S_i \approx f(\xi_i)\Delta x_i.$$

(3) 求和.

上述 n 个窄矩形的面积之和可作为所求曲边梯形面积的近似值,即

$$S = \sum_{i=1}^{n}\Delta S_i \approx \sum_{i=1}^{n}f(\xi_i)\Delta x_i.$$

(4) 取极限.

记 $\lambda = \max\{\Delta x_1,\Delta x_2,\cdots,\Delta x_n\}$,当 $\lambda \to 0$(这时所有小区间的长度都趋向于零,同时分段数 n 无限增多,即 $n\to\infty$)时,上述和式的极限就是所求曲边梯形的面积,即

$$S = \lim_{\lambda\to 0}\sum_{i=1}^{n}f(\xi_i)\Delta x_i.$$

2. 变速直线运动的位移问题

设某物体做直线运动,已知速度 $v=v(t)$ 是时间区间 $[T_1,T_2]$ 上的一个连续函数,且 $v(t)\geqslant 0$,要计算该物体在这段时间内的位移 s.

当该物体做匀速直线运动时,可用公式

$$\text{位移} = \text{速度} \times \text{时间}$$

求位移 s.

当该物体做变速直线运动时,就不能直接用上述公式时间来计算位移 s.但是,由于该物体运动速度的变化是连续的,因此在很短的一段时间内速度的变化很小(可以认为是匀速的). 因而,考虑把 $[T_1,T_2]$ 分成 n 个小时间区间 $[t_{i-1},t_i](i=1,2,\cdots,n)$,其长度分别为 $\Delta t_i=t_i-t_{i-1}(i=1,2,\cdots,n)$.在每个小时间区间 $[t_{i-1},t_i]$ 上任取一个时刻 τ_i,以 τ_i 时刻的速度 $v(\tau_i)$ 代替 $[t_{i-1},t_i]$ 上的速度,则该物体在这一小段时间内的位移为

$$\Delta s_i \approx v(\tau_i)\Delta t_i.$$

然后,将各小段时间内的位移之和作为所求位移的近似值,即

$$s = \sum_{i=1}^{n} \Delta s_i \approx \sum_{i=1}^{n} v(\tau_i) \Delta t_i.$$

记 $\lambda = \max\{\Delta t_1, \Delta t_2, \cdots, \Delta t_n\}$，令 $\lambda \to 0$，则上述和式的极限就是所求位移，即

$$s = \lim_{\lambda \to 0} \sum_{i=1}^{n} v(\tau_i) \Delta t_i.$$

虽然以上两个例子的实际意义不同，但解决问题的思路和方法完全相同，即都经过分割、近似代替、求和、取极限这一过程．如果抛开两个问题的具体意义，抓住它们在处理问题上的共同本质与特性加以概括，就可以抽象出下述定积分的定义．

二、定积分的定义

定义 5.1.1 设函数 $f(x)$ 在区间 $[a,b]$ 上有界．在区间 (a,b) 内任意插入 $n-1$ 个分点：

$$a = x_0 < x_1 < \cdots < x_{i-1} < x_i < \cdots < x_{n-1} < x_n = b,$$

把 $[a,b]$ 分成 n 个小区间：

$$[x_0, x_1], \quad [x_1, x_2], \quad \cdots, \quad [x_{n-1}, x_n].$$

各小区间的长度分别为

$$\Delta x_1 = x_1 - x_0, \quad \Delta x_2 = x_2 - x_1, \quad \cdots, \quad \Delta x_n = x_n - x_{n-1},$$

记 $\lambda = \max_{1 \leqslant i \leqslant n} \{\Delta x_i\}$．在每个小区间 $[x_{i-1}, x_i]$ 上任取一点 ξ_i，求和

$$S_n = \sum_{i=1}^{n} f(\xi_i) \Delta x_i, \tag{5.1.1}$$

称之为**积分和**．若无论对 $[a,b]$ 怎样划分，也无论点 ξ_i 在各小区间 $[x_{i-1}, x_i]$ 上怎样选取，只要当 $\lambda \to 0$ 时，积分和 S_n 总趋向于确定的常数 A，则称 $f(x)$ 在 $[a,b]$ 上**可积**，并称 A 为 $f(x)$ 在 $[a,b]$ 上的**定积分**，记作 $\int_a^b f(x) \mathrm{d}x$，即

$$\int_a^b f(x) \mathrm{d}x = \lim_{\lambda \to 0} \sum_{i=1}^{n} f(\xi_i) \Delta x_i = A, \tag{5.1.2}$$

其中记号 $\int$ 称为积分号，$f(x)$ 称为**被积函数**，$f(x)\mathrm{d}x$ 称为**被积表达式**，x 称为**积分变量**，a 称为**积分下限**，b 称为**积分上限**，$[a,b]$ 称为**积分区间**．

关于定积分的定义，我们做如下说明：

定积分是由被积函数与积分区间所决定的一个确定的常数，该常数与被积函数 $f(x)$ 以及积分区间有关，与积分变量的记号无关，即

$$\int_a^b f(x) \mathrm{d}x = \int_a^b f(u) \mathrm{d}u = \int_a^b f(t) \mathrm{d}t = \cdots.$$

下面不加证明地给出定积分存在的条件．

定理 5.1.1（可积的必要条件） 若函数 $f(x)$ 在区间 $[a,b]$ 上可积，则 $f(x)$ 在 $[a,b]$ 上必有界．

定理 5.1.2(可积的充分条件) 若函数 $f(x)$ 在区间 $[a,b]$ 上满足下列条件之一：

(1) $f(x)$ 在 $[a,b]$ 上连续；

(2) $f(x)$ 在 $[a,b]$ 上有界，且只有有限个间断点，

则 $f(x)$ 在 $[a,b]$ 上可积.

注意，定理 5.1.1 的条件不是充分条件，即有界函数不一定可积. 例如，狄利克雷(Dirichlet)函数(在有理数点处的函数值为 1，在无理数点处的函数值为 0)是有界函数，但其在任何有限区间 $[a,b]$ 上都不可积. 另外，初等函数在其定义域内的任一有限闭区间上都是连续的，因而是可积的.

根据定积分的定义，前面所讨论的两个实际问题的结果可分别表述如下：

(1) 以区间 $[a,b]$ 为底边，以曲线 $y=f(x)[f(x)\geqslant 0, a\leqslant x\leqslant b]$ 为曲边的曲边梯形(见图 5.1)的面积 S 可表示为

$$S = \int_a^b f(x)\,\mathrm{d}x.$$

(2) 物体以速度 $v=v(t)[v(t)\geqslant 0]$ 做变速直线运动，在时间段 $[T_1,T_2]$ 内的位移 s 可表示为

$$s = \int_{T_1}^{T_2} v(t)\,\mathrm{d}t.$$

下面讨论定积分的几何意义. 若函数 $y=f(x)$ 在区间 $[a,b]$ 上连续且 $f(x)\leqslant 0$，则 $\int_a^b f(x)\,\mathrm{d}x$ 表示以 $[a,b]$ 为底边，以曲线 $y=f(x)$ 为曲边的曲边梯形面积的相反数(见图 5.3).

一般地，设函数 $y=f(x)$ 在区间 $[a,b]$ 上连续，则 $\int_a^b f(x)\,\mathrm{d}x$ 等于由曲线 $y=f(x)$，直线 $x=a$，$x=b$ 及 x 轴所围成的平面图形中位于 x 轴上方部分的面积减去位于 x 轴下方部分的面积(见图 5.4)，即这两部分面积的代数和，其中位于 x 轴上方部分的面积取正值，位于 x 轴下方部分的面积取负值.

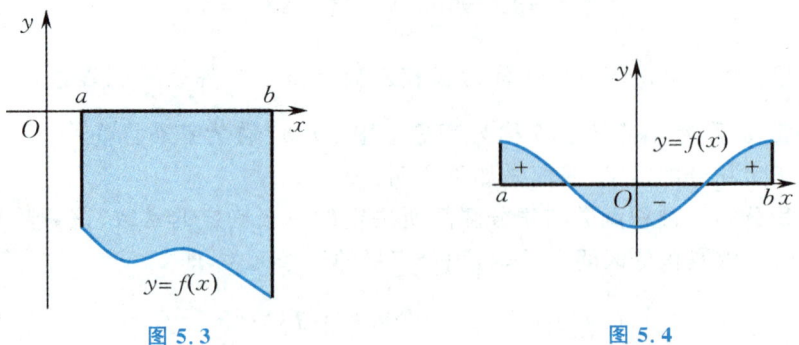

图 5.3   图 5.4

综上所述，由曲线 $y=f(x)$，直线 $x=a$，$x=b$ 及 x 轴所围成的平面图形的面积为

$$S = \int_a^b |f(x)|\,\mathrm{d}x.$$

下面举例说明如何根据定义计算定积分.

例 5.1.1 利用定义计算定积分 $\int_0^1 x\,dx$.

解 因为被积函数 $f(x)=x$ 在积分区间 $[0,1]$ 上连续,所以由定理 5.1.2 可知,它在 $[0,1]$ 上可积. 又定积分的值与区间的分法及各小区间上点 ξ_i 的取法无关,所以为了便于计算,不妨把 $[0,1]$ 分成 n 等份,分点分别为 $x_i=\dfrac{i}{n}(i=0,1,2,\cdots,n)$. 这样,每个小区间 $[x_{i-1},x_i]$ 的长度均为 $\dfrac{1}{n}$,即 $\Delta x_i=\dfrac{1}{n}(i=1,2,\cdots,n)$. 取 $\xi_i=x_i(i=1,2,\cdots,n)$,则积分和为

$$S_n=\sum_{i=1}^n f(\xi_i)\Delta x_i=\sum_{i=1}^n x_i\Delta x_i=\sum_{i=1}^n \dfrac{i}{n}\cdot\dfrac{1}{n}$$

$$=\dfrac{1}{n^2}\sum_{i=1}^n i=\dfrac{n(n+1)}{2n^2}=\dfrac{n+1}{2n}.$$

当 $\lambda=\dfrac{1}{n}\to 0$,即 $n\to\infty$ 时,由定积分的定义得

$$\int_0^1 x\,dx=\lim_{\lambda\to 0}\dfrac{n+1}{2n}=\lim_{n\to\infty}\dfrac{n+1}{2n}=\dfrac{1}{2}.$$

习题 5.1

1. 填空题:

    (1) 函数 $f(x)$ 在区间 $[a,b]$ 上的定积分是积分和的极限,即 $\int_a^b f(x)\,dx=(\quad)$;

    (2) 定积分的值只与( )及( )有关,而与( )的记法无关;

    (3) 若函数 $f(x)$ 在区间 $[a,b]$ 上连续,则定积分 $\int_a^b f(x)\,dx$ 的几何意义是( ).

2. 利用定义求下列定积分:

    (1) $\int_0^1 x^2\,dx$;   (2) $\int_2^3 \dfrac{1}{x^2}\,dx$.

3. 利用定积分的几何意义证明下列等式:

    (1) $\int_0^1 \sqrt{1-x^2}\,dx=\dfrac{\pi}{4}$;   (2) $\int_{-\pi}^{\pi} \sin x\,dx=0$;

    (3) $\int_0^2 4x\,dx=8$;   (4) $\int_{-\frac{\pi}{2}}^{\frac{\pi}{2}} \cos x\,dx=2\int_0^{\frac{\pi}{2}} \cos x\,dx$.

4. 利用定积分的几何意义求下列定积分:

    (1) $\int_{-2}^0 x\,dx$;   (2) $\int_{-1}^2 |x|\,dx$;

(3) $\int_{-2}^{4}\left(\dfrac{x}{2}+3\right)\mathrm{d}x$; (4) $\int_{-2}^{2}\sqrt{4-x^2}\,\mathrm{d}x$.

5. 设 $a<b$，问：当 a,b 取什么值时，定积分 $\int_a^b(x-x^2)\mathrm{d}x$ 取得最大值？

§5.2 定积分的性质

本节将进一步研究定积分的一些性质．同时，为了方便起见，先对定积分做以下两点补充规定：

(1) 当 $a=b$ 时，$\int_a^b f(x)\mathrm{d}x=0$；

(2) 当 $a>b$ 时，$\int_a^b f(x)\mathrm{d}x=-\int_b^a f(x)\mathrm{d}x$．

根据上式可知，交换定积分的积分上、下限时，定积分变号．因此，在下面的讨论中，若无特别指出，对积分上、下限的大小不加限制．假定以下的性质中所涉及的定积分都存在．

性质 5.2.1 $\int_a^b[f(x)\pm g(x)]\mathrm{d}x=\int_a^b f(x)\mathrm{d}x\pm\int_a^b g(x)\mathrm{d}x.$

证明 根据定积分的定义，有

$$\int_a^b[f(x)\pm g(x)]\mathrm{d}x=\lim_{\lambda\to 0}\sum_{i=1}^n[f(\xi_i)\pm g(\xi_i)]\Delta x_i$$
$$=\lim_{\lambda\to 0}\sum_{i=1}^n f(\xi_i)\Delta x_i\pm\lim_{\lambda\to 0}\sum_{i=1}^n g(\xi_i)\Delta x_i$$
$$=\int_a^b f(x)\mathrm{d}x\pm\int_a^b g(x)\mathrm{d}x.$$

性质 5.2.1 对有限个函数也成立．类似地，可以证明以下性质．

性质 5.2.2 $\int_a^b kf(x)\mathrm{d}x=k\int_a^b f(x)\mathrm{d}x$ （k 是常数）．

性质 5.2.3 $\int_a^b 1\mathrm{d}x=b-a$ （通常用 $\int_a^b \mathrm{d}x$ 表示 $\int_a^b 1\mathrm{d}x$）．

性质 5.2.4（对积分区间的可加性） 设 $a<c<b$，则

$$\int_a^b f(x)\mathrm{d}x=\int_a^c f(x)\mathrm{d}x+\int_c^b f(x)\mathrm{d}x.$$

证明 因为函数 $f(x)$ 在区间 $[a,b]$ 上可积，所以不论把 $[a,b]$ 怎样划分，积分和的极限总是不变的．因此，在划分区间时，可以使 c 是一个分点，从而 $[a,b]$ 上的积分和等于 $[a,c]$ 上的积分和加上 $[c,b]$ 上的积分和，即

$$\sum_{[a,b]}f(\xi_i)\Delta x_i=\sum_{[a,c]}f(\xi_i)\Delta x_i+\sum_{[c,b]}f(\xi_i)\Delta x_i.$$

令 $\lambda \to 0$，上式两边同时取极限，即得
$$\int_a^b f(x)\mathrm{d}x = \int_a^c f(x)\mathrm{d}x + \int_c^b f(x)\mathrm{d}x.$$

利用补充规定(2)，可以证明对于 $c < a$ 和 $c > b$ 的情形，性质 5.2.4 同样成立．

性质 5.2.5 若在区间 $[a,b]$ 上有 $f(x) \geqslant g(x)$，则
$$\int_a^b f(x)\mathrm{d}x \geqslant \int_a^b g(x)\mathrm{d}x.$$

证明 由定积分的定义和性质 5.2.1 可知
$$\int_a^b f(x)\mathrm{d}x - \int_a^b g(x)\mathrm{d}x = \int_a^b [f(x) - g(x)]\mathrm{d}x$$
$$= \lim_{\lambda \to 0} \sum_{i=1}^n [f(\xi_i) - g(\xi_i)]\Delta x_i.$$

因为 $f(x) \geqslant g(x)$，所以 $f(\xi_i) - g(\xi_i) \geqslant 0 (i = 1, 2, \cdots, n)$．又 $\Delta x_i \geqslant 0 (i = 1, 2, \cdots, n)$，所以
$$\sum_{i=1}^n [f(\xi_i) - g(\xi_i)]\Delta x_i \geqslant 0,$$

从而
$$\lim_{\lambda \to 0} \sum_{i=1}^n [f(\xi_i) - g(\xi_i)]\Delta x_i \geqslant 0.$$

因此
$$\int_a^b f(x)\mathrm{d}x \geqslant \int_a^b g(x)\mathrm{d}x.$$

由性质 5.2.5 可得下面两个推论．

推论 5.2.1 若在区间 $[a,b]$ 上 $f(x) \geqslant 0$，则
$$\int_a^b f(x)\mathrm{d}x \geqslant 0.$$

推论 5.2.2 $\left|\int_a^b f(x)\mathrm{d}x\right| \leqslant \int_a^b |f(x)|\mathrm{d}x \quad (a < b).$

由推论 5.2.1 可得如下性质．

性质 5.2.6 设函数 $f(x)$ 和 $g(x)$ 在区间 $[a,b]$ 上连续，$f(x) \leqslant g(x)$，且 $f(x) \not\equiv g(x)$，则
$$\int_a^b f(x)\mathrm{d}x < \int_a^b g(x)\mathrm{d}x.$$

例 5.2.1 比较定积分 $\int_0^1 x\mathrm{d}x$ 和 $\int_0^1 x^2 \mathrm{d}x$ 的大小．

解 因为当 $x \in (0,1)$ 时，有 $x^2 < x$，所以由性质 5.2.6 有
$$\int_0^1 x^2 \mathrm{d}x < \int_0^1 x\mathrm{d}x.$$

性质 5.2.7 设 M 和 m 分别是函数 $f(x)$ 在区间 $[a,b]$ 上的最大值和最小值,则有

$$m(b-a) \leqslant \int_a^b f(x)\,\mathrm{d}x \leqslant M(b-a).$$

证明 因为 $m \leqslant f(x) \leqslant M$,所以由性质 5.2.5 可得

$$\int_a^b m\,\mathrm{d}x \leqslant \int_a^b f(x)\,\mathrm{d}x \leqslant \int_a^b M\,\mathrm{d}x.$$

再由性质 5.2.2 及性质 5.2.3,即得所要证的不等式.

这个性质说明,由被积函数在积分区间上的最大值及最小值,可以估计定积分的值.

例 5.2.2 估计定积分 $\int_0^\pi (1+\sin x)\,\mathrm{d}x$ 的值.

解 因为函数 $f(x)=1+\sin x$ 在区间 $[0,\pi]$ 上连续,所以它在 $[0,\pi]$ 上可积. 又 $1 \leqslant 1+\sin x \leqslant 2$,根据定积分的性质 5.2.7,有

$$\pi \leqslant \int_0^\pi (1+\sin x)\,\mathrm{d}x \leqslant 2\pi.$$

定理 5.2.1(积分中值定理) 若函数 $f(x)$ 在区间 $[a,b]$ 上连续,则在 $[a,b]$ 上至少存在一点 ξ,使得

$$\int_a^b f(x)\,\mathrm{d}x = f(\xi)(b-a). \tag{5.2.1}$$

证明 由函数 $f(x)$ 在 $[a,b]$ 上连续可知,$f(x)$ 在 $[a,b]$ 上有最大值 M 与最小值 m,从而由性质 5.2.7 可得

$$m(b-a) \leqslant \int_a^b f(x)\,\mathrm{d}x \leqslant M(b-a),$$

于是

$$m \leqslant \frac{1}{b-a}\int_a^b f(x)\,\mathrm{d}x \leqslant M.$$

根据闭区间上连续函数的介值定理,在 $[a,b]$ 上至少存在一点 ξ,使得

$$f(\xi) = \frac{1}{b-a}\int_a^b f(x)\,\mathrm{d}x,$$

从而有

$$\int_a^b f(x)\,\mathrm{d}x = f(\xi)(b-a).$$

式(5.2.1) 称为**积分中值公式**.

积分中值定理有如下的几何解释:在区间 $[a,b]$ 上至少存在一点 ξ,使得以区间 $[a,b]$ 为底边,以曲线 $y=f(x)(a \leqslant x \leqslant b)$ 为曲边的曲边梯形的面积,等于同一底边的高为 $f(\xi)$ 的矩形的面积(见图 5.5).

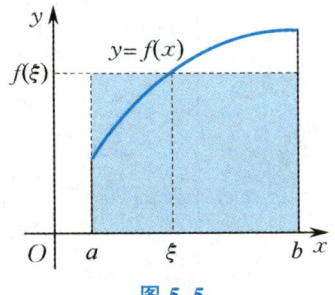

图 5.5

由积分中值公式(5.2.1)得到的函数值

$$f(\xi) = \frac{1}{b-a}\int_a^b f(x)\,\mathrm{d}x$$

称为**函数 $f(x)$ 在区间 $[a,b]$ 上的平均值**. 图 5.5 中的 $f(\xi)$ 可看作该图中曲边梯形的平均高度.

例 5.2.3 设函数 $f(x)$ 在闭区间 $[0,1]$ 上连续,在开区间 $(0,1)$ 内可导. 若有

$$8\int_{\frac{7}{8}}^{1} f(x)\,\mathrm{d}x = f(0),$$

证明:存在 $\xi \in (0,1)$,使得 $f'(\xi) = 0$.

证明 由于 $f(x)$ 在 $[0,1]$ 上连续,因此根据积分中值定理可知,存在 $a \in \left[\dfrac{7}{8},1\right]$,使得

$$8\int_{\frac{7}{8}}^{1} f(x)\,\mathrm{d}x = 8f(a)\left(1 - \frac{7}{8}\right),$$

从而由题目条件 $8\int_{\frac{7}{8}}^{1} f(x)\,\mathrm{d}x = f(0)$ 有

$$f(0) = f(a).$$

又因为 $f(x)$ 在 $(0,1)$ 内可导,所以 $f(x)$ 在区间 $(0,a)$ 内可导. 由罗尔中值定理可知,存在 $\xi \in (0,a) \subset (0,1)$,使得 $f'(\xi) = 0$.

习题5.2

1. 设 $\int_{-1}^{1} 3f(x)\,\mathrm{d}x = 18, \int_{-1}^{3} f(x)\,\mathrm{d}x = 4, \int_{-1}^{3} g(x)\,\mathrm{d}x = 3$,求:

(1) $\int_{-1}^{1} f(x)\mathrm{d}x$；

(2) $\int_{1}^{3} f(x)\mathrm{d}x$；

(3) $\int_{3}^{-1} g(x)\mathrm{d}x$；

(4) $\int_{-1}^{3} \frac{1}{5}[4f(x)+3g(x)]\mathrm{d}x$.

2. 根据定积分的性质比较下列各组定积分的大小：

(1) $\int_{1}^{2} x\mathrm{d}x$ 与 $\int_{1}^{2} x^{2}\mathrm{d}x$；

(2) $\int_{0}^{1} \mathrm{e}^{x}\mathrm{d}x$ 与 $\int_{0}^{1} \mathrm{e}^{x^2}\mathrm{d}x$；

(3) $\int_{1}^{2} \ln x\mathrm{d}x$ 与 $\int_{1}^{2} (\ln x)^{2}\mathrm{d}x$；

(4) $\int_{0}^{\frac{\pi}{2}} x\mathrm{d}x$ 与 $\int_{0}^{\frac{\pi}{2}} \sin x\mathrm{d}x$.

3. 估计下列定积分的值：

(1) $\int_{0}^{4}(x^{2}-x+1)\mathrm{d}x$；　　(2) $\int_{0}^{2} x\mathrm{e}^{x}\mathrm{d}x$；　　(3) $\int_{\frac{\pi}{4}}^{\frac{5\pi}{4}}(\sin^{2}x+1)\mathrm{d}x$；　　(4) $\int_{2}^{0} \mathrm{e}^{x^{2}-x}\mathrm{d}x$.

4. 证明定积分的下列性质：

(1) $\int_{a}^{b} kf(x)\mathrm{d}x = k\int_{a}^{b} f(x)\mathrm{d}x$ （k 是常数）；　　(2) $\int_{a}^{b} \mathrm{d}x = b-a$.

5. 设函数 $f(x)$ 在区间 $[0,1]$ 上连续，证明：$\int_{0}^{1} f^{2}(x)\mathrm{d}x \geqslant \left[\int_{0}^{1} f(x)\mathrm{d}x\right]^{2}$.

6. 设函数 $f(x),g(x)$ 在区间 $[a,b]$ 上连续，$f(x) \leqslant g(x)$，且 $\int_{a}^{b} f(x)\mathrm{d}x = \int_{a}^{b} g(x)\mathrm{d}x$，证明：在 $[a,b]$ 上，有
$$f(x) \equiv g(x).$$

7. 利用积分中值定理证明：$\lim\limits_{n\to\infty}\int_{0}^{\frac{1}{2}}\frac{x^{n}}{1+x}\mathrm{d}x = 0$.

§5.3 微积分基本定理

直接根据定积分的定义计算定积分往往是很困难的. 因此，必须设法寻求计算定积分的有效方法. 本节将重点介绍计算定积分的基本公式——牛顿-莱布尼茨公式.

一、变速直线运动中位移函数与速度函数之间的联系

设某物体在一条直线上做变速运动. 经过时间 t 后其位移为 $s(t)$，此时的速度为 $v(t)$. 一方面，易知在时间段 $[T_{1},T_{2}]$ 内该物体的位移为
$$s(T_{2})-s(T_{1}).$$

另一方面，由 §5.1 知道，这个位移 s 可以用速度函数 $v(t)$ 在 $[T_{1},T_{2}]$ 上的定积分 $\int_{T_{1}}^{T_{2}} v(t)\mathrm{d}t$ 来表示. 由此可见，位移函数 $s(t)$ 和速度函数 $v(t)$ 之间有如下关系：

$$\int_{T_1}^{T_2} v(t)\,dt = s(T_2) - s(T_1). \tag{5.3.1}$$

因为 $s'(t) = v(t)$,即位移函数 $s(t)$ 是速度函数 $v(t)$ 的一个原函数,所以关系式(5.3.1)表明,函数 $v(t)$ 在 $[T_1, T_2]$ 上的定积分等于 $v(t)$ 的原函数 $s(t)$ 在 $[T_1, T_2]$ 上的增量 $\Delta s = s(T_2) - s(T_1)$.

式(5.3.1)从积分的角度反映了定积分与被积函数的原函数之间的关系,虽然它是从求变速直线运动的位移这个特殊问题中得出来的,但在一定条件下具有普遍性.在说明这一点之前,下面先介绍积分上限函数及其导数.

二、积分上限函数及其导数

设函数 $f(x)$ 在区间 $[a, b]$ 上连续,则对于任意 $x \in [a, b]$,定积分

$$\int_a^x f(x)\,dx$$

都存在(见图 5.6).显然,它是关于积分上限 x 的函数,记作

$$\Phi(x) = \int_a^x f(x)\,dx, \tag{5.3.2}$$

并称它为**积分上限函数**或**变上限的定积分**.

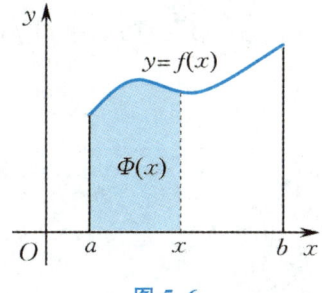

图 5.6

式(5.3.2)中积分变量和积分上限都用 x 表示,但是它们的含义并不相同.由于定积分与积分变量的具体记号无关,为了区别积分变量和积分上限,避免混淆,将积分变量改用 t 来表示,即

$$\Phi(x) = \int_a^x f(x)\,dx = \int_a^x f(t)\,dt.$$

积分上限函数 $\Phi(x)$ 具有下面重要的性质.

定理 5.3.1 若函数 $f(x)$ 在区间 $[a, b]$ 上连续,则积分上限函数

$$\Phi(x) = \int_a^x f(t)\,dt$$

在 $[a, b]$ 上可导,并且

$$\Phi'(x) = \frac{d}{dx}\int_a^x f(t)\,dt = f(x), \quad a \leqslant x \leqslant b. \tag{5.3.3}$$

证明 设 $x \in (a, b)$.若自变量 x 获得增量 $\Delta x [x + \Delta x \in (a, b)]$,则函数 $\Phi(x)$ 有相应增量

$$\Delta \Phi = \Phi(x+\Delta x) - \Phi(x) = \int_a^{x+\Delta x} f(t)\mathrm{d}t - \int_a^x f(t)\mathrm{d}t$$
$$= \int_a^x f(t)\mathrm{d}t + \int_x^{x+\Delta x} f(t)\mathrm{d}t - \int_a^x f(t)\mathrm{d}t = \int_x^{x+\Delta x} f(t)\mathrm{d}t.$$

根据积分中值定理,有 $\Delta \Phi = f(\xi)\Delta x$ (ξ 在 x 与 $x+\Delta x$ 之间),从而
$$\frac{\Delta \Phi}{\Delta x} = f(\xi).$$

由于 $f(x)$ 在 $[a,b]$ 上连续,而当 $\Delta x \to 0$ 时,$\xi \to x$,于是
$$\lim_{\Delta x \to 0} \frac{\Delta \Phi}{\Delta x} = \lim_{\xi \to x} f(\xi) = f(x),$$

因此 $\Phi'(x) = f(x)$.

若 $x=a$,取 $\Delta x > 0$,则同理可证 $\Phi'_+(a) = f(a)$;

若 $x=b$,取 $\Delta x < 0$,则同理可证 $\Phi'_-(b) = f(b)$.

设函数 $\varphi(x), \psi(x)$ 在区间 $[\alpha,\beta]$ 上可导,且 $\varphi(x), \psi(x) \in [a,b]$, $x \in [\alpha,\beta]$,函数 $f(t)$ 在区间 $[a,b]$ 上连续,则利用复合函数的求导法则,可进一步得到下列公式:

(1) $\dfrac{\mathrm{d}}{\mathrm{d}x}\left[\displaystyle\int_a^{\varphi(x)} f(t)\mathrm{d}t\right] = f[\varphi(x)]\varphi'(x)$;

(2) $\dfrac{\mathrm{d}}{\mathrm{d}x}\left[\displaystyle\int_{\psi(x)}^{\varphi(x)} f(t)\mathrm{d}t\right] = f[\varphi(x)]\varphi'(x) - f[\psi(x)]\psi'(x)$.

其证明留给读者自己完成.

例 5.3.1 求 $\dfrac{\mathrm{d}}{\mathrm{d}x}\left(\displaystyle\int_a^{x^3} \mathrm{e}^{t^2}\mathrm{d}t\right)$.

解 $\dfrac{\mathrm{d}}{\mathrm{d}x}\left(\displaystyle\int_a^{x^3} \mathrm{e}^{t^2}\mathrm{d}t\right) = \mathrm{e}^{(x^3)^2}(x^3)' = 3x^2 \mathrm{e}^{x^6}$.

例 5.3.2 求 $\dfrac{\mathrm{d}}{\mathrm{d}x}\left(\displaystyle\int_{x^2}^{\sin x} t\mathrm{e}^t \mathrm{d}t\right)$.

解 $\dfrac{\mathrm{d}}{\mathrm{d}x}\left(\displaystyle\int_{x^2}^{\sin x} t\mathrm{e}^t \mathrm{d}t\right) = \sin x \cdot \mathrm{e}^{\sin x}(\sin x)' - x^2 \mathrm{e}^{x^2}(x^2)'$
$$= \frac{1}{2}\mathrm{e}^{\sin x}\sin 2x - 2x^3 \mathrm{e}^{x^2}.$$

例 5.3.3 求 $\displaystyle\lim_{x \to 0} \frac{\int_{\cos x}^1 \mathrm{e}^{-t^2}\mathrm{d}t}{x^2}$.

解 此极限属于 $\dfrac{0}{0}$ 型未定式,可应用洛必达法则.因为
$$\frac{\mathrm{d}}{\mathrm{d}x}\left(\int_{\cos x}^1 \mathrm{e}^{-t^2}\mathrm{d}t\right) = -\frac{\mathrm{d}}{\mathrm{d}x}\left(\int_1^{\cos x} \mathrm{e}^{-t^2}\mathrm{d}t\right) = -\mathrm{e}^{-(\cos x)^2}(\cos x)' = \mathrm{e}^{-\cos^2 x}\sin x,$$

所以

$$\lim_{x\to 0}\frac{\int_{\cos x}^{1}\mathrm{e}^{-t^{2}}\mathrm{d}t}{x^{2}}=\lim_{x\to 0}\frac{\mathrm{e}^{-\cos^{2}x}\sin x}{2x}=\lim_{x\to 0}\frac{x\,\mathrm{e}^{-\cos^{2}x}}{2x}=\frac{1}{2}\lim_{x\to 0}\mathrm{e}^{-\cos^{2}x}=\frac{1}{2\mathrm{e}}.$$

由定理 5.3.1 可知，$\Phi(x)$ 是连续函数 $f(x)$ 的一个原函数. 因此，由定理 5.3.1 实际上可得到"连续函数必有原函数"这一基本结论，即第 4 章中给出的定理 4.1.1.

定理 5.3.2（原函数存在定理） 若函数 $f(x)$ 在区间 $[a,b]$ 上连续，则积分上限函数

$$\Phi(x)=\int_{a}^{x}f(t)\mathrm{d}t$$

就是 $f(x)$ 在 $[a,b]$ 上的一个原函数.

定理 5.3.2 的重要意义是：一方面，肯定了连续函数的原函数是存在的；另一方面，初步揭示了积分学中定积分与原函数之间的联系.

三、牛顿-莱布尼茨公式

定理 5.3.3 如果 $F(x)$ 是连续函数 $f(x)$ 在区间 $[a,b]$ 上的一个原函数，则

$$\int_{a}^{b}f(x)\mathrm{d}x=F(b)-F(a). \tag{5.3.4}$$

证明 已知 $F(x)$ 是连续函数 $f(x)$ 的一个原函数，又根据定理 5.3.2 知积分上限函数

$$\Phi(x)=\int_{a}^{x}f(t)\mathrm{d}t$$

也是 $f(x)$ 的一个原函数，从而 $\Phi(x)-F(x)$ 在 $[a,b]$ 上必定恒为某一个常数 C_0，即

$$\Phi(x)=F(x)+C_0,\quad a\leqslant x\leqslant b.$$

又易知 $\Phi(a)=\int_{a}^{a}f(t)\mathrm{d}t=0$，$\Phi(b)=\int_{a}^{b}f(t)\mathrm{d}t$，于是

$$\int_{a}^{b}f(t)\mathrm{d}t=\Phi(b)-\Phi(a)=[F(b)+C_0]-[F(a)+C_0]$$
$$=F(b)-F(a).$$

注 式 (5.3.4) 对 $a\geqslant b$ 的情形同样成立. 为了方便起见，以后把 $F(b)-F(a)$ 记为 $F(x)\Big|_{a}^{b}$ 或 $[F(x)]_{a}^{b}$.

式 (5.3.4) 称为**牛顿-莱布尼茨公式**或**微积分基本公式**. 这个公式进一步揭示了定积分与被积函数的原函数或不定积分之间的联系. 它表明，一个连续函数在区间 $[a,b]$ 上的定积分等于它的任一原函数在区间 $[a,b]$ 上的增量. 这就给计算定积分提供了一个有效而简便的方法.

例 5.3.4 求 $\int_0^1 \dfrac{1}{1+x^2}\mathrm{d}x$.

解 因 $\arctan x$ 是 $\dfrac{1}{1+x^2}$ 的一个原函数,故

$$\int_0^1 \dfrac{1}{1+x^2}\mathrm{d}x = \arctan x \Big|_0^1 = \arctan 1 - \arctan 0 = \dfrac{\pi}{4} - 0 = \dfrac{\pi}{4}.$$

例 5.3.5 求 $\int_{-3}^{-1} \dfrac{1}{x}\mathrm{d}x$.

解 因 $\dfrac{1}{x}$ 的一个原函数是 $\ln|x|$,故

$$\int_{-3}^{-1} \dfrac{1}{x}\mathrm{d}x = \ln|x| \Big|_{-3}^{-1} = \ln 1 - \ln 3 = -\ln 3.$$

例 5.3.6 求 $\int_0^2 |x-1|\mathrm{d}x$.

解 因为 $|x-1| = \begin{cases} 1-x, & x \leqslant 1, \\ x-1, & x > 1, \end{cases}$ 所以由定积分对积分区间的可加性有

$$\int_0^2 |x-1|\mathrm{d}x = \int_0^1 (1-x)\mathrm{d}x + \int_1^2 (x-1)\mathrm{d}x$$
$$= \left(x - \dfrac{x^2}{2}\right)\Big|_0^1 + \left(\dfrac{x^2}{2} - x\right)\Big|_1^2 = 1.$$

例 5.3.7 计算曲线 $y = 2\sin x$ 在区间 $[0,\pi]$ 上与 x 轴所围成的平面图形(见图 5.7)的面积.

解 所围成的平面图形是曲边梯形的一个特例,它的面积为

$$S = \int_0^\pi 2\sin x \,\mathrm{d}x = -2\cos x \Big|_0^\pi = (-2\cos \pi) - (-2\cos 0) = 4.$$

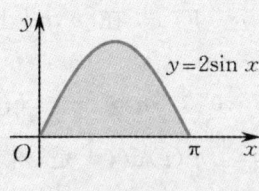

图 5.7

例 5.3.8 一辆汽车以 36 km/h 的速度行驶,到某处需要减速停车.设该汽车以加速度 $a = -5 \text{ m/s}^2$ 刹车,问:从开始刹车到停车,该汽车行驶的路程是多少?

解 首先要算出从开始刹车到停车经过的时间.设开始刹车的时刻为 $t = 0$ s,此时汽车速度为

$$v_0 = 36 \text{ km/h} = \dfrac{36 \times 1\,000}{3\,600} \text{ m/s} = 10 \text{ m/s}.$$

刹车后汽车减速行驶,其速度 $v(t)$ 满足 $v'(t) = a$,于是

$$v(t) = \int_0^t a\,dt + v(0) = at + v_0 = -5t + 10 (单位:m/s).$$

当汽车停住时,速度为 0 m/s,从而 $10 - 5t = 0$,解得 $t = 2$ s.

于是,在开始刹车到停车这段时间内,该汽车所行驶的路程为

$$s = \int_0^2 v(t)\,dt = \int_0^2 (10 - 5t)\,dt = \left(10t - \frac{5}{2}t^2\right)\Big|_0^2 = 10 (单位:m).$$

习题5.3

1. 设函数 $y = \int_0^x \sin t\,dt$,求 $y'(0), y'\left(\dfrac{\pi}{4}\right)$.

2. 已知 $\int_0^x f(t)\,dt = x\sin x$,求函数 $f(x)$.

3. 求下列导数:

   (1) $\dfrac{d}{dx}\left(\int_0^{x^2} \sqrt{1+t^3}\,dt\right)$;　　(2) $\dfrac{d}{dx}\left(\int_{x^2}^{x^3} \dfrac{1}{\sqrt{1+t^4}}\,dt\right)$;　　(3) $\dfrac{d}{dx}\left[\int_{\sin x}^{\cos x} \cos(\pi t^2)\,dt\right]$.

4. 求下列极限:

   (1) $\lim\limits_{x \to 0} \dfrac{\int_0^x \cos t^2\,dt}{x}$;　　(2) $\lim\limits_{x \to 0} \dfrac{\int_{\cos x}^1 (1-t^2)\,dt}{\int_0^x \tan t^3\,dt}$.

5. 计算下列定积分:

   (1) $\int_0^a (3x^2 - x + 1)\,dx$;　　(2) $\int_{\frac{1}{\sqrt{3}}}^{\sqrt{3}} \dfrac{1}{1+x^2}\,dx$;

   (3) $\int_{-\frac{1}{2}}^{\frac{1}{2}} \dfrac{1}{\sqrt{1-x^2}}\,dx$;　　(4) $\int_0^{2\pi} |\sin x|\,dx$.

6. 设函数 $y = y(x)$ 由方程 $\int_0^y e^t\,dt + \int_0^x \sin t\,dt = 0$ 所确定,求 $\dfrac{dy}{dx}$.

7. 设函数 $y = y(x)$ 由参数方程 $x = \int_0^t e^u\,du, y = \int_0^t u^2\,du$ 所确定,求 $\dfrac{dy}{dx}$.

8. 设函数 $f(x)$ 在区间 $[0,1]$ 上连续,且满足 $f(x) = x + 2\int_0^1 f(t)\,dt$,求 $f(x)$ 更简洁的表达式.

9. 求函数 $F(x) = \int_0^x te^t\,dt$ 的极值点.

10. 设函数 $f(x)$ 在区间 $[0, +\infty)$ 上连续,且 $\lim\limits_{x \to +\infty} f(x) = 1$,证明:函数

$$y(x) = e^{-x}\int_0^x e^t f(t)\,dt$$

满足方程 $\dfrac{dy}{dx} + y = f(x)$;并求 $\lim\limits_{x \to +\infty} y(x)$.

§5.4 定积分的换元积分法和分部积分法

由§5.3 的牛顿-莱布尼茨公式知道,计算定积分 $\int_a^b f(x)\mathrm{d}x$ 的简便方法就是把它转化为求 $f(x)$ 的原函数在区间 $[a,b]$ 上的增量. 在第4章中已经介绍了不定积分的换元积分法和分部积分法,将这两种方法具体应用到定积分的计算中,即得到定积分的换元积分法和分部积分法.

一、定积分的换元积分法

定理 5.4.1 假设函数 $f(x)$ 在区间 $[a,b]$ 上连续,函数 $x=\varphi(t)$ 满足条件:

(1) $\varphi(\alpha)=a$,$\varphi(\beta)=b$;

(2) 函数 $x=\varphi(t)$ 在区间 $[\alpha,\beta]$ 或 $[\beta,\alpha]$ 上具有连续导数,且其值域 $R_\varphi \subset [a,b]$,

则有

$$\int_a^b f(x)\mathrm{d}x = \int_\alpha^\beta f[\varphi(t)]\varphi'(t)\mathrm{d}t. \tag{5.4.1}$$

证明 由假设可知,式(5.4.1)两边的被积函数都是连续的. 因此,不仅式(5.4.1)两边的定积分都存在,而且由§5.3的定理5.3.2知道,被积函数的原函数也都存在. 一方面,不妨设 $F(x)$ 是 $f(x)$ 的一个原函数,则由牛顿-莱布尼茨公式可得

$$\int_a^b f(x)\mathrm{d}x = F(b) - F(a).$$

另一方面,记 $\Phi(t) = F[\varphi(t)]$,它是由 $F(x)$ 与 $x=\varphi(t)$ 复合而成的,则由复合函数的求导法则得

$$\Phi'(t) = \frac{\mathrm{d}F}{\mathrm{d}x} \cdot \frac{\mathrm{d}x}{\mathrm{d}t} = f(x)\varphi'(t) = f[\varphi(t)]\varphi'(t).$$

这表明,$\Phi(t)$ 是 $f[\varphi(t)]\varphi'(t)$ 的一个原函数. 于是

$$\int_\alpha^\beta f[\varphi(t)]\varphi'(t)\mathrm{d}t = \Phi(\beta) - \Phi(\alpha).$$

又由 $\Phi(t) = F[\varphi(t)]$ 及 $\varphi(\alpha) = a$,$\varphi(\beta) = b$ 可知

$$\Phi(\beta) - \Phi(\alpha) = F[\varphi(\beta)] - F[\varphi(\alpha)] = F(b) - F(a).$$

综上所述,有

$$\int_a^b f(x)\mathrm{d}x = F(b) - F(a) = \Phi(\beta) - \Phi(\alpha)$$

$$= \int_\alpha^\beta f[\varphi(t)]\varphi'(t)\mathrm{d}t.$$

这就证明了式(5.4.1).

式(5.4.1)称为定积分的**换元积分公式**,利用此公式计算定积分的方法称为**换元积分法**.

定积分 $\int_a^b f(x)\mathrm{d}x$ 中的 $\mathrm{d}x$,本来是整个定积分记号中不可分割的一部分,但由上述定理可知,在一定条件下,可以把它作为微分记号来对待. 例如,由定积分的换元积分公式可知,如果把 $\int_a^b f(x)\mathrm{d}x$ 中的 x 换成 $\varphi(t)$,则 $\mathrm{d}x$ 就换成 $\varphi'(t)\mathrm{d}t$,这正好是 $x=\varphi(t)$ 的微分 $\mathrm{d}x$.

运用定积分的换元积分公式时需注意:

(1) 换元的同时,积分上、下限也要换;

(2) 求出 $f[\varphi(t)]\varphi'(t)$ 的一个原函数 $\Phi(t)$ 后,不必像计算不定积分那样要把 $\Phi(t)$ 变换成原来变量 x 的函数,而只要把新变量 t 的积分上、下限分别代入 $\Phi(t)$ 中,然后相减即可.

例 5.4.1 求 $\int_0^{\frac{\pi}{2}} \cos^5 x \sin x \, \mathrm{d}x$.

解 令 $t=\cos x$,则 $\mathrm{d}t = -\sin x \, \mathrm{d}x$,且当 $x=\dfrac{\pi}{2}$ 时,$t=0$;当 $x=0$ 时,$t=1$. 故

$$\int_0^{\frac{\pi}{2}} \cos^5 x \sin x \, \mathrm{d}x = -\int_1^0 t^5 \mathrm{d}t = \int_0^1 t^5 \mathrm{d}t = \left.\frac{t^6}{6}\right|_0^1 = \frac{1}{6}.$$

例 5.4.2 求 $\int_1^{\sqrt{3}} \dfrac{1}{x^2\sqrt{1+x^2}} \mathrm{d}x$.

解 令 $x = \tan t$,则 $\mathrm{d}x = \sec^2 t \, \mathrm{d}t$,且当 $x=1$ 时,$t=\dfrac{\pi}{4}$;当 $x=\sqrt{3}$ 时,$t=\dfrac{\pi}{3}$. 故

$$\int_1^{\sqrt{3}} \frac{1}{x^2\sqrt{1+x^2}}\mathrm{d}x = \int_{\frac{\pi}{4}}^{\frac{\pi}{3}} \frac{\sec^2 t}{\tan^2 t \sec t}\mathrm{d}t = \int_{\frac{\pi}{4}}^{\frac{\pi}{3}} \frac{\cos t}{\sin^2 t}\mathrm{d}t = \int_{\frac{\pi}{4}}^{\frac{\pi}{3}} \frac{1}{\sin^2 t}\mathrm{d}(\sin t)$$

$$= -\left.\frac{1}{\sin t}\right|_{\frac{\pi}{4}}^{\frac{\pi}{3}} = \sqrt{2} - \frac{2\sqrt{3}}{3}.$$

在运用定积分的换元积分公式时,如果不明显地写出新积分变量,则可看作对原来的积分变量的积分,此时积分上、下限不变.

例 5.4.3 求 $\int_{-1}^{0} x\mathrm{e}^{x^2}\mathrm{d}x$.

解 方法一 $\int_{-1}^{0} x e^{x^2} dx = \frac{1}{2} \int_{-1}^{0} e^{x^2} d(x^2) = \frac{1}{2} e^{x^2} \Big|_{-1}^{0} = \frac{1}{2}(1-e).$

方法二 $\int_{-1}^{0} x e^{x^2} dx = \frac{1}{2} \int_{-1}^{0} e^{x^2} d(x^2) \xlongequal{u=x^2} \frac{1}{2} \int_{1}^{0} e^u du$

$= \frac{1}{2} e^u \Big|_{1}^{0} = \frac{1}{2}(1-e).$

例 5.4.4 求 $\int_{0}^{\pi} \sqrt{\sin x - \sin^3 x}\, dx$.

解 $\int_{0}^{\pi} \sqrt{\sin x - \sin^3 x}\, dx = \int_{0}^{\pi} \sqrt{\sin x (1-\sin^2 x)}\, dx$

$= \int_{0}^{\pi} \sqrt{\sin x} \, |\cos x|\, dx$

$= \int_{0}^{\frac{\pi}{2}} \sqrt{\sin x} \cos x\, dx - \int_{\frac{\pi}{2}}^{\pi} \sqrt{\sin x} \cos x\, dx$

$= \int_{0}^{\frac{\pi}{2}} \sqrt{\sin x}\, d(\sin x) - \int_{\frac{\pi}{2}}^{\pi} \sqrt{\sin x}\, d(\sin x)$

$= \frac{2}{3} \sin^{\frac{3}{2}} x \Big|_{0}^{\frac{\pi}{2}} - \frac{2}{3} \sin^{\frac{3}{2}} x \Big|_{\frac{\pi}{2}}^{\pi} = \frac{4}{3}.$

例 5.4.5 设函数 $f(x) = \begin{cases} \dfrac{1}{1+x}, & x \geqslant 0, \\ e^x, & x < 0, \end{cases}$ 求 $\int_{0}^{2} f(x-1) dx$.

解 设 $x-1=t$，则 $dx=dt$，且当 $x=0$ 时，$t=-1$；当 $x=2$ 时，$t=1$. 故

$\int_{0}^{2} f(x-1) dx = \int_{-1}^{1} f(t) dt = \int_{-1}^{0} f(t) dt + \int_{0}^{1} f(t) dt$

$= \int_{-1}^{0} e^t dt + \int_{0}^{1} \frac{1}{1+t} dt = e^t \Big|_{-1}^{0} + \ln|1+t| \Big|_{0}^{1}$

$= 1 - e^{-1} + \ln 2.$

定理 5.4.2 设函数 $f(x)$ 在区间 $[-a, a]$ 上连续，则

$$\int_{-a}^{a} f(x) dx = \int_{0}^{a} [f(-x) + f(x)] dx.$$

证明 由定积分对积分区间的可加性有

$$\int_{-a}^{a} f(x) dx = \int_{-a}^{0} f(x) dx + \int_{0}^{a} f(x) dx.$$

令 $x=-t$，则 $dx=-dt$，且当 $x=-a$ 时，$t=a$；当 $x=0$ 时，$t=0$. 于是

$$\int_{-a}^{0} f(x) dx = -\int_{a}^{0} f(-t) dt = \int_{0}^{a} f(-t) dt = \int_{0}^{a} f(-x) dx,$$

从而

$$\int_{-a}^{a} f(x) dx = \int_{0}^{a} f(-x) dx + \int_{0}^{a} f(x) dx = \int_{0}^{a} [f(-x) + f(x)] dx.$$

由定理 5.4.2 可得如下结论.

推论 5.4.1　设函数 $f(x)$ 在区间 $[-a,a]$ 上连续,则

$$\int_{-a}^{a} f(x)\,\mathrm{d}x = \begin{cases} 2\int_0^a f(x)\,\mathrm{d}x, & f(x) \text{ 为偶函数}, \\ 0, & f(x) \text{ 为奇函数}. \end{cases}$$

对于对称区间上被积函数为连续偶函数或奇函数的定积分,利用推论 5.4.1 可以简化计算. 例如,因为 $f(x) = \dfrac{x}{\sqrt{1-x^2}}$ 在区间 $\left[-\dfrac{1}{2}, \dfrac{1}{2}\right]$ 上连续且为奇函数,所以

$$\int_{-\frac{1}{2}}^{\frac{1}{2}} \frac{x}{\sqrt{1-x^2}}\,\mathrm{d}x = 0.$$

定理 5.4.3　设函数 $f(x)$ 在区间 $[0,1]$ 上连续,则

(1) $\int_0^{\frac{\pi}{2}} f(\sin x)\,\mathrm{d}x = \int_0^{\frac{\pi}{2}} f(\cos x)\,\mathrm{d}x$;

(2) $\int_0^{\pi} f(\sin x)\,\mathrm{d}x = 2\int_0^{\frac{\pi}{2}} f(\sin x)\,\mathrm{d}x$;

(3) $\int_0^{\pi} x f(\sin x)\,\mathrm{d}x = \dfrac{\pi}{2}\int_0^{\pi} f(\sin x)\,\mathrm{d}x$.

证明　(1) 设 $x = \dfrac{\pi}{2} - t$, 则 $\mathrm{d}x = -\mathrm{d}t$, 且当 $x = 0$ 时, $t = \dfrac{\pi}{2}$; 当 $x = \dfrac{\pi}{2}$ 时, $t = 0$. 于是

$$\int_0^{\frac{\pi}{2}} f(\sin x)\,\mathrm{d}x = -\int_{\frac{\pi}{2}}^{0} f\left[\sin\left(\frac{\pi}{2} - t\right)\right]\mathrm{d}t = \int_0^{\frac{\pi}{2}} f(\cos t)\,\mathrm{d}t$$

$$= \int_0^{\frac{\pi}{2}} f(\cos x)\,\mathrm{d}x.$$

(2) $\int_0^{\pi} f(\sin x)\,\mathrm{d}x = \int_0^{\frac{\pi}{2}} f(\sin x)\,\mathrm{d}x + \int_{\frac{\pi}{2}}^{\pi} f(\sin x)\,\mathrm{d}x.$

令 $x = \dfrac{\pi}{2} + t$, 则 $\mathrm{d}x = \mathrm{d}t$, 且当 $x = \dfrac{\pi}{2}$ 时, $t = 0$; 当 $x = \pi$ 时, $t = \dfrac{\pi}{2}$. 于是

$$\int_{\frac{\pi}{2}}^{\pi} f(\sin x)\,\mathrm{d}x = \int_0^{\frac{\pi}{2}} f\left[\sin\left(\frac{\pi}{2} + t\right)\right]\mathrm{d}t = \int_0^{\frac{\pi}{2}} f(\cos t)\,\mathrm{d}t$$

$$= \int_0^{\frac{\pi}{2}} f(\sin t)\,\mathrm{d}t = \int_0^{\frac{\pi}{2}} f(\sin x)\,\mathrm{d}x,$$

从而

$$\int_0^{\pi} f(\sin x)\,\mathrm{d}x = 2\int_0^{\frac{\pi}{2}} f(\sin x)\,\mathrm{d}x.$$

(3) 设 $x = \pi - t$, 则 $\mathrm{d}x = -\mathrm{d}t$, 且当 $x = 0$ 时, $t = \pi$; 当 $x = \pi$ 时, $t = 0$. 于是

$$\int_0^\pi xf(\sin x)\mathrm{d}x = -\int_\pi^0 (\pi-t)f[\sin(\pi-t)]\mathrm{d}t$$
$$= \int_0^\pi (\pi-t)f(\sin t)\mathrm{d}t$$
$$= \pi\int_0^\pi f(\sin t)\mathrm{d}t - \int_0^\pi tf(\sin t)\mathrm{d}t$$
$$= \pi\int_0^\pi f(\sin x)\mathrm{d}x - \int_0^\pi xf(\sin x)\mathrm{d}x.$$

因此
$$\int_0^\pi xf(\sin x)\mathrm{d}x = \frac{\pi}{2}\int_0^\pi f(\sin x)\mathrm{d}x.$$

定理 5.4.4 设 $f(x)$ 是 **R** 上连续的周期函数，T 为 $f(x)$ 的一个周期，则

(1) $\int_a^{a+T} f(x)\mathrm{d}x = \int_0^T f(x)\mathrm{d}x$；

(2) $\int_a^{a+nT} f(x)\mathrm{d}x = n\int_0^T f(x)\mathrm{d}x (n\in \mathbf{N})$.

证明 (1) **方法一** 根据定积分的性质，有
$$\int_a^{a+T} f(x)\mathrm{d}x = \int_a^T f(x)\mathrm{d}x + \int_T^{a+T} f(x)\mathrm{d}x.$$

对于 $\int_T^{a+T} f(x)\mathrm{d}x$，令 $x = T+u$，则 $x=T$ 时 $u=0$，$x=a+T$ 时 $u=a$，从而有
$$\int_T^{a+T} f(x)\mathrm{d}x = \int_0^a f(u+T)\mathrm{d}u = \int_0^a f(u)\mathrm{d}u = \int_0^a f(x)\mathrm{d}x.$$

因此
$$\int_a^{a+T} f(x)\mathrm{d}x = \int_a^T f(x)\mathrm{d}x + \int_0^a f(x)\mathrm{d}x = \int_0^T f(x)\mathrm{d}x.$$

方法二 设 $F(a) = \int_a^{a+T} f(x)\mathrm{d}x, a\in \mathbf{R}$，则 $F'(a) = f(a+T) - f(a) = 0$. 故存在常数 C，使得 $F(a) = C, a\in \mathbf{R}$. 特别地，取 $a=0$，则
$$C = F(0) = \int_0^T f(x)\mathrm{d}x,$$

从而 $F(a) = \int_0^T f(x)\mathrm{d}x, a\in \mathbf{R}$. 因此 $\int_a^{a+T} f(x)\mathrm{d}x = \int_0^T f(x)\mathrm{d}x$.

(2) 由 (1) 可得 $\int_{a+kT}^{a+kT+T} f(x)\mathrm{d}x = \int_0^T f(x)\mathrm{d}x (k=0,1,\cdots,n-1)$，于是
$$\int_a^{a+nT} f(x)\mathrm{d}x = \sum_{k=0}^{n-1} \int_{a+kT}^{a+kT+T} f(x)\mathrm{d}x = n\int_0^T f(x)\mathrm{d}x.$$

例 5.4.6 求 $\int_0^3 \dfrac{x^2}{(x^2-3x+3)^2}\mathrm{d}x$.

解 $x^2-3x+3=\left(x-\dfrac{3}{2}\right)^2+\dfrac{3}{4}$. 令 $x-\dfrac{3}{2}=\dfrac{\sqrt{3}}{2}\tan u\left(|u|<\dfrac{\pi}{2}\right)$, 则

$$(x^2-3x+3)^2=\left(\dfrac{3}{4}\sec^2 u\right)^2=\dfrac{9}{16}\sec^4 u,\quad \mathrm{d}x=\dfrac{\sqrt{3}}{2}\sec^2 u\,\mathrm{d}u,$$

且当 $x=0$ 时, $u=-\dfrac{\pi}{3}$; 当 $x=3$ 时, $u=\dfrac{\pi}{3}$. 因此

$$\int_0^3 \dfrac{x^2}{(x^2-3x+3)^2}\mathrm{d}x=\int_{-\frac{\pi}{3}}^{\frac{\pi}{3}}\left(\dfrac{3}{4}\tan^2 u+\dfrac{3\sqrt{3}}{2}\tan u+\dfrac{9}{4}\right)\cdot\dfrac{16}{9}\cdot\dfrac{\sqrt{3}}{2}\cos^2 u\,\mathrm{d}u$$

$$=\dfrac{8\sqrt{3}}{9}\cdot 2\int_0^{\frac{\pi}{3}}\left(\dfrac{3}{4}\tan^2 u+\dfrac{9}{4}\right)\cos^2 u\,\mathrm{d}u$$

$$=\dfrac{4\sqrt{3}}{3}\int_0^{\frac{\pi}{3}}(\sin^2 u+3\cos^2 u)\,\mathrm{d}u=\dfrac{4\sqrt{3}}{3}\int_0^{\frac{\pi}{3}}(2+\cos 2u)\,\mathrm{d}u$$

$$=\dfrac{4\sqrt{3}}{3}\left(2u+\dfrac{1}{2}\sin 2u\right)\Big|_0^{\frac{\pi}{3}}=\dfrac{8\sqrt{3}\pi}{9}+1.$$

二、定积分的分部积分法

定理 5.4.5 若函数 $u=u(x),v=v(x)$ 在区间 $[a,b]$ 上具有连续导数,则

$$\int_a^b u\,\mathrm{d}v=uv\Big|_a^b-\int_a^b v\,\mathrm{d}u. \tag{5.4.2}$$

证明 因为 $(uv)'=u'v+uv'$,所以

$$\int_a^b (uv)'\mathrm{d}x=\int_a^b u'v\,\mathrm{d}x+\int_a^b uv'\,\mathrm{d}x.$$

因此

$$\int_a^b uv'\,\mathrm{d}x=uv\Big|_a^b-\int_a^b vu'\,\mathrm{d}x,$$

即

$$\int_a^b u\,\mathrm{d}v=uv\Big|_a^b-\int_a^b v\,\mathrm{d}u.$$

式(5.4.2)称为定积分的**分部积分公式**,利用此公式计算定积分的方法称为**分部积分法**. 在应用分部积分法求定积分时,u 和 $\mathrm{d}v$ 的选择原则与求不定积分时的情形类似.

 求下列定积分:

(1) $\displaystyle\int_0^{\frac{\pi}{2}} x\cos x\,\mathrm{d}x$; (2) $\displaystyle\int_0^{\frac{1}{2}}\arcsin x\,\mathrm{d}x$.

解 (1) $\int_0^{\frac{\pi}{2}} x\cos x\,\mathrm{d}x = \int_0^{\frac{\pi}{2}} x\,\mathrm{d}(\sin x) = x\sin x \Big|_0^{\frac{\pi}{2}} - \int_0^{\frac{\pi}{2}} \sin x\,\mathrm{d}x$

$$= \frac{\pi}{2} + \cos x \Big|_0^{\frac{\pi}{2}} = \frac{\pi}{2} - 1.$$

(2) $\int_0^{\frac{1}{2}} \arcsin x\,\mathrm{d}x = x\arcsin x \Big|_0^{\frac{1}{2}} - \int_0^{\frac{1}{2}} x\,\mathrm{d}(\arcsin x)$

$$= \frac{1}{2} \cdot \frac{\pi}{6} - \int_0^{\frac{1}{2}} \frac{x}{\sqrt{1-x^2}}\,\mathrm{d}x$$

$$= \frac{\pi}{12} + \frac{1}{2}\int_0^{\frac{1}{2}} (1-x^2)^{-\frac{1}{2}}\,\mathrm{d}(1-x^2)$$

$$= \frac{\pi}{12} + \sqrt{1-x^2} \Big|_0^{\frac{1}{2}} = \frac{\pi}{12} + \frac{\sqrt{3}}{2} - 1.$$

例 5.4.8 求 $\int_0^1 e^{\sqrt{x}}\,\mathrm{d}x$.

解 先用换元积分法化去根号. 令 $\sqrt{x}=t$, 则 $x=t^2$, $\mathrm{d}x=2t\,\mathrm{d}t$, 且当 $x=0$ 时, $t=0$; 当 $x=1$ 时, $t=1$. 于是

$$\int_0^1 e^{\sqrt{x}}\,\mathrm{d}x = 2\int_0^1 te^t\,\mathrm{d}t = 2\int_0^1 t\,\mathrm{d}(e^t) = 2\left(te^t \Big|_0^1 - \int_0^1 e^t\,\mathrm{d}t\right)$$

$$= 2\left(e - e^t \Big|_0^1\right) = 2.$$

例 5.4.9 求 $\int_0^1 e^x \cos x\,\mathrm{d}x$.

解 因为

$\int_0^1 e^x \cos x\,\mathrm{d}x = \int_0^1 e^x\,\mathrm{d}(\sin x) = e^x \sin x \Big|_0^1 - \int_0^1 e^x \sin x\,\mathrm{d}x$

$= e\sin 1 + \int_0^1 e^x\,\mathrm{d}(\cos x) = e\sin 1 + e^x \cos x \Big|_0^1 - \int_0^1 e^x \cos x\,\mathrm{d}x$

$= e\sin 1 + e\cos 1 - 1 - \int_0^1 e^x \cos x\,\mathrm{d}x,$

所以

$$\int_0^1 e^x \cos x\,\mathrm{d}x = \frac{e}{2}(\sin 1 + \cos 1) - \frac{1}{2}.$$

定理 5.4.6

$$\int_0^{\frac{\pi}{2}} \sin^n x\,\mathrm{d}x = \int_0^{\frac{\pi}{2}} \cos^n x\,\mathrm{d}x$$

$$= \begin{cases} \dfrac{n-1}{n} \cdot \dfrac{n-3}{n-2} \cdot \cdots \cdot \dfrac{3}{4} \cdot \dfrac{1}{2} \cdot \dfrac{\pi}{2}, & n \text{ 为正偶数}, \\ \dfrac{n-1}{n} \cdot \dfrac{n-3}{n-2} \cdot \cdots \cdot \dfrac{4}{5} \cdot \dfrac{2}{3}, & n \text{ 为大于 1 的奇数}, \\ 1, & n=1. \end{cases}$$

证明 由定理 5.4.3 可得 $\int_0^{\frac{\pi}{2}} \sin^n x \, dx = \int_0^{\frac{\pi}{2}} \cos^n x \, dx$.

设 $I_n = \int_0^{\frac{\pi}{2}} \sin^n x \, dx \, (n \in \mathbf{N})$，则根据定积分的分部积分公式，有

$$\begin{aligned} I_n &= \int_0^{\frac{\pi}{2}} \sin^n x \, dx = -\int_0^{\frac{\pi}{2}} \sin^{n-1} x \, d(\cos x) \\ &= -\sin^{n-1} x \cdot \cos x \Big|_0^{\frac{\pi}{2}} + (n-1) \int_0^{\frac{\pi}{2}} \sin^{n-2} x \cdot \cos^2 x \, dx \\ &= (n-1) \int_0^{\frac{\pi}{2}} \sin^{n-2} x \cdot (1 - \sin^2 x) \, dx \\ &= (n-1) \int_0^{\frac{\pi}{2}} (\sin^{n-2} x - \sin^n x) \, dx \\ &= (n-1) I_{n-2} - (n-1) I_n. \end{aligned}$$

由此得递推公式

$$I_n = \frac{n-1}{n} I_{n-2}, \quad n = 2, 3, \cdots.$$

当 n 为正偶数时，有

$$I_n = \frac{n-1}{n} \cdot \frac{n-3}{n-2} \cdot \cdots \cdot \frac{3}{4} \cdot \frac{1}{2} I_0;$$

当 n 为大于 1 的奇数时，有

$$I_n = \frac{n-1}{n} \cdot \frac{n-3}{n-2} \cdot \cdots \cdot \frac{4}{5} \cdot \frac{2}{3} I_1.$$

又因为

$$I_0 = \int_0^{\frac{\pi}{2}} dx = \frac{\pi}{2}, \quad I_1 = \int_0^{\frac{\pi}{2}} \sin x \, dx = -\cos x \Big|_0^{\frac{\pi}{2}} = 1,$$

所以

$$I_n = \int_0^{\frac{\pi}{2}} \sin^n x \, dx = \int_0^{\frac{\pi}{2}} \cos^n x \, dx$$

$$= \begin{cases} \dfrac{n-1}{n} \cdot \dfrac{n-3}{n-2} \cdot \cdots \cdot \dfrac{3}{4} \cdot \dfrac{1}{2} \cdot \dfrac{\pi}{2}, & n \text{ 为正偶数}, \\ \dfrac{n-1}{n} \cdot \dfrac{n-3}{n-2} \cdot \cdots \cdot \dfrac{4}{5} \cdot \dfrac{2}{3}, & n \text{ 为大于 1 的奇数}, \\ 1, & n=1. \end{cases}$$

定理 5.4.6 的结论常用于计算相应的定积分. 例如：

$$\int_0^{\frac{\pi}{2}} \cos^5 x \, dx = \frac{4}{5} \cdot \frac{2}{3} = \frac{8}{15},$$

$$\int_0^\pi \sin^6 \frac{x}{2} dx = 2\int_0^{\frac{\pi}{2}} \sin^6 x\, dx = 2 \cdot \frac{5}{6} \cdot \frac{3}{4} \cdot \frac{1}{2} \cdot \frac{\pi}{2} = \frac{5\pi}{16}.$$

习题5.4

1. 用换元积分法计算下列定积分：

   (1) $\int_{\frac{\pi}{3}}^{\pi} \sin\left(x+\frac{\pi}{3}\right) dx$；

   (2) $\int_0^{\frac{\pi}{2}} \sin\varphi \cos^3\varphi\, d\varphi$；

   (3) $\int_{\frac{\pi}{6}}^{\frac{\pi}{2}} \cos^2 u\, du$；

   (4) $\int_{-1}^{1} \frac{x}{(x^2+1)^2} dx$；

   (5) $\int_1^{e^2} \frac{1}{x\sqrt{1+\ln x}} dx$；

   (6) $\int_0^1 t e^{-\frac{t^2}{2}} dt$；

   (7) $\int_0^{\sqrt{2}} \sqrt{2-x^2}\, dx$；

   (8) $\int_1^{\sqrt{3}} \frac{1}{x^2\sqrt{1+x^2}} dx$；

   (9) $\int_{\frac{1}{\sqrt{2}}}^{1} \frac{\sqrt{1-x^2}}{x^2} dx$；

   (10) $\int_{-1}^{1} \frac{x}{\sqrt{5-4x}} dx$；

   (11) $\int_{\frac{3}{4}}^{1} \frac{1}{\sqrt{1-x}-1} dx$；

   (12) $\int_0^2 \frac{x+2}{x^2+2x+2} dx$；

   (13) $\int_0^2 \frac{x}{(x^2+2x+2)^2} dx$；

   (14) $\int_0^2 \sqrt{1+\cos 2x}\, dx$.

2. 用分部积分法计算下列定积分：

   (1) $\int_0^1 x e^{-x} dx$；

   (2) $\int_1^e x \ln x\, dx$；

   (3) $\int_0^1 x \arctan x\, dx$；

   (4) $\int_1^4 \frac{\ln x}{\sqrt{x}} dx$；

   (5) $\int_0^{\frac{\pi}{2}} x \sin 2x\, dx$；

   (6) $\int_0^{\frac{\pi}{2}} e^{2x} \cos x\, dx$；

   (7) $\int_0^1 (1-x^2)^{\frac{m}{2}} dx \quad (m \in \mathbf{N}_+)$；

   (8) $\int_0^{\frac{\pi}{2}} x \sin^m x\, dx \quad (m \in \mathbf{N}_+)$.

3. 利用函数的奇偶性计算下列定积分：

   (1) $\int_{-\pi}^{\pi} x^4 \sin x\, dx$；

   (2) $\int_{-a}^{a} (x+\sqrt{a^2-x^2})^2 dx$；

   (3) $\int_{-\frac{1}{2}}^{\frac{1}{2}} \frac{(\arcsin x)^2}{\sqrt{1-x^2}} dx$；

   (4) $\int_{-5}^{5} \frac{x^3 \sin^2 x}{x^4+2x^2+1} dx$.

4. 设函数 $f(x)$ 在区间 $[a,b]$ 上连续，证明：
$$\int_a^b f(x) dx = \int_a^b f(a+b-x) dx.$$

5. 证明：$\int_0^1 x^m (1-x)^n dx = \int_0^1 x^n (1-x)^m dx$.

6. 证明：$\int_x^1 \frac{1}{1+t^2} dt = \int_1^{\frac{1}{x}} \frac{1}{1+t^2} dt, x > 0$.

7. 证明：

(1) 若 $f(t)$ 是连续的奇函数，则 $\int_0^x f(t)\mathrm{d}t$ 是偶函数；

(2) 若 $f(t)$ 是连续的偶函数，则 $\int_0^x f(t)\mathrm{d}t$ 是奇函数.

8. 若函数 $f(x)$ 的二阶导数 $f''(x)$ 在区间 $[0,\pi]$ 上连续，且 $f(0)=2, f(\pi)=1$，证明：
$$\int_0^\pi [f(x)+f''(x)]\sin x\,\mathrm{d}x = 3.$$

§5.5 反 常 积 分

前面所讨论的定积分的积分区间是有限的，且被积函数在积分区间上是有界的. 但是，在实际问题中，会遇到积分区间为无限区间或者被积函数在积分区间上为无界函数的情形. 例如，2020年12月17日"嫦娥五号"携带月球样品在预定区域安全着陆，实现了中国航天人"九天揽月星河阔，十六春秋绕落回"的伟大梦想. 回首中国探月工程从"嫦娥一号"到"嫦娥五号""绕、落、回"的辉煌历程，实现了从"跟跑"到"并跑"甚至"领跑"，走出了一条独具特色的创新发展之路，彰显了中国的航天实力. 那么，在设计探月器发射的燃料和动力时，必须精确计算航天器克服地球引力所做的功. 该问题的解决需要考虑积分区间为无限区间的积分(参见 §6.4 的例 6.4.4). 因此，有必要对定积分进行推广，引入反常积分(广义积分)的概念.

一、无限区间上的反常积分

定义 5.5.1 设函数 $f(x)$ 在无限区间 $[a,+\infty)$ 上连续. 取 $t>a$，称极限
$$\lim_{t\to+\infty}\int_a^t f(x)\mathrm{d}x$$
为函数 $f(x)$ 在**无限区间 $[a,+\infty)$ 上的反常积分**，记为 $\int_a^{+\infty} f(x)\mathrm{d}x$，即
$$\int_a^{+\infty} f(x)\mathrm{d}x = \lim_{t\to+\infty}\int_a^t f(x)\mathrm{d}x. \tag{5.5.1}$$

若上述极限存在，则称**反常积分** $\int_a^{+\infty} f(x)\mathrm{d}x$ **收敛**；否则，称**反常积分** $\int_a^{+\infty} f(x)\mathrm{d}x$ **发散**.

类似地，设函数 $f(x)$ 在无限区间 $(-\infty,b]$ 上连续. 取 $t<b$，称极限
$$\lim_{t\to-\infty}\int_t^b f(x)\mathrm{d}x$$

为函数 $f(x)$ 在**无限区间**$(-\infty, b]$ **上的反常积分**,记为 $\int_{-\infty}^{b} f(x) dx$,即

$$\int_{-\infty}^{b} f(x) dx = \lim_{t \to -\infty} \int_{t}^{b} f(x) dx.$$

若上述极限存在,则称**反常积分** $\int_{-\infty}^{b} f(x) dx$ **收敛**;否则,称**反常积分** $\int_{-\infty}^{b} f(x) dx$ **发散**.

设函数 $f(x)$ 在无限区间 $(-\infty, +\infty)$ 上连续.如果反常积分

$$\int_{c}^{+\infty} f(x) dx \quad \text{和} \quad \int_{-\infty}^{c} f(x) dx \quad (c \text{ 为任意常数})$$

都收敛,则称函数 $f(x)$ 在**无限区间**$(-\infty, +\infty)$ **上的反常积分** $\int_{-\infty}^{+\infty} f(x) dx$ **收敛**,且

$$\int_{-\infty}^{+\infty} f(x) dx = \int_{-\infty}^{c} f(x) dx + \int_{c}^{+\infty} f(x) dx;$$

否则,称**反常积分** $\int_{-\infty}^{+\infty} f(x) dx$ **发散**.

注 反常积分 $\int_{-\infty}^{+\infty} f(x) dx$ 的敛散性与常数 c 的选取无关.

上述三种反常积分统称为**无限区间上的反常积分**.由上述定义及牛顿-莱布尼茨公式可得到如下结果:

设 $f(x)$ 是无限区间 $[a, +\infty)$ 或 $(-\infty, b]$ 或 $(-\infty, +\infty)$ 上的连续函数,$F(x)$ 是 $f(x)$ 的一个原函数,记

$$F(+\infty) = \lim_{x \to +\infty} F(x), \quad F(-\infty) = \lim_{x \to -\infty} F(x).$$

若 $\lim_{x \to +\infty} F(x)$ 存在,则反常积分 $\int_{a}^{+\infty} f(x) dx$ 收敛,且

$$\int_{a}^{+\infty} f(x) dx = F(+\infty) - F(a) \xlongequal{\text{记为}} F(x) \Big|_{a}^{+\infty};$$

若 $\lim_{x \to +\infty} F(x)$ 不存在,则反常积分 $\int_{a}^{+\infty} f(x) dx$ 发散.

若 $\lim_{x \to -\infty} F(x)$ 存在,则反常积分 $\int_{-\infty}^{b} f(x) dx$ 收敛,且

$$\int_{-\infty}^{b} f(x) dx = F(b) - F(-\infty) \xlongequal{\text{记为}} F(x) \Big|_{-\infty}^{b};$$

若 $\lim_{x \to -\infty} F(x)$ 不存在,则反常积分 $\int_{-\infty}^{b} f(x) dx$ 发散.

若 $\lim_{x \to -\infty} F(x)$ 和 $\lim_{x \to +\infty} F(x)$ 都存在,则反常积分 $\int_{-\infty}^{+\infty} f(x) dx$ 收敛,且

$$\int_{-\infty}^{+\infty} f(x) dx = F(+\infty) - F(-\infty) \xlongequal{\text{记为}} F(x) \Big|_{-\infty}^{+\infty};$$

若 $\lim_{x \to -\infty} F(x)$ 或 $\lim_{x \to +\infty} F(x)$ 不存在,则反常积分 $\int_{-\infty}^{+\infty} f(x) dx$ 发散.

例 5.5.1 求下列反常积分：

(1) $\int_1^{+\infty} \frac{1}{x^2} dx$;

(2) $\int_{-\infty}^0 \frac{e^x}{1+e^x} dx$.

解 (1) $\int_1^{+\infty} \frac{1}{x^2} dx = -\frac{1}{x}\Big|_1^{+\infty} = 0 - (-1) = 1.$

此反常积分的几何意义是：当 $b \to +\infty$ 时，图 5.8 中阴影部分向右无限延伸，且其面积的极限为 1，即恰好位于曲线 $y = \frac{1}{x^2}(x \geqslant 1)$ 下方、x 轴上方的平面图形的面积等于 1.

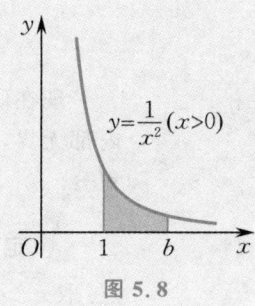

图 5.8

(2) $\int_{-\infty}^0 \frac{e^x}{1+e^x} dx = \int_{-\infty}^0 \frac{1}{1+e^x} d(1+e^x) = \ln(1+e^x)\Big|_{-\infty}^0$

$= \ln(1+1) - \ln(1+0) = \ln 2.$

例 5.5.2 求反常积分 $\int_0^{+\infty} x e^{-px} dx$，其中常数 $p > 0$.

解 $\int_0^{+\infty} x e^{-px} dx = -\frac{1}{p} \int_0^{+\infty} x d(e^{-px}) = -\frac{x}{p} e^{-px}\Big|_0^{+\infty} + \frac{1}{p} \int_0^{+\infty} e^{-px} dx$

$= -\frac{1}{p} \lim_{x \to +\infty} x e^{-px} - \frac{1}{p^2} e^{-px}\Big|_0^{+\infty} = \frac{1}{p^2}.$

注 例 5.5.2 解答过程中的极限 $\lim\limits_{x \to +\infty} x e^{-px}$ 是未定式，可用洛必达法则来求.

例 5.5.3 讨论下列反常积分的敛散性：

(1) $\int_{-\infty}^{+\infty} \frac{x}{1+x^2} dx$;

(2) $\int_a^{+\infty} \frac{1}{x^p} dx \quad (a > 0).$

解 (1) 因为

$$\int_0^{+\infty} \frac{x}{1+x^2} dx = \frac{1}{2} \int_0^{+\infty} \frac{1}{1+x^2} d(1+x^2) = \frac{1}{2} \ln(1+x^2)\Big|_0^{+\infty} = +\infty,$$

所以 $\int_{-\infty}^{+\infty} \frac{x}{1+x^2} dx$ 发散.

(2) 当 $p \neq 1$ 时，有

$$\int_a^{+\infty} \frac{1}{x^p} dx = \frac{x^{1-p}}{1-p}\Big|_a^{+\infty} = \begin{cases} +\infty, & p < 1, \\ \dfrac{a^{1-p}}{p-1}, & p > 1; \end{cases}$$

当 $p = 1$ 时，有

$$\int_a^{+\infty} \frac{1}{x^p} dx = \int_a^{+\infty} \frac{1}{x} dx = \ln x \Big|_a^{+\infty} = +\infty.$$

因此,当 $p>1$ 时,$\int_a^{+\infty}\dfrac{1}{x^p}\mathrm{d}x$ 收敛,其值为 $\dfrac{a^{1-p}}{p-1}$;当 $p\leqslant 1$ 时,$\int_a^{+\infty}\dfrac{1}{x^p}\mathrm{d}x$ 发散.

二、无界函数的反常积分

现在研究被积函数为无界函数的情形. 如果函数 $f(x)$ 在点 a 的任一邻域内都无界,那么称点 a 为函数 $f(x)$ 的**瑕点**. 因此,无界函数的反常积分也称为**瑕积分**.

定义 5.5.2 设函数 $f(x)$ 在区间 $(a,b]$ 上连续,而点 a 为 $f(x)$ 的瑕点. 取 $\varepsilon>0$,称极限

$$\lim_{\varepsilon\to 0^+}\int_{a+\varepsilon}^b f(x)\mathrm{d}x$$

为函数 $f(x)$ 在**区间 $(a,b]$ 上的反常积分**,记为 $\int_a^b f(x)\mathrm{d}x$,即

$$\int_a^b f(x)\mathrm{d}x=\lim_{\varepsilon\to 0^+}\int_{a+\varepsilon}^b f(x)\mathrm{d}x. \tag{5.5.2}$$

若上述极限存在,则称**反常积分** $\int_a^b f(x)\mathrm{d}x$ **收敛**;否则,称**反常积分** $\int_a^b f(x)\mathrm{d}x$ **发散**.

类似地,设函数 $f(x)$ 在区间 $[a,b)$ 上连续,点 b 为 $f(x)$ 的瑕点. 称极限

$$\lim_{\varepsilon\to 0^+}\int_a^{b-\varepsilon} f(x)\mathrm{d}x$$

为函数 $f(x)$ 在**区间 $[a,b)$ 上的反常积分**,记为 $\int_a^b f(x)\mathrm{d}x$,即

$$\int_a^b f(x)\mathrm{d}x=\lim_{\varepsilon\to 0^+}\int_a^{b-\varepsilon} f(x)\mathrm{d}x.$$

若上述极限存在,则称**反常积分** $\int_a^b f(x)\mathrm{d}x$ **收敛**;否则,称**反常积分** $\int_a^b f(x)\mathrm{d}x$ **发散**.

设函数 $f(x)$ 在区间 $[a,b]$ 上除点 $c(a<c<b)$ 外均连续,且点 c 为 $f(x)$ 的瑕点. 若反常积分

$$\int_a^c f(x)\mathrm{d}x \quad \text{和} \quad \int_c^b f(x)\mathrm{d}x$$

都收敛,则称函数 $f(x)$ 在**区间 $[a,b]$ 上的反常积分** $\int_a^b f(x)\mathrm{d}x$ **收敛**,且

$$\int_a^b f(x)\mathrm{d}x=\int_a^c f(x)\mathrm{d}x+\int_c^b f(x)\mathrm{d}x;$$

否则,称**反常积分** $\int_a^b f(x)\mathrm{d}x$ **发散**.

设 $F(x)$ 是函数 $f(x)$ 在区间 $(a,b]$(或 $[a,b)$)上的一个原函数. 为了方便,当 $\lim\limits_{x\to a^+}f(x)=\infty$ [或 $\lim\limits_{x\to b^-}f(x)=\infty$] 时,记

$$\int_a^b f(x)\mathrm{d}x = \lim_{\varepsilon \to 0^+} F(x)\Big|_{a+\varepsilon}^b \quad \left[\text{或}\int_a^b f(x)\mathrm{d}x = \lim_{\varepsilon \to 0^+} F(x)\Big|_a^{b-\varepsilon}\right].$$

上式也简记为 $\int_a^b f(x) = F(x)\Big|_a^b$,此时用 $x=a$(或 $x=b$)代入 $F(x)$ 可能无意义,但应理解为 $\lim\limits_{x \to a^+} F(x)$ [或 $\lim\limits_{x \to b^-} F(x)$].

例 5.5.4 求下列反常积分:

(1) $\displaystyle\int_0^a \frac{1}{\sqrt{a^2-x^2}}\mathrm{d}x \quad (a > 0)$; (2) $\displaystyle\int_0^2 \frac{1}{\sqrt[3]{x-1}}\mathrm{d}x$.

解 (1) 显然,点 $x=a$ 为被积函数的瑕点,故

$$\int_0^a \frac{1}{\sqrt{a^2-x^2}}\mathrm{d}x = \arcsin\frac{x}{a}\Big|_0^a = \arcsin\frac{a}{a} - 0 = \frac{\pi}{2}.$$

(2) 显然,点 $x=1$ 为被积函数的瑕点. 因为

$$\int_0^1 \frac{1}{\sqrt[3]{x-1}}\mathrm{d}x = \frac{3}{2}(x-1)^{\frac{2}{3}}\Big|_0^1 = -\frac{3}{2},$$

$$\int_1^2 \frac{1}{\sqrt[3]{x-1}}\mathrm{d}x = \frac{3}{2}(x-1)^{\frac{2}{3}}\Big|_1^2 = \frac{3}{2},$$

所以

$$\int_0^2 \frac{1}{\sqrt[3]{x-1}}\mathrm{d}x = \int_0^1 \frac{1}{\sqrt[3]{x-1}}\mathrm{d}x + \int_1^2 \frac{1}{\sqrt[3]{x-1}}\mathrm{d}x = -\frac{3}{2} + \frac{3}{2} = 0.$$

例 5.5.5 判断反常积分 $\displaystyle\int_1^2 \frac{1}{x\ln x}\mathrm{d}x$ 的敛散性.

解 显然,点 $x=1$ 为被积函数的瑕点,故

$$\int_1^2 \frac{1}{x\ln x}\mathrm{d}x = \ln\ln x\Big|_1^2 = +\infty \quad (\lim_{x \to 1}\ln\ln x = -\infty),$$

即此反常积分发散.

例 5.5.6 讨论反常积分 $\displaystyle\int_0^b \frac{1}{x^q}\mathrm{d}x \ (q > 0, b \neq 0)$ 的敛散性.

解 显然,点 $x=0$ 为被积函数的瑕点.
当 $q > 0, q \neq 1$ 时,有

$$\int_0^b \frac{1}{x^q}\mathrm{d}x = \frac{x^{1-q}}{1-q}\Big|_0^b = \begin{cases} +\infty, & q > 1, \\ \dfrac{b^{1-q}}{1-q}, & 0 < q < 1; \end{cases}$$

当 $q = 1$ 时,有

$$\int_0^b \frac{1}{x^q}\mathrm{d}x = \int_0^b \frac{1}{x}\mathrm{d}x = \ln|x|\Big|_0^b = +\infty.$$

因此,当 $0 < q < 1$ 时,$\displaystyle\int_0^b \frac{1}{x^q}\mathrm{d}x$ 收敛,其值为 $\dfrac{b^{1-q}}{1-q}$;当 $q \geq 1$ 时,$\displaystyle\int_0^b \frac{1}{x^q}\mathrm{d}x$ 发散.

注 反常积分 $\int_a^{+\infty} \dfrac{1}{x^p} dx \,(a>0)$ 和反常积分 $\int_0^b \dfrac{1}{x^q} dx \,(q>0, b\neq 0)$ 的敛散性是常用的结论.

关于混合型反常积分,下面以 $\int_a^{+\infty} f(x) dx$ [点 $x=a$ 为 $f(x)$ 的瑕点]为例给出其敛散性的定义,其余情况类似.

设函数 $f(x)$ 在区间 $(a, +\infty)$ 上连续,点 $x=a$ 为 $f(x)$ 的瑕点. 若反常积分 $\int_a^c f(x) dx$ 和 $\int_c^{+\infty} f(x) dx$ [$c \in (a, +\infty)$ 为任意常数]都收敛,则称反常积分 $\int_a^{+\infty} f(x) dx$ **收敛**,且

$$\int_a^{+\infty} f(x) dx = \int_a^c f(x) dx + \int_c^{+\infty} f(x) dx;$$

否则,称反常积分 $\int_a^{+\infty} f(x) dx$ **发散**或**不存在**.

这里的反常积分 $\int_a^{+\infty} f(x) dx$ 称为**混合型反常积分**,其敛散性与常数 c 的选取无关.

习题5.5

1. 判断下列反常积分的敛散性;若收敛,计算其值:

   (1) $\int_1^{+\infty} \dfrac{1}{x^4} dx$;

   (2) $\int_{-\infty}^{+\infty} \dfrac{1}{x^2+4x+5} dx$;

   (3) $\int_1^{+\infty} \dfrac{1}{\sqrt{x}+x\sqrt{x}} dx$;

   (4) $\int_0^1 \dfrac{x}{\sqrt{1-x^2}} dx$;

   (5) $\int_0^2 \dfrac{1}{(1-x)^2} dx$;

   (6) $\int_1^2 \dfrac{x}{\sqrt{x-1}} dx$.

2. 当 k 为何值时,反常积分 $\int_2^{+\infty} \dfrac{1}{x(\ln x)^k} dx$ 收敛?当 k 为何值时,该反常积分发散?又当 k 为何值时,该反常积分取得最小值?

3. 利用递推公式求反常积分 $I_n = \int_0^{+\infty} x^n e^{-x} dx \,(n \in \mathbf{N})$.

§5.6 反常积分的审敛法与Γ函数

从反常积分的定义可知,反常积分是否收敛取决于被积函数的原函数的极

限是否存在.本节建立不通过被积函数的原函数判定反常积分敛散性的方法.

一、无限区间上的反常积分的审敛法

定理 5.6.1 设函数 $f(x)$ 在区间 $[a,+\infty)$ 上连续,且 $f(x) \geqslant 0$. 若函数

$$F(x) = \int_a^x f(t)\mathrm{d}t$$

在 $[a,+\infty)$ 上有界,则反常积分 $\int_a^{+\infty} f(x)\mathrm{d}x$ 收敛.

证明 因为 $f(x) \geqslant 0$,所以 $F(x)$ 在 $[a,+\infty)$ 上单调增加. 又 $F(x)$ 存在上界,故 $F(x)$ 在 $[a,+\infty)$ 上单调增加且有界. 因此,$\lim\limits_{x \to +\infty} F(x)$ 一定存在,也就是说,极限

$$\lim_{x \to +\infty} \int_a^x f(t)\mathrm{d}t$$

存在. 根据反常积分的定义,反常积分 $\int_a^{+\infty} f(x)\mathrm{d}x$ 收敛.

定理 5.6.2(比较审敛法 I) 设函数 $f(x), g(x)$ 在区间 $[a,+\infty)$ 上连续,且有 $0 \leqslant f(x) \leqslant g(x) (a \leqslant x < +\infty)$.

(1) 若反常积分 $\int_a^{+\infty} g(x)\mathrm{d}x$ 收敛,则反常积分 $\int_a^{+\infty} f(x)\mathrm{d}x$ 也收敛;

(2) 若反常积分 $\int_a^{+\infty} f(x)\mathrm{d}x$ 发散,则反常积分 $\int_a^{+\infty} g(x)\mathrm{d}x$ 也发散.

证明 由 $0 \leqslant f(x) \leqslant g(x)(a \leqslant x < +\infty)$ 可知

$$\int_a^x f(t)\mathrm{d}t \leqslant \int_a^x g(t)\mathrm{d}t \leqslant \int_a^{+\infty} g(t)\mathrm{d}t.$$

(1) 若反常积分 $\int_a^{+\infty} g(x)\mathrm{d}x$ 收敛,则函数 $F(x) = \int_a^x f(t)\mathrm{d}t$ 在 $[a,+\infty)$ 上有界. 由定理 5.6.1 知,反常积分 $\int_a^{+\infty} f(x)\mathrm{d}x$ 收敛.

(2) 若反常积分 $\int_a^{+\infty} g(x)\mathrm{d}x$ 收敛,则由(1)可知,反常积分 $\int_a^{+\infty} f(x)\mathrm{d}x$ 收敛. 这与已知条件"反常积分 $\int_a^{+\infty} f(x)\mathrm{d}x$ 发散"矛盾. 因此,反常积分 $\int_a^{+\infty} g(x)\mathrm{d}x$ 发散.

定理 5.6.3(比较审敛法 II) 设函数 $f(x)$ 在区间 $[a,+\infty)(a>0)$ 上连续,且 $f(x) \geqslant 0$.

(1) 若存在常数 $M > 0$ 及 $p > 1$,使得 $f(x) \leqslant \dfrac{M}{x^p}(a \leqslant x < +\infty)$,则反常积分 $\int_a^{+\infty} f(x)\mathrm{d}x$ 收敛;

(2) 若存在常数 $N>0$ 及 $p \leqslant 1$，使得 $f(x) \geqslant \dfrac{N}{x^p} (a \leqslant x < +\infty)$，则反常积分 $\int_a^{+\infty} f(x) \mathrm{d}x$ 发散.

事实上，因为反常积分 $\int_a^{+\infty} \dfrac{1}{x^p} \mathrm{d}x (a>0)$ 当 $p>1$ 时收敛，当 $p \leqslant 1$ 时发散，所以根据定理 5.6.2，即可推得定理 5.6.3 成立.

例 5.6.1 判定反常积分 $\int_1^{+\infty} \dfrac{1}{\sqrt{x^3+1}} \mathrm{d}x$ 的敛散性.

解 由于当 $x > 1$ 时，
$$0 < \frac{1}{\sqrt{x^3+1}} < \frac{1}{\sqrt{x^3}} = \frac{1}{x^{\frac{3}{2}}},$$
因此根据定理 5.6.3，这个反常积分收敛.

定理 5.6.4（极限审敛法 I） 设函数 $f(x)$ 在区间 $[a,+\infty)$ 上连续，且 $f(x) \geqslant 0$.

(1) 若存在常数 $p > 1$，使得 $\lim\limits_{x \to +\infty} x^p f(x)$ 存在，则反常积分 $\int_a^{+\infty} f(x) \mathrm{d}x$ 收敛；

(2) 若 $\lim\limits_{x \to +\infty} x f(x) = d > 0 (d$ 为常数$)$ 或 $\lim\limits_{x \to +\infty} x f(x) = +\infty$，则反常积分 $\int_a^{+\infty} f(x) \mathrm{d}x$ 发散.

证明 (1) 设 $\lim\limits_{x \to +\infty} x^p f(x) = c(p>1)$，则根据极限的定义，存在充分大的 x_1（不妨设 $x_1 \geqslant a, x_1 > 0$），使得当 $x \geqslant x_1$ 时，必有
$$|x^p f(x) - c| < 1.$$
因此
$$0 \leqslant x^p f(x) < 1 + c.$$
令 $1+c = M > 0$，则在区间 $[x_1, +\infty)$ 上恒有不等式
$$0 \leqslant f(x) < \frac{M}{x^p}$$
成立，从而由定理 5.6.3 知，反常积分 $\int_{x_1}^{+\infty} f(x) \mathrm{d}x$ 收敛. 而
$$\int_a^{+\infty} f(x) \mathrm{d}x = \int_a^{x_1} f(x) \mathrm{d}x + \int_{x_1}^{+\infty} f(x) \mathrm{d}x,$$
故反常积分 $\int_a^{+\infty} f(x) \mathrm{d}x$ 收敛.

(2) 若 $\lim\limits_{x \to +\infty} x f(x) = d$ [或 $\lim\limits_{x \to +\infty} x f(x) = +\infty$]，则存在充分大的 x_1（不妨设 $x_1 \geqslant a, x_1 > 0$），使得当 $x \geqslant x_1$ 时，必有

$$|xf(x)-d|<\frac{d}{2}\quad[\text{或}\ xf(x)>1].$$

令 $N=\dfrac{d}{2}$(或 $N=1$),则在区间$[x_1,+\infty)$上恒有不等式 $f(x)>\dfrac{N}{x}$ 成立,从而由定理 5.6.3 知,反常积分 $\int_{x_1}^{+\infty}f(x)\mathrm{d}x$ 发散.故反常积分 $\int_{a}^{+\infty}f(x)\mathrm{d}x$ 发散.

例 5.6.2 判定反常积分 $\int_{1}^{+\infty}\dfrac{1}{\sqrt{x^3+x+2}}\mathrm{d}x$ 的敛散性.

解 由于

$$\lim_{x\to+\infty}x^{\frac{3}{2}}\cdot\frac{1}{\sqrt{x^3+x+2}}=\lim_{x\to+\infty}\frac{1}{\sqrt{1+\dfrac{1}{x^2}+\dfrac{2}{x^3}}}=1,$$

因此由定理 5.6.4 知,所给反常积分收敛.

例 5.6.3 判定反常积分 $\int_{1}^{+\infty}\dfrac{x^{\frac{3}{2}}}{2+5x^2}\mathrm{d}x$ 的敛散性.

解 由于

$$\lim_{x\to+\infty}x\cdot\frac{x^{\frac{3}{2}}}{2+5x^2}=\lim_{x\to+\infty}\frac{x^{\frac{5}{2}}}{2+5x^2}=+\infty,$$

因此由定理 5.6.4 知,所给反常积分发散.

例 5.6.4 判定反常积分 $\int_{1}^{+\infty}\dfrac{\arctan x}{x}\mathrm{d}x$ 的敛散性.

解 由于

$$\lim_{x\to+\infty}x\cdot\frac{\arctan x}{x}=\frac{\pi}{2},$$

因此由定理 5.6.4 知,所给反常积分发散.

在以上讨论的反常积分中,被积函数在积分区间上均为非负函数.而在实际问题中,被积函数有可能为正的,也有可能为负的.对于这类反常积分的敛散性,有如下结论.

定理 5.6.5 设函数 $f(x)$ 在区间$[a,+\infty)$上连续.若反常积分 $\int_{a}^{+\infty}|f(x)|\mathrm{d}x$ 收敛,则反常积分 $\int_{a}^{+\infty}f(x)\mathrm{d}x$ 也收敛.

证明 令 $\varphi(x)=\dfrac{1}{2}[f(x)+|f(x)|]$,则 $0\leqslant\varphi(x)\leqslant|f(x)|$.根据比较审敛法 Ⅰ,由 $\int_{a}^{+\infty}|f(x)|\mathrm{d}x$ 收敛可推得反常积分 $\int_{a}^{+\infty}\varphi(x)\mathrm{d}x$ 收敛.而 $f(x)=2\varphi(x)-|f(x)|$,故

$$\int_a^{+\infty} f(x)\mathrm{d}x = 2\int_a^{+\infty} \varphi(x)\mathrm{d}x - \int_a^{+\infty} |f(x)|\mathrm{d}x.$$

因此，反常积分 $\int_a^{+\infty} f(x)\mathrm{d}x$ 收敛.

若反常积分 $\int_a^{+\infty} |f(x)|\mathrm{d}x$ 收敛，则称反常积分 $\int_a^{+\infty} f(x)\mathrm{d}x$ **绝对收敛**.

定理 5.6.5 可以简单地表述如下：绝对收敛的反常积分 $\int_a^{+\infty} f(x)\mathrm{d}x$ 必定收敛.

注 对于无界函数的反常积分，也有类似于定理 5.6.5 的结论.

例 5.6.5 判定反常积分 $\int_1^{+\infty} \dfrac{\sin 5x}{\sqrt{x^3}}\mathrm{d}x$ 的敛散性.

解 因为当 $x > 1$ 时，$\left|\dfrac{\sin 5x}{\sqrt{x^3}}\right| \leqslant \dfrac{1}{\sqrt{x^3}}$，而反常积分 $\int_1^{+\infty} \dfrac{1}{\sqrt{x^3}}\mathrm{d}x$ 收敛，所以根据定理 5.6.2，反常积分 $\int_1^{+\infty} \left|\dfrac{\sin 5x}{\sqrt{x^3}}\right|\mathrm{d}x$ 收敛，即反常积分 $\int_1^{+\infty} \dfrac{\sin 5x}{\sqrt{x^3}}\mathrm{d}x$ 是绝对收敛的. 因此，由定理 5.6.5 知，所给反常积分收敛.

二、无界函数的反常积分的审敛法

本小节给出无界函数的反常积分的审敛法. 对于无界函数的反常积分，也有类似于定理 5.6.2 的比较审敛法. 下面给出一个例子.

例 5.6.6 判定反常积分 $\int_0^1 \dfrac{1}{\sqrt{x}}\sin\dfrac{1}{x}\mathrm{d}x$ 的敛散性.

解 因为 $\left|\dfrac{1}{\sqrt{x}}\sin\dfrac{1}{x}\right| \leqslant \dfrac{1}{\sqrt{x}}$，而反常积分 $\int_0^1 \dfrac{1}{\sqrt{x}}\mathrm{d}x$ 收敛，所以根据比较审敛法，反常积分 $\int_0^1 \left|\dfrac{1}{\sqrt{x}}\sin\dfrac{1}{x}\right|\mathrm{d}x$ 收敛，即反常积分 $\int_0^1 \dfrac{1}{\sqrt{x}}\sin\dfrac{1}{x}\mathrm{d}x$ 是绝对收敛的. 故反常积分 $\int_0^1 \dfrac{1}{\sqrt{x}}\sin\dfrac{1}{x}\mathrm{d}x$ 也收敛.

注意到反常积分 $\int_a^b \dfrac{1}{(x-a)^q}\mathrm{d}x = \int_0^{b-a} \dfrac{1}{u^q}\mathrm{d}u (q > 0, b \neq a)$ 当 $q < 1$ 时收敛，当 $q \geqslant 1$ 时发散（见例 5.5.6）. 于是，类似于定理 5.6.3 和定理 5.6.4，可得如下两个审敛法.

定理 5.6.6（比较审敛法 Ⅲ） 设函数 $f(x)$ 在区间 $(a, b]$ 上连续，且

$f(x) \geqslant 0$,点 $x = a$ 为 $f(x)$ 的瑕点.

(1) 若存在常数 $M, q (M > 0, 0 < q < 1)$,使得 $f(x) \leqslant \dfrac{M}{(x-a)^q} (a < x \leqslant b)$,则反常积分 $\int_a^b f(x) \mathrm{d}x$ 收敛;

(2) 若存在常数 $N > 0$,使得 $f(x) \geqslant \dfrac{N}{x-a}(a < x \leqslant b)$,则反常积分 $\int_a^b f(x) \mathrm{d}x$ 发散.

定理 5.6.7(极限审敛法 Ⅱ) 设函数 $f(x)$ 在区间 $(a, b]$ 上连续,且 $f(x) \geqslant 0$,点 $x = a$ 为 $f(x)$ 的瑕点.

(1) 若存在常数 $q(0 < q < 1)$,使得 $\lim\limits_{x \to a^+}(x-a)^q f(x)$ 存在,则反常积分 $\int_a^b f(x) \mathrm{d}x$ 收敛.

(2) 若 $\lim\limits_{x \to a^+}(x-a)f(x) = d > 0 (d\text{ 为常数})$ 或 $\lim\limits_{x \to a^+}(x-a)f(x) = +\infty$,则反常积分 $\int_a^b f(x) \mathrm{d}x$ 发散.

注 设函数 $f(x)$ 在区间 $[a, b)$ 上连续,且 $f(x) \geqslant 0$,点 $x = b$ 为 $f(x)$ 的瑕点. 对于这种情形,也有类似于定理 5.6.6(比较审敛法 Ⅲ) 和定理 5.6.7(极限审敛法 Ⅱ) 的结论.

例 5.6.7 判定反常积分 $\int_0^1 \dfrac{1}{\ln(1+x)} \mathrm{d}x$ 的敛散性.

解 这里点 $x = 0$ 是被积函数的瑕点. 因

$$\lim_{x \to 0^+}(x - 0)\dfrac{1}{\ln(1+x)} = \lim_{x \to 0^+}\dfrac{x}{x} = 1 > 0,$$

故根据极限审敛法 Ⅱ,所给反常积分发散.

例 5.6.8 判定椭圆积分

$$\int_0^1 \dfrac{1}{\sqrt{(1-x^2)(1-k^2x^2)}} \mathrm{d}x \quad (k^2 < 1)$$

的敛散性.

解 这里点 $x = 1$ 是被积函数的瑕点. 因

$$\lim_{x \to 1^-}(1-x)^{\frac{1}{2}} \dfrac{1}{\sqrt{(1-x^2)(1-k^2x^2)}} = \lim_{x \to 1^-} \dfrac{1}{\sqrt{(1+x)(1-k^2x^2)}} = \dfrac{1}{\sqrt{2(1-k^2)}},$$

故根据极限审敛法 Ⅱ,所给反常积分收敛.

三、Γ 函数

下面介绍在理论和应用上都有重要意义的 Γ 函数. Γ 函数的定义是

$$\Gamma(s) = \int_0^{+\infty} e^{-x} x^{s-1} dx, \quad s > 0. \tag{5.6.1}$$

首先,讨论 Γ 函数的敛散性. 它是一个反常积分,其积分区间为 $[0, +\infty)$,且当 $s-1 < 0$ 时,点 $x=0$ 是被积函数的瑕点. 因此,需要分别讨论以下两个积分:

$$I_1 = \int_0^1 e^{-x} x^{s-1} dx, \quad I_2 = \int_1^{+\infty} e^{-x} x^{s-1} dx.$$

对于 I_1,当 $s \geq 1$ 时,I_1 是定积分;当 $0 < s < 1$ 时,因为

$$e^{-x} x^{s-1} = \frac{1}{x^{1-s}} \cdot \frac{1}{e^x} < \frac{1}{x^{1-s}}, \quad 0 < x \leq 1,$$

而 $1-s < 1$,所以根据比较审敛法 III,反常积分 I_1 收敛.

对于 I_2,根据极限审敛法 I,由 $\lim\limits_{x \to +\infty} [x^2 \cdot (e^{-x} x^{s-1})] = \lim\limits_{x \to +\infty} \frac{x^{s+1}}{e^x} = 0$ 可知,反常积分 I_2 也收敛.

由以上讨论可知,Γ 函数是收敛的. 此外,函数 $\Gamma(s)$ 在区间 $(0, +\infty)$ 上连续,其图形如图 5.9 所示.

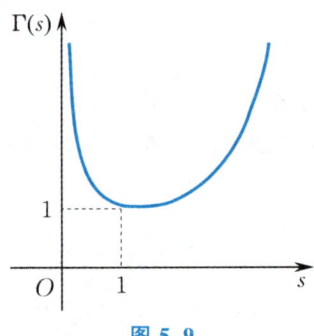

图 5.9

其次,讨论 Γ 函数的几个重要性质.

(1) 递推公式:$\Gamma(s+1) = s\Gamma(s), s > 0$.

证明　利用分部积分法,有

$$\Gamma(s+1) = \int_0^{+\infty} e^{-x} x^s dx = -\int_0^{+\infty} x^s d(e^{-x})$$

$$= -e^{-x} x^s \Big|_0^{+\infty} + s \int_0^{+\infty} e^{-x} x^{s-1} dx$$

$$= s\Gamma(s),$$

其中 $\lim\limits_{x \to +\infty} e^{-x} x^s = 0$ 可由洛必达法则求得.

显然 $\Gamma(1) = \int_0^{+\infty} e^{-x} dx = 1$,反复利用上述递推公式可得

$$\Gamma(n+1) = n!,$$

其中 n 为任意正整数. 由此,我们也把 Γ 函数看成阶乘的推广.

(2) 当 $s \to 0^+$ 时,$\Gamma(s) \to +\infty$.

(3) $\Gamma(s)\Gamma(1-s) = \dfrac{\pi}{\sin \pi s}, 0 < s < 1$.

这个公式称为**余元公式**. 特别地,由余元公式可得

$$\Gamma\left(\frac{1}{2}\right)=\sqrt{\pi}.$$

(4) 在 $\Gamma(s)=\int_0^{+\infty}\mathrm{e}^{-x}x^{s-1}\mathrm{d}x$ 中,做变量代换 $x=u^2$,有
$$\Gamma(s)=2\int_0^{+\infty}\mathrm{e}^{-u^2}u^{2s-1}\mathrm{d}u.$$

再令 $2s-1=t$,即 $s=\dfrac{1+t}{2}$,则有
$$\int_0^{+\infty}\mathrm{e}^{-u^2}u^t\mathrm{d}u=\frac{1}{2}\Gamma\left(\frac{1+t}{2}\right),\quad t>-1.$$

上式左端是应用上常见的反常积分,它的值可以通过上式用 Γ 函数计算出来. 例如,令 $t=0$,得
$$\int_0^{+\infty}\mathrm{e}^{-u^2}\mathrm{d}u=\frac{1}{2}\Gamma\left(\frac{1}{2}\right)=\frac{\sqrt{\pi}}{2}.$$

该反常积分在概率论中很常见.

习题5.6

1. 判定下列反常积分的敛散性:

(1) $\int_0^{+\infty}\dfrac{x^2}{x^4+x^2+1}\mathrm{d}x$;

(2) $\int_0^{+\infty}\dfrac{1}{x\sqrt[3]{x^2+1}}\mathrm{d}x$;

(3) $\int_1^{+\infty}\sin\dfrac{1}{x^2}\mathrm{d}x$;

(4) $\int_0^{+\infty}\dfrac{1}{1+x|\sin x|}\mathrm{d}x$;

(5) $\int_1^{+\infty}\dfrac{x\arctan x}{1+x^3}\mathrm{d}x$;

(6) $\int_1^2\dfrac{1}{(\ln x)^3}\mathrm{d}x$;

(7) $\int_0^1\dfrac{x^4}{\sqrt{1-x^4}}\mathrm{d}x$;

(8) $\int_1^2\dfrac{1}{\sqrt[3]{x^2-3x+2}}\mathrm{d}x$.

2. 设反常积分 $\int_1^{+\infty}f^2(x)\mathrm{d}x$ 收敛,证明:反常积分 $\int_1^{+\infty}\dfrac{f(x)}{x}\mathrm{d}x$ 绝对收敛.

3. 用 Γ 函数表示下列反常积分,并指出这些反常积分的收敛范围:

(1) $\int_0^{+\infty}\mathrm{e}^{-x^n}\mathrm{d}x\quad(n>0)$;

(2) $\int_0^1\left(\ln\dfrac{1}{x}\right)^p\mathrm{d}x$;

(3) $\int_0^{+\infty}x^m\mathrm{e}^{-x^n}\mathrm{d}x\quad(n\neq 0)$.

4. 证明:$\Gamma\left(\dfrac{2k+1}{2}\right)=\dfrac{1\cdot 3\cdot 5\cdot\cdots\cdot(2k-1)\sqrt{\pi}}{2^k}$,其中 $k\in\mathbf{N}_+$.

5. 证明下列等式($n\in\mathbf{N}_+$):

(1) $2\cdot 4\cdot 6\cdot\cdots\cdot 2n=2^n\Gamma(n+1)$;

(2) $1\cdot 3\cdot 5\cdot\cdots\cdot(2n-1)=\dfrac{\Gamma(2n)}{2^{n-1}\Gamma(n)}$;

(3) $\sqrt{\pi}\,\Gamma(2n)=2^{2n-1}\Gamma(n)\Gamma\left(n+\dfrac{1}{2}\right)$ [勒让德(Legendre) 倍量公式].

总复习题五

1. 填空题：

   (1) 设 $\int_0^x f(t)\,dt = x\sin x$，则 $f'(0) = $ _____；

   (2) $\int_{-1}^1 (x - \sqrt{1-x^2})^2\,dx = $ _____；

   (3) 设 $f(5) = 2$，$\int_0^5 f(x)\,dx = 3$，则 $\int_0^5 xf'(x)\,dx = $ _____；

   (4) 函数 $f(x)$ 在区间 $[a,b]$ 上有界是 $f(x)$ 在 $[a,b]$ 上可积的 _____ 条件，而 $f(x)$ 在 $[a,b]$ 上连续是 $f(x)$ 在 $[a,b]$ 上可积的 _____ 条件；

   (5) 对于在区间 $[a,+\infty)$ 上的非负、连续函数 $f(x)$，它的变上限的定积分 $\int_a^x f(t)\,dt$ 在 $[a,+\infty)$ 上有界是反常积分 $\int_a^{+\infty} f(x)\,dx$ 收敛的 _____ 条件；

   *(6) 绝对收敛的反常积分 $\int_a^{+\infty} f(x)\,dx$ 一定 _____。

2. 求下列极限：

   (1) $\lim\limits_{n\to\infty} \dfrac{1}{n} \sum\limits_{i=1}^n \sqrt{1 + \dfrac{i}{n}}$；

   (2) $\lim\limits_{n\to\infty} \dfrac{1^p + 2^p + \cdots + n^p}{n^{p+1}}$ $(p > 0)$；

   (3) $\lim\limits_{n\to\infty} \ln \dfrac{\sqrt[n]{n!}}{n}$；

   (4) $\lim\limits_{n\to\infty} \left(\dfrac{1}{n+1} + \dfrac{1}{n+2} + \cdots + \dfrac{1}{n+n} \right)$；

   (5) $\lim\limits_{x\to+\infty} \dfrac{\int_0^x (\arctan t)^2\,dt}{\sqrt{x^2+1}}$；

   (6) $\lim\limits_{x\to 1} \dfrac{\int_1^x \ln(1+t)\,dt}{\int_1^x \arctan t\,dt}$。

3. 证明：$\lim\limits_{n\to\infty} \int_n^{n+a} \dfrac{\sin x}{x}\,dx = 0$ $(a > 0)$。

4. 设 $p > 0$，证明：
$$\dfrac{p}{p+1} < \int_0^1 \dfrac{1}{1+x^p}\,dx < 1.$$

5. 设函数 $f(x)$，$g(x)$ 在区间 $[a,b]$ 上均连续，证明：

   (1) $\left[\int_a^b f(x)g(x)\,dx \right]^2 \leqslant \int_a^b f^2(x)\,dx \cdot \int_a^b g^2(x)\,dx$ [柯西-施瓦茨(Cauchy-Schwarz)不等式]；

   (2) $\left\{ \int_a^b [f(x) + g(x)]^2\,dx \right\}^{\frac{1}{2}} \leqslant \left[\int_a^b f^2(x)\,dx \right]^{\frac{1}{2}} + \left[\int_a^b g^2(x)\,dx \right]^{\frac{1}{2}}$ [闵可夫斯基(Minkowski)不等式]。

6. 求下列定积分或反常积分：

   (1) $\int_0^\pi (1 - \sin^3 x)\,dx$；

   (2) $\int_0^{\frac{\pi}{2}} \dfrac{x + \sin x}{1 + \cos x}\,dx$；

   (3) $\int_0^3 \dfrac{1}{(1+x)\sqrt{x}}\,dx$；

   (4) $\int_0^{\ln 2} x^2 e^{-x}\,dx$；

(5) $\int_1^e \sin \ln x \, dx$;

(6) $\int_{\frac{1}{e}}^e |\ln x| \, dx$;

(7) $\int_0^1 \frac{\ln(1+x)}{(2-x)^2} dx$;

(8) $\int_0^a \frac{1}{x + \sqrt{a^2 - x^2}} dx$.

7. 设 $f(x)$ 为连续函数，证明：
$$\int_0^x f(t)(x-t) \, dt = \int_0^x \left[\int_0^t f(u) \, du \right] dt.$$

8. 设函数 $f(x)$ 在区间 $[a,b]$ 上连续，且 $f(x) > 0$，
$$F(x) = \int_a^x f(t) \, dt + \int_b^x \frac{1}{f(t)} dt, \quad x \in [a,b],$$
证明：

(1) $F'(x) \geqslant 2$；

(2) 方程 $F(x) = 0$ 在区间 (a,b) 内有且仅有一个根.

9. 设 $xf(x) = \ln x + \int_e^{e^3} f(x) \, dx$，求 $f(x)$.

10. 设函数 $f(x) = \begin{cases} x+1, & x \leqslant 1, \\ \frac{1}{2}x^2, & x > 1, \end{cases}$ 求 $\int_0^2 f(x) \, dx$.

11. 根据函数的奇偶性计算下列定积分：

(1) $\int_{-1}^1 (2x + |x| + 1)^2 \, dx$;

(2) $\int_{-\pi}^{\pi} (\sqrt{1 + \cos 2x} + |x| \sin x) \, dx$.

*12. 证明：$\int_0^{+\infty} x^n e^{-x^2} \, dx = \frac{n-1}{2} \int_0^{+\infty} x^{n-2} e^{-x^2} \, dx$，$n > 1$；并用它证明：
$$\int_0^{+\infty} x^{2n+1} e^{-x^2} \, dx = \frac{1}{2} \Gamma(n+1), \quad n \in \mathbf{N}.$$

*13. 判断下列反常积分的敛散性；若收敛，计算其值：

(1) $\int_{-\infty}^{+\infty} (x^2 + x + 1) e^{-x^2} \, dx$;

(2) $\int_{-\infty}^{+\infty} (|x| + x) e^{-|x|} \, dx$.

*14. 求下列反常积分：

(1) $\int_0^{\frac{\pi}{2}} \ln \sin x \, dx$;

(2) $\int_0^{+\infty} \frac{1}{(1+x^2)(1+x^a)} dx \quad (a \geqslant 0)$.

第6章

定积分的应用

在实际问题中要用定积分来求某个量,关键在于如何用定积分表达所求量.本章首先阐述用定积分解决实际问题的基本思想和方法——元素法,然后通过例题介绍应用定积分计算几何量和物理量的方法,并简单介绍定积分在经济分析中的应用.

在第 5 章中，我们讨论了曲边梯形的面积问题，并通过分割、近似代替、求和、取极限的过程给出了其面积的积分表达式：

$$S = \lim_{\lambda \to 0} \sum_{i=1}^{n} f(\xi_i) \Delta x_i = \int_a^b f(x) \mathrm{d}x,$$

其中 $\lambda = \max\{\Delta x_1, \Delta x_2, \cdots, \Delta x_n\}$.

这种经过分割、近似代替、求和、取极限而解决实际问题的方法，称为**元素法**或**微元法**. 一般地，该方法可以归纳如下：

设 U 是一个与某变量（设为 x）的变化区间 $[a,b]$ 有关的量，且 U 关于区间 $[a,b]$ 具有可加性[若把 $[a,b]$ 分成若干个子区间，则 U 也相应被分成若干个部分量 ΔU，且 U 恰好等于这些部分量的总和]. 首先，在区间 $[a,b]$ 上任取一个小区间 $[x, x+\mathrm{d}x]$；然后，寻求对应于此小区间的部分量 ΔU 的近似值，如果能找到 ΔU 的形如 $f(x)\mathrm{d}x$ 的近似表达式[ΔU 与 $f(x)\mathrm{d}x$ 相差一个比 $\mathrm{d}x$ 高阶的无穷小]，那么就把 $f(x)\mathrm{d}x$ 称为量 U 的**元素**，记作 $\mathrm{d}U$，即

$$\mathrm{d}U = f(x)\mathrm{d}x;$$

最后，以元素 $\mathrm{d}U = f(x)\mathrm{d}x$ 为被积表达式在 $[a,b]$ 上进行积分，得

$$U = \int_a^b f(x) \mathrm{d}x.$$

这就是所求量 U 的积分表达式.

§6.1 和 §6.2 中将应用元素法讨论几何学和物理学中的一些问题.

§6.1 定积分在几何学上的应用

一、平面图形的面积

1. 直角坐标情形

设一个平面图形由直线 $x=a, x=b(a<b)$ 及连续曲线 $y=f(x), y=g(x)[g(x) \leqslant f(x)]$ 所围成，求此平面图形的面积.

选取 x 为积分变量，在区间 $[a,b]$ 上任取一个小区间 $[x, x+\mathrm{d}x]$（见图 6.1），则此小区间对应的部分面积可用高为 $f(x)-g(x)$，底宽为 $\mathrm{d}x$ 的小矩形面积来近似代替，从而面积元素为

$$\mathrm{d}S = [f(x)-g(x)]\mathrm{d}x.$$

于是，该平面图形的面积为

$$S = \int_a^b [f(x) - g(x)] dx.$$

类似地,若一个平面图形由直线 $y=c, y=d (c<d)$ 及连续曲线 $x=\varphi(y)$, $x=\psi(y)[\psi(y) \leqslant \varphi(y)]$ 所围成,则选取 y 为积分变量,在区间 $[c,d]$ 上任取一个小区间 $[y, y+dy]$(见图 6.2),得面积元素

$$dS = [\varphi(y) - \psi(y)] dy.$$

于是,该平面图形的面积为

$$S = \int_c^d [\varphi(y) - \psi(y)] dy.$$

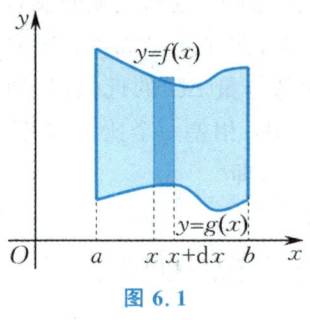

图 6.1

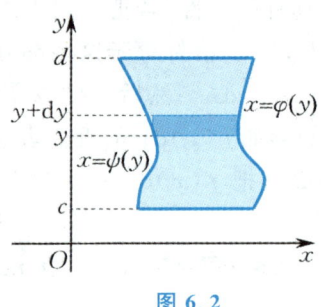

图 6.2

例 6.1.1 求由曲线 $y^2 = x, y = x^2$ 所围成的平面图形的面积.

解 解方程组 $\begin{cases} y^2 = x, \\ y = x^2, \end{cases}$ 得这两条曲线的交点 $O(0,0)$ 及 $A(1,1)$,如图 6.3 所示.

方法一 选取 x 为积分变量,则积分区间为 $[0,1]$. 在 $[0,1]$ 上任取一个小区间 $[x, x+dx]$,则此小区间对应的部分面积可用高为 $\sqrt{x} - x^2$,底宽为 dx 的小矩形面积来近似代替,从而面积元素为

$$dS = (\sqrt{x} - x^2) dx.$$

因此,所求平面图形的面积为

$$S = \int_0^1 (\sqrt{x} - x^2) dx = \left(\frac{2}{3} x^{\frac{3}{2}} - \frac{x^3}{3} \right) \Big|_0^1 = \frac{1}{3}.$$

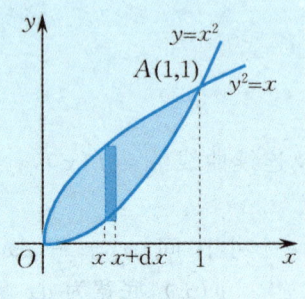

图 6.3   图 6.4

方法二 如图 6.4 所示,选取 y 为积分变量,则积分区间为 $[0,1]$. 在 $[0,1]$ 上任取一个小区间 $[y,y+\mathrm{d}y]$,则此小区间对应的部分面积可用高为 $\sqrt{y}-y^2$,底宽为 $\mathrm{d}y$ 的小矩形面积来近似代替,从而面积元素为
$$\mathrm{d}S=(\sqrt{y}-y^2)\mathrm{d}y.$$
因此,所求平面图形的面积为
$$S=\int_0^1(\sqrt{y}-y^2)\mathrm{d}y=\left(\frac{2}{3}y^{\frac{3}{2}}-\frac{y^3}{3}\right)\Big|_0^1=\frac{1}{3}.$$

例 6.1.2 求由曲线 $y=\dfrac{1}{x}$ 与直线 $y=x$,$x=3$ 所围成的平面图形的面积.

解 求得所给曲线与直线的交点 $A(1,1)$,$B(3,3)$ 及 $C\left(3,\dfrac{1}{3}\right)$,如图 6.5 所示. 选取 x 为积分变量,则积分区间为 $[1,3]$. 在 $[1,3]$ 上任取一个小区间 $[x,x+\mathrm{d}x]$,得面积元素
$$\mathrm{d}S=\left(x-\frac{1}{x}\right)\mathrm{d}x,$$
从而所求平面图形的面积为
$$S=\int_1^3\left(x-\frac{1}{x}\right)\mathrm{d}x=\left(\frac{1}{2}x^2-\ln|x|\right)\Big|_1^3=4-\ln 3.$$

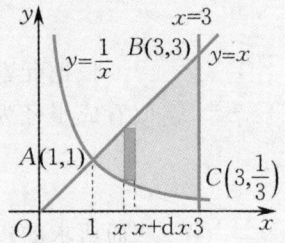

图 6.5

例 6.1.2 也可选取 y 为积分变量,但在求平面图形的面积时要分两部分计算.

例 6.1.3 求由曲线 $y^2=2x$ 与直线 $y=x-4$ 所围成的平面图形的面积.

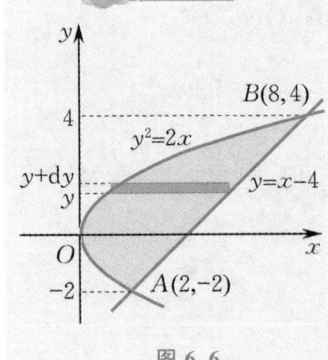

图 6.6

解 如图 6.6 所示,解方程组 $\begin{cases}y^2=2x,\\y=x-4,\end{cases}$ 得所给曲线与直线的交点 $A(2,-2)$ 和 $B(8,4)$. 选取 y 为积分变量,则积分区间为 $[-2,4]$. 在 $[-2,4]$ 上任取一个小区间 $[y,y+\mathrm{d}y]$,得面积元素
$$\mathrm{d}S=\left(y+4-\frac{y^2}{2}\right)\mathrm{d}y,$$
从而所求平面图形的面积为
$$S=\int_{-2}^4\left(y+4-\frac{y^2}{2}\right)\mathrm{d}y=\left(\frac{y^2}{2}+4y-\frac{y^3}{6}\right)\Big|_{-2}^4=18.$$

例 6.1.3 也可选取 x 为积分变量,但在求平面图形的面积时要分两部分计算.

由例 6.1.2 和例 6.1.3 可以看到,适当地选取积分变量,可以使计算简便一些.

2. 极坐标情形

某些平面图形,用极坐标计算其面积比用直角坐标方便(极坐标简介见附录 Ⅱ). 设一个平面图形由曲线 $r=r(\theta)$ 及射线 $\theta=\alpha,\theta=\beta$ 所围成,称之为**曲边扇形**,如图 6.7 所示. 求此曲边扇形的面积 S.

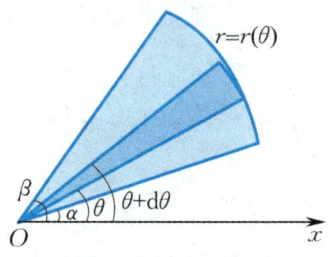

图 6.7

根据元素法,将此曲边扇形分割成 n 个小曲边扇形,则每个小曲边扇形可近似看成半径为 $r(\theta)$,圆心角为 $d\theta$ 的扇形,故面积元素为

$$dS = \frac{1}{2}r^2(\theta)d\theta,$$

从而所求曲边扇形的面积为

$$S = \frac{1}{2}\int_\alpha^\beta r^2(\theta)d\theta.$$

例 6.1.4 求心形线 $r=a(1+\cos\theta)(a>0)$ 所围成的平面图形的面积.

解 如图 6.8 所示,心形线关于极轴对称,则所求平面图形的面积为

$$\begin{aligned}S &= 2 \cdot \frac{1}{2}\int_0^\pi r^2 d\theta = \int_0^\pi a^2(1+\cos\theta)^2 d\theta \\ &= a^2 \int_0^\pi (1+2\cos\theta+\cos^2\theta)d\theta \\ &= a^2 \int_0^\pi \left(\frac{3}{2}+2\cos\theta+\frac{1}{2}\cos 2\theta\right)d\theta \\ &= a^2 \left(\frac{3}{2}\theta+2\sin\theta+\frac{1}{4}\sin 2\theta\right)\bigg|_0^\pi \\ &= \frac{3}{2}\pi a^2.\end{aligned}$$

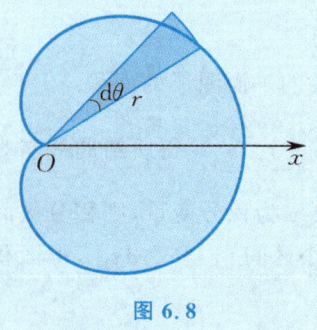

图 6.8

二、两类特殊的立体的体积

一般立体的体积计算将在下册中"重积分"部分进行讨论,这里只讨论两种比较特殊的立体的体积计算.

1. 旋转体的体积

一个平面图形绕此平面内一条定直线旋转一周而成的立体称为**旋转体**,其

中这条定直线称为**旋转轴**.

下面计算由连续曲线 $y=f(x)$,直线 $x=a$,$x=b(b>a)$ 及 x 轴所围成的平面图形绕 x 轴旋转一周而成的旋转体的体积 V(见图 6.9).

用垂直于 x 轴的平面将该旋转体"切"成一些小片,每一小片可近似看成一个小圆柱体.如图 6.9 所示,任取其中一小片,其底半径为 $f(x)$,厚度为 dx,则体积元素为

$$dV = \pi f^2(x)dx.$$

根据元素法,便得所求旋转体的体积为

$$V = \int_a^b \pi f^2(x)dx = \pi \int_a^b f^2(x)dx.$$

同理,如果一个旋转体是由连续曲线 $x=\varphi(y)$,直线 $y=c$,$y=d(d>c)$ 及 y 轴所围成的平面图形绕 y 轴旋转一周而成的(见图 6.10),则其体积为

$$V = \pi \int_c^d \varphi^2(y)dy.$$

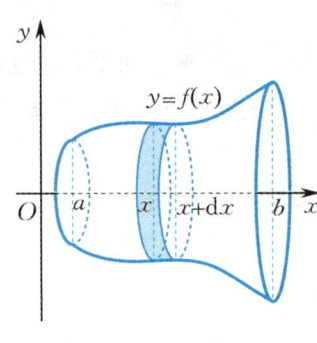

图 6.9

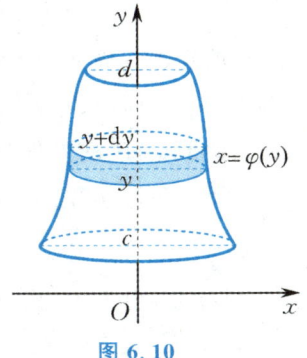

图 6.10

例 6.1.5 计算由椭圆盘 $\dfrac{x^2}{a^2} + \dfrac{y^2}{b^2} \leqslant 1 (a>0, b>0)$ 绕 x 轴旋转一周而成的椭球体的体积.

解 该椭球体可由上半椭圆 $y = \dfrac{b}{a}\sqrt{a^2-x^2}$ 与 x 轴所围成的平面图形绕 x 轴旋转一周而成,如图 6.11 所示.根据元素法,其体积元素为

$$dV = \pi \left(\frac{b}{a}\sqrt{a^2-x^2}\right)^2 dx,$$

故所求椭球体的体积为

$$V = \pi \frac{b^2}{a^2} \int_{-a}^{a}(a^2-x^2)dx = \frac{2\pi b^2}{a^2}\int_0^a (a^2-x^2)dx$$

$$= \frac{2\pi b^2}{a^2}\left(a^2 x - \frac{1}{3}x^3\right)\bigg|_0^a = \frac{4}{3}\pi ab^2.$$

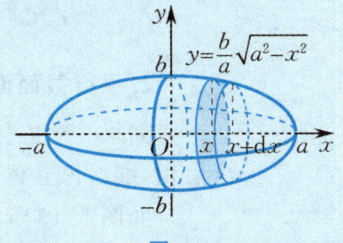

图 6.11

当 $a=b=R$ 时,上述椭球体就成为半径为 R 的球体,这时它的体积为

$$V = \frac{4}{3}\pi R^3.$$

例 6.1.6 设曲边梯形 $OABC$ 由抛物线 $y = 4-(x-1)^2 (0 \leqslant x \leqslant 3)$、$x$ 轴和 y 轴所围成(见图 6.12),求该曲边梯形分别绕 x 轴和 y 轴旋转一周而成的旋转体的体积.

解 曲边梯形 $OABC$ 绕 x 轴旋转一周而成的旋转体的体积为

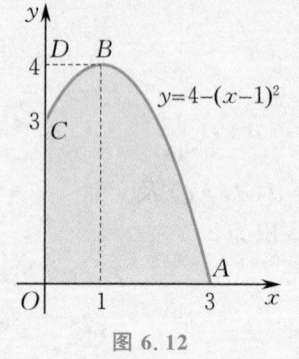

图 6.12

$$\begin{aligned} V_x &= \int_0^3 \pi [4-(x-1)^2]^2 \mathrm{d}x \\ &= \pi \int_0^3 [16 - 8(x-1)^2 + (x-1)^4] \mathrm{d}x \\ &= \pi \left[16x - \frac{8}{3}(x-1)^3 + \frac{1}{5}(x-1)^5 \right] \Big|_0^3 \\ &= \frac{153}{5}\pi. \end{aligned}$$

曲边梯形 $OABC$ 绕 y 轴旋转一周而成的旋转体的体积,可看成由平面图形 $OABD$ 与平面图形 CBD 分别绕 y 轴旋转一周而成的旋转体的体积之差,其中点 D 在 y 轴上且 BD 垂直于 y 轴(见图 6.12). 已知曲线弧 $\overparen{AB}$ 的方程为

$$x = 1 + \sqrt{4-y}, \quad 0 \leqslant y \leqslant 4,$$

曲线弧 $\overparen{BC}$ 的方程为

$$x = 1 - \sqrt{4-y}, \quad 3 \leqslant y \leqslant 4,$$

故所求旋转体的体积为

$$\begin{aligned} V_y &= \int_0^4 \pi (1+\sqrt{4-y})^2 \mathrm{d}y - \int_3^4 \pi (1-\sqrt{4-y})^2 \mathrm{d}y \\ &= \int_0^4 \pi (5-y+2\sqrt{4-y}) \mathrm{d}y - \int_3^4 \pi (5-y-2\sqrt{4-y}) \mathrm{d}y \\ &= \pi \left[-\frac{1}{2}(5-y)^2 - \frac{4}{3}(4-y)^{\frac{3}{2}}\right] \Big|_0^4 - \pi \left[-\frac{1}{2}(5-y)^2 + \frac{4}{3}(4-y)^{\frac{3}{2}}\right] \Big|_3^4 \\ &= \frac{45}{2}\pi. \end{aligned}$$

2. 平行截面面积容易计算的立体的体积

如果一个立体不是旋转体,但可计算出该立体上垂直于一条定轴的各截面面积,那么该立体的体积也可用定积分来计算.

如图 6.13 所示,取定轴为 x 轴,设一个立体位于过点 $x=a$,$x=b$ 且垂直于 x 轴的两个平面之间,以 $S(x)$ 表示该立体的过点 x 且垂直于 x 轴的截面面积[假定 $S(x)$ 是 x 的连续函数]. 取 x 为积分变量,在积分区间 $[a,b]$ 上任取一个小区间 $[x, x+\mathrm{d}x]$,则相应于该小区间的薄片体积近似等于底面积为 $S(x)$,高为 $\mathrm{d}x$ 的小柱体的体积,从而体积元素为

$$\mathrm{d}V = S(x)\mathrm{d}x.$$

于是，所求立体的体积为

$$V = \int_a^b S(x)\mathrm{d}x.$$

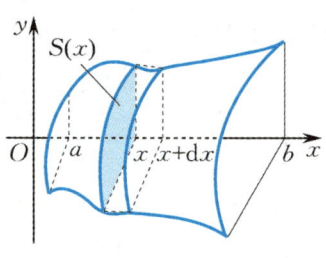

图 6.13

例 6.1.7 设一个平面经过半径为 R 的圆柱体的底面圆心 O，并与底面相交成角 α（见图 6.14），计算该平面截圆柱体所得立体的体积.

解 取该平面与圆柱体底面的交线为 x 轴，底面上过圆心 O 且垂直于 x 轴的直线为 y 轴，建立如图 6.14 所示的直角坐标系，则底圆的方程为

$$x^2 + y^2 = R^2.$$

显然，所求立体的通过点 x 且垂直于 x 轴的截面是一个直角三角形，且它的两条直角边的长度分别是 y 及 $y\tan\alpha$，即 $\sqrt{R^2 - x^2}$ 及 $\sqrt{R^2 - x^2}\tan\alpha$，从而该截面的面积为

$$S(x) = \frac{1}{2}(R^2 - x^2)\tan\alpha.$$

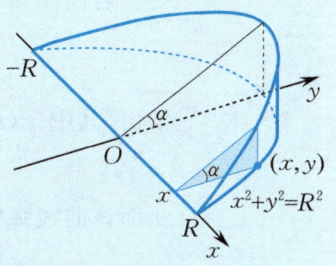

图 6.14

故所求立体的体积为

$$V = \int_{-R}^{R} \frac{1}{2}(R^2 - x^2)\tan\alpha \, \mathrm{d}x = \frac{1}{2}\tan\alpha \left(R^2 x - \frac{1}{3}x^3\right)\bigg|_{-R}^{R} = \frac{2}{3}R^3 \tan\alpha.$$

三、平面曲线的弧长

设平面曲线弧 $\overset{\frown}{AB}$ 的方程为

$$y = f(x), \quad a \leqslant x \leqslant b,$$

且函数 $f(x)$ 在区间 $[a, b]$ 上具有连续导数，求曲线弧 $\overset{\frown}{AB}$ 的长度.

如图 6.15 所示，在 $[a, b]$ 上任取一个小区间 $[x, x + \mathrm{d}x]$，则对应于小区间 $[x, x + \mathrm{d}x]$ 的一段弧的长度 Δs 近似等于弦 MM' 的长度，即

$$(\Delta s)^2 \approx (\Delta x)^2 + (\Delta y)^2$$
$$= (\Delta x)^2 + [f(x + \Delta x) - f(x)]^2.$$

由微分中值定理知，存在 $\xi \in (x, x + \Delta x)$，使得

$$(\Delta s)^2 \approx (\Delta x)^2 + [f'(\xi)\Delta x]^2,$$

故弧长元素为
$$ds = \sqrt{(dx)^2 + (dy)^2} = \sqrt{(dx)^2 + [f'(x)dx]^2}$$
$$= \sqrt{1 + y'^2}\,dx.$$

根据元素法,所求曲线弧 $\overset{\frown}{AB}$ 的长度为

$$s = \int_a^b \sqrt{1 + y'^2}\,dx. \tag{6.1.1}$$

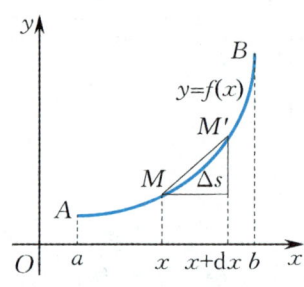

图 6.15

若曲线弧 $\overset{\frown}{AB}$ 由参数方程
$$\begin{cases} x = x(t), \\ y = y(t), \end{cases} \alpha \leqslant t \leqslant \beta$$
给出,其中 $x(t), y(t)$ 在区间 $[\alpha, \beta]$ 上具有连续导数,则弧长元素为
$$ds = \sqrt{[x'(t)]^2 + [y'(t)]^2}\,dt,$$
从而该曲线弧的长度为
$$s = \int_\alpha^\beta \sqrt{[x'(t)]^2 + [y'(t)]^2}\,dt.$$

若曲线弧 $\overset{\frown}{AB}$ 由极坐标方程
$$r = r(\theta), \quad \alpha \leqslant \theta \leqslant \beta$$
给出,其中 $r = r(\theta)$ 在区间 $[\alpha, \beta]$ 上具有连续导数,则利用直角坐标与极坐标变换公式
$$\begin{cases} x = r(\theta)\cos\theta, \\ y = r(\theta)\sin\theta, \end{cases} \alpha \leqslant \theta \leqslant \beta,$$
得弧长元素
$$ds = \sqrt{[x'(\theta)]^2 + [y'(\theta)]^2}\,d\theta = \sqrt{r^2(\theta) + [r'(\theta)]^2}\,d\theta,$$
从而该曲线弧的长度为
$$s = \int_\alpha^\beta \sqrt{r^2(\theta) + [r'(\theta)]^2}\,d\theta.$$

例 6.1.8 求曲线 $y = \dfrac{2}{3}x^{\frac{3}{2}}$ 上相应于 x 从 3 到 8 的一段弧的长度.

解 因为 $y' = x^{\frac{1}{2}}$,所以根据公式(6.1.1),所求曲线弧的长度为

$$s = \int_3^8 \sqrt{1+y'^2}\,dx = \int_3^8 \sqrt{1+x}\,dx = \frac{2}{3}(1+x)^{\frac{3}{2}}\Big|_3^8 = \frac{38}{3}.$$

例 6.1.9 计算摆线 $L: \begin{cases} x = a(t-\sin t), \\ y = a(1-\cos t) \end{cases} (a>0)$ 上一拱($0 \leqslant t \leqslant 2\pi$)的长度(见图 6.16).

解 $x'_t = a(1-\cos t), y'_t = a\sin t$,于是弧长元素为

$$ds = \sqrt{x_t'^2 + y_t'^2}\,dt = \sqrt{a^2(1-\cos t)^2 + a^2\sin^2 t}\,dt$$
$$= a\sqrt{2(1-\cos t)}\,dt = 2a\left|\sin\frac{t}{2}\right|dt,$$

从而摆线 L 上一拱的长度为

$$s = \int_0^{2\pi} 2a\left|\sin\frac{t}{2}\right|dt = 2a\left(-2\cos\frac{t}{2}\right)\Big|_0^{2\pi} = 8a.$$

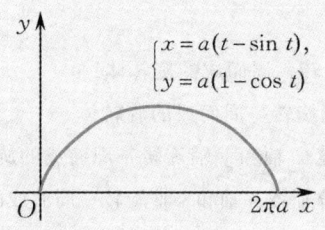

图 6.16

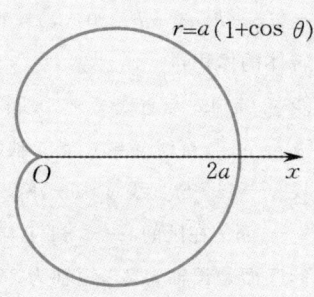

图 6.17

例 6.1.10 求心形线 $r = a(1+\cos\theta)(a>0)$(见图 6.17)的周长.

解 由于 $r' = -a\sin\theta$,因此弧长元素为

$$ds = \sqrt{r^2 + r'^2}\,d\theta = \sqrt{a^2(1+\cos\theta)^2 + (-a\sin\theta)^2}\,d\theta$$
$$= a\sqrt{2(1+\cos\theta)}\,d\theta = 2a\left|\cos\frac{\theta}{2}\right|d\theta.$$

利用心形线的对称性,所求周长为

$$s = 2\int_0^\pi 2a\left|\cos\frac{\theta}{2}\right|d\theta = 4a\left(2\sin\frac{\theta}{2}\right)\Big|_0^\pi = 8a.$$

习题 6.1

1. 求下列平面图形的面积:

   (1) 由曲线 $y = 4-x^2$ 与直线 $y = 3x$ 所围成的平面图形;

(2) 由曲线 $y = \dfrac{1}{x}$ 与直线 $y = x, x = 2$ 所围成的平面图形；

(3) 由曲线 $y = e^x, y = e^{2x}$ 与直线 $y = 3$ 所围成的平面图形；

(4) 由曲线 $y = \ln x$ 与直线 $y = \ln a, y = \ln b (0 < a < b)$ 及 y 轴所围成的平面图形.

2. 求抛物线 $y = x^2 - x + 2$ 与通过原点的两条切线所围成的平面图形的面积.

3. 求抛物线 $y^2 = 2x$ 与点 $\left(\dfrac{1}{2}, 1\right)$ 处的法线所围成的平面图形的面积.

4. 求下列平面图形的面积：

(1) 由曲线 $r = 2a\cos\theta (a > 0)$ 所围成的平面图形；

(2) 由曲线 $r = 2a(2 + \cos\theta)(a > 0, 0 \leqslant \theta \leqslant 2\pi)$ 所围成的平面图形.

5. 求下列平面图形的面积：

(1) 由曲线 $r = \cos\theta$ 与 $r = 1 - \cos\theta (0 \leqslant \theta \leqslant 2\pi)$ 所围成的平面图形；

(2) 由对数螺线 $r = ae^\theta (a > 0, -\pi \leqslant \theta \leqslant \pi)$ 与射线 $\theta = \pi$ 所围成的平面图形.

6. 设直线 $y = ax + b(ax + b \geqslant 0), x = 1$ 与 x 轴及 y 轴所围成的梯形面积等于 S，试求常数 a, b 的关系式.

7. 求下列旋转体的体积：

(1) 抛物线 $y^2 = 4x$ 与直线 $x = 1$ 所围成的平面图形绕 x 轴旋转一周而成的旋转体；

(2) 曲线 $y = e^x$ 与直线 $y = e$ 及 y 轴所围成的平面图形绕 y 轴旋转一周而成的旋转体；

(3) 抛物线 $y = x^2$ 与直线 $y = x + 2$ 所围成的平面图形分别绕 x 轴和 y 轴旋转一周而成的旋转体；

(4) 曲线 $y = \sin x$ 在区间 $[-\pi, \pi]$ 上与 x 轴所围成的平面图形分别绕 x 轴和 y 轴旋转一周而成的旋转体.

8. 设某立体的底面是长轴为 $2a$，短轴为 $2b$ 的椭圆盘，且垂直于长轴的截面都是等边三角形，求其体积.

9. 求下列曲线弧的长度：

(1) 曲线 $y = \ln x$ 上相应于 $\sqrt{3} \leqslant x \leqslant \sqrt{8}$ 的一段弧；

(2) 半立方抛物线 $y = x^{\frac{3}{2}}$ 上从 $x = 0$ 到 $x = 1$ 的一段弧；

(3) 星形线 $\begin{cases} x = a\cos^3 t, \\ y = a\sin^3 t \end{cases} (a > 0)$；

(4) 阿基米德（Archimedes）螺线 $r = 2\theta$ 上从 $\theta = 0$ 到 $\theta = 2\pi$ 的一段弧.

10. 设直线 $y = ax(0 < a < 1)$ 与抛物线 $y = x^2$ 所围成的平面图形的面积为 S_1，它们与直线 $x = 1$ 所围成的平面图形的面积为 S_2.

(1) 求 a 的值，使得 $S_1 + S_2$ 达到最小.

(2) 求(1)中所求得最小值对应的平面图形绕 x 轴旋转一周而成的旋转体的体积.

*11. 设曲线 C 的方程为 $y = f(x)(a \leqslant x \leqslant b)$，且函数 $f(x)$ 在区间 $[a, b]$ 上具有连续导数，证明：由曲线 C，直线 $x = a, x = b$ 及 x 轴所围成的平面图形绕 x 轴旋转一周而成的旋转体侧面（旋转曲面）的面积为

$$S = 2\pi \int_a^b |f(x)| \sqrt{1 + [f'(x)]^2}\, dx.$$

*12. 设 D 是由连续曲线 $y = f(x)$，直线 $x = a, x = b$ 及 x 轴所围成的平面图形，其中 $ab \geqslant 0$ 且 $a < b$，证明：D 绕 y 轴旋转一周而成的旋转体的体积为

$$V = \int_a^b 2\pi |xf(x)|\, dx.$$

§6.2 定积分在物理学上的应用

一、变力沿直线所做的功

由物理学知识知道,当物体在常力 F 的作用下沿直线产生位移 s,且力的方向与物体运动方向一致时,力 F 对该物体所做的功为
$$W = Fs.$$

当物体在变力 $F(x)$ 的作用下做直线运动时,力 $F(x)$ 所做的功就不能直接用上述公式来计算,但此时可以利用元素法进行求解.

设变力 $F(x)$ 在区间 $[a,b]$ 上连续,物体在变力 $F(x)$ 的作用下沿力的方向做直线运动,求物体从点 $x=a$ 移动到点 $x=b(a\leqslant b)$ 时,变力 $F(x)$ 所做的功 W.

如图 6.18 所示,在 $[a,b]$ 上任一点 x 处取微小位移 $\mathrm{d}x$,当物体从 x 移动到 $x+\mathrm{d}x$ 时,变力 $F(x)$ 所做的功近似等于 $F(x)\mathrm{d}x$,即功元素为
$$\mathrm{d}W = F(x)\mathrm{d}x.$$

因此,物体从点 $x=a$ 移动到点 $x=b$ 时变力 $F(x)$ 所做的功为
$$W = \int_a^b F(x)\mathrm{d}x.$$

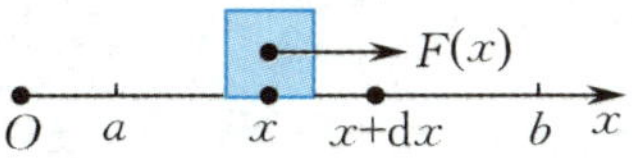

图 6.18

例 6.2.1 一个内燃机气缸如图 6.19 所示,设活塞的面积为 S,在等温条件下,求活塞从点 a 移动到点 b 时气体压力所做的功.

解 取如图 6.19 所示的坐标系,活塞的位置用 x 表示.由物理学知识知道,在等温条件下,一定量气体的压强 p 与体积 V 的乘积等于一个常数 k,即
$$pV = k \quad \text{或} \quad p = \frac{k}{V}.$$

因为 $V = xS$,所以
$$p = \frac{k}{xS}.$$

而压力 F 等于压强 p 与受力面积 S 的乘积,故作用在活塞上的力为

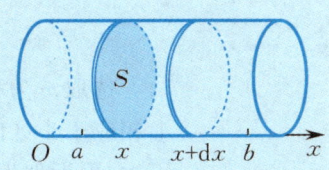

图 6.19

$$F(x) = pS = \frac{k}{xS} \cdot S = \frac{k}{x}.$$

在活塞移动过程中,气体体积 V 是变化的,x 也是变化的,从而作用在活塞上的力也是变化的.

取 $x \in [a,b]$ 为积分变量,并任取区间 $[a,b]$ 上的一个小区间 $[x, x+dx]$,当活塞从点 x 移动到点 $x+dx$ 时,气体压力所做的功近似等于 $\frac{k}{x}dx$,从而功元素为

$$dW = \frac{k}{x}dx.$$

故活塞从点 a 移动到点 b 时气体压力所做的功为

$$W = \int_a^b \frac{k}{x}dx = k\ln x \Big|_a^b = k\ln \frac{b}{a}.$$

二、水压力

从物理学知识知道,水深 h 处的压强为 $p = \mu g h$,其中 μ 是水密度,g 是重力加速度.如果有一块面积为 S 的平面薄板水平放置于水深 h 处,那么该薄板一侧所受的水压力为 $F = pS$.如果该薄板非水平放置于水中,由于在不同的深处,压强不相等,该薄板一侧所受的水压力就不能用上面的公式计算.

下面考虑与水面垂直且没入水中的平面薄板一侧所受的水压力.设平面薄板的形状为一个曲边梯形,如图 6.20 所示建立直角坐标系,x 轴正向垂直向下,y 轴与水面齐平,并设该曲边梯形由曲线 $y = f(x)$ 与直线 $x = a, x = b$ 及 x 轴所围成.

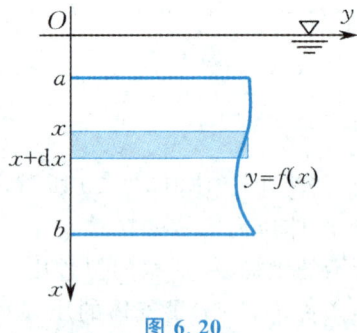

图 6.20

选取 x 为积分变量,在区间 $[a,b]$ 上任取一个小区间 $[x, x+dx]$,平面薄板上相应于小区间 $[x, x+dx]$ 的小窄条在水中的深度变化不大,从而压强也变化不大,可近似地取压强为 $p = \mu g x$,同时小窄条的面积可用矩形面积来近似代替,即 $f(x)dx$,从而得水压力元素

$$dF = \mu g x f(x) dx.$$

因此,整块平面薄板一侧所受的水压力为

$$F = \mu g \int_a^b x f(x)\,\mathrm{d}x.$$

例 6.2.2 设某水库的闸门形状为等腰梯形,已知它的两条底边的长度分别为 10 m 和 6 m,高为 20 m,较长的底边与水面齐平,求该梯形闸门一侧所受的水压力(取水的密度为 $\mu = 1.0 \times 10^3$ kg/m³,重力加速度为 $g = 9.8$ m/s²).

解 如图 6.21 所示建立直角坐标系,则该梯形闸门的一条腰边 AB 的方程为

$$y = 5 - \frac{x}{10}.$$

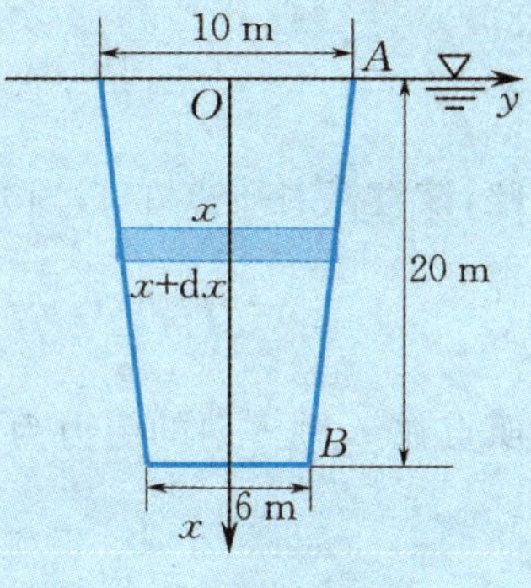

取 x 为积分变量,在区间 $[0, 20]$ 上任取一个小区间 $[x, x+\mathrm{d}x]$,闸门上相应于此小区间的小窄条所受压强近似为 $\mu g x$,小窄条的长度近似为 $2y = 2\left(5 - \frac{x}{10}\right) = 10 - \frac{x}{5}$,宽为 $\mathrm{d}x$,则水压力元素为

$$\mathrm{d}F = \mu g x \left(10 - \frac{x}{5}\right) \mathrm{d}x.$$

故该梯形闸门一侧所受的水压力为

$$F = \int_0^{20} \mu g x \left(10 - \frac{x}{5}\right) \mathrm{d}x = \mu g \left(5 x^2 - \frac{x^3}{15}\right) \Big|_0^{20} \approx 1.437 \times 10^7 (\text{单位}: \text{N}).$$

图 6.21

三、引力

由物理学知识知道,质量分别为 m_1, m_2,距离为 r 的两个质点间的引力为

$$F = G \frac{m_1 m_2}{r^2},$$

其中 G 为万有引力常数,F 的方向为两个质点连线的方向.

对于不能视为质点的两个物体之间的引力,不能直接利用质点间的引力公式来计算,可以利用元素法进行求解.下面举例说明.

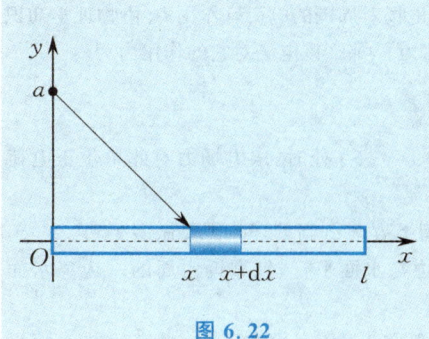

图 6.22

例 6.2.3 设一根长为 l 的均匀直棒,其线密度为 μ,在它的一端垂线方向上距离直棒 a 处有一个质量为 m 的质点,求该直棒对质点的引力.

解 如图 6.22 所示建立直角坐标系. 对于任意 $x \in [0, l]$,考虑直棒上相应于小区间 $[x, x+\mathrm{d}x]$ 的一小段对质点的引力. 因为 $\mathrm{d}x$ 很小,所以此小段对质点的引力可视为两个质点间的引力,即引力元素为

$$dF = \frac{Gm\mu}{a^2+x^2}dx,$$

引力元素的方向沿着两点 $(x,0)$ 与 $(0,a)$ 的连线向下. 当 x 在区间 $[0,l]$ 上变化时, dF 的方向也是不断变化的, 故需将引力元素 dF 在 x 轴和 y 轴方向进行分解, 分别记为 dF_x 和 dF_y. 设 dF 关于 x 轴和 y 轴的方向角分别为 α 和 β, 则 dF 在 x 轴和 y 轴方向上的两个分量分别为

$$dF_x = dF \cdot \cos\alpha = \frac{x}{\sqrt{a^2+x^2}} \cdot \frac{Gm\mu}{a^2+x^2}dx = \frac{Gm\mu x}{(a^2+x^2)^{\frac{3}{2}}}dx,$$

$$dF_y = dF \cdot \cos\beta = -\frac{a}{\sqrt{a^2+x^2}} \cdot \frac{Gm\mu}{a^2+x^2}dx = -\frac{Gm\mu a}{(a^2+x^2)^{\frac{3}{2}}}dx.$$

因此, 该直棒对质点在 x 轴方向的引力为

$$F_x = Gm\mu \int_0^l \frac{x}{(a^2+x^2)^{\frac{3}{2}}}dx = Gm\mu\left(\frac{1}{a} - \frac{1}{\sqrt{a^2+l^2}}\right),$$

对质点在 y 轴方向的引力为

$$F_y = -Gm\mu a \int_0^l \frac{1}{(a^2+x^2)^{\frac{3}{2}}}dx = -\frac{Gm\mu l}{a\sqrt{a^2+l^2}},$$

其中负号表示引力的方向与 y 轴的正向相反.

习题 6.2

1. 由物理实验知道, 弹簧在拉长的过程中, 拉力 F(单位:N)与弹簧的伸长量 s(单位:cm)成正比, 即
$$F = ks \quad (k \text{ 为弹性系数}).$$
已知弹簧由原来的长度伸长 1 cm 需要的力是 3 N, 试问:如果弹簧由原来的长度伸长 6 cm, 那么拉力所做的功为多少?

2. 一个直径为 20 cm, 高为 80 cm 的圆筒内充满压强为 10 N/cm² 的蒸气, 试问:若温度保持不变, 要使蒸气的体积缩小一半, 需要做多少功?

3. 一个电量为 $+q$ 的点电荷位于 x 轴的原点 O 处, 它产生一个电场, 该电场对周围的电荷有作用力. 由物理学知识知道, 如果有一个单位正电荷放在该电场中 x 轴上, 与原点 O 的距离为 r, 那么该电场对它的作用力为
$$f = k\frac{q}{r^2} \quad (k \text{ 为常数}).$$
当此单位正电荷在该电场中从点 $x = a$ 处沿 x 轴移动到点 $x = b(a < b)$ 处时, 求电场力对此单位正电荷所做的功.

4. 一个半径为 3 m 的球形水箱内有一半容量的水, 现要将水抽至水箱上方 7 m 高处, 问:需要做多少功?

5. 有一块长方形薄板垂直沉于水中, 已知其长为 3 m, 宽为 2 m, 宽边与水面平行, 且靠近水面的一边离水面 2 m, 求该长方形薄板一侧所受的水压力.

6. 一块三角形薄板垂直沉于水中, 已知其底边长为 8 m, 高为 6 m, 顶在上面, 底边在下面, 且底边与水面平行, 顶离水面 3 m, 求该三角形薄板一侧所受的水压力.

7. 设有一根半径为 R,中心角为 φ 的圆弧形细棒,其线密度为 μ,在圆心处有一个质量为 m 的质点 M,求该细棒对质点 M 的引力.

8. 某建筑工程在打地基时,需要用汽锤将桩打进土层.汽锤每次击打,都将克服土层对桩的阻力而做功.设土层对桩的阻力与桩被打进地下的深度成正比(比例系数为 k,$k>0$),已知汽锤第一次打进地下的深度为 a(单位:m).若要求汽锤每次击打桩时所做的功与前一次击打桩时所做的功之比为常数 $r(0<r<1)$,问:

(1) 汽锤击打三次后,可将桩打进地下多深?

(2) 若击打次数不限,汽锤至多能将桩打进地下多深?

§6.3 定积分在经济分析中的应用

一、由边际需求求需求函数

已知边际需求为 $Q'(P)$,其中 Q 为需求量,P 为价格,则需求函数 $Q(P)$ 为

$$Q(P)=\int Q'(P)\mathrm{d}P+\widetilde{C}_0,$$

这里 $\int Q'(P)\mathrm{d}P$ 表示 $Q'(P)$ 的一个原函数,常数 $\widetilde{C}_0$ 可由条件 $Q(0)=Q_0$ 来确定.

需求函数 $Q(P)$ 也可用积分上限函数表示为

$$Q(P)=\int_0^P Q'(t)\mathrm{d}t+Q_0.$$

例 6.3.1 已知对某种商品的需求量 Q 是价格 P 的函数,且边际需求为 $Q'(P)=-5$.若这种商品的最大需求量为 80 单位,即当 $P=0$ 时,$Q=80$ 单位,求需求量与价格的函数关系 $Q(P)$.

解 由题设可得

$$Q(P)=\int_0^P(-5)\mathrm{d}t+80=-5P+80.$$

二、由边际成本求总成本函数

设产量为 x 时的边际成本为 $C'(x)$,固定成本为 C_0,则此时的总成本函数为

$$C(x)=\int C'(x)\mathrm{d}x+\widetilde{C}_0,$$

这里 $\int C'(x)\mathrm{d}x$ 表示 $C'(x)$ 的一个原函数,常数 $\widetilde{C}_0$ 可由条件 $C(0)=C_0$ 来确定.

总成本函数 $C(x)$ 也可用积分上限函数表示为

$$C(x) = \int_0^x C'(t)\mathrm{d}t + C_0,$$

其中 $\int_0^x C'(t)\mathrm{d}t$ 为可变成本.

例 6.3.2 若某企业生产某种产品的边际成本是产量 x 的函数:
$$C'(x) = 0.4x + 3,$$
固定成本为 $C_0 = 80$ 货币单位,求总成本函数.

解 由题设可得
$$C(x) = \int_0^x C'(t)\mathrm{d}t + C_0 = \int_0^x (0.4t+3)\mathrm{d}t + C_0 = 0.2x^2 + 3x + C_0.$$

已知固定成本为 $C_0 = 80$ 货币单位,故所求总成本函数为
$$C(x) = 0.2x^2 + 3x + 80.$$

三、由边际收益求总收益函数

设产量或销售量为 x 时的边际收益为 $R'(x)$,则此时的总收益函数为

$$R(x) = \int R'(x)\mathrm{d}x + \widetilde{C}_0,$$

这里 $\int R'(x)\mathrm{d}x$ 表示 $R'(x)$ 的一个原函数,常数 $\widetilde{C}_0$ 可由条件 $R(0)=0$ 来确定(一般地,假定产量或销售量为 0 时的总收益为 0).

总收益函数 $R(x)$ 也可用积分上限函数表示为

$$R(x) = \int_0^x R'(t)\mathrm{d}t.$$

例 6.3.3 已知某种产品的产量为 x 时的边际收益为 $R'(x) = 100 - 2x$,求生产 40 单位这种产品时的总收益及平均收益,并求出再多生产 10 单位这种产品时所增加的总收益.

解 由题设可知,生产 40 单位这种产品时的总收益为
$$R(40) = \int_0^{40} R'(x)\mathrm{d}x = \int_0^{40}(100-2x)\mathrm{d}x = (100x - x^2)\Big|_0^{40} = 2\,400 \text{ 货币单位},$$

平均收益为
$$\frac{R(40)}{40} = \frac{2\,400}{40} \text{ 货币单位} = 60 \text{ 货币单位}.$$

再多生产 10 单位这种产品时所增加的总收益 ΔR 可由牛顿-莱布尼茨公式求得:

$$\Delta R = R(50) - R(40) = \int_{40}^{50} R'(x)\mathrm{d}x = \int_{40}^{50}(100-2x)\mathrm{d}x = (100x - x^2)\Big|_{40}^{50} = 100 \text{ 货币单位}.$$

四、由边际利润求总利润函数

设某种产品的边际收益为 $R'(x)$,边际成本为 $C'(x)$,则总收益函数为
$$R(x) = \int_0^x R'(t)\mathrm{d}t,$$
总成本函数为
$$C(x) = \int_0^x C'(t)\mathrm{d}t + C_0 \quad (C_0 \text{ 为固定成本}),$$
边际利润为
$$L'(x) = R'(x) - C'(x),$$
从而总利润函数为
$$L(x) = R(x) - C(x) = \int_0^x R'(t)\mathrm{d}t - \left[\int_0^x C'(t)\mathrm{d}t + C_0\right]$$
$$= \int_0^x [R'(t) - C'(t)]\mathrm{d}t - C_0 = \int_0^x L'(t)\mathrm{d}t - C_0,$$

其中 $\int_0^x L'(t)\mathrm{d}t$ 是产量或销售量为 x 时的<u>毛利润</u>.毛利润减去固定成本就是<u>纯利润</u>.

例 6.3.4 已知某种产品的边际收益为 $R'(x) = 30 - 3x$,边际成本为 $C'(x) = 20 - 5x$,固定成本为 $C_0 = 10$ 货币单位,求当 $x = 5$ 单位时的毛利润和纯利润.

解 边际利润为
$$L'(x) = R'(x) - C'(x) = (30 - 3x) - (20 - 5x) = 10 + 2x,$$
从而可得 $x = 5$ 单位时的毛利润为
$$\int_0^5 L'(t)\mathrm{d}t = \int_0^5 (10 + 2t)\mathrm{d}t = (10t + t^2)\Big|_0^5 = 75 \text{ 货币单位},$$
纯利润为
$$L(5) = \int_0^5 L'(t)\mathrm{d}t - C_0 = (75 - 10) \text{ 货币单位} = 65 \text{ 货币单位}.$$

习题6.3

1. 已知边际成本为 $C'(q) = 25 + 30q - 9q^2$,其中 q 为产量,固定成本为 55 货币单位,试求总成本函数 $C(q)$、平均成本函数 $\overline{C}(q)$ 和可变成本.

2. 已知某种商品的边际收益为 $R'(q) = 10(10-q)\mathrm{e}^{-\frac{q}{10}}$,其中 q 为销售量,试求总收益函数 $R(q)$.
3. 已知某种商品的边际收益为 $R'(q) = 3 - 0.2q$,其中 q 为销售量,试求总收益函数 $R(q)$.
4. 已知某种产品的边际成本和边际收益分别为
$$C'(q) = q^2 - 4q + 6, \quad R'(q) = 105 - 2q,$$
其中 q 为销售量,固定成本为 100 货币单位,求最大利润.
5. 设生产 q 单位某种产品时总收益 $R(q)$ 的变化率为 $R'(q) = 200 - \dfrac{q}{100}$,求:
(1) 生产 50 单位这种产品时的总收益;
(2) 在生产 100 单位这种产品的基础上,再多生产 100 单位时的总收益增量.

*§6.4 定积分应用案例

一、客机租买问题

例 6.4.1 某航空公司为了发展新航线的航运业务,需要增加 5 架"波音 747"客机. 如果购进一架客机,则需要一次支付 5 000 万美元现金,且其使用寿命为 15 年;如果租用一架客机,则每年需要支付 600 万美元租金,且租金以均匀货币流的方式支付. 若银行的年利率为 12%,请问:购买客机与租用客机哪种方案较为合算? 如果银行的年利率为 6% 呢?

解 购买一架客机可以使用 15 年,但需要马上支付 5 000 万美元,而租用一架同样的客机 15 年,则需要以均匀货币流的方式支付 15 年租金,年流量为 600 万美元. 两种方案所支付金额的价值无法直接比较,必须将它们都化为同一时刻的价值才能比较. 现以当前价值为准.

购买一架客机的当前价值为 5 000 万美元.

下面计算均匀货币流的当前价值:设 $t=0$ 时刻向银行存入 $A\mathrm{e}^{-rt}$ 美元(r 为年利率),按连续复利计算,则 t 年之后在银行的存款额恰好是 A 美元. 也就是说,t 年后的 A 美元在 $t=0$ 时刻的价值为 $A\mathrm{e}^{-rt}$ 美元. 那么,对于流量为 a 美元的均匀货币流,在时间段 $[t, t+\Delta t]$ 内所存入的 $a\Delta t$ 美元在 $t=0$ 时刻的价值是
$$a\Delta t \cdot \mathrm{e}^{-rt} \text{ 美元} = a\mathrm{e}^{-rt}\Delta t \text{ 美元}.$$
由元素法可知,当 t 从 0 变到 T 时,时间段 $[0, T]$ 内的均匀货币流在 $t=0$ 时刻的总价值可表示为
$$P = \int_0^T a\mathrm{e}^{-rt}\mathrm{d}t = \frac{a}{r}(-\mathrm{e}^{-rt})\Big|_0^T = \frac{a}{r}(1-\mathrm{e}^{-rT}) \text{ (单位:美元)}.$$

因此,租用一架客机 15 年的租金的当前价值为

$$P = \frac{600}{r}(1-e^{-15r}) \text{ 万美元}.$$

当 $r=12\%$ 时,

$$P = \frac{600}{0.12}(1-e^{-0.12\times 15}) \text{ 万美元} \approx 4\,173.5 \text{ 万美元}.$$

比较可知,此时租用客机比购买客机合算.

当 $r=6\%$ 时,

$$P = \frac{600}{0.06}(1-e^{-0.06\times 15}) \text{ 万美元} \approx 5\,934.3 \text{ 万美元}.$$

比较可知,此时购买客机比租用客机合算.

二、转售机器的最佳时间

例 6.4.2 由于折旧等因素,某台机器转售价格 $R(t)$(单位:元)是使用时间 t(单位:周)的单调减少函数:$R(t)=\frac{3A}{4}e^{-\frac{t}{96}}$,其中 A(单位:元)是当初机器的购买价格.在任何时刻 t,机器开动就能产生收益 $P(t)=\frac{A}{4}e^{-\frac{t}{48}}$(单位:元),问:机器用了多长时间后转售出去能使总利润最大?此时总利润是多少?机器的转售价格为多少?

解 假设机器使用了时间 x(单位:周)后转售,此时的转售价格是 $R(x)=\frac{3A}{4}e^{-\frac{x}{96}}$,在这段时间内机器创造的收益是 $\int_0^x \frac{A}{4}e^{-\frac{t}{48}}dt$.由于"总利润=总收益-总成本",而总成本为当初机器的购买价格,因此问题就变为求总收益函数

$$f(x) = \frac{3A}{4}e^{-\frac{x}{96}} + \int_0^x \frac{A}{4}e^{-\frac{t}{48}}dt, \quad x\in(0,+\infty)$$

的最大值.

由

$$f'(x) = \frac{3A}{4}e^{-\frac{x}{96}}\cdot\left(-\frac{1}{96}\right) + \frac{A}{4}e^{-\frac{x}{48}} = 0, \quad \text{即} \quad e^{-\frac{x}{96}} = \frac{1}{32},$$

可求得 $x=96\ln 32$ 周.当 $x\in(0,96\ln 32)$ 时,$f'(x)>0$;当 $x\in(96\ln 32,+\infty)$ 时,$f'(x)<0$.因为 $x=96\ln 32$ 周是总收益函数 $f(x)$ 的唯一极值点,所以它也是最大值点.

因此,当 $x=96\ln 32$ 周时,总收益最大.此时,总收益为

$$f(96\ln 32) = \frac{3A}{4}e^{-\ln 32} + \frac{A}{4}\int_0^{96\ln 32}e^{-\frac{t}{48}}dt = \frac{3\,075}{256}A,$$

总利润为
$$L = f(96\ln 32) - A = \frac{2\,819}{256}A,$$

机器的转售价格为
$$R(96\ln 32) = \frac{3A}{4}\mathrm{e}^{-\frac{96\ln 32}{96}} = \frac{3}{128}A.$$

三、深海探测器的观察窗问题

例 6.4.3 深海探测器上装有若干个观察窗. 为了使观察窗的设计更科学、更合适，必须先计算出加在观察窗上的海水压力. 如果我们假定观察窗是垂直的，其形状如图 6.23 所示，是对称的，试求出海水压力与观察窗的面积、观察窗的形心之间的关系.

解 从物理学知识知道，海水深 z 处的压强为
$$p = \gamma z,$$
这里 γ 是海水的比重. 如图 6.23 所示建立坐标系. 观察窗上对应于小区间 $[z, z+\mathrm{d}z]$ 的窄条各点处的压强 p 近似等于 γz，该窄条的面积近似为 $\mathrm{d}A = 2l(z)\mathrm{d}z$，故该窄条上所受海水压力的近似值，即压力元素为
$$\mathrm{d}F = p\mathrm{d}A = 2\gamma z l(z)\mathrm{d}z.$$
因此，作用在整个观察窗上的海水压力为
$$F = \int_{z_0}^{z_1}\mathrm{d}F = 2\gamma\int_{z_0}^{z_1}z l(z)\mathrm{d}z.$$

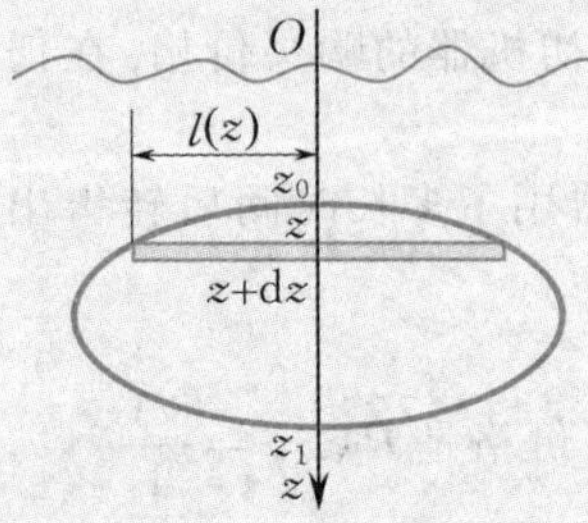

图 6.23

因为观察窗的面积为
$$A = 2\int_{z_0}^{z_1}l(z)\mathrm{d}z,$$

观察窗的形心为
$$\bar{z} = \frac{2}{A}\int_{z_0}^{z_1}z l(z)\mathrm{d}z,$$

所以所求海水压力为
$$F = \gamma\bar{z}A.$$

而 $\gamma\bar{z}$ 正好是海水深 $\bar{z}$ 处的压强，故作用在观察窗上的全部压力等于观察窗面积乘以其形心处的压强.

作为一个具体的实例，设观察窗是圆形的（这是可能的形状），其半径为 $0.914\,4$ m，取 $\gamma = 1\,121.976\,7$ N/m^3，$\bar{z} = 12.7$ m，则
$$F = 1\,121.976\,7 \times \pi \times 0.914\,4^2 \times 12.7 \text{ N} \approx 37\,429.142 \text{ N}.$$

四、航天器的发射

例 6.4.4 在发射航天器时需要克服地球引力和空气阻力将航天器从地面送入太空. 现拟从地面垂直向上发射质量为 m 的航天器,如果空气阻力忽略不计,求将航天器推升到距离地面 H 处需要克服地球引力所做的功. 如果要让航天器脱离地球引力范围,需要克服地球引力做多少功?

解 设地球半径为 R,质量为 M. 如图 6.24 所示建立坐标系,根据万有引力定律,当航天器相对地面的高度为 x 时,其所受地球的引力为

$$F = \frac{GMm}{(R+x)^2},$$

其中 G 为万有引力常数. 于是,将航天器从高度 x 推升到高度 $x+\mathrm{d}x$ 时,克服引力所做的功元素为

$$\mathrm{d}W = \frac{GMm}{(R+x)^2}\mathrm{d}x.$$

因此,将航天器自地面推升到高 $x = H$ 处需要克服地球引力做的功为

$$W_1 = \int_0^H \frac{GMm}{(R+x)^2}\mathrm{d}x = GMm\left(\frac{-1}{R+x}\bigg|_0^H\right) = GMm\left(\frac{1}{R} - \frac{1}{R+H}\right).$$

要让航天器脱离地球引力范围,相当于 $H \to \infty$,从而需要克服地球引力所做的功为

$$W_2 = \lim_{H \to \infty}\int_0^H \frac{GMm}{(R+x)^2}\mathrm{d}x = \lim_{H \to \infty}GMm\left(\frac{1}{R} - \frac{1}{R+H}\right) = \frac{GMm}{R}.$$

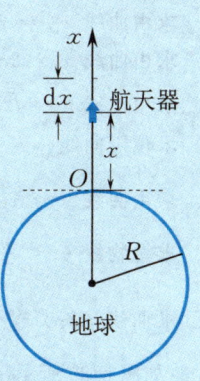

图 6.24

习题6.4

1. 已知在 0 ℃ 至 200 ℃ 的温度范围内铁的比热容 c_t(单位:cal/(g·℃))与温度 t(单位:℃)的关系为线性关系,并通过实验测定可知,当 $t = 50$ ℃ 时,$c_t = 0.1124$ cal/(g·℃);当 $t = 100$ ℃ 时,$c_t = 0.1672$ cal/(g·℃). 现将 10 kg 的温度为 20 ℃ 的铁加热到 100 ℃,试求所需的热量 Q(热量公式为 $Q = c_t m \Delta t$,其中 c_t 为比热容,m 为质量,Δt 为温度变化量).

2. 某公路管理处在城市高速公路出口处记录了几个星期内的平均车辆行驶速度. 数据统计表明,在一个普通工作日下午 1:00 — 6:00 之间,此出口处 t 时刻的平均车辆行驶速度为

$$v(t) = 2t^3 - 21t^2 + 60t + 40 (单位:\text{km/h}).$$

试计算此出口处普通工作日下午 1:00 — 6:00 的平均车辆行驶速度.

3. 某零售商收到一批共 10 000 kg 的大米. 若这批大米以 2 000 kg/月的速度运走,则需要 5 个月. 如果储存费是每月 0.01 元/kg,那么 5 个月之后此零售商需支付多少储存费?

总复习题六

1. 有一根长度为 8 cm 的金属细棒,将其放置于 x 轴上,细棒一个端点与原点重合,细棒的线密度为 $\mu(x) = 5x^{\frac{2}{3}}$(单位:g/cm),求该细棒的质量.
2. 设某个物体以速度 $v(x) = \ln x$(单位:m/s)从时刻 $T_1 = 1$ s 到时刻 $T_2 = 2$ s 做直线运动,求该物体在这段时间内的位移.
3. 求由曲线 $xy = 2$ 与直线 $y = x, y = 2x$ 所围成的平面图形在第一象限部分的面积.
4. 求由曲线 $x = 2\cos t, y = 4\sin t (0 \leqslant t \leqslant 2\pi)$ 所围成的平面图形的面积.
5. 求由曲线 $r = \sqrt{2} \sin \theta$ 与 $r^2 = \cos 2\theta$ 各自所围成平面图形的公共部分的面积.
6. 求位于曲线 $y = e^x$ 下方,该曲线在原点处的切线的左方及 x 轴上方的平面图形的面积.
7. 求由曲线 $y = x^{\frac{3}{2}}$ 与直线 $x = 4$ 及 x 轴所围成的平面图形绕 y 轴旋转一周而成的旋转体的体积.
8. 求抛物线 $y = \frac{1}{2}x^2$ 被圆 $x^2 + y^2 = 3$ 所截下的有限部分的长度.
9. 求曲线 $f(x) = \int_0^x \tan t \, dt$ 上相应于 $0 \leqslant x \leqslant \frac{\pi}{4}$ 的一段弧的长度.
10. 如图 6.25 所示,一块抛物弓形平面薄板垂直沉入水中,问:当它的顶点距离水面多少米时,该薄板一侧所受的水压力为 $\frac{509.6}{15} \times 10^3$ N(取水的密度为 $\mu = 1.0 \times 10^3$ kg/m³,重力加速度为 $g = 9.8$ m/s²)?

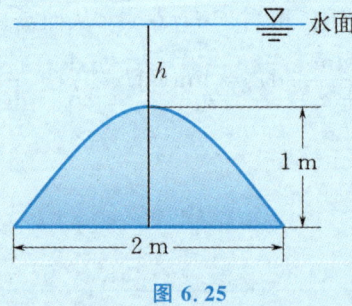

图 6.25

11. 一个圆柱形储水桶高为 5 m,底圆半径为 3 m,桶内盛满了水,问:把桶内的水全部吸出需要做多少功?
12. 一条长 10 m 的铁索下垂于矿井中,已知铁索每米的质量为 8 kg,问:将此铁索提上地面需做多少功?

附录 Ⅰ 基本初等函数的图形及其主要性质

附录 Ⅱ 极 坐 标

附录 Ⅲ 一些常用的数学公式

附录 Ⅳ 积 分 表

习题参考答案与提示

第1章

习题1.1

1. (1) $(-1,0) \cup (0,1]$; (2) $(-\infty,-1] \cup (1,2) \cup (2,+\infty)$;
   (3) $\bigcup_{k=0}^{\infty}[4k^2\pi^2,(1+2k)^2\pi^2]$; (4) $[-1,3)$.

2. (1) $[-2,-1]$; (2) $\left[-\dfrac{1}{2},\dfrac{1}{2}\right]$.

3. $f(-1)=1, f\left(\dfrac{1}{a}\right)=a^2$.

4.~5. 略.

6. (1) $y=x^3-1$; (2) $y=\dfrac{1-x}{1+x}$; (3) $y=\dfrac{1}{3}\arcsin\dfrac{x}{2}$; (4) $y=\log_2\dfrac{x}{1-x}$.

7. (1) $y=\arctan u, u=e^v, v=\sqrt{x}$; (2) $y=e^u, u=\arctan v, v=\sqrt{x}$;
   (3) $y=\sqrt[3]{u}, u=\cos v, v=\sqrt{x}$.

8. $f(x)=x^2-4x+3$.

9. $R(x)=\begin{cases} ax, & x\leqslant 50, \\ 50a+0.8a(x-50), & x>50. \end{cases}$

10. $R(x)=\begin{cases} 1\,200x, & x\leqslant 1\,000, \\ 1\,200x-2\,500, & 1\,000<x\leqslant 1\,520. \end{cases}$

11. $y=b\dfrac{a}{x}+c\dfrac{x}{2}$.

12. 略.

习题1.2

1. (1) 0; (2) 不存在; (3) -2; (4) 不存在; (5) 不存在; (6) 不存在.

2. (1) 0; (2) 0; (3) 1; (4) 1; (5) π; (6) $\sqrt{x_0}$.

3. $-\dfrac{1}{2}, 0, 1, 4$.

4. $f(0^-)=f(0^+)=\lim\limits_{x\to 0}f(x)=1; \varphi(0^-)=-1, \varphi(0^+)=1, \lim\limits_{x\to 0}\varphi(x)$ 不存在.

5.~8. 略.

习题1.3

1.~5. 略.

习题1.4

1. $f(x)=\dfrac{1}{x}+2$.

2. (1) 2π; (2) 2; (3) 2; (4) 0; (5) 0;

(6) $2x$;   (7) 2;   (8) 0;   (9) $\frac{1}{2}$;   (10) 2.

3. (1) $\sqrt{2}$;   (2) $\frac{\pi}{4}$;   (3) 1;   (4) $\ln 2$;   (5) 2;   (6) -2.

4. $\lim\limits_{x\to 0}f(x)=2$, $\lim\limits_{x\to 1}f(x)$ 不存在.

5. 1.

6. 提示:用反证法.

习题 1.5

1. (1) $\frac{5}{7}$;   (2) $\frac{1}{5}$;   (3) 0;   (4) $\cos a$;   (5) π;

   (6) 1;   (7) $\sqrt{2}$;   (8) $\frac{1}{7}$;   (9) 0.

2. (1) e^9;   (2) $e^{-\frac{2}{3}}$;   (3) e^{-1};   (4) $e^{\frac{2}{3}}$;   (5) e;   (6) 1.

3. 0.

4. $\frac{1}{2}\ln 2$.

5. 提示:用夹逼准则.

*6. 3.

习题 1.6

1. 两个无穷小的商不一定是无穷小. 例如, 当 $x\to 0$ 时, $\alpha=4x$, $\beta=2x$ 都是无穷小, 但 $\frac{\alpha}{\beta}=2$ 当 $x\to 0$ 时不是无穷小. 两个无穷大的商不一定为无穷大. 例如, 当 $x\to 0$ 时, $f(x)=\frac{4}{x}$, $g(x)=\frac{2}{x}$ 都是无穷大, 但 $\frac{f(x)}{g(x)}=2$ 当 $x\to 0$ 时不是无穷大. 两个无穷大的差不一定是无穷小. 例如, 在上面举的例子中, $f(x)-g(x)=\frac{2}{x}$ 当 $x\to 0$ 时不是无穷小.

2. (1) 0;   (2) 0;   (3) ∞;   (4) $\frac{1}{2}$;   (5) 0;

   (6) $\left(\frac{3}{2}\right)^{20}$;   (7) -1;   (8) $\frac{1}{2}$;   (9) $\frac{1}{1-x}$.

3. (1) $\frac{3}{5}$;   (2) 0;   (3) $\frac{1}{2}$;   (4) 2;   (5) 3;   *(6) $\frac{3}{2}e$.

4. $a=1, b=-1$.

5. 略.

习题 1.7

1. $\Delta y=-1$.

2. $\Delta y=-0.05$.

3. (1) 连续; (2) 间断.   理由略.

4. $a=1$.

5. (1) $x=1$ 是可去间断点. 若令 $y(1)=-2$, 则该函数在 $x=1$ 处连续. $x=2$ 是第二类间断点.

   (2) $x=0$ 是可去间断点. 若令 $y(0)=1$, 则该函数在 $x=0$ 处连续. $x=\frac{\pi}{2}$ 是可去间断点. 若令 $y\left(\frac{\pi}{2}\right)=$

0,则该函数在 $x = \dfrac{\pi}{2}$ 处连续. $x = \pi$ 是第二类间断点.

习题 1.8

1. (1) $(-\infty, 1), (1, 2)$ 和 $(2, +\infty), -2$;   (2) $(0, 1], \ln\dfrac{\pi}{6}$;   (3) $[0, 2)$ 和 $(2, 3], 1$.

2. 提示: $f(x) = \begin{cases} x, & |x| < 1, \\ 0, & |x| = 1, \\ -x, & |x| > 1, \end{cases}$ $x = \pm 1$ 为第一类间断点, $f(x)$ 在其余点处均连续.

3. ~ 7. 略.

8. 提示: 设 $F(x) = f(x) - f(x+a)$.

习题 1.9

1. 150 m.

2. $\dfrac{1}{3}$.

3. $A_0 e^{kt}$.

总复习题一

1. (1) $2(1 - x^2)$;   (2) $1 + e^2$;   *(3) $\dfrac{1}{2}\ln a$;   *(4) 2;   *(5) $-\dfrac{3}{2}$.

2. (1) A;   (2) D;   (3) C.

3. (1) 错误;   (2) 正确;   (3) 错误;   (4) 错误;   (5) 正确.

4. (1) 0;   (2) $\dfrac{1}{2}$;   (3) $\ln 2$;   *(4) $e^{-\frac{1}{2}}$;   *(5) e^2;

    (6) 2^n;   *(7) 1;   (8) 3;   (9) 1;   (10) 0.

5. $x = 1$ 是第一类间断点中的跳跃间断点.

6. 提示: 用反证法.

7. 提示: 用最大值和最小值定理及介值定理.

第 2 章

习题 2.1

1. -4.

2. 略.

3. (1) $3f'(x_0)$;   (2) $2f'(x_0)$;   (3) $2f'(x_0)$;   (4) $x_0 f'(x_0) - f(x_0)$.

4. 6.

*5. $f'_-(1) = 2, f'_+(1)$ 不存在.

6. (1) $-\dfrac{1}{x^2}$;   (2) $\dfrac{5}{3}x^{\frac{2}{3}}$;   (3) $-\dfrac{1}{2}x^{-\frac{3}{2}}$;   (4) $\dfrac{1}{6}x^{-\frac{5}{6}}$.

7. 切线方程为 $x + y - \pi = 0$, 法线方程为 $x - y - \pi = 0$.

*8. $y = x - 1$.

*9. A.

10. 27 m/s.

11. $N'(t_0)$.

12. (1) 连续且可导； (2) 连续且可导.

13. $a = -1, b = 2$.

14. $2a\varphi(a)$.

15. 略.

习题 2.2

1. (1) $4x^3 - \dfrac{12}{x^3} - \dfrac{16}{5}x^{\frac{11}{5}}$; (2) $\sec x(2\sec x + \tan x)$; (3) $\dfrac{1-\ln x}{x^2}$;

   (4) $2^x \mathrm{e}^x(\ln 2 + 1)$; (5) $2x\ln x \cdot \cos x + x\cos x - x^2 \ln x \cdot \sin x$;

   (6) $\dfrac{\mathrm{e}^x(x-2)}{x^3}$; (7) $\dfrac{5}{1+\cos x}$;

   (8) $-\dfrac{1}{1-x^2} + \dfrac{x\arccos x}{(1-x^2)\sqrt{1-x^2}}$; (9) $\arctan x + \dfrac{x}{1+x^2}$.

2. (1) $\dfrac{3}{4}\pi^2 - 4$; *(2) $\dfrac{1}{3}$; *(3) $\dfrac{\mathrm{e}-1}{\mathrm{e}^2+1}$.

3. (1) $4\mathrm{e}^{4x}$; (2) $\sin 2x$; (3) $2x\sec^2 x^2$;

   *(4) $-\dfrac{1}{2\sqrt{x}\,\mathrm{e}^{\sqrt{x}} \cdot \sqrt{1-\mathrm{e}^{-2\sqrt{x}}}}$; (5) $\dfrac{1}{2\sqrt{x-x^2}}$; (6) $\dfrac{4}{4+x^2}\arctan\dfrac{x}{2}$;

   (7) $-\mathrm{e}^x \tan \mathrm{e}^x$; (8) $\dfrac{1}{x\ln x \cdot \ln\ln x}$; (9) $\dfrac{1}{x^2}\sin\dfrac{2}{x} \cdot \mathrm{e}^{-\sin^2 \frac{1}{x}}$.

4. $y = x + 1$.

*5. $a = 2\mathrm{e}$.

6. $\dfrac{t}{10} - 1$.

7. (1) $\dfrac{45x^3 + 16x}{\sqrt{1+5x^2}}$; (2) $-\dfrac{1}{2}\mathrm{e}^{-\frac{x}{2}}(\cos 3x + 6\sin 3x)$;

   (3) $\dfrac{1}{2x}\left(1 + \dfrac{1}{\sqrt{\ln x}}\right)$; (4) $\dfrac{2x\cos 2x - \sin 2x}{x^2}$;

   (5) $-\dfrac{1}{\sqrt{x-x^2}}$; (6) $\dfrac{1}{\sqrt{(1-x^2)^3}}$;

   (7) $\dfrac{\ln x}{x\sqrt{1+\ln^2 x}}$; (8) $\dfrac{2x}{(1+x^2)\ln a}$;

   *(9) $-2x\sin x^2 \sin^2 \dfrac{1}{x} - \dfrac{1}{x^2}\sin\dfrac{2}{x}\cos x^2$; (10) $-3x^2 \sin x^3 \mathrm{e}^{\cos x^3}$;

   (11) $\dfrac{(x+4)(x+2)}{(x+3)^2}$; (12) $\left(\dfrac{6}{5}\right)^x \ln\dfrac{6}{5} + \dfrac{7}{6}x^{\frac{1}{6}} - 1 + \dfrac{3}{2x}$;

   (13) $\dfrac{2}{1+x^2}$; (14) $\dfrac{2\sqrt{x}+1}{4\sqrt{x} \cdot \sqrt{x+\sqrt{x}}}$;

   (15) $3\sin^2 x \cos 4x$.

8. (1) $\mathrm{e}^{f(x)}[f'(\mathrm{e}^x)\mathrm{e}^x + f'(x)f(\mathrm{e}^x)]$; (2) $-\dfrac{|x|}{x^2\sqrt{x^2-1}}f'\left(\arcsin\dfrac{1}{x}\right)$;

273

(3) $f'[f(x)]f'(x)$;　　　　　　　　(4) $f'(x^2+\sin\sqrt{x})\left(2x+\dfrac{\cos\sqrt{x}}{2\sqrt{x}}\right)$.

9. $2x(1+x)e^{2x}\sin(xe^x)$.

10. $-\dfrac{2}{x^3}-2-\dfrac{1}{x}$.

11. $\arcsin 2x$, $\dfrac{1}{\sqrt{1-x^4}}$, $\dfrac{2x}{\sqrt{1-x^4}}$.

12. $f'(x)=\begin{cases}\cos x, & x<0,\\ 1, & x\geqslant 0.\end{cases}$

*13. 连续.

习题 2.3

1. (1) $4+\dfrac{1}{x}$;　　(2) $9e^{3x-1}$;　　(3) $-2\sin x-x\cos x$;

 (4) $-\dfrac{x}{(1+x^2)^{\frac{3}{2}}}$;　　(5) $\dfrac{2-2x^2}{(x^2+1)^2}$;　　(6) $2\csc^2 x\cot x$;

 (7) $\dfrac{6x^2-2}{(x^2+1)^3}$;　　(8) $2\arctan x+\dfrac{2x}{x^2+1}$;　　(9) $\dfrac{e^x(x^2-2x+2)}{x^3}$.

*2. $-\dfrac{3}{2}$.

3. (1) $2f'(x^2)+4x^2 f''(x^2)$;　　(2) $\dfrac{f''(x)f(x)-[f'(x)]^2}{f^2(x)}$;

 (3) $2f\left(\sin\dfrac{1}{x}\right)-f'\left(\sin\dfrac{1}{x}\right)\dfrac{1}{x^2}\left(2x\cos\dfrac{1}{x}+\sin\dfrac{1}{x}\right)+\dfrac{1}{x^2}\cos^2\dfrac{1}{x}f''\left(\sin\dfrac{1}{x}\right)$.

4. $\dfrac{2-\ln x}{x\ln^3 x}$.

5. (1) $2^{n-1}\cos\left(2x+\dfrac{n\pi}{2}\right)$;　　(2) $(-1)^n\dfrac{2n!}{(1+x)^{n+1}}$;

 (3) $(-1)^n n!\left[\dfrac{1}{(x-2)^{n+1}}-\dfrac{1}{(x-1)^{n+1}}\right]$.

6. (1) $-4e^x\cos x$;　　(2) $2^{50}\left(-x^2\sin 2x+50x\cos 2x+\dfrac{1\,225}{2}\sin 2x\right)$;

 *(3) $\dfrac{(-1)^n 2^n n!}{3^{n+1}}$;　　*(4) $-2^n(n-1)!$.

7. 略.

8. $f'(0)=0$, $f''(0)$ 不存在.

习题 2.4

1. (1) $\dfrac{1-\ln t}{t^2(1+\ln t)}$;　　(2) $\dfrac{\sin t+t\cos t}{\cos t-t\sin t}$;　　(3) $\dfrac{1}{2(1+t)^2}$.

*2. $y-3x+7=0$.

*3. $y-\dfrac{1}{8}=\sqrt{3}\left(x-\dfrac{3\sqrt{3}}{8}\right)$.

*4. 3.

*5. (1) $\dfrac{\sin t-t\cos t}{4t^3}$;　　(2) $\dfrac{1}{t}(6t+5)(t+1)$;　　(3) $\dfrac{\sin t}{5(1-\cos t)^3}$.

6. (1) $\dfrac{x+y}{x-y}$;   (2) $-\dfrac{y^2 e^x}{ye^x+1}$;

 *(3) $\dfrac{y\sin xy - e^{x+y}}{e^{x+y} - x\sin xy}$;   *(4) $\dfrac{y^2 - 2x\cos(x^2+y^2) - e^x}{2y\cos(x^2+y^2) - 2xy}$.

*7. 1.

*8. $y = x + 1$.

9. (1) $\dfrac{-4\sin y}{(2-\cos y)^3}$;   (2) $-2\csc^2(x+y)\cot^3(x+y)$;

 *(3) 1;   *(4) -2.

*10. $\dfrac{f''(x+y)}{[1-f'(x+y)]^3}$.

11. (1) $(\ln x)^x \left(\ln\ln x + \dfrac{1}{\ln x}\right)$;   (2) $\left(\dfrac{x}{1+x}\right)^x \left(\ln\dfrac{x}{1+x} + \dfrac{1}{1+x}\right)$;

 (3) $\dfrac{1}{5}\sqrt[5]{\dfrac{x-5}{\sqrt[5]{x^2+2}}} \left[\dfrac{1}{x-5} - \dfrac{2x}{5(x^2+2)}\right]$;

 (4) $\dfrac{1}{2}\sqrt{x\sin x \sqrt{1-e^x}} \left[\dfrac{1}{x} + \cot x - \dfrac{e^x}{2(1-e^x)}\right]$.

12. $\dfrac{y(y-x\ln y)}{x(x-y\ln x)}$.

13. $\dfrac{e}{2}$.

14. $\dfrac{5}{4\pi}$ m/min.

15. 140 m/min.

*16. 3 cm/s.

习题 2.5

1. 3.

2. (1) $(\sin 2x + 2x\cos 2x)dx$;   (2) $\dfrac{2(1+x\tan x)\ln(x\sec x)}{x}dx$;

 (3) $-\dfrac{3x^2}{2(1-x^3)}dx$;   *(4) $-\dfrac{\ln 3}{3^x+1}dx$;

 (5) $\dfrac{1}{|x|\sqrt{x^2-1}}dx$;   (6) $(x^2+1)^{-\frac{3}{2}}dx$;

 (7) $8x\tan(1+2x^2)\sec^2(1+2x^2)dx$;   (8) $x^x(1+\ln x)dx$;

 (9) $-\dfrac{2x}{1+x^4}dx$.

*3. $\dfrac{dx}{(x+y)^2}$.

*4. $-\pi dx$.

*5. $(\ln 2 - 1)dx$.

6. 0.033 55 g.

7. (1) 1.025;   (2) 9.986 7;   (3) 1.034 9;   (4) 0.01.

习题 2.6

1. (1) $y' = \dfrac{e^x}{x}\left(1 - \dfrac{1}{x}\right), \dfrac{Ey}{Ex} = x - 1$;   (2) $y' = x^{a-1}e^{-b(x+c)}(a-bx), \dfrac{Ey}{Ex} = a - bx$;

(3) $y' = \dfrac{-5}{\sqrt{9-x}}, \dfrac{Ey}{Ex} = \dfrac{x}{2(x-9)}$.

2. $y'(10) = -\dfrac{10}{e^2}$,其意义是:若 x 增加 1 单位,则 y 将减少 $\dfrac{10}{e^2}$ 单位.

3. 当 $Q = 20$ 件时,总成本为 $C(20) = 320$ 元,平均成本为 $\overline{C}(20) = 16$ 元,边际成本为 $C'(20) = 7$ 元 / 件. 边际成本的经济意义是:当产量为 20 件时,若产量增加 1 件,则成本将增加 7 元.

4. 总收益为 $R(30) = 120$ 元,边际收益为 $R'(30) = -2$ 元 / 件,边际利润为 $L'(30) = -4$ 元 / 件.

5. (1) 需求弹性为 $\eta = \dfrac{P}{24-P}$; (2) $\eta(6) = \dfrac{1}{3}$; (3) 增加 0.67%.

6. (1) $R(Q) = -\dfrac{Q}{b}\ln\dfrac{Q}{a}, \overline{R}(Q) = -\dfrac{1}{b}\ln\dfrac{Q}{a}, R'(Q) = -\dfrac{1}{b}\left(\ln\dfrac{Q}{a}+1\right)$; (2) bP.

*7. (1) 提示: $R(P) = P \cdot Q(P)$;

(2) $\left.\dfrac{ER}{EP}\right|_{P=6} = \dfrac{7}{13} \approx 0.54$,它表示:当 $P = 6$ 单位时,价格上涨 1%,总收益将增加 0.54%.

*8. $\left.[Q(P) \cdot P]'\right|_{Q=10\,000} = \left.[Q'(P) \cdot P + Q(P)]\right|_{Q=10\,000} = \left.[Q \cdot (1-\eta)]\right|_{Q=10\,000} = 8\,000$(单位:元).

习题 2.7

1. 2.5 m/s.

2. $\dfrac{5}{\pi}$ 度 / 秒(或 100 rad/h).

3. 70 km/h.

总复习题二

1. (1) 必要; (2) 充分; (3) 必要; (4) 充要,必要.

*2. (1) D; (2) C; (3) B; (4) A;
   (5) D; (6) D.

3. 连续但不可导.

4. (1) $\dfrac{3}{x}\sec^3(\ln x)\tan(\ln x)$; (2) $\dfrac{e^x}{\sqrt{1+e^{2x}}}$;

(3) $\sqrt{a^2-x^2}$; (4) $x^{\frac{1}{x}-2}(1-\ln x)$;

(5) $\sqrt{x\sin\sqrt{1-e^{-x}}}\left(\dfrac{1}{2x}+\cot\sqrt{1-e^{-x}} \cdot \dfrac{e^{-x}}{4\sqrt{1-e^{-x}}}\right)$;

(6) $-f'(e^{-x}+\cos x)(e^{-x}+\sin x)$.

5. (1) $-2\cos 2x \cdot \ln x - \dfrac{2\sin 2x}{x} - \dfrac{\cos^2 x}{x^2}$; (2) $\dfrac{3x}{(1-x^2)^{\frac{5}{2}}}$;

(3) $x^x e^x (2+\ln x)^2 + x^{x-1}e^x$; (4) $f''(x^2-x)(2x-1)^2 + 2f'(x^2-x)$.

6. (1) $\dfrac{dy}{dx} = -\dfrac{1}{2t} + \dfrac{3}{2}t, \dfrac{d^2y}{dx^2} = -\dfrac{1}{4}\left(\dfrac{1}{t^3}+\dfrac{3}{t}\right)$;

(2) $\dfrac{dy}{dx} = \dfrac{1}{t} + \dfrac{t}{2}, \dfrac{d^2y}{dx^2} = -\dfrac{1}{2t^3} - \dfrac{1}{4t} + \dfrac{t}{4}$;

(3) $\dfrac{dy}{dx} = -t\cos t, \dfrac{d^2y}{dx^2} = \cos t(\cot t - t)$.

7. (1) $\dfrac{y(x-1)}{x(1-y)}$; (2) $\dfrac{\ln\sin y + y\tan x}{\ln\cos x - x\cot y}$; *(3) 2; *(4) -3.

*8. $1+\sqrt{2}$.

*9. $x-2y+2=0$.

10. (1) $e^{2x}(2x+2x^2)dx$; (2) $\dfrac{1}{2\sqrt{x}(x+1)}dx$; (3) $4x\sin(2-4x^2)dx$.

11. 0.022 3 m.

第 3 章

习题 3.1

1. (1) 满足,$\xi=\dfrac{\pi}{2}$; (2) 不满足.

2.~6. 略.

7. 提示:令 $\varphi(x)=e^{-x}f(x)$,证明 $\varphi(x)$ 为常数.

8. 提示:注意到 $xf'(x)+f(x)=[xf(x)]'$,令 $F(x)=xf(x)$,应用罗尔中值定理.

*9. 提示:在 $[0,\delta]$ 上应用拉格朗日中值定理.

习题 3.2

1. (1) 1; (2) 2; (3) ∞; (4) -1; (5) 0; (6) 2; (7) 3;
   (8) 1; (9) $\dfrac{1}{2}$; (10) 1; (11) 1; (12) $e^{-\frac{1}{3}}$; (13) $\dfrac{1}{3}$; (14) 1.

2.~3. 略.

4. *(1) $\dfrac{4}{3}$; (2) 1; *(3) $e^{-\frac{1}{2}}$;

   *(4) $\dfrac{3}{2}e$. 提示:当 $x\to 0$ 时,$\sqrt[3]{1+x^2}-1 \sim \dfrac{1}{3}x^2$,$1-e^{\cos x-1} \sim 1-\cos x$.

5. $-\dfrac{1}{2}$.

习题 3.3

1. (1) 严格单调增加; (2) 严格单调减少.

2. (1) 单调增加区间为 $\left(-\infty,-\dfrac{1}{3}\right]$ 和 $[1,+\infty)$,单调减少区间为 $\left[-\dfrac{1}{3},1\right]$;

   (2) 单调增加区间为 $[2,+\infty)$,单调减少区间为 $(0,2]$;

   (3) 单调增加区间为 $\left[\dfrac{1}{2},+\infty\right)$,单调减少区间为 $\left(0,\dfrac{1}{2}\right]$;

   (4) 单调增加区间为 $(-\infty,0]$ 和 $[1,+\infty)$,单调减少区间为 $[0,1]$.

3. 略.

4. (1) 提示:注意利用不等式 $a^2+b^2 \geqslant 2ab$ 判别 y' 的符号,其中 $y=\ln(1+x)-\dfrac{x}{1+x}$;

   (2) 略.

5. (1) 凸区间为 $\left(-\infty,-\dfrac{1}{2}\right]$,凹区间为 $\left[-\dfrac{1}{2},+\infty\right)$,拐点为 $\left(-\dfrac{1}{2},20\dfrac{1}{2}\right)$;

   (2) 凸区间为 $(-\infty,-1]$ 和 $[1,+\infty)$,凹区间为 $[-1,1]$,拐点为 $(-1,\ln 2)$ 和 $(1,\ln 2)$;

   (3) 在整个定义域 $(-\infty,+\infty)$ 上都是凹的,无拐点;

   (4) 凸区间为 $(-\infty,2]$,凹区间为 $[2,+\infty)$,拐点为 $\left(2,\dfrac{2}{e^2}\right)$;

(5) 凸区间为$(-\infty,2]$和$[3,+\infty)$,凹区间为$[2,3]$,拐点为$\left(2,-\dfrac{20}{9}\right)$和$(3,-4)$.

6. $a=b=3$.

7. $a=-3, b=-9$,拐点为$(1,-7)$.

8. 单调增加区间为$\left[-\dfrac{2}{3},\dfrac{2}{3}\right]$,单调减少区间为$\left(-\infty,-\dfrac{2}{3}\right]$和$\left[\dfrac{2}{3},+\infty\right)$.

9. 凸区间为$(-\infty,1]$,凹区间为$[1,+\infty)$,拐点为$(1,1)$.

10. 略.

习题 3.4

1. (1) B; (2) B.

2. (1) 极大值为$y(-1)=10$,极小值为$y(3)=-22$;

   (2) 极小值为$y(0)=2$;

   (3) 极大值为$y(-1)=\dfrac{2}{15}$,极小值为$y(1)=-\dfrac{2}{15}$;

   (4) 极大值为$y\left(\dfrac{1}{3}\right)=\dfrac{\sqrt[3]{4}}{3}$,极小值为$y(1)=0$.

3. (1) 最大值为$y(1)=\ln(1+\sqrt{2})$,最小值为$y(0)=0$;

   (2) 最大值为$y\left(\dfrac{\pi}{4}\right)=\sqrt{2}$,最小值为$y\left(\dfrac{5\pi}{4}\right)=-\sqrt{2}$;

   (3) 最大值为$y(-1)=y\left(\dfrac{1}{8}\right)=\dfrac{1}{2}$,最小值为$y(-8)=-2$.

4. $x=-3$,最小值为$y(-3)=27$.

5. $a=2$,极大值.

6. $\sqrt[3]{3}$. 提示:求函数$y=x^{\frac{1}{x}}$的极值.

7. 略.

8. 当$0<a<\mathrm{e}^{-1}$时,有两个实根;当$a=\mathrm{e}^{-1}$时,有唯一实根;当$a>\mathrm{e}^{-1}$时,无实根.

9. $a=-2, b=4$.

10. $(1,2)$和$(1,-2)$,最短距离为$2\sqrt{2}$.

11. $x=\sqrt{\dfrac{40}{4+\pi}}\ \mathrm{m}\approx 2.367\ \mathrm{m}$.

12. 当底圆半径为$r=\sqrt[3]{\dfrac{V}{2\pi}}$,高为$h=2r$时,总造价最低.

13. $\alpha=\arctan 0.25\approx 14°2'$.

14. 当高度为$h=\dfrac{\sqrt{2}}{2}R$时,广场周围的路被照得最亮.

15. 0.06.

16. (1) 当$P=15$元/件时,有最大利润,为50元; (2) 10件.

17. 2 500件.

18. 略.

习题 3.5

1. (1) 水平渐近线为$y=1$;

   (2) 水平渐近线为$y=1$,垂直渐近线为$x=0$;

(3) 垂直渐近线为 $x=-1$，斜渐近线为 $y=x-1$；

(4) 垂直渐近线为 $x=-3$，水平渐近线为 $y=1$.

*2. $x=0$ 是垂直渐近线，$y=0$ 是水平渐近线，$y=x$ 是斜渐近线.

3. 略.

习题 3.6

1. $f(x)=8-5(x+1)+(x+1)^3$.

2. $\tan x = x + \dfrac{x^3}{3} + o(x^3)$.

3. $\ln x = \ln 2 + \dfrac{1}{2}(x-2) - \dfrac{(x-2)^2}{2 \cdot 2^2} + \dfrac{(x-2)^3}{3 \cdot 2^3} - \cdots + (-1)^{n-1}\dfrac{(x-2)^n}{n \cdot 2^n} + o[(x-2)^n]$.

4. $\dfrac{1}{x} = -[1+(x+1)+(x+1)^2+\cdots+(x+1)^n]$
   $+(-1)^{n+1}\dfrac{(x+1)^{n+1}}{[-1+\theta(x+1)]^{n+2}} \quad (0<\theta<1)$.

5. $\dfrac{1}{3-x} = \dfrac{1}{2} + \dfrac{x-1}{2^2} + \dfrac{(x-1)^2}{2^3} + \cdots + \dfrac{(x-1)^n}{2^{n+1}} + o[(x-1)^n]$.

6. $x\mathrm{e}^{-x} = x - x^2 + \dfrac{x^3}{2!} - \cdots + \dfrac{(-1)^{n-1}x^n}{(n-1)!} + o(x^n)$.

7. 提示：设函数 $f(x)=\ln x$，则题设公式可视为 $\ln x$ 在点 $x=1$ 处的二阶泰勒公式.

8. (1) $\sqrt[3]{30} \approx 3.10724$，$|R_3|<1.88\times 10^{-5}$；

   (2) $\sin 18° \approx 0.3090$，$|R_3|<1.3\times 10^{-4}$.

9. (1) $\dfrac{1}{2}$；(2) $\dfrac{7}{12}$；(3) $\dfrac{1}{6}$.

习题 3.7

1. 0.

2. $\dfrac{\sqrt{2}}{2}$.

3. $\left|\dfrac{2}{3a\sin 2t_0}\right|$.

4. $(0,-3),(0,3)$.

5. $2, \dfrac{1}{2}$.

6. $\dfrac{7\sqrt{7}}{10}$.

7. $\left(\dfrac{\pi}{2},1\right), 1$.

8. $\left(-\dfrac{1}{2}\ln 2, \dfrac{\sqrt{2}}{2}\right), \dfrac{3}{2}\sqrt{3}$.

9. $a=\pm\dfrac{1}{2}, b=1, c=1$.

10. 45 400 N.

习题 3.8

1. 证明略. $(0,1)$ 内的唯一根 ξ 满足 $0.17965<\xi<0.1875$，若取 0.17965 作为根 ξ 的不足近似值，取 0.1875

作为根 ξ 的过剩近似值,则其误差都不超过 0.01.

2. $\dfrac{109}{333}$.

3. 根 ξ 满足 $1.761 < \xi < 1.765$,若取 1.761 作为根 ξ 的不足近似值,取 1.765 作为根 ξ 的过剩近似值,则误差都不超过 0.01.

习题 3.9

1. 饲养 5 天后出售.

2. 150 元.

*3. 当 $t = \dfrac{1}{25r^2}$ 年时,总收入的现值最大.当 $r = 0.06$ 时,$t = \dfrac{100}{9}$ 年 ≈ 11 年.提示:现值 A 与时间 t 的关系为 $A = R\mathrm{e}^{-rt} = R_0 \mathrm{e}^{\frac{2}{5}\sqrt{t}-rt}$.

总复习题三

1. 略.

2. 提示:设 $F(x) = a_0 x^n + a_1 x^{n-1} + \cdots + a_{n-1} x$,对 $F(x)$ 在 $[0, x_0]$ 上应用罗尔中值定理.

3. 略.

4. (1) 1;　(2) -1;　(3) $-\dfrac{1}{8}$;　(4) $\mathrm{e}^{-\frac{1}{2}}$;　(5) $\dfrac{1}{6}$;　(6) $\dfrac{1}{2}$.

5. -1.

*6. $c = \dfrac{1}{2}$. 提示:利用拉格朗日中值定理.

7. 提示:利用 $\tan x - x > 0$.

8. 提示:设 $f(x) = (1+x)\ln(1+x) - \arctan x$,利用函数的单调性.

*9. 略.

10. $k = \pm \dfrac{\sqrt{2}}{8}$.

11. 单调增加区间为 $[0, 1)$,单调减少区间为 $(-\infty, 0]$,$(1, +\infty)$;极小值为 $y(0) = 0$;凸区间为 $\left(-\infty, -\dfrac{1}{2}\right]$,凹区间为 $\left[-\dfrac{1}{2}, 1\right)$,$(1, +\infty)$;拐点为 $\left(-\dfrac{1}{2}, \dfrac{2}{9}\right)$;水平渐近线为 $y = 2$,垂直渐近线为 $x = 1$.

12. 在点 $x = -3$ 处取得最大值 20,在点 $x_1 = 1, x_2 = 2$ 处取得最小值 0.

13. $x = \dfrac{1}{n} \sum\limits_{i=1}^{n} x_i$.

14. $\theta = \dfrac{2\sqrt{6}}{3} \pi$.

*15. $a = \mathrm{e}^{\mathrm{e}}, t(\mathrm{e}^{\mathrm{e}}) = 1 - \dfrac{1}{\mathrm{e}}$.

16. $\theta = \pi$,即摆线上点 $(a\pi, 2a)$ 处的曲率最小,最小的曲率为 $K_{\min} = \dfrac{1}{4a}$.

第 4 章

习题 4.1

1. 略.

2. 证明略. $2(e^{2x} - e^{-2x})$.

3. (1) $-3x^{-\frac{1}{3}} + C$; (2) $\frac{1}{7}x^7 + \frac{1}{2}x^4 + x + C$;

   (3) $\frac{5^x e^x}{1+\ln 5} + C$; (4) $\frac{1}{3}x^3 - 2x - \frac{1}{x} + C$;

   (5) $\arctan x + \ln|x| + C$; (6) $\frac{x^2}{2} - \frac{2}{3}x^{\frac{3}{2}} + x + C$;

   (7) $3e^x - 2\sqrt{x} + C$; (8) $2\arcsin x + C$;

   (9) $-\csc x + C$; (10) $\frac{4}{11}x^{\frac{11}{4}} + 4x^{-\frac{1}{4}} + C$;

   (11) $\theta + \cos\theta + C$; (12) $\frac{1}{2}\tan x + \frac{1}{2}x + C$;

   (13) $\tan x - \sec x + C$; (14) $\sin x - \cos x + C$;

   (15) $\frac{1}{\ln 2 - \ln 5}\left(\frac{2}{5}\right)^x - \frac{1}{\ln 3 - \ln 5}\left(\frac{3}{5}\right)^x + C$; (16) $\frac{1}{2}\tan x + C$;

   (17) $\frac{x}{2} + \frac{\sin x}{2} + C$; (18) $x - \arctan x + C$.

4. $y = \ln|x| + 2$.

5. (1) $F(x) = \frac{1}{3}(1+x)^3 - \frac{1}{3}$; (2) $F(x) = \ln(-x) + e^x - \frac{1}{e}$.

6. (1) $v = 4t^3 + 3\cos t + 2$; (2) $s = t^4 + 3\sin t + 2t + 3$.

习题 4.2

1. (1) $-\frac{1}{6}$; (2) 2; (3) -1; (4) $\frac{2}{3}$; (5) $\frac{1}{6}$;

   (6) $\frac{1}{3}$; (7) $\frac{1}{20}$; (8) $-\frac{1}{2}$; (9) $-\frac{3}{7}$; (10) -1;

   (11) -1; (12) $\frac{1}{6}$; (13) -5; (14) -1; (15) -1;

   (16) 2; (17) $\frac{1}{2}$; (18) $-\frac{1}{2}$; (19) $-\frac{1}{9}$; (20) $\frac{1}{3}$.

2. (1) $\frac{(2x-4)^5}{10} + C$; (2) $\frac{1}{2(1-2x)} + C$;

   (3) $-\frac{2}{5}\sqrt{2-5x} + C$; (4) $-\frac{2}{27}(4-3x^3)^{\frac{3}{2}} + C$;

   (5) $-\frac{1}{\sqrt{2x-1}} + C$; (6) $x - 2\arctan\frac{x}{2} + C$;

   (7) $\frac{1}{2}\arcsin x^2 + C$; (8) $2(e^{\sqrt{x}} + \sin\sqrt{x}) + C$;

   (9) $\frac{1}{4}\cos(5-x^4) + C$; (10) $-e^{\frac{1}{x}} + C$;

   (11) $\ln(3+e^x) + C$; (12) $2\sqrt{1+\ln x} + C$;

   (13) $\frac{1}{12}\sin 6x + \frac{1}{2}x + C$; (14) $\frac{1}{4}\sin 2x - \frac{1}{16}\sin 8x + C$;

   (15) $-\frac{10^{2\arccos x}}{2\ln 10} + C$; (16) $\frac{\sqrt{2}}{4}\ln\left|\frac{\sqrt{2}x-1}{\sqrt{2}x+1}\right| + C$;

(17) $\arctan e^x + C$;

(18) $\dfrac{1}{2}(\ln\ln x)^2 + C$;

(19) $\dfrac{1}{2}(\ln\tan x)^2 + C$;

(20) $\dfrac{1}{2}\arctan\sin^2 x + C$;

(21) $\dfrac{1}{2(1+\cos 2x)} + C$;

(22) $\dfrac{1}{2}(\cos x)^{-2} + \ln|\cos x| + C$;

(23) $(\arctan\sqrt{x})^2 + C$;

(24) $\dfrac{1}{4}\ln|x| - \dfrac{1}{24}\ln(x^6+4) + C$;

(25) $\sqrt{2x} - \ln|1+\sqrt{2x}| + C$;

(26) $(x+1) - 4\sqrt{x+1} + 4\ln|\sqrt{x+1}+1| + C$;

(27) $\arcsin(2x-1) + C$;

(28) $\ln|e^x + \sqrt{1+e^{2x}}| + C$;

(29) $-\dfrac{\sqrt{1-x^2}}{x} + C$;

(30) $\dfrac{x}{\sqrt{1+x^2}} + C$;

(31) $\arcsin x - \dfrac{x}{1+\sqrt{1-x^2}} + C$;

(32) $\ln|x-1+\sqrt{x^2-2x+2}| + C$;

(33) $\dfrac{1}{2}(\arcsin x + \ln|x+\sqrt{1-x^2}|) + C$;

(34) $\sqrt{x^2-9} - 3\arccos\dfrac{3}{x} + C$;

(35) $\dfrac{1}{2}\ln(x^2+2x+3) - \sqrt{2}\arctan\dfrac{x+1}{\sqrt{2}} + C$;

(36) $\dfrac{1}{2}\left[\dfrac{x+1}{x^2+1} + \ln(x^2+1) + \arctan x\right] + C$.

3. (1) $x^2 - \dfrac{x^4}{2} + C$;

(2) $\dfrac{1}{x} + C$.

4. (1) $\dfrac{1}{2}\left[\dfrac{\cos x - \sin^2 x}{(1+x\sin x)^2}\right]^2 + C$;

(2) $\dfrac{1}{6}\left[\dfrac{\cos x^3 - \sin^2 x^3}{(1+x^3\sin x^3)^2}\right]^2 + C$.

习题 4.3

1. (1) $x\sin x + \cos x + C$;

(2) $x\ln x - x + C$;

(3) $e^x \ln x + C$;

(4) $x\ln(x+\sqrt{x^2+1}) - \sqrt{x^2+1} + C$;

(5) $-x\cot x + \ln|\sin x| + C$;

(6) $\dfrac{x^3}{3}\arctan x - \dfrac{x^2}{6} + \dfrac{1}{6}\ln(1+x^2) + C$;

(7) $\dfrac{e^{3x}}{3}\left(x^2 - \dfrac{2}{3}x + \dfrac{2}{9}\right) + C$;

(8) $\dfrac{x}{2}(\sin\ln x - \cos\ln x) + C$;

(9) $x\arctan x - \dfrac{1}{2}\ln(1+x^2) + C$;

(10) $x\text{arccot}\, x + \dfrac{1}{2}\ln(1+x^2) + C$;

(11) $x\arcsin x + \sqrt{1-x^2} + C$;

(12) $\dfrac{e^{3x}}{13}(3\cos 2x + 2\sin 2x) + C$;

(13) $x(\arcsin x)^2 + 2\sqrt{1-x^2}\arcsin x - 2x + C$;

(14) $2\sqrt{x}\ln x - 4\sqrt{x} + C$;

(15) $\ln x(\ln\ln x - 1) + C$;

(16) $\tan x \cdot \ln\sin x - x + C$;

(17) $-\dfrac{1}{2}(x\cot^2 x + \cot x + x) + C$;

(18) $e^{\arcsin x}(\arcsin x - 1) + C$;

(19) $x\tan x + \ln|\cos x| - \dfrac{1}{2}x^2 + C$;

(20) $-e^{-x}\arctan e^x + x - \dfrac{1}{2}\ln(1+e^{2x}) + C$;

(21) $\dfrac{x}{2} + \dfrac{\sqrt{x}}{2}\sin(2\sqrt{x}) + \dfrac{1}{4}\cos(2\sqrt{x}) + C$;

(22) $\sqrt{1+x^2}\arctan x - \ln(x+\sqrt{1+x^2}) + C$;

(23) $xf'(x) - f(x) + C$;

(24) $3(x^{\frac{2}{3}} - 2x^{\frac{1}{3}} + 2)e^{\sqrt[3]{x}} + C$;

(25) $\dfrac{\ln x}{1-x} + \ln\dfrac{|1-x|}{x} + C$;

(26) $\dfrac{1}{2}e^x - \dfrac{1}{5}e^x \sin 2x - \dfrac{1}{10}e^x \cos 2x + C$;

(27) $\dfrac{1}{2}x^2\left(\ln^2 x - \ln x + \dfrac{1}{2}\right) + C$;

(28) $\dfrac{2}{3}(\sqrt{3x+9} - 1)e^{\sqrt{3x+9}} + C$.

2. $\cos x - \dfrac{2\sin x}{x} + C$.

3. $-2\sqrt{1-x}\arcsin\sqrt{x} + 2\sqrt{x} + C$.

4. $I_n = x(\ln x)^n - nI_{n-1}$.

习题 4.4

1. (1) $\dfrac{\sqrt{5}}{5}\arctan\dfrac{\sqrt{5}(3x-1)}{5} + C$;

(2) $\dfrac{1}{3}x^3 + \dfrac{1}{2}x^2 + x + 8\ln|x| - 4\ln|x+1| - 3\ln|x-1| + C$;

(3) $\dfrac{1}{2a^3}\left(\arctan\dfrac{x}{a} + \dfrac{ax}{x^2+a^2}\right) + C$; (4) $-\dfrac{1}{x} - \ln\left|\dfrac{1-x}{x}\right| + C$;

(5) $\dfrac{1}{2}\ln|x^2 - 2x - 1| + \dfrac{3\sqrt{2}}{2}\ln\left|\dfrac{(x-1)-\sqrt{2}}{(x-1)+\sqrt{2}}\right| + C$;

(6) $\dfrac{1}{3}\ln|x-1| - \dfrac{1}{6}\ln(x^2+x+1) + \dfrac{\sqrt{3}}{3}\arctan\dfrac{\sqrt{3}(2x+1)}{3} + C$;

(7) $\dfrac{1}{3}\tan^3 x - \tan x + x + C$; (8) $\tan\dfrac{x}{2} + C$;

(9) $\dfrac{\sqrt{21}}{21}\ln\left|\dfrac{\sqrt{3}\tan\dfrac{x}{2} + \sqrt{7}}{\sqrt{3}\tan\dfrac{x}{2} - \sqrt{7}}\right| + C$; (10) $\ln|\sin x + \cos x| + C$;

(11) $2(\sqrt{x-1} - \arctan\sqrt{x-1}) + C$; (12) $\dfrac{2}{9}(3x+1)^{\frac{3}{2}} - \dfrac{1}{3}(2x+1)^{\frac{3}{2}} + C$;

(13) $\ln\left|\dfrac{\sqrt{e^x+1} - 1}{\sqrt{e^x+1} + 1}\right| + C$; (14) $\sqrt{2x+1} + 2\sqrt[4]{2x+1} + 2\ln|\sqrt[4]{2x+1} - 1| + C$;

(15) $x - 2\sqrt{1+x} + 2\ln(\sqrt{1+x} + 1) + C$; (16) $-\sqrt{1+x-x^2} + \dfrac{1}{2}\arcsin\dfrac{\sqrt{5}(2x-1)}{5} + C$;

(17) $\arcsin x + \sqrt{1-x^2} + C$; (18) $\ln\left|x + \dfrac{1}{2} + \sqrt{x^2+x}\right| + C$.

习题 4.5

1. 大约需 20 h.

2. (1) 125 m; (2) 10 s, −50 m/s.

3. 约 7.307 8 m, 约 1.763 m/s.

总复习题四

1. (1) $\dfrac{1}{3}F(3t+5) + C$; (2) $-\dfrac{1}{3}\sqrt{(1-x^2)^3} + C$;

(3) $2\sqrt{x} + C$; (4) $\arcsin\dfrac{x-2}{2} + C$;

(5) $-\dfrac{\ln x}{x}+C$;　　　　　　　　　(6) $x-\ln(1+\mathrm{e}^x)+C$;

(7) $\mathrm{e}^{\sin^2 x}+C$;　　　　　　　　　(8) $f(x)\mathrm{d}x$.

2. (1) D;　(2) B;　(3) C;　(4) D;　(5) C;　(6) A;　(7) A.

3. (1) $\arctan x-\dfrac{2}{x}+C$;

(2) $\lambda\neq-1$ 时为 $\dfrac{1}{\lambda+1}\ln(x^{\lambda+1}+\sqrt{1+x^{2\lambda+2}})+C$,$\lambda=-1$ 时为 $\dfrac{\sqrt{2}}{2}\ln|x|+C$;

(3) $\dfrac{\sqrt{2}}{2}\arcsin\left(\sqrt{\dfrac{2}{3}}\sin x\right)+C$;　　(4) $\dfrac{\sqrt{2}}{2}\arctan\left(\dfrac{\sqrt{2}\tan x}{2}\right)+C$;

(5) $\dfrac{1}{2}\mathrm{e}^{x^2}+C$;　　(6) $\dfrac{2}{3}(1+\ln x)^{\frac{3}{2}}-2(1+\ln x)^{\frac{1}{2}}+C$;

(7) $-\dfrac{\sqrt{a^2-x^2}}{a^2 x}+C$;　　(8) $\ln(x-1+\sqrt{x^2-2x+5})+C$;

(9) $-2\sqrt{-x^2+6x-8}+9\arcsin(x-3)+C$; (10) $\ln|\sin x|-x\cot x+C$;

(11) $-\left(\dfrac{1}{\ln x}+\dfrac{1}{x}\ln x+\dfrac{1}{x}\right)+C$;　　(12) $x-\ln(\mathrm{e}^x+1)-\mathrm{e}^{-x}\ln(\mathrm{e}^x+1)+C$;

(13) $\dfrac{1}{4}\tan^4 x+\dfrac{1}{2}\tan^2 x+C$;　　(14) $\sqrt{1+x^2}\arctan x-\ln(x+\sqrt{1+x^2})+C$;

(15) $\dfrac{1}{5}(4-x^2)^{\frac{5}{2}}-\dfrac{4}{3}(4-x^2)^{\frac{3}{2}}+C$;　　(16) $\dfrac{1}{15}(1-3x)^{\frac{5}{3}}-\dfrac{1}{6}(1-3x)^{\frac{2}{3}}+C$;

(17) $a\arcsin\dfrac{x}{a}-\sqrt{a^2-x^2}+C$;　　(18) $-\dfrac{1+\ln x}{x}+C$;

(19) $4\ln|x-2|-\dfrac{4x+3}{x-2}+C$;　　(20) $\dfrac{x^4}{4}+\ln\dfrac{\sqrt[4]{x^4+1}}{x^4+2}+C$;

(21) $\ln\dfrac{x}{(\sqrt[6]{x}+1)^6}+C$;　　(22) $\dfrac{1}{1+\mathrm{e}^x}+\ln\dfrac{\mathrm{e}^x}{1+\mathrm{e}^x}+C$.

4. $x^2\cos x-4x\sin x-6\cos x+C$.

5. $x+2\ln|x-1|+C$.

6. $(x-1)(x^2-2x+3)$.

第 5 章

习题 5.1

1. (1) $\lim\limits_{\lambda\to 0}\sum\limits_{i=1}^{n}f(\xi_i)\Delta x_i$;　　(2) 被积函数,积分区间,积分变量;

(3) 介于曲线 $y=f(x)$,直线 $x=a$,$x=b$ 及 x 轴之间各部分面积的代数和.

2. (1) $\dfrac{1}{3}$;　　　　　　　　(2) $\dfrac{1}{6}$.

3. 略.

4. (1) -2;　　(2) $\dfrac{5}{2}$;　　(3) 21;　　(4) 2π.

5. $a=0,b=1$.

习题 5.2

1. (1) 6；   (2) -2；   (3) -3；   (4) 5.

2. (1) $\int_1^2 x\,\mathrm{d}x < \int_1^2 x^2\,\mathrm{d}x$；   (2) $\int_0^1 \mathrm{e}^x\,\mathrm{d}x > \int_0^1 \mathrm{e}^{x^2}\,\mathrm{d}x$；

    (3) $\int_1^2 \ln x\,\mathrm{d}x > \int_1^2 (\ln x)^2\,\mathrm{d}x$；   (4) $\int_0^{\frac{\pi}{2}} x\,\mathrm{d}x > \int_0^{\frac{\pi}{2}} \sin x\,\mathrm{d}x$.

3. (1) $3 \leqslant \int_0^4 (x^2 - x + 1)\,\mathrm{d}x \leqslant 52$；   (2) $0 \leqslant \int_0^2 x\mathrm{e}^x\,\mathrm{d}x \leqslant 4\mathrm{e}^2$；

    (3) $\pi \leqslant \int_{\frac{\pi}{4}}^{\frac{5\pi}{4}} (\sin^2 x + 1)\,\mathrm{d}x \leqslant 2\pi$；   (4) $-2\mathrm{e}^2 \leqslant \int_2^0 \mathrm{e}^{x^2 - x}\,\mathrm{d}x \leqslant -2\mathrm{e}^{-\frac{1}{4}}$.

4.～7. 略.

习题 5.3

1. $y'(0) = 0, y'\left(\dfrac{\pi}{4}\right) = \dfrac{\sqrt{2}}{2}$.

2. $\sin x + x\cos x$.

3. (1) $2x\sqrt{1+x^6}$；   (2) $\dfrac{3x^2}{\sqrt{1+x^{12}}} - \dfrac{2x}{\sqrt{1+x^8}}$；

    (3) $\cos(\pi \sin^2 x)(\sin x - \cos x)$.

4. (1) 1；   (2) 1.

5. (1) $a\left(a^2 - \dfrac{a}{2} + 1\right)$；   (2) $\dfrac{\pi}{6}$；   (3) $\dfrac{\pi}{3}$；   (4) 4.

6. $-\dfrac{\sin x}{\mathrm{e}^y}$.

7. $\dfrac{t^2}{\mathrm{e}^t}$.

8. $f(x) = x - 1$.

9. $x = 0$，极小值点.

10. 证明略. 1.

习题 5.4

1. (1) 0；   (2) $\dfrac{1}{4}$；   (3) $\dfrac{\pi}{6} - \dfrac{\sqrt{3}}{8}$；   (4) 0；   (5) $2(\sqrt{3} - 1)$；

    (6) $1 - \mathrm{e}^{-\frac{1}{2}}$；   (7) $\dfrac{\pi}{2}$；   (8) $\sqrt{2} - \dfrac{2\sqrt{3}}{3}$；   (9) $1 - \dfrac{\pi}{4}$；   (10) $\dfrac{1}{6}$；

    (11) $1 - 2\ln 2$；   (12) $\dfrac{1}{2}\ln 5 + \arctan 3 - \dfrac{\pi}{4}$；

    (13) $-\dfrac{1}{2}\arctan 3 + \dfrac{3}{10} + \dfrac{\pi}{8}$；   (14) $\sqrt{2}(2 - \sin 2)$.

2. (1) $1 - \dfrac{2}{\mathrm{e}}$；   (2) $\dfrac{1}{4}(\mathrm{e}^2 + 1)$；   (3) $\dfrac{\pi}{4} - \dfrac{1}{2}$；   (4) $4(2\ln 2 - 1)$；   (5) $\dfrac{\pi}{4}$；

    (6) $\dfrac{1}{5}(\mathrm{e}^\pi - 2)$；   (7) $\begin{cases} \dfrac{1 \cdot 3 \cdot 5 \cdots m}{2 \cdot 4 \cdot 6 \cdots (m+1)} \cdot \dfrac{\pi}{2}, & m \text{ 为正奇数,} \\ \dfrac{2 \cdot 4 \cdot 6 \cdots m}{3 \cdot 5 \cdot 7 \cdots (m+1)}, & m \text{ 为正偶数;} \end{cases}$

(8) $\begin{cases} \dfrac{1\cdot 3\cdot 5\cdot\cdots\cdot(m-1)}{2\cdot 4\cdot 6\cdot\cdots\cdot m}\cdot\dfrac{\pi^2}{2}, & m\text{ 为正偶数,} \\ \dfrac{2\cdot 4\cdot 6\cdot\cdots\cdot(m-1)}{3\cdot 5\cdot 7\cdot\cdots\cdot m}\cdot\pi, & m\text{ 为大于1的奇数,} \\ \pi, & m=1. \end{cases}$

3. (1) 0;   (2) $2a^3$;   (3) $\dfrac{\pi^3}{324}$;   (4) 0.

4.~8. 略.

习题 5.5

1. (1) 收敛,$\dfrac{1}{3}$; (2) 收敛,π; (3) 收敛,$\dfrac{\pi}{2}$; (4) 收敛,1; (5) 发散; (6) 收敛,$\dfrac{8}{3}$.

2. 当 $k>1$ 时,收敛;当 $k\leqslant 1$ 时,发散;当 $k=1-\dfrac{1}{\ln\ln 2}$ 时,取得最小值.

3. $I_n = n!$.

习题 5.6

1. (1) 收敛;   (2) 发散;   (3) 收敛;   (4) 发散;
 (5) 收敛;   (6) 发散;   (7) 收敛;   (8) 收敛.

2. 略.

3. (1) $\dfrac{1}{n}\Gamma\left(\dfrac{1}{n}\right),n>0$; (2) $\Gamma(p+1),p>-1$; (3) $\dfrac{1}{n}\Gamma\left(\dfrac{m+1}{n}\right),\dfrac{m+1}{n}>0$.

4.~5. 略.

总复习题五

1. (1) 2;   (2) 2;   (3) 7;
 (4) 必要,充分; (5) 充要;   *(6) 收敛.

2. (1) $\dfrac{2}{3}(2\sqrt{2}-1)$; (2) $\dfrac{1}{p+1}$;   (3) -1;
 (4) $\ln 2$;   (5) $\dfrac{\pi^2}{4}$;   (6) $\dfrac{4\ln 2}{\pi}$.

3.~5. 略.

6. (1) $\pi-\dfrac{4}{3}$;   (2) $\dfrac{\pi}{2}$;   (3) $\dfrac{2}{3}\pi$;
 (4) $-\dfrac{1}{2}\ln^2 2-\ln 2+1$;   (5) $\dfrac{1}{2}\mathrm{e}(\sin 1-\cos 1)+\dfrac{1}{2}$;
 (6) $2-\dfrac{2}{\mathrm{e}}$;   (7) $\dfrac{1}{3}\ln 2$;   (8) $\dfrac{\pi}{4}$.

7.~8. 略.

9. $\dfrac{1}{x}\ln x - \dfrac{4}{x}$.

10. $\dfrac{8}{3}$.

11. (1) $\dfrac{22}{3}$;   (2) $4\sqrt{2}$.

*12. 略.

*13. (1) $\dfrac{3}{2}\sqrt{\pi}$;   (2) 2.

*14. (1) $-\dfrac{\pi}{2}\ln 2$. 提示：$\displaystyle\int_{\frac{\pi}{4}}^{\frac{\pi}{2}}\ln\sin x\,\mathrm{d}x=\int_{0}^{\frac{\pi}{4}}\ln\cos x\,\mathrm{d}x$.

(2) $\dfrac{\pi}{4}$. 提示：令 $x=\dfrac{1}{t}$.

第 6 章

习题 6.1

1. (1) $\dfrac{125}{6}$;　　(2) $\dfrac{3}{2}-\ln 2$;　　(3) $\dfrac{3}{2}\ln 3-1$;　　(4) $b-a$.

2. $\dfrac{4\sqrt{2}}{3}$.

3. $\dfrac{16}{3}$.

4. (1) πa^2;　　　　(2) $18\pi a^2$.

5. (1) $\dfrac{7}{12}\pi-\sqrt{3}$;　　(2) $\dfrac{a^2}{4}(\mathrm{e}^{2\pi}-\mathrm{e}^{-2\pi})$.

6. $\dfrac{a}{2}+b=S$.

7. (1) 2π;　　(2) $\pi(\mathrm{e}-2)$;　　(3) $V_x=\dfrac{72}{5}\pi, V_y=\dfrac{16}{3}\pi$;　　(4) $V_x=\pi^2, V_y=4\pi^2$.

8. $\dfrac{4\sqrt{3}}{3}ab^2$.

9. (1) $1+\dfrac{1}{2}\ln\dfrac{3}{2}$;　　(2) $\dfrac{13\sqrt{13}-8}{27}$;　　(3) $6a$;

(4) $2\pi\sqrt{1+4\pi^2}+\ln(2\pi+\sqrt{1+4\pi^2})$.

10. (1) $a=\dfrac{\sqrt{2}}{2}$;　　(2) $\dfrac{\pi}{30}(\sqrt{2}+1)$.

*11.～*12. 略.

习题 6.2

1. 0.54 J.

2. $800\pi\ln 2$ J.

3. $kq\,\dfrac{b-a}{ab}$.

4. $\dfrac{801}{4}\pi g\times 10^3$（单位：J），其中 g 为重力加速度.

5. 约 2.058×10^5 N.

6. 约 $1.646\,4\times 10^6$ N.

7. 引力大小为 $\dfrac{2Gm\mu}{R}\sin\dfrac{\varphi}{2}$，方向为从 M 指向圆弧的中心.

8. (1) $a\sqrt{1+r+r^2}$;　　(2) $a\sqrt{\dfrac{1}{1-r}}$.

习题 6.3

1. $C(q)=25q+15q^2-3q^3+55, \overline{C}(q)=25+15q-3q^2+\dfrac{55}{q}$，可变成本为 $25q+15q^2-3q^3$.

2. $R(q) = 100q e^{-\frac{q}{10}}$.

3. $R(q) = 3q - 0.1q^2$.

4. $666\frac{1}{3}$ 货币单位.

5. (1) 9 987.5 货币单位； (2) 19 850 货币单位.

习题 6.4

1. 98 688 cal.

2. 78.5 km/h.

3. 250 元.

总复习题六

1. 96 g.

2. $(2\ln 2 - 1)$ m.

3. $\ln 2$.

4. 8π.

5. $\frac{\pi}{6} + \frac{1-\sqrt{3}}{2}$.

6. $\frac{e}{2}$.

7. $\frac{512}{7}\pi$.

8. $\sqrt{6} + \ln(\sqrt{2} + \sqrt{3})$.

9. $\ln(\sqrt{2} + 1)$.

10. 2 m.

11. 约 3.462×10^6 J.

12. 约 3 920 J.

高等数学

（第二版）（上）

配套云资源的使用说明

扫一扫，下载安装
"九斗" APP

刮开涂层，在"九斗"APP中
验证教材，加载资源

"北京大学出版社"
微信公众号

ISBN 978-7-301-35152-9

定价：55.00元